Die Chemie

bearbeitet als

Bildungsmittel für den Verstand.

ISBN 978-3-642-89990-4   ISBN 978-3-642-91847-6 (eBook)
DOI 10.1007/978-3-642-91847-6

Softcover reprint of the hardcover 1st edition 1964

Inhalt der ersten Lieferung.

	Seite
Einleitung	1
Sauerstoff	62
Wasserstoff	97
Wasser	118
Stickstoff	125
Stickstoffoxydul	142
Stickstoffoxyd	148
Untersalpetersäure	163
Salpetersäure	168
Rauchende Salpetersäure	192
Ammoniak	193
Ammonium	204
Salpetrichtsaures Ammoniak	205
Salpetersaures Ammoniak	207
Schwefel	208
Schweflichte Säure	215
Wasserfreie Schwefelsäure	221
Schwefelsäurehydrat	223
Rauchende Schwefelsäure	236
Schwefelwasserstoff	237
Schwefelammonium	243
Kohlenstoff	246
Kohlenoxyd	252
Oxalsäure	255
Kohlensäure	258
Oelbildendes Gas	284
Grubengas	291
Cyan	292
Schwefelkohlenstoff	294
Chlor	295
Chlorhydrat	304
Chlorwasserstoff	305

IV

	Seite
Chlorammonium	307
Brom	308
Jod	309
Fluor	310
Fluorwasserstoffsäure	310
Phosphor	311
Phosphorsäure	313
Phosphorwasserstoff	316
Bor	318
Borsäure	318
Kiesel	319
Kieselsäure	320
Fluorkiesel	320
Kieselfluorwasserstoffsäure	320

Stöchiometrische Aufgaben.

Es sind 2 Loth Wasserstoff gegeben; mit wie viel Sauerstoff werden sich diese verbinden?	50
Wenn bei der Zersetzung des Quecksilberoxyds die Menge des Sauerstoffs $\frac{1}{4}$ Loth beträgt, wie viel beträgt die Menge der übrigen Körper?	62
Ein Gefäss, welches 15,6 Loth Wasser enthält, soll mit Sauerstoff gefüllt werden. Wie viel Quecksilberoxyd ist dazu erforderlich?	65
Wenn bei der Zersetzung des chlorsauren Kalis die Menge des Chlorkaliums $3\frac{1}{4}$ Loth beträgt, welches ist die Menge der übrigen Körper?	72
Wie viel wiegt das Wasser, welches denselben Raum einnimmt wie der aus 1 Loth chlorsaurem Kali sich entwickelnde Sauerstoff?	78
Wie viel wiegt das Wasser, welches denselben Raum einnimmt wie der aus 6 Korn Natrium und dem zugehörigen Wasser darzustellende Wasserstoff?	98
Wie viel Zink und Schwefelsäure ist erforderlich, um aus einem Gasometer 40 Pfund Wasser durch Wasserstoff zu verdrängen?	108
In welchem Maassverhältniss müssen Wasserstoff und Sauerstoff zusammengebracht werden, damit sich beide zu Wasser mit einander verbinden können?	108
Ein Cylinder, welcher 46,4 Loth Wasser fasst, soll mit so viel Wasserstoff und Sauerstoff gefüllt werden, dass sich beide zu Wasser verbinden können.	108
Wie viel Maass Wasserstoff und Luft muss man zusammen bringen, um ein möglichst stark explodirendes Gemenge zu erhalten?	110
Wie hat man zu verfahren, um einen Cylinder, der 56 Loth Wasser enthält, mit einem möglichst stark explodirenden Gemenge von Wasserstoff und Luft zu füllen?	110

	Seite
Welches ist die procentische Zusammensetzung des Wassers?	119
Welches ist die Dichtigkeit des Schwefels gegen Wasser?	127
Welches ist die Dichtigkeit des Stickstoffs gegen Wasserstoff?	128
Ein Gefäss enthält $\frac{1}{2}$ Loth Stickstoff; wie viel Wasserstoff kann das Gefäss aufnehmen?	129
Welches ist die Dichtigkeit der Luft gegen Wasserstoff?	129
Wie viel wiegt die Luft, welche denselben Raum einnimmt wie 25 Korn Wasserstoff?	130
Welches ist die Dichtigkeit der Schwefelsäure?	130
Wie gross ist die Dichtigkeit des Stickstoffs?	131
Wie viel Kalium ist erforderlich, um $\frac{1}{10}$ Cubikfuss Wasserstoff darzustellen?	132
Welches ist das Gewicht von $\frac{1}{2}$ Cubikfuss Stickstoff?	132
Wie viel chlorsaures Kali ist erforderlich, um $\frac{1}{8}$ Cubikfuss Sauerstoff darzustellen?	133
Welchen Raum nehmen 5 Quentchen Wasserstoff ein?	133
Wie viel Raumtheile Wasserstoff lassen sich darstellen aus 3 Loth Schwefelsäurehydrat und dem zugehörigen Zink?	134
Welchen Raum nehmen 2 Loth Stickstoff ein?	134
Wie viel Raumtheile Sauerstoff lassen sich darstellen aus 1 Quentchen Quecksilberoxyd?	135
Wie viel wiegt 1 Cubikfuss Wasser, bis auf $\frac{1}{4}$ Korn genau berechnet?	135
Es seien 2 Cent Natrium gegeben. Wie viel wiegt das Wasser, welches denselben Raum einnimmt wie der durch das gegebene Natrium aus Wasser zu entwickelnde Wasserstoff?	136
Wie viel Wasserstoff kann ein gegebenes Gefäss aufnehmen?	136
Wie gross ist der Rauminhalt eines gegebenen Gefässes?	137
Wie viel Zink und Schwefelsäure sind erforderlich, um ein Gasometer, welches 10 Pfund Wasser fasst, mit Wasserstoff zu füllen?	137
Welches ist die Dichtigkeit des Chlors gegen Wasser?	138
Ein Gefäss fasst 20 Loth Wasser; wie viel Luft kann das Gefäss aufnehmen?	138
Wie viel Quecksilberoxyd ist erforderlich, um einen Cylinder, der 12 Loth Wasser fasst, mit Sauerstoff zu füllen?	138
Der aus 1,5 Loth chlorsaurem Kali entwickelte Sauerstoff wird in ein mit Wasser gefülltes Gasometer geleitet. Wie viel Wasser fliesst aus dem Gasometer aus?	139
Wie viel Fuss beträgt ein Meter?	140
Welches ist das Gewicht von 1 Cubikmeter Wasserstoff?	141
Wie viel Kalium ist erforderlich, um 1 Liter Wasserstoff darzustellen?	141
Welches Volumen hat der aus 1 Gramm chlorsaurem Kali darzustellende Sauerstoff?	141
Welches ist die Dichtigkeit des Stickstoffoxyduls gegen Wasserstoff?	142
Welches ist die Dichtigkeit des Stickstoffoxyduls?	143
Welches ist das Gewicht von 24 Cubikzoll Stickstoffoxydul?	143
Wie viel salpetersaures Ammoniak gebraucht man, um $\frac{1}{4}$ Cubikfuss Stickstoffoxydul darzustellen?	143

VI

Welchen Raum nehmen 54 Cent Stickstoffoxydul ein? 144
Wie viel Raumtheile Stickstoffoxydul lassen sich darstellen aus
¼ Pfund salpetersaurem Ammoniak? 144
Welches ist die Dichtigkeit des Stickstoffoxyduls gegen Wasser? 144
Ein Gefäss fasst 9 Pfund Wasser. Wie viel Stickstoffoxydul
kann dasselbe aufnehmen? 145
Wie viel salpetersaures Ammoniak ist erforderlich, um ein Gasometer, welches 7 Pfund 10 Loth Wasser fasst, mit Stickstoffoxydul zu füllen?............. 145
Wie viel wiegt das Wasser, welches eben so viel Raum einnimmt wie das aus ¼ Loth salpetersaurem Ammoniak dargestellte Stickstoffoxydul?........ 145
Welches ist die Dichtigkeit des Stickstoffoxyds gegen Wasserstoff? 149
Welches ist die Dichtigkeit des Stickstoffoxyds? 151
Wie viel wasserfreie Salpetersäure und Kupfer ist erforderlich,
um dasjenige Stickstoffoxyd darzustellen, welches eben so viel
Raum einnimmt wie 30 Pfund Wasser? 151
Wie viel wiegt das Wasser, welches denselben Raum einnimmt
wie das aus 5 Quentchen wasserfreier Salpetersäure und dem
zugehörigen Kupfer darzustellende Stickstoffoxyd? 151
Wie viel verdünnte Salpetersäure von 28 Procent Gehalt an
wasserfreier Säure ist erforderlich, um dasjenige Stickstoffoxyd
darzustellen, welches denselben Raum einnimmt wie 10¼ Pfund
Wasser? 152
Es sind gegeben 4 Quentchen einer 22 procentigen Salpetersäure.
Wie viel wiegt das Wasser, welches denselben Raum einnimmt
wie das aus der gegebenen Salpetersäure zu entwickelnde
Stickstoffoxyd? 153
Es sollen x, y, z in der Gleichung $xN^2O^4 = yN^2O^2 + zN^2O^5$
bestimmt werden................. 159
In der Gleichung $H^8N^2O, N^2O^5 = xN^2O + yH^2O$ sollen x und
y bestimmt werden 161
Welche Raumverhältnisse müssen stattfinden, wenn Stickstoffoxyd
und Luft in Salpetersäure und Stickstoff sich verwandeln? . 162
In welchem einfachen Gewichtsverhältnisse sind saures schwefelsaures Kali und Salpeter zur Darstellung von Untersalpetersäure zusammenzubringen? 164
In welchem durch möglichst kleine Zahlen ausgedrückten Gewichtsverhältnisse sind zur Darstellung von Untersalpetersäure
saures schwefelsaures Kali und Salpeter zusammenzubringen,
wenn bei keinem der angewendeten Körper der Fehler grösser
als 1 Procent sein soll? 166
Wie gross ist die Dichtigkeit des luftförmigen Körpers N^2O^4? . 168
Wie gross würde die Dichtigkeit eines luftförmigen Körpers
N^2O^3, N^2O^4 sein? 168
Wie viel Salpetersäurehydrat lässt sich darstellen aus 8 Pfund
Salpeter und 7 Pfund Schwefelsäurehydrat? 169
Es sind gegeben 6 Quentchen chlorsaures Kali, 7 Quentchen
Zink, 2 Quentchen Schwefelsäure. Aus dem ersten Körper
soll Sauerstoff, aus den beiden letzten soll Wasserstoff dargestellt, darauf sollen Sauerstoff und Wasserstoff zu Knallgas

gemengt werden. Welcher der drei gegebenen Körper wird
vollständig verbraucht? 170
Wie heisst die Gleichung für die Verwandlung von Eisenoxydul
und Salpetersäure in Eisenoxyd und Stickstoffoxyd? 174
Welches ist die Dichtigkeit eines Gemenges von 68 Procent
Salpetersäurehydrat und 32 Procent Wasser? 175
Welches ist die Dichtigkeit des Gemenges $H^2O,N^2O^5 + 5H^2O$? . 176
Ein Gemenge von Salpetersäurehydrat und Wasser hat die
Dichtigkeit 1,45. Welches ist die procentische Zusammenset-
zung des gegebenen Gemenges? 176
Welches ist die atomistische Zusammensetzung einer aus 68
Procent Salpetersäurehydrat und 32 Procent Wasser bestehen-
den Flüssigkeit? 180
Ein Loth Wasser vermag bei einer Temperatur von 20° C. 0,526
Loth Ammoniakgas zu absorbiren. Wie viel Maass Ammoniak-
gas absorbirt demnach 1 Maass Wasser? 197
Ein Maass Wasser vermag bei 0° 1140 Maass Ammoniakgas zu
absorbiren; wie viel Gramm Ammoniakgas absorbirt demnach
1 Gramm Wasser? 197
Wie viel Schwefelsäurehydrat und Kupfer ist erforderlich, um
diejenige schweflichte Säure darzustellen, welche 1 Quart
= $\frac{1}{71}$ Cubikfuss Wasser bei 20° C. zu absorbiren vermag? . 216
Durch Verbrennen von Schwefel in überschüssiger Luft wird ein
Gemenge von schweflichter Säure, Stickstoff und Sauerstoff
hergestellt. Dieses Gemenge wird in einem Gefässe, in das
von aussen her Luft eindringen kann, mit einem Atom Stickstoffoxyd in Berührung gebracht, welches die Verbindung der
schweflichten Säure mit Sauerstoff zu Schwefelsäure veranlasst.
Von dem Stickstoffoxyd und von der Schwefelsäure wird an-
genommen, dass ihr Volumen klein genug ist, um gleich 0
gesetzt werden zu können. Es ist die Zusammensetzung desjenigen Gemenges zu berechnen, welches anfänglich in das
Gefäss gebracht werden muss, wenn eine möglichst grosse
Menge von Schwefelsäure entstehen soll. 225
Wie viel Jahre würden tausendmillionen erwachsene Menschen
athmen müssen, um ein Zehntausendstel vom Volumen der
Atmosphäre aus Sauerstoff in Kohlensäure zu verwandeln? . 267
Wie viel doppelt kohlensaures Natron und Weinsteinsäure gebraucht man zur Entwickelung derjenigen Kohlensäure, welche
von 2 Pfund 4 Loth Wasser bei 0° unter einem Drucke von
3 Atmosphären absorbirt werden kann, wenn die Kohlensäure
rein ist? 274
Welche Concentration muss die aus 1 Cent doppeltkohlensaurem
Natron und 1 Cent Weinsteinsäure zu entwickelnde Kohlensäure besitzen, um bei 20° C. von 1 Loth Wasser absorbirt
werden zu können? 275
Welche einfachen Gewichtsverhältnisse entsprechen der Formel
$NaCl^2 + MnO^2 + 3H^2O,SO^3$ so genau, dass bei keinem der
genannten Körper der Fehler 1 Procent beträgt? 296
In der Formel der Schwefelsäure SO^3 soll dem Sauerstoff das

Atomgewicht 100 beigelegt werden; wie gross ist demnach das Atomgewicht des Schwefels? 323

Die Formel des Wassers soll HO geschrieben werden, und es soll $H = 1$ sein; wie gross wird demnach O? 324

Das Atomgewicht des Kiesels soll so geändert werden, dass die Formel der Kieselsäure SiO^3 heisst; welche Formel hat man demgemäss dem Fluorkiesel beizulegen, wenn das Atomgewicht des Fluors eben so wie das des Sauerstoffs nicht geändert werden soll? 324

Das Atomgewicht des Kiesels soll so geändert werden, dass die Formel des Fluorkiesels $SiFl^6$ heisst; welche Formel hat man demgemäss der Kieselfluorwasserstoffsäure beizulegen, wenn das Atomgewicht der übrigen Elemente nicht geändert werden soll? 324

Einleitung.

§ 1.

Alles was fühlbar und schwer ist nennt man Körper.

Nach dieser Erklärung sind zum Beispiel das Holz, das Wasser, die Luft, der Mond Körper zu nennen. Bei dem Holz und dem Wasser wird dies Niemand bezweifeln, da es allgemein bekannt ist, dass dieselben fühlbar und schwer sind.

Um zu entscheiden, ob die Luft, welche man für gewöhnlich nicht fühlt, in Wirklichkeit fühlbar ist oder nicht, muss man bedenken, dass die Hand auch Holz und Wasser nicht fühlt, wenn sie längere Zeit mit diesen Körpern in Berührung gewesen ist. Die Fühlbarkeit tritt aber sogleich wieder ein, sobald die Hand über ein Stück Holz hin, oder durch Wasser hindurch fortbewegt wird. Ebenso fühlen wir auch die Luft, wenn wir die Hand mit hinreichender Geschwindigkeit durch die Luft fortbewegen.

Die Erfahrung hat bis jetzt gelehrt, dass alles Fühlbare auch schwer und alles Schwere auch fühlbar ist. Um zu untersuchen, ob diese Erfahrung auch bei der Luft sich bestätigt, ob also die Luft, die wir als Wind fühlen, auch schwer ist, nimmt man ein mit einem Hahne verschliessbares Gefäss, aus welchem die Luft mit Hülfe der Luftpumpe sich entfernen lässt. Man kann hierzu eine mit einer messingenen Fassung versehene Glaskugel, auch Glasballon genannt, verwenden, welche gebraucht wird, um zu zeigen, dass der Schall durch einen luftleeren Raum hindurch nicht fortgepflanzt wird.

Bestimmt man nun zuerst vermittelst der Waage (siehe § 3) das Gewicht des luftleeren Ballons, und lässt darauf in den Ballon wieder Luft einströmen, um von neuem sein Gewicht zu bestimmen, so zeigt sich das Gewicht des lufterfüllten Ballons grösser als das des luftleeren. Diese Zunahme des Gewichts rührt offenbar von der eingetretenen Luft her. Diese Luft besitzt also ein Gewicht. Es bedeutet aber dasselbe, wenn man sagt, dass ein Körper Gewicht hat, und wenn man sagt, dass ein Körper schwer ist.

Im gewöhnlichen Leben wird ein nur mit Luft gefülltes Gefäss bekanntlich leer genannt; beim Auspumpen der Luft aus dem Glasballon kann man auch beobachten, dass die Luft vollkommen unsichtbar ist, da der mit Luft gefüllte Ballon ganz dasselbe Aussehen zeigt, wie der luftleere.

Im Obigen ist auch der Mond ein Körper genannt. Obwohl man den Mond nicht auf die Waage bringen kann, so lässt sich doch auf eine Art, deren Beschreibung hier nicht wohl gegeben werden kann, beweisen, dass der Mond ein Gewicht hat. Da auf der Erde alles Schwere auch fühlbar ist, so nimmt man an, dass man auch den Mond würde fühlen können, wenn man ihn zu berühren vermöchte.

§ 2.

Die Fühlbarkeit beruht darauf, dass jeder Körper einen anderen Körper abstösst, der ihn zusammengedrückt, das heisst, in einen kleineren Raum oder ein kleineres Volumen gebracht hat. Das Gewicht der Körper beruht auf ihrem Bestreben, sich dem Mittelpunkte der Erde zu nähern.

Wenn man eine beiderseitig offene Röhre vertikal, das heisst von oben nach unten gerichtet, in Wasser taucht, so verdrängt das Wasser aus der Röhre die vorher darin enthaltene Luft, und man sieht, dass das Wasser das Bestreben hat, sich innerhalb der Röhre eben so hoch zu stellen, wie ausserhalb. Wiederholt man den Versuch mit einem Kolben, dessen Mündung nach unten gekehrt ist, so sieht man, dass das Wasser die Luft ein wenig zusammendrückt. Nun aber stösst die Luft das Wasser ab, so dass es nicht noch höher steigen kann.

Drückt man ein Stück Kautschuck mit zwei Fingern zusammen, so stösst das Kautschuck die Finger ab, so dass diese sich nicht noch mehr einander nähern können. Man fühlt überhaupt jeden Körper nicht eher, als bis man ihn durch Berührung mit der Hand in ein kleineres Volumen gebracht hat, wenn auch diese Verkleinerung des Raumes häufig nicht so leicht wahrnehmbar ist, wie bei einem Stück Kautschuck.

Wenn man ein Stück Eisen in die offene Hand legt, so fühlt man, dass das Eisen das Bestreben hat, sich nach unten zu bewegen; oder mit anderen Worten, sich dem Mittelpunkte der Erde zu nähern. Von diesem Bestreben rührt es her, dass das Eisen ein Gewicht hat, oder dass es schwer ist.

§ 3.
Gebrauch der Waage.

Beim Gebrauch der Waage kann man zwei Fälle unterscheiden. Es ist entweder ein Gewicht gegeben, und ein Körper wird gesucht; oder es ist ein Körper gegeben und ein Gewicht wird gesucht.

Wenn z. B. ein Loth Schwefel abgewogen werden soll, so ist ein bestimmtes Gewicht, nämlich ein Loth gegeben, und es soll von einem gewissen Körper, nämlich dem Schwefel, eine gleiche Menge bestimmt werden. Eine andere Aufgabe ist es, wenn ein Körper, etwa ein Stück Eisen gegeben ist, und nun dessen unbekanntes Gewicht gesucht werden soll.

In beiden Fällen bringt man das, was gegeben ist, auf die linke Waagschale, während die rechte Waagschale für dasjenige bestimmt ist, was gesucht wird. In beiden Fällen nimmt man die linke Waagschale zwischen den Daumen und den Zeigefinger der linken Hand und sorgt so dafür, dass die Zunge der Waage von ihrer vertikalen Lage immer nur ein wenig nach rechts und links abweicht. Feinere Waagen haben zu demselben Zwecke eine sogenannte Arretirung.

Soll nun von einem gewissen Körper eine gegebene Gewichtsmenge abgemessen werden, so ist es fast immer nöthig, ein besonderes Gefäss zur Aufnahme des Körpers anzuwenden. Dieses setzt man auf die rechte Waagschale; meistens ist es am bequemsten, auf die linke Waagschale als Gegengewicht für das Gefäss Schrot oder einen ähnlichen Körper zu bringen. Den Schrot hat man in einer Schachtel. Den Deckel der Schachtel setzt man umgekehrt auf die Waagschale und schüttet die nothwendige Menge Schrot hinein. Bei festen Körpern dient als Gefäss häufig nur ein Stück Glanzpapier, oder ein Kartenblatt; als Gegengewicht kann man dann ein gleiches Stück Glanzpapier oder Kartenblatt anwenden. Nunmehr stellt man das Gewicht auf die linke Waagschale. Bei pulverförmigen Körpern ist zum Zubringen oder Fortnehmen meistens ein hörnerner Löffel bequem, bei Flüssigkeiten, sobald es sich um kleine Mengen handelt, eine Pipette. (Siehe § 20.)

Liegt eine Aufgabe der zweiten Art vor, so bringt man, wie schon gesagt wurde, den abzuwägenden Körper auf die linke Waagschale. Um möglichst rasch zum Ziele zu gelangen, müssen die Gewichtsstücke, die man hat, einen zusammenhängenden Theil folgender Reihe bilden:

1, 1, 2, 5 Korn; 1, 1, 2, 5 Cent; 1, 1, 2, 5 Quentchen; 1, 1, 2, 5, 10, 10 Loth; 1, 1, 2, 5, 10, 10, 20, 50, 100 Pfund; die kleineren Gewichtsstücke müssen in einem Kasten enthalten sein, der für jedes einzelne derselben ein besonderes Fach hat. Neben jedem Fach muss die Grösse des hineingehörigen Gewichts geschrieben stehen, und zwar für alle Gewichte durch dieselbe Einheit ausgedrückt. Wählt man das Loth zur Einheit, so steht z. B. neben 5 Quentchen 0,5, neben 2 Cent 0,02. Beim Wägen setzt man jedes Gewicht, welches sich als unrichtig erweist, sogleich wieder in sein Fach. Es müssen nun die genannten Gewichte stets der Reihe nach vorwärts oder rückwärts schreitend benutzt werden, wobei sich von selbst versteht, dass man von zwei gleichen Gewichten manchmal das eine zu überschlagen hat. Wenn das Gewicht des gegebenen Körpers z. B. 6,75 Loth betrüge, so wird folgendermassen verfahren: Zuerst setzt man auf die Waagschale dasjenige Gewicht, welches man für möglichst wenig grösser hält als das richtige. Gesetzt, man nähme 1 Loth, so würde man folgendermassen fortzufahren haben: 1 in den Kasten; 2 auf die Waagschale; 2 in den Kasten; 5 auf die Waagschale; 5 in den Kasten; 10 auf die Waagschale;

10 in den Kasten; 5 auf die Wageschale; 2 auf die Wageschale; 2 in den Kasten; 1 auf die Wageschale; 0,5 auf die Wageschale; 0,2 auf die Wageschale; 0,1 auf die Wageschale; 0,1 in den Kasten; 0,05 auf die Wageschale.

Schliesslich macht man die Addition, und zwar nicht durch Betrachtung der auf der Wageschale stehenden, sondern der in dem Kasten fehlenden Gewichtsstücke.

§ 4.

Alle Körper denkt man sich bestehend aus sehr kleinen, untheilbaren, gleich schweren Stückchen, welche Molecüle genannt werden*).

Dass alle Körper wirklich aus solchen Molecülen**) bestehen, lässt sich nicht beweisen. Warum man es dennoch für wahr hält, wird sich später ergeben. Vorläufig ist es nothwendig, sich eine klare Vorstellung darüber zu machen, wie diese Molecüle beschaffen sein sollen.

---

*) Anmerkung für den Lehrer. Ampère ist meines Wissens der einzige, der über die Constitution der Körper Ansichten aufgestellt hat, welche den Bedürfnissen der Physik, der Chemie und der Mechanik gleichmässig Rechnung tragen (Poggendorff's Annalen XXVI. 167). Er nennt ein Molecül das, was jetzt von der Mehrzahl der Chemiker ein Atom genannt wird. Seine Molecüle denkt er sich zusammengesetzt aus Atomen. Da es mir wünschenswerth scheint, dieselbe Sache in verschiedenen Wissenschaften, welche eigentlich nur Unterabtheilungen einer und derselben Wissenschaft bilden, auch mit demselben Worte zu bezeichnen, und da ich den Ausdruck Atom im Sinne der Chemiker für mehr recipirt halte als im Sinne der Mechaniker, so scheint es mir angemessen, dem Worte Atom die von den Chemikern ihm beigelegte Bedeutung zu lassen. Um nicht ein ganz neues Wort einzuführen, musste ich deshalb die gleich schweren Theilchen, aus denen man in der Mechanik alle Körper, und also auch die chemischen Atome, sich bestehend denkt, Molecüle nennen. Ich nenne also Molecül das, was Ampère Atom nennt, und Atom das, was Ampère Molecül nennt. — Die Lehre von den Aequivalenten scheint mir für die Auffassung viel grössere Schwierigkeiten darzubieten als die Lehre von den Atomen.

**) Den Singular dieses Wortes spricht man: das Molekül ◡ ◡ ⏊.

Man denke sich ein Loth Holz auf irgend eine Weise, etwa durch Feilen, in möglichst kleine Stücke zertheilt. Das kleinste, also auch das leichteste, unter allen diesen Stücken wiege ein zehntausendstel Loth. Es könnte dieses vielleicht ein Molecül sein. Da aber alle Molecüle gleich schwer sein sollen, so müssen alle Stückchen, welche schwerer als ein zehntausendstel Loth sind, aus mehr als aus einem Molecül bestehen. Ebenso denke man sich ein Loth Kreide, etwa durch Pulverisiren in einer Reibeschale in möglichst kleine Stücke zertheilt. Das kleinste von diesen Stücken wiege ein hunderttausendstel Loth. Dann ist es klar, dass auch ein Stückchen Holz von ein zehntausendstel Loth Gewicht mindestens aus 10 Molecülen bestehen muss. Es kann überhaupt ein Molecül höchstens so schwer sein wie das leichteste Stück, welches sich von irgend einem beliebigen Körper herstellen lässt. Das Gewicht eines Molecüls ist also gewiss so klein, dass es auf keiner Wage zu erkennen sein würde; und seine Grösse ist so gering, dass es ohne Vergrösserungsglas nicht sichtbar wäre.

Nähmen wir an, ein Loth Kupfer bestände aus millionen Molecülen, so wäre ein Molecül Kupfer ein milliontel Loth schwer. Ein Molecül Wasser oder ein Molecül Luft wäre dann ebenfalls ein milliontel Loth schwer, und ein Pfund von irgend einem beliebigen Körper bestände aus 30000000 Molecülen.

§ 5.
Verfahren beim Erhitzen.

Als Brennmaterial beim Erhitzen dient entweder Spiritus oder Leuchtgas. Die Flammen sind am heissesten ungefähr in $\frac{2}{3}$ ihrer Höhe. Der Brennspiritus wird, je nachdem man eine schwächere oder stärkere Erhitzung gebraucht, in der einfachen oder in der Berzelius'schen Lampe verbrannt. Man muss den Spiritus nicht zugiessen, während die Lampen brennen. Um das Verdampfen des Spiritus zu verhüten, wird der Docht mit einer Kapsel umschlossen, so lange die Lampen nicht angezündet sind. Hat man dieses unterlassen, so ist im Docht nur das im Spiritus immer enthaltene Wasser zurückgeblieben, und man versucht vergeblich, die Lampe zum Brennen zu bringen. Alsdann zieht oder schraubt man den Docht weiter heraus, zündet an und lässt die Lampe einige Zeit brennen. Darauf kann man den Docht wieder verkürzen.

Die zu chemischen Versuchen zu verwendende Berzelius'sche Lampe hat grosse Aehnlichkeit mit einer gewöhnlichen Schiebelampe. Sie besteht aus einem in eine Fussplatte eingeschraubten vertikalen Ständer. An diesem ist eine Gabel, auf- und abwärts verschiebbar. Auf der Gabel ist die eigentliche Lampe vor- und rückwärts verschiebbar. Die zu erhitzenden Gegenstände werden auf Ringe gestellt, welche ebenfalls an dem vertikalen Ständer auf- und abwärts sich verschieben lassen. Bei Gegenständen, deren Durchmesser kleiner ist als der Durchmesser eines solchen Ringes, wird auf den Ring zuerst ein Drahtdreieck gelegt.

Die Berzelius'sche Lampe hat ebenso, wie die Schiebelampe, einen runden, hohlen Docht. Der Spiritus ist in einem ringförmigen Gefäss enthalten, in dessen Mitte sich die Dochtröhre befindet. Zum Zugiessen des Spiritus dient eine an der oberen Seite des Ringes angebrachte Oeffnung, welche, um das Verfliegen des Spiritus zu verhüten, mit einer Kapsel verschlossen gehalten wird. Um nicht zu viel Spiritus einzugiessen, nimmt man die zum Verschluss der Dochtröhre dienende Kapsel ab und hört mit dem Zugiessen des Spiritus auf, sobald derselbe in der Dochtröhre sichtbar wird. Sollte dennoch Spiritus übergeflossen und unvorsichtigerweise die Lampe angezündet sein, ohne dass vorher der übergeflossene Spiritus abgewischt worden ist, so fängt dieser ebenfalls an zu brennen. Man muss dann zuerst die eigentliche Lampe nach der anderen Seite drehen und kann darauf den übergeflossenen Spiritus ruhig abbrennen lassen.

Bei einer einfachen Spirituslampe giesst man, wenn sie nicht etwa mit einer besonderen Beigussöffnung versehen ist, den Spiritus durch den Hals ein, nachdem man die metallene Dochtröhre ein wenig emporgehoben hat. Man bedient sich dazu entweder eines Trichters oder man lässt den Spiritus an der Dochtröhre, die man mit dem Halse der den Spiritus enthaltenden Flasche in Berührung bringt, herunterfliessen.

Zur Erhitzung vermittelst des Leuchtgases werden Bunsen'sche Brenner gebraucht, in welchen dasselbe vor seiner Verbrennung sich mit Luft mengt. Zu schwächerer Erhitzung verwendet man einröhrige Brenner, zu stärkerer Erhitzung mehrröhrige.

Ein Bunsen'scher Brenner besteht aus einer in einen Fuss eingeschraubten vertikalen Röhre. Das Leuchtgas wird von der Seite her unten in die Röhre eingeleitet. Es sind an dem unteren Theile der Röhre zwei einander gegenüberstehende Oeffnungen angebracht, in welche die Luft einströmt, die sich mit dem Gase vermengen soll. Häufig umgiebt diesen unteren Theil der Röhre ein drehbarer Ring, welcher ebenso wie die Röhre selbst mit zwei Oeffnungen versehen ist. Für gewöhnlich muss dieser Ring so stehen, dass die Oeffnungen des Ringes über denen der Röhre liegen. Ist der Ring so gestellt, dass seine Oeffnungen sich nicht über den Oeffnungen der Röhre befinden, so kann keine Luft mit dem Gase sich mengen, und es entsteht beim Anzünden des Gases eine leuchtende Flamme, welche an feste Körper, zum Beispiel eine Porzellanschale, Russ absetzt. Will man indess nur eine sehr kleine Flamme verwenden, so ist ein Luftzutritt in den untern Theil der Röhre nicht dienlich, und man dreht also in diesem Falle den Ring so, dass keine Luft zutreten kann.

Wenn im Folgenden die Benutzung einer einfachen oder einer Berzelius'schen Lampe vorgeschrieben ist, so versteht es sich, dass statt deren bei der Anwendung von Leuchtgas eine kleinere oder grössere Flamme eintreten muss.

Es kommt bei den Bunsen'schen Brennern vor, dass die Flamme zurückschlägt, das heisst, dass das Gas nicht blos ausserhalb der Röhre, sondern auch noch in der Röhre mit einer kleinen Flamme brennt, wodurch der Brenner sehr heiss wird. Die äussere Flamme ist dann nicht bläulich, sondern mehr gelb und schwarz gefärbt. Man verhindert dieses Zurückschlagen dadurch, dass man die Flamme, mit der man das Gas anzündet, nicht unmittelbar an die Oeffnung der Röhre, sondern etwa zwei Zoll oberhalb derselben hält.

Für manche Versuche, bei denen es darauf ankommt, eine recht kleine Flamme von bestimmter Stärke zu haben, ist ein Schraubenhahn mit einem in einzelne Grade getheilten Kreise zu empfehlen, mittelst dessen man den Gasausfluss genau reguliren kann. Die mit der Flamme des Leuchtgases oder mit der Flamme einer einfachen Spirituslampe zu erhitzenden Gegenstände werden, wenn man sie nicht wie ein Reagensglas in der Hand halten kann, auf Dreifüsse oder Ringe gestellt, welche an einem Ständer wie bei der Berzelius'schen Lampe verschiebbar sind.

§ 6.

Molecüle können nicht neu entstehen und nicht vernichtet werden; es ist folglich die Anzahl der Molecüle und somit auch das Gewicht der Körper unveränderlich. Scheinbare Veränderungen des Gewichts entstehen dadurch, dass unsichtbare Molecüle von einem Körper sich entfernen oder zu einem Körper hinzutreten.

Wenn man irgend einen Körper hat, der ein Pfund wiegt, und der aus 30,000000 Molecülen bestehen möge, so muss die Anzahl dieser Molecüle immer dieselbe bleiben und das Gewicht des Körpers muss stets ein Pfund betragen, wie sich der Körper auch sonst verändern mag. Es ist zum Beispiel die Meinung, dass ein Mensch sich nach Belieben leichter oder schwerer machen könnte, durchaus irrig.

Zum Beweise der Richtigkeit des Satzes von der Unveränderlichkeit des Gewichtes liessen sich unzählig viele Versuche anstellen. Denn bei jeder irgend wahrnehmbaren Veränderung irgend eines Körpers könnte man glauben, dass sich auch sein Gewicht verändert hätte. Einige leicht auszuführende Versuche sind folgende.

Man erhitzt ein wenig blauen Kupfervitriol[*)] in einem Reagensglase mit etwas Wasser über einer einfachen Lampe. Beim Erhitzen einer Flüssigkeit in einem Reagensglase muss man letzteres stets so halten, dass die Flüssigkeit, wenn sie etwa aus dem Reagensglase hinausgeschleudert würde, keinen erheblichen Schaden anrichten kann. Mit der entstandenen Flüssigkeit, Kupfervitriollösung genannt, füllt man etwa den vierten Theil eines kleinen Glascylinders und stellt in den Cylinder noch einen

---

*) Man sagt: der Vitriol ⌣ ⌣ ⌣́.

Glasstab. Ferner füllt man ein Becherglas mit Ammoniak *), einer wasserklaren Flüssigkeit von stechendem Geruch.

Diese befindet sich in einer Glasflasche, die mit einem Glasstöpsel verschlossen ist. Der Griff des Glasstöpsels kann zwei verschiedene Formen haben. Er besteht entweder aus einer grösseren runden Platte mit horizontalen Seitenwänden, oder aus einer kleinen ovalen Platte, mit vertikalen Seitenwänden. Einen Stöpsel mit glattem rundem Griff kann man während des Ausgiessens aus der Flasche umgekehrt auf den Tisch stellen, ohne dass dabei der Stöpsel oder der Tisch verunreinigt wird. Bei einem Stöpsel der zweiten Art fasst man den ovalen Griff zwischen den zweiten und dritten Finger der rechten Hand, während die Innenfläche der Finger nach oben gekehrt ist. Man kann nun in dieselbe Hand bequem auch noch die Flasche nehmen.

Beim Ausgiessen aus einer Flasche wünscht man häufig nur eine kleine Quantität oder einzelne Tropfen der Flüssigkeit zu erhalten. Zu diesem Zwecke kehrt man zuerst die Flasche einmal um, damit die untere Fläche des Stöpsels von der Flüssigkeit benetzt wird. Mit diesem benetzten Theil des Stöpsels macht man an dem nach aussen gebogenen Rande des Flaschenhalses einen Strich und hält die Flasche beim Ausgiessen so, dass die Flüssigkeit den durch den Strich ihr vorgezeichneten Weg verfolgen kann. Nach dem Ausgiessen lässt man den am Rande des Flaschenhalses etwa noch hängenden Tropfen an dem Glasstöpsel abfliessen.

Nun bringt man den Cylinder mit der Kupfervitriollösung und dem Glasstabe, und das Becherglas mit dem Ammoniok auf die rechte Waagschale, das richtige Gegengewicht, am bequemsten Schrot, auf die linke. Darauf nimmt man beide Gefässe von der Waagschale ab, um ein wenig von dem Ammoniak zu der Kupfervitriollösung zu giessen. Zu diesem Zweck hebt man den Glasstab aus dem Cylinder, ohne einen Tropfen von der Kupfervitriollösung zu verschütten, legt den Glasstab über die Mitte des Becherglases und lässt aus diesem das Ammoniak an dem Glas-

---

*) Man spricht: das Ammoniak ´ ᴗ ᴗ oder ᴗ ᴗ ´.

stabe entlang in den Cylinder fliessen. In diesem entsteht jetzt ein schmutzig blaugrüner, undurchsichtiger Körper. Das Gewicht des Ganzen aber zeigt sich unverändert.

Man kann an diesen Versuch noch einen zweiten anschliessen. Füllt man nämlich den Cylinder jetzt vollständig mit dem Ammoniak aus dem Becherglase, so entsteht eine schön dunkelblaue, klare Flüssigkeit; aber wiederum ist das Gewicht unverändert geblieben.

Zu einem ferneren Versuche nimmt man eine Porzellanschale mit flachem Boden, füllt sie etwa zur Hälfte mit pulverisirtem weissem Zucker, fügt einen Porzellanspatel zum Umrühren hinzu und bestimmt das Gewicht des Ganzen. Es betrage etwa 27,37 Loth. Man lässt nun über einer Berzelius'schen Lampe den Zucker schmelzen, indem man ihn fortwährend umrührt und eine zu starke Erhitzung vermeidet, in Folge deren sich eine Anzahl der Molecüle des Zuckers als sichtbarer und auch durch den Geruchssinn wahrnehmbarer Rauch entfernen würde. Der Zucker hat nach dem Schmelzen ein ganz anderes Aussehen als vorher; dennoch zeigt er dasselbe Gewicht.

Auch an diesen Versuch knüpft sich ein anderer. Man lässt die Schale mit dem Zucker vielleicht eine Woche lang an freier Luft stehen und bestimmt von neuem ihr Gewicht. Dieses hat zugenommen und beträgt jetzt etwa 27,92 Loth. Aber der Zucker ist an der Oberfläche syrupartig geworden; es sind Wassermolecüle, welche unsichtbar in der Luft enthalten waren, und welche 0,55 Loth wogen, zu dem Zucker hinzugetreten, und deshalb hat sich sein Gewicht vergrössert.

Das Gewicht des Schwefels scheint beim Verbrennen gänzlich zu verschwinden. Dass sich hierbei der Schwefel nur in Molecüle verwandelt, die sich unsichtbar entfernen, beweist der Geruch; denn wenn nicht von dem verbrennenden Schwefel aus einige Molecüle in die Nase gelangt wären, so würde man keinen Geruch haben wahrnehmen können. Aehnlich verhalten sich noch viele Körper bei der Verbrennung. Wenn von einem Pfunde Holz im Ofen nur ein Loth Asche zurückbleibt, so müssen 29 Loth von dem Holz sich durch den Schornstein entfernt haben.

§ 7.

Das Verhalten eines Körpers zu anderen Körpern unter gewissen Umständen oder auch das Verhalten gewisser Molecüle zu anderen Molecülen unter gewissen Umständen wird Eigenschaft genannt.

Nach der Auffassung des gewöhnlichen Lebens besitzt ein bestimmter Körper bestimmte Eigenschaften selbstständig und unabhängig von allen anderen Körpern. Man denkt sich zum Beispiel, die rothe Farbe des Siegellacks sei eine dem Siegellack angehörige Eigenschaft, und der Siegellack würde roth sein, wenn es auch keinen anderen Körper gäbe. Diese Auffassung ist falsch. Soll der Siegellack roth sein, so ist dazu einerseits noch ein zweiter Körper nothwendig, und es müssen andererseits diese beiden Körper unter gewissen Umständen sich befinden. Den zweiten Körper kann zum Beispiel eine Oelflamme oder auch die Sonne bilden. Bleiben wir bei der Oelflamme stehen, so ist es ausserdem nothwendig, dass die Oelflamme dem Siegellack hinreichend nahe sei, und dass sich zwischen der Oelflamme und dem Siegellack nicht ein sogenannter undurchsichtiger Körper befinde. Unter dem Einflusse einer brennenden Spirituslampe, in deren Docht man Kochsalz eingerieben hat, ist der Siegellack schmutzig gelb*). Lässt man den Siegellack an der Spiritusflamme sich entzünden, so erscheint unter dem Einfluss der Siegellackflamme der nicht brennende Theil augenblicklich wieder roth. Im Dunkeln ist der Siegellack, eben so wie alle nicht selbstleuchtenden Körper, schwarz.

---

*) Diesen Versuch muss man in einem dunklen Zimmer machen. Zu vielen Versuchen ist es wünschenswerth, das Zimmer, in welchem die Versuche angestellt werden, leicht vollständig verdunkeln zu können. Am besten geschieht dies durch Rolljalousieen.

Zum Vorhandensein irgend einer Eigenschaft gehören also drei Dinge, nämlich 1) der Körper, der die Eigenschaft besitzen soll (im vorigen Beispiele der Siegellack); 2) ein anderer Körper (im vorigen Beispiele die Oelflamme); 3) gewisse Umstände, unter den die beiden Körper sich befinden (im vorigen Beispiel die Umstände, dass Siegellack und Oelflamme einander hinreichend nahe waren und dass sich zwischen beiden kein undurchsichtiger Raum befand).

„Der Stein ist schwer" heisst: „der Stein strebt, sich der Erde zu nähern, wenn er der Erde hinreichend nahe ist."

Bei manchen Eigenschaften der Körper ist es zu einer richtigen und klaren Auffassung nothwendig, auf die Molecüle der Körper zurückzugehen *). Sagt man zum Beispiel: „das Wasser ist flüssig", so heisst dies genauer ausgedrückt: „Ein Molecül Wasser wird gegen ein zweites berührendes Wassermolecül durch einen dritten Körper leicht verschoben".

„Das Wasser ist gefrierbar" heisst: „Ein Molecül Wasser haftet fest an einem zweiten berührenden Molecül, wenn beide mit einem hinreichend kalten Körper in Berührung gebracht worden sind."

Diese Beispiele mögen vorläufig genügen, um zu zeigen, dass ein Körper, oder genauer gesprochen ein oder mehrere Molecüle, niemals eine Eigenschaft für sich besitzen, dass vielmehr eine Eigenschaft immer nur in dem Verhalten eines Molecüls zu anderen Molecülen besteht. Es möge hier nur noch bemerkt werden, dass zum Nachweise der Richtigkeit dieses Satzes in manchen Fällen eine genauere Kenntniss der Körper nothwendig ist, als man sie vom gewöhnlichen Leben her besitzt. Ein hierher gehöriger Fall wird noch in § 41 besprochen werden.

---

*) Es würde zwar ohne Zweifel richtiger sein, hier ebenso wie in §§ 13. 23. 24. nicht von Molecülen, sondern von Atomen zu sprechen; die Erklärung des Atoms ist indessen erst später verständlich und es können ohne Nachtheil vorläufig die kleinsten Theile jedes Körpers Molecüle genannt werden.

§ 8.

Manche Eigenschaften von Körpern werden leicht irrthümlich für Körper gehalten. Namentlich sind Bewegung, Schall, Wärme, Licht nicht Körper, sondern nur Eigenschaften von Körpern.

Bewegung ist die Eigenschaft eines Molecüls, seine Lage anderen Molecülen gegenüber zu verändern. Natürlich giebt es nicht Bewegung für sich, sondern nur bewegte Körper. Es wird auch von Niemand die Bewegung für einen Körper gehalsen, und dieselbe ist hier nur erwähnt, um das Verständniss des Folgenden zu erleichtern. In Beziehung auf die Bewegung mögen hier jedoch noch zwei Punkte hervorgehoben werden. Der erste Punkt ist der, dass manche Bewegungen ohne Anwendung besonderer Hülfsmittel nicht als Bewegungen erkannt werden können. So erscheint ein sich drehender Kreisel oft, wie wenn er vollständig unbewegt wäre; eine gewisse Art von Fliegen sieht man häufig in der Luft scheinbar vollständig unbewegt schweben, während wir doch wissen, dass dieses Schweben nur durch die fortwährende Bewegung der Flügel möglich gemacht wird. — Der zweite hier noch hervorzuhebende Punkt ist der, dass die Bewegung von einem Körper auf einen andern übergehen kann. Bei allen Körpern, die wir mit der Hand schieben, ziehen, stossen, werfen, ist die Bewegung von der Hand auf diese Körper übergegangen.

Ebenso wie die Bewegung sind auch der Schall, die Wärme, das Licht nicht Körper, sondern nur Eigenschaften von Körpern. Es giebt deshalb nicht Schall, Wärme, Licht für sich allein, sondern es giebt nur schallende, warme, leuchtende Körper. Und die Körper, welche die Eigenschaften des Schalles, der Wärme, des Lichtes besitzen, können diese Eigenschaften verlieren, ebenso wie ein Körper, der die Eigenschaft der Bewegung besitzt, diese verlieren kann.

Es ist sogar als sicher zu betrachten, dass Schall, Wärme und Licht nichts anderes sind, als eigenthümliche Bewegungszustände der Molecüle eines Körpers. Die Schallbewegung lässt sich manchmal noch mit den Augen wahrnehmen, zum Beispiel bei einer schallenden oder tönenden Saite. Die Bewegungen der Wärme und des Lichts dagegen können als Bewegungen nicht wahrgenommen werden. Es ist allgemein bekannt, dass diese Bewegungen von einem Körper in einen anderen übergehen können. Wenn der Schall in unser Ohr, die Wärme in unsere Hand oder einen anderen Körpertheil, das Licht in unser Auge übergegangen ist, so nehmen wir sie als Schall, oder Wärme, oder Licht wahr.

§ 9.
Gleiche Körper haben zu allen Zeiten und an allen Orten gleiche Eigenschaften.

Wenn zwei Körper einen gleichen Namen führen, so folgt daraus noch nicht, dass sie einander vollkommen gleich sind. Wasser von 0^0 Temperatur ist nicht gleich Wasser von 20^0, da sich beide von einander unterscheiden lassen. Es ist nicht vollkommen richtig, wenn man sagt: „Wasser ist gefrierbar"; man kann nur sagen, dass Wasser von 0^0 gefrierbar ist. Aber auch diese letzte Ausdrucksweise, wonach Wasser von 0^0 möglicherweise gefriert, ist noch unklar. Man muss sagen: „Wasser von 0^0 gefriert, wenn es mit irgend einem noch kälteren Körper in Berührung gebracht wird."

Dieser Ausdruck ist ein für jede Zeit und für jeden Ort richtiger, und man muss ihn deshalb als ein unabänderliches Gesetz betrachten.

Ein Versuch, der, mit gewissen Körpern unter gewissen Umständen angestellt, irgend ein Resultat ergeben hat, muss, mit denselben Körpern unter denselben Umständen wiederholt, stets dasselbe Resultat zur Folge haben; scheint dies nicht der Fall zu sein, so muss irgendwo ein Irrthum stattfinden.

Die in diesem Buche beschriebenen Versuche müssen, wenn sie mit denselben Körpern und unter denselben Umständen in Zukunft wiederholt werden, stets wieder dasselbe Resultat ergeben, wie sie es einmal ergeben haben.

§ 10.
Unter den Eigenschaften der Körper sind besonders diejenigen von Interesse, welche in einer Veränderung des Körpers bestehen. Eine Veränderung wird auch Vorgang oder Process genannt.

Obwohl die Ausdrücke „Eigenschaft" und „Veränderung" von einander ganz verschieden zu sein scheinen, so bestehen doch manche Eigenschaften, wenn man sie nur klar genug auffasst, in nichts anderem, als in einer Veränderung. Die beiden folgenden Sätze, nämlich erstens „das Wasser besitzt die Eigenschaft der Gefrierbarkeit" und zweitens „Wasser von 0^0 verändert sich, wenn es mit einem noch kälteren Körper in Berührung gebracht wird, in Eis" scheinen freilich nicht ganz dasselbe auszudrücken. Wenn aber der erste Satz nicht unrichtig sein soll, so darf man ihm nur die Bedeutung des zweiten Satzes beilegen. Ein Körper hat nur dann die Eigenschaft, sich zu verändern, wenn er sich wirklich verändert. Manche Eigenschaften bestehen nun zwar auch nicht in einer Veränderung. Dieses wäre zum Beispiel der Fall, wenn man sagte: „Wasser von 20^0 hat die Eigenschaft, nicht zu gefrieren." Es ist indessen leicht einzusehen, dass nur diejenigen Eigenschaften der Körper von Interesse sind, welche in einer Veränderung der Körper bestehen. Betrachten wir etwa das Gold. Das feste Gold verwandelt sich, wenn es mit einem anderen Körper von sehr hoher Temperatur in Berührung kommt, in eine Flüssigkeit, indem es schmilzt. Ferner verwandelt sich auch das Gold in Berührung mit dem sogenannten Königswasser in eine Flüssigkeit. Wenn man nun wüsste, dass die beiden genannten Veränderungen die einzigen wären, die das Gold überhaupt erleiden kann, so würde man offenbar das Verhalten des Goldes **unter allen Umständen** kennen. Und allgemein, wenn man alle Veränderungen kennt, die ein Körper erleiden kann, so kennt man die sämmtlichen Eigenschaften dieses Körpers.

§ 11.

Die Gesammtheit aller Körper nennt man Körperwelt oder Natur. Von den Körpern und ihren Eigenschaften handeln die Naturwissenschaften. Diese zerfallen in

1) Naturbeschreibung, welche sich mit den ohne Zuthun der Menschen entstandenen Körpern beschäftigt und die Eigenschaften nur insofern erwähnt, als sie zu der Unterscheidung der Körper von einander nothwendig sind;

2) Naturlehre, welche von den Eigenschaften handelt und die

Körper nur in so fern erwähnt, als sie zur Erkenntniss der Eigenschaften nothwendig sind.

Es versteht sich, dass ein Körper niemals ohne Eigenschaften, und eine Eigenschaft niemals ohne Körper existirt. Es ist auch unmöglich, von einem Körper zu sprechen, ohne zugleich an seine Eigenschaften zu denken; eben so ist es unmöglich, von einer Eigenschaft zu sprechen, ohne zugleich an einen Körper zu denken, der diese Eigenschaft besitzt. Dagegen kann man sehr gut entweder einen bestimmten Körper ins Auge fassen und dessen Eigenschaften mehr als Nebensache betrachten, oder man kann eine Eigenschaft als Hauptsache auffassen, die Körper dagegen, welche diese Eigenschaft besitzen, als Nebensache.

Nach dem Obigen lässt es sich meistentheils leicht entscheiden, ob irgend ein Gegenstand überhaupt in das Bereich der Naturwissenschaften gehört, und weiter, ob derselbe in der Naturbeschreibung oder in der Naturlehre zu behandeln ist.

Um eine Frage der letzten Art zu beantworten, muss man besonders sich erinnern, dass ein Körper stets fühlbar und schwer ist, dass aber irgend eine Veränderung eines Körpers, und namentlich auch jede Ortsveränderung, das heisst jede Bewegung, eine Eigenschaft ist. Ausserdem ist zu bedenken, dass im Obigen über die mit Zuthun der Menschen entstandenen Körper nichts gesagt ist. Wo diese zu behandeln sind, wird in § 25 erwähnt werden.

Aufgaben. In welcher Wissenschaft werden beantwortet die Fragen: Was ist Gold, Fallen, Gewitter, Hand, Papier?

§ 12.
Die Naturbeschreibung wird eingetheilt in

1) Mineralogie, welche von den leblosen Körpern handelt;
2) Botanik, welche sich mit den Pflanzen beschäftigt;
3) Zoologie, welche die Thiere kennen lehrt.

Die Naturlehre zerfällt in

1) Physik, welche die Eigenschaften der leblosen Körper auf der Erde bespricht;
2) Physiologie, welche von den Eigenschaften der belebten Körper handelt;

3) Astronomie, welche sich mit den Eigenschaften der Himmelskörper beschäftigt.

Es ist auch hier stets im Auge zu behalten, dass von den mit Zuthun der Menschen entstandenen Körpern noch nicht die Rede ist. Man kann nun leicht entscheiden, in welcher der genannten sechs Wissenschaften die folgenden Begriffe besprochen werden: Kalk, Eiche, Bein, Fliessen, Athmen, Mondfinsterniss, Schmelzen, Blitz, Sprechen, Zinnober, Knall, Elfenbein, Abendröthe, Fliegen, Härte, Gewicht, Druck.

Die Unterabtheilungen der Naturbeschreibung und der Naturlehre sind nicht ganz einander entsprechend. Um eine Uebereinstimmung hervorzubringen, müsste zu der Naturbeschreibung eine Unterabtheilung hinzutreten, welche die Himmelskörper behandelt. Was wir über diese wissen, ist indessen so wenig, dass es mit den Eigenschaften der Himmelskörper zusammen in der Astronomie besprochen wird. Ferner müsste bei der Naturlehre die Physiologie in Pflanzenphysiologie und Thierphysiologie zertheilt werden, eine Trennung, die auch häufig gemacht wird.

§ 13.

Die verschiedenen Arten des Zusammenhanges der Molecüle heissen Aggregatzustände. Man unterscheidet drei Hauptaggregatzustände: den festen, den flüssigen und den luftförmigen. Ein Körper von festem Aggregatzustande (ein fester Körper) hat ein schwer veränderliches Volumen und eine schwer veränderliche Gestalt. Ein Körper von flüssigem Aggregatzustande (ein flüssiger Körper, eine Flüssigkeit) hat ein schwer veränderliches Volumen und eine leicht veränderliche Gestalt. Ein Körper von luftförmigem Aggregatzustande (ein luftförmiger Körper, eine Luftart) hat ein leicht veränderliches Volumen und eine leicht veränderliche Gestalt.

Die Begriffe fest und flüssig sind schon aus dem gewöhnlichen Leben bekannt, und niemand wird sie missverstanden haben, wo sie im Obigen schon gebraucht sind.

Man versteht im gewöhnlichen Leben unter einem festen Körper einen Körper von schwer veränderlicher Gestalt, unter einer Flüssigkeit einen Körper von leicht veränderlicher Gestalt. Dass es Körper von unveränderlicher Gestalt nicht giebt, ist bekannt. Es existirt kein fester Körper, der nicht durch Biegen, Hämmern, Ziehen u. s. w. in eine neue Gestalt gebracht werden könnte. Dies findet natürlich auch dann statt, wenn ein Stück von einem festen Körper durch Zerreissen, Zerschlagen, Zerbrechen in mehrere Stücke verwandelt wird. Ferner ist auch im § 2 erwähnt worden, dass jeder Körper nicht eher mit der Hand fühlbar ist, als bis die Hand durch ihren Druck dem Körper eine Gestaltsveränderung ertheilt hat.

Vergleicht man nun miteinander etwa einen ziemlich dicken Eisendrath und eine Quantität Wasser, die in einem Gefäss enthalten ist. Der Eisendrath ist nur mit Mühe in eine andere Gestalt zu bringen. Bei dem Wasser dagegen ist dieses sehr leicht. Das Wasser nimmt eine neue Form an, wenn man das Gefäss neigt, oder wenn man einen Finger hineintaucht. Es würde unrichtig sein, zu sagen, dass, von den Luftarten vorläufig abgesehen, jeder Körper entweder fest oder flüssig sein muss. Es giebt vielmehr sehr verschiedene Grade der Festigkeit. Ein dünner Eisendrath ist leichter in eine neue Gestalt zu bringen, als ein dicker. Eine Masse von Schrotkugeln kann man desto leichter mit dem Finger umrühren, je kleiner die einzelnen Kugeln sind. Dasselbe ist bei einem pulverisirten Körper der Fall. Je feiner das Pulver ist, desto weniger Mühe macht es, das Pulver in eine neue Gestalt zu bringen. Ein Stück Wachs wird immer leichter knetbar, je wärmer das Wachs ist. Legt man eine Stange Siegellack, deren Gestalt man für ziemlich schwer veränderlich hält, mit den beiden Enden auf zwei Stücke Holz, so dass die Mitte frei in der Luft schwebt, so sieht man nach einiger Zeit, dass sich das Siegellack in der Mitte nach unten hin durchgebogen hat. Der Syrup, der Theer, sind bei weitem weniger flüssig, als das Wasser.

Man ersieht hieraus, dass es, von den luftförmigen Körpern abgesehen, nicht zwei, sondern sehr viele verschiedene Aggregat-Zustände giebt. Ein Stück Blei besitzt einen anderen Aggregatzustand wie ein Stück Eisen von ganz derselben Gestalt. Denn von dem Blei kann man mit einem Messer viel leichter etwas abschneiden, als von dem Eisen. Einen eigenthümlichen Aggregatzustand haben fäden- oder drathförmige Körper. In der Richtung der Länge sind sie schwierig auszudehnen; in anderer Richtung ist ihre Gestalt leicht veränderlich.

Man denkt sich indessen einen Körper bei der Bezeichnung seines Aggregatzustandes gewöhnlich als aus einem einzigen Stücke bestehend und nennt danach z. B. auch den pulverisirten Zucker fest. Nach dieser Auffassungsweise giebt es allerdings nicht sehr viele Körper, die zu flüssig sind, um sie fest zu nennen, und die zugleich zu fest sind, um sie flüssig zu nennen.

Es bedarf wohl kaum der Erwähnung, dass das bisher besprochene verschiedene Verhalten der Körper, sobald man ihre Gestalt zu verändern sucht, von dem verschiedenartigen Zusammenhang der Molecüle untereinander herrührt. Ein Körper ist um so fester, je mehr Kraft dazu erforderlich ist, seine Molecüle von einander zu entfernen oder einander zu nähern. Es würde übrigens ein Irrthum sein, wenn man dächte, dass die Molecüle der Flüssigkeiten ganz ohne Zusammenhang an einander wären. Wenn man einen Glasstab in Wasser taucht und dann vertical wieder herauszieht, so bleibt an dem Glasstabe ein Tropfen hängen. Die untersten Theile dieses Tropfens haften aber offenbar an den oberen. Wäre dies nicht der Fall, so würden sie herunterfallen, um sich dem Mittelpunkte der Erde zu nähern.

Es ist in der Ueberschrift dieses Paragraphen gesagt, dass feste Körper und Flüssigkeiten ein schwer veränderliches Volumen haben. Angenommen, dass diese Bestimmung richtig sei, so könnte man sie doch für überflüssig halten. Es scheint die Bestimmung zu genügen, dass ein fester Körper eine schwer veränderliche, eine Flüssigkeit eine leicht veränderliche Gestalt hat. Die Kenntniss der geringen Veränderlichkeit des Volumens bei festen und flüssigen Körpern ist indessen nothwendig wegen der Luftarten. Nach der Auffassung des gewöhnlichen Lebens werden die Luftarten nicht recht eigentlich als Körper betrachtet, und zwar wohl hauptsächlich deshalb, weil die aus dem gewöhnlichen Leben bekannten Luftarten unsichtbar sind. Als Beispiel hierfür können angeführt werden: die Luft selbst, die durch den Geruch wahrnehmbare Luftart, welche beim Verbrennen des Schwefels entsteht, der Wasserdampf, in welchen sich z. B. beim Trocknen der Wäsche das Wasser verwandelt und aus welchem der Regen sich bildet.

Die Luftarten haben nun offenbar eine ausserordentlich leicht veränderliche Gestalt; denn wenn man nur die Hand durch die Luft hin und her bewegt, so werden dieser immerfort neue Gestalten ertheilt. Es haben also nicht allein die Flüssigkeiten, sondern auch die Luftarten eine leicht veränderliche Gestalt. Auch was die Fähigkeit des Fliessens angeht, sind Flüssigkeiten und Luftarten einander gleich, denn ebenso wie Wasser kann auch Luft durch eine Röhre fliessen. Es ist hier nebenbei zu bemerken, dass also nicht jeder Körper eine Flüssigkeit genannt wird, dem die Fähigkeit des Fliessens zukommt.

Es kann andererseits die Unsichtbarkeit nicht als ein Erkennungszeichen der luftförmigen Körper betrachtet werden. Denn es giebt auch gefärbte, folglich sichtbare Luftarten (siehe § 15). Es mag nebenbei bemerkt werden, dass feste und flüssige Körper durch ihr Aussehen allein sich nicht immer sicher von einander unterscheiden lassen. Es kann z. B. bei dem im § 6 beschriebenen Versuche nicht mit dem Auge wahrgenommen werden, wann der geschmolzene Zucker beim Erkalten wieder fest wird.

Untersuchen wir nun, wie es sich mit der Veränderlichkeit des Volumens bei luftförmigen, flüssigen und festen Körpern verhält. Man bringe in eine Retorte so viel Wasser, dass, während die Mündung des vertical gehaltenen Halses der Retorte nach oben gekehrt ist, die untere Hälfte des Bauches mit Wasser, die obere Hälfte des Bauches und der obere Theil des Halses mit Luft angefüllt sind. Man bezeichne sich die Grenze zwischen Wasser und Luft im Retortenbauche durch einen befeuchteten Papierstreifen. Man versuche nun, so viel Luft wie möglich aus dem Retortenhalse durch Saugen zu entfernen. Man sieht deutlich, wie das Volumen der Luft im Retortenbauche sich vergrössert, während das Wasser im Retortenhalse emporsteigt. Hört man auf zu saugen, so kehrt die ausgedehnte Luft zu ihrem früheren Volumen zurück.

Macht man denselben Versuch mit einer Retorte, die nur

Wasser und keine Luft enthält, so lässt sich fast gar kein Wasser aussaugen. Dasselbe zeigt sich, wenn man die Retorte mit Bleistücken, etwa mit Schrot und Wasser, füllt. Hiernach hat die Luft ein leicht veränderliches Volumen. Wasser und Blei haben ein schwer veränderliches Volumen.

Während nach dem Obigen von den festesten Körpern zu den flüssigsten ein stetiger Uebergang stattfindet, so ist dasselbe bei den bis jetzt bekannten flüssigen und luftförmigen Körpern nicht der Fall. Es giebt keinen Körper, den man halb flüssig, halb luftförmig nennen könnte.

§ 14.

Nach der grösseren oder geringeren Anzahl von Molecülen, die in demselben Raume oder Volumen enthalten sind, können alle Körper eingetheilt werden in dichtere oder dünnere. Ein dichter Körper hat ein grösseres Bestreben, sich dem Mittelpunkte der Erde zu nähern, als ein gleiches Volumen eines dünneren.

Wenn man sagt: „Eisen ist schwerer als Wasser", so hat das Wort „schwer" offenbar eine andere Bedeutung wie in dem Satze „ein Pfund Wasser ist schwerer als ein Loth Eisen". Um diese Zweideutigkeit zu vermeiden, sagt man besser, nicht „Eisen ist schwerer als Wasser", sondern „Eisen ist dichter als Wasser" und „Wasser ist dünner als Eisen". Dies heisst „ein gleicher Raumtheil Eisen ist schwerer als ein gleicher Raumtheil Wasser" oder auch „ein Raumtheil Eisen enthält mehr Molecüle als ein gleicher Raumtheil Wasser". Es folgt hieraus, dass im Eisen die Molecüle einander näher sind, als im Wasser.

Es ist im Obigen gesagt, dass ein dichter Körper ein grösseres Bestreben hat, sich dem Mittelpunkte der Erde zu nähern, als ein dünnerer. Damit dieses Bestreben in Ausführung gebracht werden könne, ist es nothwendig, dass wenigstens der eine der beiden Körper eine veränderliche Gestalt habe; denn wenn ein Stück Eisen auf einem Stücke Holz liegt, so vertauschen beide ihren Platz nicht, obwohl Eisen dichter ist als Holz. Wenn man dagegen ein Stück Eisen in Wasser hält und es dann loslässt, so sinkt das Eisen unter, indem es ein gleiches Volumen Wasser nach oben hin verdrängt. Bläst man durch eine

Röhre Luft in Wasser ein, so wird die Luft durch einen gleichen Raumtheil Wasser nach oben hin verdrängt.

Bei gewöhnlicher Temperatur sind mit seltenen Ausnahmen die festen Körper dichter als die Flüssigkeiten. Es giebt namentlich nur wenige feste Körper, die dünner sind als das Wasser. Ferner besitzen die luftförmigen Körper ohne Ausnahme eine geringere Dichtigkeit als die Flüssigkeiten.

§ 15.

Jeder feste Körper kann durch Temperaturerhöhung in einen flüssigen, jeder flüssige durch weitere Temperaturerhöhung in einen luftförmigen verwandelt werden und umgekehrt.

Man bringe einige Stücke festen Schwefel in ein Reagensglas und erhitze den Schwefel unter stetem Schütteln ziemlich langsam. Er verwandelt sich in eine rothgelbe, klare Flüssigkeit. Man erhitze nun diesen flüssigen Schwefel so stark wie möglich. Er wird zuerst rothbraun und undurchsichtig, darauf fängt er an zu kochen oder zu sieden, das heisst: er verwandelt sich am Boden des Gefässes in luftförmigen Schwefel oder Schwefeldampf. Dieser steigt in Blasen empor und erscheint gelb gefärbt über dem flüssigen Schwefel.

Der letzte Theil des beschriebenen Versuches kann leicht ein unrichtiges Resultat ergeben, wenn nämlich die angewendete Erhitzung nicht hinreichend gross ist. Es scheint alsdann, als ob der über dem rothbraunen, flüssigen Schwefel emporgestiegene Schwefeldampf nicht eine gelbe, sondern ebenso wie der flüssige Schwefel eine rothbraune Färbung besässe. Diese rothbraune Färbung rührt aber nur von flüssigem, rothbraunen Schwefel her. Wenn nämlich der über dem flüssigen Schwefel befindliche Theil des Reagensglases eine niedrigere Temperatur besitzt, wie der siedende Schwefel, so verändert sich der eben entstandene Schwefeldampf in Berührung mit dem kälteren Reagensglase sofort wieder in flüssigen Schwefel. Erst bei stärkerer Erhitzung wird dann die wahre gelbe Färbung des Schwefeldampfes sichtbar. Diese ist überhaupt am leichtesten sichtbar zu machen, wenn man nur eine recht kleine Menge Schwefel anwendet.

Dass durch Abkühlung luftförmige Körper flüssig und flüssige Körper fest werden, kann man an dem Schwefel ebenfalls leicht beobachten, denn in dem oberen Theile des Reagensglases verwandelt sich der Schwefeldampf wieder in flüssigen Schwefel; und wenn man das Reagensglas darauf noch weiter erkalten lässt, entsteht wieder fester Schwefel.

Bei gewöhnlicher Temperatur ist die Anzahl der festen Körper bei weitem grösser als die der Flüssigkeiten, und die Anzahl der Flüssigkeiten ist grösser als die der Luftarten.

Es muss hier bemerkt werden, dass man im gewöhnlichen Leben mit dem Worte Dampf etwas anderes zu bezeichnen pflegt, als in der Wissenschaft. Man giesse in einen Kolben etwas Wasser, spanne den Kolben in einen Retortenhalter und erhitze das Wasser bis zum Kochen. Der Hals des Kolbens ist jetzt mit luftförmigem Wasser angefüllt, welches wissenschaftlich Wasserdampf genannt wird und aussieht wie Luft. Oberhalb des Kolbenhalses entsteht das, was im gewöhnlichen Leben Dampf, in der Wissenschaft aber Nebel genannt wird; dieser besteht aus kleinen, in der Luft schwimmenden Tröpfchen flüssigen Wassers, welche aus dem Wasserdampf durch Berührung mit der kalten Luft entstanden sind. In ausgeathmeter Luft ist auch stets Wasserdampf enthalten; dieser wird flüssig in Berührung mit kalten Körpern, z. B. mit einer Fensterscheibe. Bei Berührung mit hinreichend kalter Luft (im Winter) verwandelt sich der ausgeathmete Wasserdampf ebenfalls in Nebel.

Ein Dampf ist ein luftförmiger Körper, der aus einem bei gewöhnlicher Temperatur festen oder flüssigen Körper entstanden ist. Andere luftförmige Körper, z. B. Luft, werden Gase genannt.

Man vermag nicht bei allen Körpern die zu ihrem Uebergange in alle drei Aggregatzustände erforderlichen Temputuren hervorzubringen. Weder Kohle noch Luft können in Flüssigkeiten verwandelt werden.

Bei verschiedenen festen Körpern ist die Verwandlung in eine Flüssigkeit aus einem anderen, später zu besprechenden Grunde (siehe § 20) nicht möglich; dasselbe gilt von der Verwandlung verschiedener Flüssigkeiten in luftförmige Körper.

§ 16.
Anfertigung der Spritzflasche.

Bei einigen, zum folgenden Paragraphen anzustellenden Versuchen ist eine Spritzflasche bequem. Es möge hier im Voraus bemerkt werden, dass das bei der Anfertigung der Spritzflasche zu befolgende Verfahren in vielen Punkten auch bei anderen ähnlichen Zusammenstellungen Anwendung findet.

Unter einer Flasche versteht man ein mit einer engeren Mündung, dem Halse, versehenes Gefäss (meistens von Glas) mit ziemlich dicken Wänden und namentlich dickem Boden. Eine Glasflasche eignet sich nicht, um Flüssigkeiten darin zu erhitzen, weil überhaupt eine Glasmasse bei der Erhitzung um so leichter springt, je dicker sie ist. Flaschenförmige Gefässe mit dünnen Wänden und dünnem Boden, welche bei der Erhitzung nicht leicht springen, nennt man Stehkolben. Zur Spritzflasche verwendet man entweder eine ziemlich weithalsige Flasche (eine nicht zu grosse Gasentwickelungsflasche), oder, wenn man Wasser darin zum Kochen bringen will, einen Stehkolben, dessen Mündung mit starkem Rande. Der letztere ist deshalb nöthig, weil sonst der einzusetzende Kork leicht den Flaschenhals zersprengt.

Man sucht nun einen Kork aus, der so dick ist, dass er sich kaum in den Hals der Flasche oder des Stehkolbens hineinzwängen lässt. Den Kork presst man mit einer Korkpresse oder Korkzange einige Mal nach verschiedenen Richtungen hin zusammen; er wird dann ohne Mühe in den Hals sich einsetzen lassen. Ein Kork, der trotz mehrmaligen Zusammendrückens für den Hals der anzuwendenden Flasche zu dick ist, kann man dadurch passend machen, dass man aus der Mitte seines unteren Theiles ein keilförmiges Stück herausschneidet. Den Kork muss man nun mit zwei Durchbohrungen versehen, durch welche zwei Glasröhren gesteckt werden sollen. Zum Durchbohren der Korke bedient man sich sogenannter Korkbohrer. Dieses sind messingne Röhren von verschiedenem Durchmesser, deren unterer Rand zugeschärft ist. Man nimmt denjenigen Bohrer, dessen Querschnitt dem Querschnitt der durchzusteckenden Röhre möglichst gleich ist, taucht den scharfen Rand des Bohrers ein wenig in Oel, nimmt den Kork in die linke und den Bohrer in die rechte Hand und schraubt den horizontal gehaltenen Bohrer, zu gleicher Zeit drückend, von rechts nach links in den Kork ein, indem man besonders darauf Acht giebt, dass das Loch den Seitenwänden des Korkes parallel wird. Um das Bohren zu erleichtern, kann man durch das Griffende des Bohrers, das zu diesem Zwecke mit zwei Löchern versehen ist, einen starken Drath stecken, welcher innerhalb des engsten Bohrers sich befindet, und welcher auch dazu dient, das in dem Bohrer stecken gebliebene Korkstück hinauszustossen. Nach dem Gebrauch des Bohrers muss auch das an seiner Aussenseite haftende Oel abgewischt werden. Besitzt man keine Korkbohrer, so kann man auch, obwohl bei weitem weniger bequem, mit Hülfe einer kleinen runden Feile Korke mit Löchern versehen. Man steckt zuerst das spitze Griffende der Feile durch den Kork, darauf das andere Ende, und feilt nun, indem man den Kork horizontal auf den Rand eines horizontalen Tisches legt, abwechselnd von beiden Seiten.

Der Kork der Spritzflasche muss mit zwei Löchern versehen werden, welche von einander und vom Rande des Korkes gleichen Abstand haben.

Durch diese beiden Löcher sollen nun Glasröhren von geeigneter Form gesteckt werden, welche man aus einer geraden Glasröhre herzustellen hat. Um von einer längeren Glasröhre ein Stück abzuschneiden, legt man dieselbe auf einen Tisch, hält sie an der Stelle, wo sie durchschnitten werden soll, zwischen Daumen und Zeigefinger der linken Hand fest, und macht mit einer kleinen dreikantigen Feile, die man in der rechten Hand hält, einen Feilstrich. Wenn die Röhre von geringer Wanddicke ist, so muss man nicht zu stark mit der Feile aufdrücken, weil sonst die Röhre zerbricht. Hiernach nimmt man die Röhre so in beide Hände, dass die beiden Daumen dem Feilstrich gegenüber stehen. Nun lässt sich die Röhre leicht abbrechen.

Um eine Glasröhre zu biegen, erhitzt man sie über einer Berzelius'schen Lampe, und zwar zuerst, damit sie nicht springt, allmählig, indem man sie einige Male abwechselnd in die Flamme hineinhält und wieder herauszieht. Bald ist die erhitzte Stelle weich geworden, so dass sie sich biegen lässt. Bei einer Biegung, die einen rechten Winkel oder noch mehr beträgt, muss man nicht die ganze Biegung an derselben Stelle machen; sondern nachdem man eine Stelle etwa um einen halben rechten Winkel gebogen hat, muss man dicht daneben die weitere Biegung folgen lassen. Durch Visiren mit einem Auge überzeugt man sich davon, dass die verschiedenen Theile derselben Röhre in einer Ebene liegen.

Kann man zum Erhitzen Leuchtgas verwenden, so biegt man eine Glasröhre am besten über einer fächerförmigen, zum Leuchten bestimmten Flamme. Man kann dann die ganze Biegung auf einmal machen. Der auf der Glasröhre sich absetzende Russ wird nachher mit Filtrirpapier abgewischt.

Um eine Glasröhre mit einer engen Spitze zu versehen, erhitzt man sie an der Stelle, wo die Spitze entstehen soll, und die von den beiden Enden mindestens zwei Zoll weit entfernt sein muss, zum Schmelzen, nimmt sie aus der Flamme und zieht die beiden Enden in gerader Richtung auseinander, bricht das äusserste Stück der Röhre, die die Spitze erhalten soll, ab, und erhitzt die Spitze noch einmal mehr oder weniger stark. Hierdurch werden die scharfen Kanten der Oeffnung abgerundet und die Oeffnung wird desto enger, je stärker man erhitzt.

Von den beiden Röhren der Spritzflasche reicht die eine, die Blaseröhre, nur eben bis in den Hals. Das ausserhalb der Flasche befindliche Ende ist um 60° gebogen, so dass also die geraden Theile beider Schenkel einen Winkel von 120° miteinander machen. Die zweite Röhre, die Ausflussröhre, reicht durch den Kork hindurch bis nahe an den Boden der Flasche. Das ausserhalb der Flasche befindliche Ende ist um 120° gebogen, so dass die geraden Theile beider Schenkel einen Winkel von 60° einschliessen. Das äussere Ende der Ausflussröhre ausserhalb der Flasche ist auf die eben beschriebene Art mit einer Spitze versehen.

Um eine Röhre durch einen Kork zu stecken, muss man die Röhre stets ganz nahe dem Kork anfassen, da sie sonst leicht zerbricht.

Sind alle Theile der Spritzflasche fertig, so füllt man sie mit Wasser, setzt den Kork, welcher beide Röhren enthält, fest, d. h. hinreichend tief in den Flaschenhals ein und untersucht durch Saugen und Blasen, ob die Flasche einen luftdichten Verschluss hat. Wenn dies nämlich der Fall ist, so kann man, während man die Ausflussröhre mit einem Finger verschliesst, nur wenig Luft aus der Flasche aussaugen, und nach dem Saugen haftet die Zunge an der Mündung der Blaseröhre. Man kann auch bei verschlossener Ausflussröhre nur wenig Luft in die Flasche einblasen. Ist der Verschluss nicht luftdicht, so kann man oft beim Blasen die Luft aus der Flasche ausströmen hören. Ist der Verschluss luftdicht, so sieht man, während die Ausflussröhre offen ist, beim Saugen an der Blaseröhre Luft in die Flasche eindringen, beim Blasen aber Wasser aus der Ausflussröhre sich ergiessen.

Findet man, dass der Kork nicht luftdicht schliesst, so nimmt man bei der Spritzflasche, als einem Apparate, welcher eine lange Zeit hindurch gebraucht werden soll, einen neuen Kork. Dasselbe muss auch bei allen Zusammenstellungen geschehen, wo die in das Glasgefäss zu bringenden Körper kein Wasser enthalten dürfen, oder mit anderen Worten, ganz trocken sein müssen. Wenn dagegen ein Apparat nur für kurze Zeit gebraucht werden soll und auch die Gegenwart von Wasser nicht schadet, so kann man oft den Kork luftdicht schliessend machen, wenn man ihn nur einige Zeit lang unter Wasser bringt. Zu dem Zwecke nimmt man den Kork von dem Gefäss ab, zieht die Röhren hinreichend weit zurück, stellt den Kork sammt den Röhren in ein Becherglas und übergiesst ihn mit Wasser.

Ausserdem kann man folgendes Mittel versuchen. Man benetzt den Kork, während er in dem Flaschenhalse steckt, mit Wasser und bläst bei geschlossener Ausflussröhre in die Blaseröhre. Man sieht nun, an welcher Stelle die Luft in Blasen ausströmt. Tritt die Luft zwischen Kork und Flaschenhals aus, so kann man den Kork mit einem Streifen von befeuchtetem Papier umwickeln. Wenn die Luftblasen zwischen dem Kork und einer Röhre erscheinen, so kann man oft vermittelst des spitzen Griffendes einer kleinen Feile die Oeffnungen mit befeuchtetem Papier verstopfen.

Der Gebrauch der Spritzflasche ist ein doppelter. Will man einen feinen Wasserstrahl haben, so bläst man in die Blaseröhre. Wünscht man einen stärkeren Wasserstrahl, so braucht man nur die Flasche umzukehren. Es fliesst alsdann das Wasser aus der Blaseröhre aus.

§ 17.

Die Verwandlung eines festen Körpers in einen flüssigen durch blosse Erwärmung nennt man Schmelzen. Die Verwandlung eines festen Körpers in einen flüssigen durch Berührung mit einem flüssigen Körper nennt man Auflösen. Den Vorgang des Auflösens und auch die dadurch entstandene Flüssigkeit nennt man Auflösung oder Lösung. Die Auflösung wird durch Erwärmung beschleunigt. Dieselbe Flüssigkeitsmenge löst von den meisten festen Körpern bei höherer Temperatur mehr auf als bei niedrigerer.

Beispiele der Schmelzung haben wir bereits in § 6 und in § 15 kennen gelernt. Ebenso ist auch schon in § 6 die Auflösung des Kupfervitriols erwähnt worden. Wir wollen diese jetzt näher betrachten. Es versteht sich, dass die Auflösung eines festen Körpers schneller von statten gehen muss, wenn derselbe pulverisirt ist, da in diesem Falle die zur Entstehung der Auflösung nothwendige Berührung des festen und des flüssigen Körpers in viel mehr Punkten stattfindet, als wenn der feste Körper grössere Stücke bildet. Ebenso ist leicht einzusehen, dass die Auflösung auch durch Schütteln beschleunigt werden muss, da hierdurch immer neue Theile beider Körper miteinander in Berührung gebracht werden. Um den die Auflösung beschleunigenden Einfluss der Erwärmung kennen zu lernen, übergiesst man in einem Reagensglase ein wenig Kupfervitriol mit Wasser und bringt in ein zweites Reagensglas eben so viel Kupfervitriol und Wasser, wie in das erste; wenn man nun das erste Reagensglas erwärmt und das zweite nicht, so löst sich der Kupfervitriol in dem ersten Reagensglase in kürzerer Zeit auf als im zweiten, und zwar selbst dann, wenn man das zweite Reagensglas so stark wie möglich schüttelt.

Um sich davon zu überzeugen, dass das Wasser bei höherer Temperatur mehr Kupfervitriol aufzulösen vermag, als bei niedrigerer, koche man in einem Reagensglase Wasser mit so viel Kupfervitriol, dass von letzterem ein Theil ungelöst bleibt, giesse dann die entstandene sogenannte gesättigte Lösung in ein Reagensglas ab und erhitze sie von neuem bis zum Kochen. Es scheidet sich darauf bei der Erkaltung ein Theil des Kupfervitriols als fester Körper wieder aus.

§ 18.

Wenn man zwei verschiedenartige Körper miteinander in innige Berührung bringt, so bleiben gewöhnlich die Eigenschaften der beiden Körper unverändert. Das Entstandene wird dann ein Gemenge genannt; ein Gemenge hat also die Eigenschaften der Bestandtheile.

Ein Gemenge aus Zuckerwasser und der Flüssigkeit, die man schwarzen Kaffee nennt, ist süss und bitter zugleich, und deshalb weniger süss als das Zuckerwasser und weniger bitter als der schwarze Kaffee. Ebenso ist das Gemenge zugleich farblos und braun, und deshalb weniger farblos als das Zuckerwasser, weniger braun als der schwarze Kaffee.

§ 19.

Wenn man zwei verschiedenartige Körper miteinander in innige Berührung bringt, so entsteht bisweilen ein Körper mit neuen Eigenschaften. Dieser Vorgang wird Verbindung genannt. Der aus zwei Körpern entstandene neue Körper wird ebenfalls Verbindung genannt.

Man rührt in einer Porzellanschale vermittelst eines hörnernen Löffels 2 Loth gebrannten Gyps, ein mehlartiges Pulver, und zwei Loth Wasser zusammen. Es entsteht ein Gemenge, welches zugleich pulverförmig und flüssig ist, folglich einen Brei bildet. Man giesst den dünnen Brei in einen aus Schreibpapier zusammengefalteten Kasten. Nach einiger Zeit ist fester Gyps, ein trockener, harter Körper entstanden, welcher offenbar nicht blos ein Gemenge, sondern eine Verbindung genannt werden muss.

Eine Porzellanschale wiegt 20 Loth; mit einem Stück gebrannten Kalk wiegt sie 26 Loth. In einem Becherglase wägt man 3 Loth Wasser ab und giesst dieses über den gebrannten Kalk, in dessen Poren es von selbst eindringt. Nach einer kürzeren oder längeren Zeit (je nachdem der gebrannte Kalk schon kürzere oder längere Zeit an der Luft gelegen hatte) erhitzt sich das Gemenge und man sieht unter einem zischenden Geräusch Wasser in Gestalt von Nebel von demselben aufsteigen. Schliesslich hat sich das Gemenge in ein vollkommen trockenes Pulver von gelöschtem Kalk verwandelt. Man könnte glauben, dass der gelöschte Kalk nur aus dem gebrannten Kalk entstanden wäre und dass sich alles auf den gebrannten Kalk gegossene Wasser als Nebel entfernt hätte. Dass jedoch der gelöschte Kalk aus gebranntem Kalk und Wasser entstanden ist, beweist die Waage, da das Gewicht der Schale mit dem gelöschten Kalk 28 Loth beträgt.

Das, was man im gewöhnlichen Leben gelöschten Kalk nennt, ist ein Gemenge von gelöschtem Kalk und Wasser.

Das Gemenge eines stark riechenden und eines geruchlosen Körpers muss denselben Geruch wie der stark riechende Körper haben, aber in geringerem Grade. Welchen Geruch die Verbindung eines stark riechenden und eines geruchlosen Körpers haben wird, kann man nicht wissen.

Was das Zeitwort verbinden anbetrifft, so ist zu bemerken, dass man dasselbe in der hier besprochenen Bedeutung weder als Activum noch als Passivum, sondern nur als Reflexivum gebraucht. So sagt man weder „ich verbinde gebrannten Kalk mit Wasser", noch „gebrannter Kalk wird mit Wasser verbunden", sondern nur „gebrannter Kalk verbindet sich mit Wasser".

Dieselbe Beschränkung tritt z. B. bei den Zeitwörtern auflösen und zersetzen (siehe § 20) nicht ein.

§ 20.

In umgekehrter Weise können aus einem Körper zwei neue Körper entstehen. Dieser Vorgang heisst Zersetzung oder Zerlegung. Die entstandenen neuen Körper heissen Zersetzungsprodukte.

Wenn gebrannter Kalk und Wasser gelöschten Kalk und Wärme geben, so ist es wahrscheinlich, dass gelöschter Kalk und Wärme gebrannten Kalk und Wasser geben können. Dies ist auch der Fall; die dazu erforderliche Temperatur ist aber eine sehr hohe. Bei einer weniger hohen Temperatur, die man mit der Berzelius'schen Lampe hervorbringen kann, entstehen aus dem blauen Kupfervitriol die Zersetzungsprodukte weisser Kupfervitriol und Wasser. Man erhitzt dazu den blauen Kupfervitriol in einem trockenen Reagensglase, dessen Mündung wenig tiefer als das verschlossene Ende gehalten wird. Um ein Reagensglas auszutrocknen, legt man einen Streifen Filtrirpapier, der etwa 2 Zoll länger als das Reagensglas und 1½ Zoll breit ist auf einen Tisch und rollt ihn um einen Glasstab, der etwas länger ist als das Reagensglas, so, dass er über das eine Ende des Glasstabes um 1 Zoll hinausragt. Das überstehende Ende des aufgerollten Papiers biegt man zurück und kann nun mit letzterem leicht jede Feuchtigkeit aus dem Reagensglase entfernen. Auf dieselbe Weise kann man mit Papier oder mit einem Stücke Zeug, welches um einen Glas- oder Holzstab gewickelt ist, oft Verunreinigungen von den Innenwänden eines Reagensglases abreiben, welche weder durch Erhitzung mit Wasser noch mit Salpetersäure fortzubringen waren. Beim Erhitzen des Kupfervitriols fasst man, um sich nicht zu verbrennen, das Reagensglas nicht unmittelbar mit der Hand an, sondern vermittelst einer Reagensglasklemme oder eines umgelegten Papier-Fidibus. Das Wasser entsteht als Wasserdampf, welcher sich aber in Berührung mit den kälteren Wänden des Reagensglases in flüssiges Wasser verwandelt. Dieses fliesst in Tropfen aus der Mündung des Reagensglases aus. Der Prozess ist beendigt, wenn die blaue Farbe des Kupfervitriols vollständig verschwunden und in ein etwas schmutziges Weiss übergegangen ist. Bevor man den entstandenen weissen Kupfervitriol aus dem Reagensglas schüttet, trocknet man letzteres innen wieder mit Filtrirpapier ab.

Der entstandene weisse Kupfervitriol giebt mit Wasser unter Entwickelung von Wärme wieder blauen Kupfervitriol.

Auf ein kleines Stück von weissem Kupfervitriol bringt man das Wasser tropfenweise. Man kann zu diesem Zweck einen Glasstab in Wasser tauchen. Nach dem Herausziehen aus dem Wasser hält man ihn beinahe horizontal. Bringt man ihn darauf in eine mehr und mehr geneigte Lage, so löst sich ein Wassertropfen ab. — Am sichersten erhält man einzelne Tropfen von einer Flüssigkeit vermittelst einer Pipette. Diese besteht aus einer beim Gebrauche vertical gehaltenen Glasröhre, die oben durch eine aufgesetzte Kautschuk-Kugel geschlossen, in der Mitte birnförmig erweitert und unten in eine ziemlich feine Spitze ausgezogen ist. Steckt man die Spitze der Pipette in eine Flüssigkeit und drückt mit der Hand die Kautschukkugel ein wenig zusammen, so sieht man Luftblasen aus der Spitze austreten. Hört man auf, die Kugel zusammenzudrücken, so nimmt sie ihre frühere Gestalt wieder an und saugt ein dem Volumen der ausgetretenen Luft gleiches Volumen von Flüssigkeit empor. Man kann nun die Pipette aus der Flüssigkeit herausheben und durch leisen Druck die emporgesaugte Flüssigkeit tropfenweise ausfliessen lassen. — Beim Auffallen der ersten Wassertropfen auf den weissen Kupfervitriol nimmt man ein Zischen und eine Bildung von Nebel, ebenso wie beim Löschen des Kalkes, wahr. Der so entstandene blaue Kupfer-Vitriol erscheint heller blau als der zuerst angewandte, was davon herrührt, dass er nicht ein zusammenhängendes Stück bildet. Jeder durchsichtige Körper wird durch Pulverisiren undurchsichtig und weiss. Ein durchsichtiger dunkelblauer Körper wird also durch Pulverisiren undurchsichtig und hellblau.

Wenn ein Gemenge roth ist, so muss wenigstens der eine Bestandtheil des Gemenges auch roth sein. Wenn eine Verbindung roth ist, so kann man nicht wissen, welche Farbe die Zersetzungsprodukte haben werden.

Mit Hinweisung auf § 15 ist hier noch hervorzuheben, dass der feste blaue Kupfervitriol nicht geschmolzen werden kann, weil er bei erhöhter Temperatur die eben beschriebene Zersetzung erleidet.

§ 21.
Es können drittens neue Körper entstehen durch gleichzeitige Zersetzung und Verbindung.

Man füllt ein Reagensglas etwa 2 Zoll hoch mit Bleizucker, einem festen, geruchlosen Körper. Hierauf giesst man so viel

Wasser, dass die Oberfläche des letzteren 3 Zoll hoch steht, und lässt den Bleizucker sich auflösen. Wenn die Auflösung nicht klar ist, so trennt man den beigemengten festen Körper, der die Unklarheit hervorbringt, durch Filtriren. Ein Filtrum verfertigt man auf folgende Art. Ein annähernd quadratisches Stück Filtrirpapier faltet man so zusammen, dass aus dem Quadrat ein aus zwei Lagen bestehendes Rechteck wird. Dieses faltet man weiter so zusammen, dass aus dem Rechteck ein aus 4 Lagen bestehendes Quadrat wird. Dieses faltet man zum drittenmale nach derjenigen Diagonale zusammen, welche die 4 freien Ecken mit den 4 zusammenhängenden Ecken verbindet. Nunmehr nimmt man den anzuwendenden Trichter so in die linke Hand, dass die drei letzten Finger den Hals umfassen, während der ganze Daumen auf dem Kegel des Trichters aufliegt. Zwischen den Daumen und den Trichterkegel bringt man das aus 8 Lagen bestehende Dreieck so, dass der aus den 8 verbundenen Ecken gebildete Winkel da zu liegen kommt, wo der Trichterhals in den Kegel übergeht. Mit einer Scheere schneidet man von dem Blatt dasjenige ab, was über den Rand des Trichters hinausragt. Man faltet die letzt gemachte Biegung wieder auf, so dass das Filtrum jetzt aus 4 Lagen besteht. Man nimmt das Blatt in die linke Hand, fährt mit einem Finger der rechten Hand zwischen die eine der beiden äussersten Lagen einerseits, und die drei übrigen Lagen andererseits, und setzt das Filtrum in den Trichter ein. Der äussere Rand des Filtrums muss nicht ganz bis zum Rande des Trichters reichen; es liegt an den Innenwänden des Trichters genau an, wenn dieser die zweckmässigste Form hat. Ist dies nicht der Fall, so muss man das Filtrum so umfalten, dass es genau anliegt. Das Filtriren geht rascher von statten, wenn man das Filtrum zuvor mit Wasser benetzt. Ehe man die'zu filtrirende Flüssigkeit eingiesst, muss man vermittelst eines Retortenhalters oder eines Filtrirgestells den Trichter vollkommen unbeweglich machen. Soll die durchgelaufene Flüssigkeit in ein Reagensglas fliessen, so ist der Trichter hinreichend fest, wenn man ihn unmittelbar in das Reagensglas stellt, welches selbst in der obersten Reihe eines Reagensglasstativs steht.

Die klare Lösung des Bleizuckers giesst man in ein kleines Becherglas und fügt concentrirte, das heisst nicht mit Wasser verdünnte Schwefelsäure *) hinzu. Der Bleizucker, mit wissenschaftlichem Namen essigsaures Bleioxyd genannt, ist eine Verbindung von Essigsäure, einer stark sauer riechenden Flüssigkeit, und von Bleioxyd. Bei der Berührung mit Schwefelsäure zersetzt sich der Bleizucker in seine eben genannten Bestandtheile. Aus den zwei Körpern, essigsaures Bleioxyd und Schwefelsäure, sind also entstanden die drei Körper: Essigsäure, Bleioxyd und Schwefelsäure. Darauf verbindet sich das Bleioxyd mit der Schwefelsäure zu schwefelsaurem Bleioxyd, so dass aus den drei Körpern Essigsäure, Bleioxyd und Schwefelsäure entstehen die zwei Körper: Essigsäure und schwefelsaures Bleioxyd. Das letztere ist ein fester, weisser, sowohl in Wasser wie auch in Essigsäure unlöslicher Körper. Aus essigsaurem Bleioxyd und Schwefelsäure entstehen also schliesslich Essigsäure und schwefelsaures Bleioxyd, die erstere erkennbar an ihrem stark sauren Geruch, das letztere an seiner weissen Farbe.

Obwohl es die Auffassung erleichtert, wenn man sich diesen Process, wie er eben beschrieben worden ist, so vorstellt, dass zuerst die Zersetzung des essigsauren Bleioxyds eintritt und dann erst die Verbindung des Bleioxyds mit der Schwefelsäure erfolgt, so ist es doch jedenfalls richtiger, anzunehmen, dass beide Theile des Processes gleichzeitig vor sich gehen, indem die Essigsäure durch die Schwefelsäure von dem Bleioxyd fortgedrängt wird.

---

*) Eine Flasche, welche Schwefelsäure enthält, muss auf einem porzellanenen Blumentopfuntersatze stehen. Es fliesst nämlich sehr leicht an der äusseren Flaschenwand etwas Schwefelsäure herunter, welche ohne einen solchen Untersatz die Gegenstände, auf die man die Flasche stellt, verunreinigen und Holz sogar zerstören würde. Von Zeit zu Zeit reinigt man den Untersatz und die äussere Flaschenwand durch Abwaschen und Abtrocknen. Zum Abwischen von Schwefelsäure, Salpetersäure, Kali und ähnlichen Flüssigkeiten verwendet man nicht ein Handtuch, welches dadurch zerstört werden würde, sondern Filtrirpapier.

§ 22.

Die Chemie ist der Theil der Physik, welcher von der Entstehung neuer Körper durch Verbindung oder durch Zersetzung oder durch gleichzeitige Zersetzung und Verbindung handelt. Von allen übrigen Veränderungen der leblosen Körper auf der Erde handeln die übrigen Theile der Physik, welche zusammengenommen „Physik im engeren Sinne" oder „engere Physik" genannt werden.

Die Entstehung des gelöschten Kalks aus gebranntem Kalk und Wasser, die Entstehung von weissem Kupfervitriol und Wasser aus blauem Kupfervitriol, die Entstehung von Essigsäure und schwefelsaurem Bleioxyd aus essigsaurem Bleioxyd und Schwefelsäure gehören in die Chemie.

Die Verwandlung von Wasser in Eis ist ohne jeden Zweifel als die Entstehung eines neuen Körpers zu betrachten. Untersuchen wir, ob diese Entstehung eines neuen Körpers in der Chemie oder in der engeren Physik zu besprechen ist. Die Beantwortung derartiger Fragen geschieht meistentheils am sichersten durch die Untersuchung des Gewichtes. Es ist wohl denkbar, dass sich das Wasser etwa mit den unsichtbaren Molecülen der Luft zu Eis verbände. Dann müsste aber 1 Loth Wasser mehr als 1 Loth Eis geben. Es ist auch denkbar, dass sich das Wasser in Eis und in einen Körper zersetzt, welcher sich unsichtbar entfernt. Alsdann müsste 1 Loth Wasser weniger als 1 Loth Eis geben. Es verwandelt sich aber 1 Loth Wasser in 1 Loth Eis, und folglich gehört diese Entstehung eines neuen Körpers nicht in die Chemie, sondern in die engere Physik.

Wenn man die Erklärungen miteinander vergleicht, welche in § 12 von der eigentlichen Physik und zu Anfang dieses Paragraphen von der Chemie und von der engeren Physik gegeben sind, so scheint zwischen denselben ein Widerspruch oder wenigstens ein Mangel an Uebereinstimmung stattzufinden. Die eigentliche Physik soll von Eigenschaften, die Chemie von der Entstehung neuer Körper und die engere Physik von den Veränderungen der Körper handeln. Es ist schon im § 10 hervorgehoben, dass man alle Eigenschaften der Körper kennt, wenn man alle Veränderungen kennt, deren die Körper fähig sind.

Es kommt also auf dasselbe hinaus, ob man sagt, dass die eigentliche Physik von allen Eigenschaften oder dass sie von allen möglichen Veränderungen der Körper spricht. Ferner kommt es auch auf dasselbe hinaus, ob man sagt, dass die Chemie von der Entstehung neuer Körper durch Verbindung oder durch Zersetzung oder durch gleichzeitige Zersetzung und Verbindung handelt, oder dass die Chemie die Veränderungen der Körper durch dieselben Processe betrachtet. Somit wären die drei Erklärungen, um die es sich handelt, in völlige Uebereinstimmung gebracht.

Nichtsdestoweniger sind die zu Anfang dieses Paragraphen von Chemie und von „engerer Physik" gegebenen Erklärungen zweckmässiger als die eben abgeleiteten, und zwar aus folgendem Grunde. Ein durch Verbindung oder durch Zersetzung oder durch gleichzeitige Zersetzung und Verbindung entstandener neuer Körper führt nämlich stets auch einen neuen Namen, ein auf andere Weise entstandener neuer Körper gewöhnlich nicht.

Wenn zum Beispiel Wasser von 0^0 durch Berührung mit einem heissen Gefässe sich in Wasser von 20^0 verwandelt hat, so ist jedenfalls ein neuer Körper entstanden, da Wasser von 0^0 und Wasser von 20^0 sich leicht von einander unterscheiden lassen. Dennoch führen beide Körper denselben Namen Wasser. Fester Schwefel, flüssiger Schwefel und Schwefeldampf sind von einander sehr verschiedene Körper; dennoch werden sie alle drei Schwefel genannt. Eine Glocke behält denselben Namen, wenn sie aus einem nicht tönenden in einen tönenden Körper verwandelt wird.

§ 23.

Chemische Eigenschaften eines Körpers nennt man diejenigen, welche sich auf die Entstehung neuer Körper auf chemischem Wege (das heisst durch Verbindung oder durch Zersetzung oder durch gleichzeitige Zersetzung und Verbindung) beziehen. Alle anderen Eigenschaften eines Körpers nennt man physikalische.

Es ist eine chemische Eigenschaft des Wassers, dass es mit gebranntem Kalk zusammen gelöschten Kalk giebt. Der flüssige Aggregatzustand des Wassers ist eine physikalische Eigenschaft.

Es ist eine chemische Eigenschaft der Molecüle des blauen Kupfervitriols, dass sie in Molecüle von weissem Kupfervitriol und in Molecüle von Wasser sich zersetzen können.

§ 24.
Unter einem Körper versteht man eine Vereinigung gleichartiger Molecüle. Es ist sehr gut möglich, dass mehrere Molecüle in einer Beziehung gleichartig, in einer andern Beziehung ungleichartig sind.

Ob man irgend eine Vereinigung von Molecülen, eine Schiebelampe zum Beispiel, einen Körper nennen darf, das hängt davon ab, nach welcher Eigenschaft oder in welcher Beziehung man die Gleichartigkeit oder Ungleichartigkeit der Molecüle beurtheilen will. In Beziehung auf Fühlbarkeit und Gewicht sind überhaupt alle Molecüle gleichartig, und in diesen Beziehungen ist also eine Schiebelampe ein Körper zu nennen. In Beziehung auf chemische Eigenschaften sind dagegen Messing, Glas, Docht, Oel von einander verschieden, und in dieser Beziehung ist eine Schiebelampe nicht ein Körper zu nennen.

§ 25.
Chemisch gleichartig werden nicht allein diejenigen Molecüle genannt, welche vollkommen gleich sind, sondern auch solche, die auf nicht chemischem Wege einander gleich gemacht werden können. Eine Vereinigung chemisch gleichartiger Molecüle nennt man einen chemischen Körper oder einen reinen Körper. Eine Vereinigung chemisch ungleichartiger Moleücle nennt man einen unreinen Körper.

Nehrere Molecüle Wasser von derselben Temperatur sind vollkommen gleich; sie sind also auch chemisch gleichartig. Da aber Eis durch blosse Temperaturerhöhung, also auf nicht chemischem Wege, in Wasser verwandelt werden kann, so sind auch Eismolecüle und Wassermolecüle chemisch gleichartig. Man sagt deshalb: Eis ist derselbe chemische Körper wie Wasser, und bei der Verwandlung von Eis in Wasser ist nicht ein neuer chemischer Körper entstanden.

Obwohl man in der Chemie unter einem Körper eigentlich

nur eine Vereinigung chemisch gleichartiger Molecüle versteht, so betrachtet man doch häufig in einem Gemenge chemisch ungleichartiger Molecüle den einen Bestandtheil als wesentlich, die übrigen Bestandtheile aber als Verunreinigungen des ersten. So kann man ein Gemenge von Spiritus und Wasser unreinen Spiritus oder unreines Wasser nennen.

Dagegen kann Eis durch Wasser nicht verunreinigt werden.

Es ist schon in § 11 gesagt, dass in der Naturbeschreibung nur diejenigen Körper besprochen werden, welche in der Natur ohne Zuthun der Menschen fertig gebildet vorkommen. Dagegen ist in der Chemie von allen Körpern die Rede, die aus chemisch gleichartigen Molecülen bestehen, mögen sie nun unter Mitwirkung der Menschen oder ohne dieselbe entstanden sein. Es kommt deshalb häufig vor, dass ein und derselbe Körper sowohl in der Naturbeschreibung wie auch in der Chemie besprochen wird, zum Beispiel der Schwefel, das Holz, das Fett. Dagegen bleiben in der Chemie alle Körper unerwähnt, welche nicht rein, sondern Gemenge sind, zum Beispiel der Granit.

Ueber die mit Zuthun der Menschen entstandenen Körper kann hier weiter erwähnt werden, dass diejenigen, die zur Untersuchung irgend welcher physikalischen oder chemischen Erscheinungen dienen, offenbar bei diesen betreffenden Wissenschaften zu besprechen sind. So gehört die Betrachtung des Thermometers in die Physik.

Solche Körper endlich, welche nicht zu wissenschaftlichen, sondern zu anderweitigen Zwecken des gewöhnlichen Lebens dienen, werden in einer Wissenschaft besprochen, die den Namen Technologie führt.

§ 26.

In der Chemie werden ausser den chemischen Eigenschaften auch die physikalischen und namentlich diejenigen erwähnt, an denen die Körper leicht zu erkennen sind.

An seinen chemischen Eigenschaften allein würde ein Körper gar nicht oder doch nur sehr schwierig erkannt werden können. Wenn man nur das chemische Verhalten eines Körpers, das heisst nur seine sämmtlichen chemischen Eigenschaften kennt, so weiss man noch nichts über seinen Aggregatzustand, nichts über seine Farbe und sein sonstiges Aussehen. Man weiss nur, dass aus ihm unter gewissen Umständen Körper mit neuen Eigenschaften entstehen können. Von welcher Art aber diese neuen Eigenschaften sind, das weiss man wiederum nicht.

Es ist zum Beispiel aus § 20 die chemische Eigenschaft des weissen Kupfervitriols bekannt, dass er mit Wasser eine Verbindung bildet. Es können sich aber sehr viele Körper mit Wasser verbinden, und an der genannten chemischen Eigenschaft würde deshalb der weisse Kupfervitriol nur höchst unsicher zu erkennen sein. Dagegen giebt es nur wenige Körper von weisser Farbe, die mit Wasser eine Verbindung von blauer Farbe bilden, und aus diesen physikalischen Eigenschaften im Verein mit jener chemischen Eigenschaft ist also der weisse Kupfervitriol schon ziemlich sicher zu erkennen.

Es ist sogar eigentlich Aufgabe der Chemie, sämmtliche Körper vollständig, das heisst nach allen ihren chemischen und physikalischen Eigenschaften kennen zu lehren. Für den Anfang des Studiums der Chemie pflegt man indess unter diesen nur diejenigen auszuwählen, welche aus irgend einem Grunde von besonderem Interesse sind.

§ 27.

Die Chemie handelt nicht allein von den chemischen und physikalischen Eigenschaften der Körper, sondern namentlich von den Körpern selbst, insofern sie aus chemisch gleichartigen Molecülen bestehen.

In sämmtlichen Theilen der engeren Physik werden die Eigenschaften der Körper stets als Hauptsache betrachtet, und die verschiedenen Körper, welche diese Eigenschaften besitzen, werden nur beispielsweise erwähnt. Bei dem gegenwärtigen Zustande der Chemie sind über die chemischen Eigenschaften der Körper dagegen noch so wenige allgemeine Gesetze bekannt, dass eine ähnliche Anordnung in der Chemie kaum durchführbar sein würde. Man zieht es deshalb vor, in der Chemie die einzelnen Körper hintereinander abzuhandeln und deren wichtigste Eigenschaften aufzuzählen.

§ 28.

In der Chemie werden die Körper eingetheilt in Verbindungen oder zusammengesetzte Körper und in Elemente, oder einfache Körper, deren es etwa 60 giebt.

Die Physik im weiteren Sinne zerfällt in viele einzelne Theile: in jedem werden die Körper auf eine andere Art eingetheilt. So kann man die Körper eintheilen in feste, flüssige und luftförmige, oder in magnetische und unmagnetische, oder in durchsichtige und undurchsichtige, oder in farblose, weisse, rothe, gelbe und so weiter. Die für die Chemie passende Eintheilungsweise kann man sich durch folgendes Beispiel klar machen.

Das schwefelsaure Bleioxyd ist zusammengesetzt aus Schwefelsäure und Bleioxyd, die Schwefelsäure aus Schwefel und Sauerstoff, das Bleioxyd aus Blei und Sauerstoff. Schwefel, Sauerstoff und Blei hat man bisher nicht zerlegen können.

In der Chemie, welche sich nur auf die Erfahrung oder auf Versuche stützt, kann man offenbar nicht behaupten, dass ein Körper einfach, das heisst unzerlegbar ist. Es ist sehr gut möglich, dass ein Körper, den man bisher für einfach gehalten hat, durch eine neue Entdeckung sich als zerlegbar erweist. Unter einem einfachen Körper oder einem Element ist deshalb nur ein bisher unzerlegter Körper zu verstehen.

§ 29.

Sollen mehrere in Berührung gebrachte Körper chemisch auf einander einwirken, so geschieht dies im Allgemeinen am leichtesten, wenn sich die Körper im flüssigen Aggregatzustande befinden. Das Wasser, welches gebraucht wird, um einen anderen Körper in den flüssigen Aggregatzustand zu versetzen, pflegt man bei chemischen Vorgängen häufig unberücksichtigt zu lassen. Man lässt auch sonst bei Verbindungen von Wasser mit anderen Körpern das erstere häufig unberücksichtigt.

Aus dem eben zuerst genannten Grunde wurde im § 21 der Bleizucker in Wasser aufgelöst. Auch die dort angewandte Schwefelsäure war nicht wirkliche Schwefelsäure, sondern eine Verbindung von Schwefelsäure mit Wasser.

Im folgenden Paragraphen ist von einem Körper die Rede mit Namen Kali; das Kali, mit welchem der dort beschriebene Versuch angestellt werden muss, ist eigentlich eine Auflösung von einer Verbindung von Kali mit Wasser. Es bleibt nämlich, wie aus dem Obigen hervorgeht, wenn ohne nähere Bezeichnung von Kali die Rede ist, zweifelhaft, ob darunter das eigentliche Kali oder die Verbindung von Kali mit Wasser oder die Auflösung dieser Verbindung in Wasser verstanden wird.

§ 30.

Die Verbindungen werden nach ihrer Wirkung auf Lackmusfarbe (Lackmuspapier) eingetheilt in

1) Säuren, welche die blaue Lackmusfarbe röthen (sauer reagiren);

2) Basen, welche die rothe Lackmusfarbe bläuen (alkalisch reagiren);

3) indifferente Körper, welche die blaue und die rothe Lackmusfarbe unverändert lassen (neutral reagiren).

Die käufliche Lackmusfarbe besteht aus kleinen blauen Stückchen, welche ein Gemenge bilden von blauer löslicher Lackmusfarbe und einem weissen unlöslichen Körper. Uebergiesst man einige solche Stückchen in einem Reagensglase mit destillirtem Wasser und erhitzt, so löst sich die Lackmusfarbe auf und kann von dem ungelösten verunreinigenden Körper abgegossen werden.

Fügt man zu blauer Lackmuslösung einen Tropfen Salpetersäure oder Salzsäure, so entsteht rothe Lackmusfarbe. Fügt man hierzu Kali oder Ammoniak, so entsteht wieder blaue Lackmusfarbe. Kochsalz oder Zucker lassen beide Lackmusfarben ungeändert.

Bequemer noch sind diese Versuche anzustellen vermittelst des blauen und rothen Lackmuspapiers, welches dadurch bereitet wird, dass man weisses Filtrirpapier in blaue oder rothe Lackmusfarbe taucht und trocknen lässt. Es müssen dann aber die Körper, die man mit Lackmuspapier auf ihre Reaction prüfen will, durch Wasser flüssig gemacht sein.

Jeder Körper, der die blaue Lackmusfarbe röthet, schmeckt sauer; um den sauren Geschmack dieser Körper wahrzunehmen, ist es gut, sie vorher mit so viel Wasser zu vermischen, dass die Zunge nicht etwa dadurch verletzt wird.

§ 31.
Jede Säure verbindet sich mit jeder Base zu einem Salz. Die Salze sind meistentheils indifferent und bei gewöhnlicher Temperatur feste Körper.

Man giesst in einem Porzellantiegel Kalilösung mit so viel Salzsäure zusammen, dass die entstandene Flüssigkeit sauer reagirt. Durch vorsichtiges Abdampfen in einem Porzellantiegelchen, wobei man zuletzt auch einen Deckel vermittelst der Tiegelzange auf den Tiegel legt, entfernt man das Wasser, welches vorher in dem angewandten Kali und der Salzsäure enthalten war. Es bleibt festes, indifferentes, salzsaures Kali zurück.

1 Säure, zum Beispiel Salzsäure, und 1 Base, zum Beispiel Kali, bilden 1 Salz, nämlich das salzsaure Kali. 3 Säuren, zum Beispiel Salzsäure, Schwefelsäure, Essigsäure, und 1 Base, zum Beispiel Kali, bilden 3 Salze, nämlich salzsaures Kali, schwefelsaures Kali, essigsaures Kali. 3 Säuren und 5 Basen bilden $3 \cdot 5 = 15$ Salze. Da die Anzahl der Säuren und Basen beträchtlich ist, so muss die Anzahl der Salze sehr gross sein.

§ 32.
Im festen Aggregatzustande reagiren die Körper auf Lackmuspapier nicht. Die unlöslichen festen Körper lassen sich also nach ihrer Wirkung auf Lackmus nicht eintheilen. Säuren und Basen verbinden sich nur untereinander und nicht mit Elementen. Man nennt deshalb

1) Base jeden Körper, der mit einer Säure sich verbindet;
2) Säure jeden Körper, der mit einer Base sich verbindet;
3) indifferent jeden Körper, der weder mit einer Säure noch mit einer Base sich verbindet.

Unter den Körpern, von denen hier die Rede ist, sind natürlich nur zusammengesetzte Körper zu verstehen.

Wenn man einige Stückchen von Weinsteinsäure, einem

festen Körper, auf blaues Lackmuspapier streut, so bleibt dieses unverändert. Fügt man einen Tropfen Wasser hinzu, welches die feste Weinsteinsäure flüssig macht, so erweist sich diese durch ihre saure Reaction als Säure. Ebenso verhält sich der feste Baryt*), welcher erst bei Hinzufügung von Wasser durch die alkalische Reaction sich als Base erweist.

Das feste Quecksilberoxyd kann nicht flüssig gemacht werden. Man darf es deshalb nicht für indifferent halten, obgleich es weder sauer noch alkalisch reagirt. Wenn man pulverisirtes rothes Quecksilberoxyd mit Salpetersäure kocht, so verschwindet die rothe Farbe. Da also das Quecksilberoxyd sich mit der Salpetersäure verbindet, so muss es eine Base sein.

§ 33.
Zwei Körper verbinden sich stets miteinander in einem ganz bestimmten Gewichtsverhältniss.

Wenn aus einer gegebenen Menge Ammoniak essigsaures Ammoniak entstehen soll so ist dazu eine ganz bestimmte Menge Essigsäure nöthig. Man giesst Ammoniak in ein Becherglässchen und fügt etwas Lackmusauflösung hinzu, welche in dem Ammoniak blau bleibt. Man giesst ferner Essigsäure in ein Becherglässchen und fügt ebenfalls etwas Lackmusauflösung hinzu, welche in der Essigsäure roth wird. Wenn es gelänge, zu dem blauen Ammoniak auf einmal die richtige Menge der rothen Essigsäure hinzuzugiessen, so würde das indifferente essigsaure Ammoniak beide Lackmusfarben unverändert lassen. Die entstandene Flüssigkeit würde zugleich blau und roth erscheinen und demzufolge eine violette Farbe zeigen. Hieraus kann man schliessen, dass man auch beim allmäligen Zugiessen der Essigsäure zu dem Ammoniak dann die richtige Menge von der letzteren genommen hat, wenn die entstandene Flüssigkeit violett gefärbt ist.

Ammoniak und Essigsäure haben beide einen starken Geruch; das essigsaure Ammoniak ist geruchlos. Hiernach kann man noch sicherer als nach der Färbung des Lackmus beurthei-

---

*) Man spricht Barüt ⌣ ⌣·

len, ob zu dem Ammoniak die richtige Menge von Essigsäure gegossen worden ist. Es sind aber die Gerüche beider Körper einander ziemlich ähnlich; und wenn man einige Male auf Ammoniak und Essigsäure gerochen hat, so kann man beide Gerüche nicht mehr mit Sicherheit von einander unterscheiden. Man wendet deshalb, da es beim Beweise des oben ausgesprochenen Satzes nicht darauf ankommt, das essigsaure Ammoniak rein zu erhalten, am besten, um Ammoniak und Essigsäure in richtigem Verhältniss zusammenzubringen, zuerst die Lackmusfarbe, dann den Geruch zur Prüfung an.

Das essigsaure Ammoniak ist nach § 31 fest; aber das angewandte Ammoniak und die angewandte Essigsäure enthielten Wasser, und in diesem löst das Salz sich auf.

Wenn das Becherglas mit dem Ammoniak neben dem Becherglase mit Essigsäure steht, so sieht man über beiden einen Rauch sich bilden. Dieser rührt davon her, dass luftförmiges Ammoniak und luftförmige Essigsäure in der Luft zu festem essigsaurem Ammoniak sich verbinden.

Ein Gemenge von einem festen und einem luftförmigen Körper wird Rauch genannt. Ein Gemenge von einem flüssigen und einem luftförmigen Körper heisst Nebel (siehe § 15). Ein Gemenge von einem pulverförmigen festen und einem flüssigen Körper heisst Brei.

Ein Gemenge von essigsaurem Ammoniak und Ammoniak reagirt alkalisch und riecht nach Ammoniak. Ein Gemenge von essigsaurem Ammoniak und Essigsäure reagirt sauer und riecht nach Essigsäure.

Wenn man also Ammoniak und Essigsäure zusammenbringt, so entsteht entweder 1) reines essigsaures Ammoniak, oder 2) ein Gemenge von essigsaurem Ammoniak und Ammoniak, oder 3) ein Gemenge von essigsaurem Ammoniak und Essigsäure. Ein vierter Fall, nämlich die Entstehung eines Gemenges von Ammoniak und Essigsäure ist hier nicht möglich, da beide Körper, mit einander in Berührung gebracht, sich sogleich mit einander verbinden.

§ 34.

Man nennt einen aus zwei verschiedenartigen Körpern entstandenen neuen Körper nur dann eine eigentliche oder chemische Verbindung, wenn die Bestandtheile in einem ganz bestimmten Verhältnisse darin enthalten sind. Im Gegensatz hierzu nennt man einen aus zwei verschiedenartigen Körpern entstandenen neuen Körper, in welchem die Bestandtheile nicht in einem bestimmten, sondern in einem veränderlichen Verhältniss enthalten sind, eine lose Verbindung.

Es ist zwar im vorigen Paragraphen gesagt, dass zwei verschiedenartige Körper sich stets in einem ganz bestimmten Verhältnisse mit einander verbinden, um einen neuen Körper zu geben; es kommt indessen auch sehr häufig vor, dass zwei Körper nicht in einem bestimmten, sondern in einem veränderlichen Verhältniss sich mit einander verbinden. Es findet dies zum Beispiel bei der Auflösung statt. Eine Auflösung ist offenbar als ein neuer Körper zu betrachten; denn das Gemenge eines festen und eines flüssigen Körpers ist ein Brei. Bei der Auflösung verbinden sich die festen und die flüssigen Körper mit einander in einem veränderlichen Verhältniss, wie es bereits im § 17 näher besprochen worden ist.

In solchen Fällen jedoch, wo zwei Körper in einem veränderlichen Verhältniss zusammentreten, um einen neuen Körper zu bilden, zeigt es sich fast ohne Ausnahme, dass die Eigenschaften des entstandenen neuen Körpers von den Eigenschaften der Bestandtheile nur wenig verschieden sind. So hat zum Beispiel eine Auflösung stets diejenige Farbe, die sie als Gemenge haben muss. Man kann natürlich nicht sagen, dass eine Auflösung denjenigen Geschmack zeigt, den sie als Gemenge besitzen muss, da man niemals den festen Körper, sondern nur die Auflösung selbst schmecken kann. Die blosse Veränderung des Aggregatzustandes, die der aufgelöste feste Körper erleidet, pflegt man gewöhnlich nicht als sehr wesentlich zu betrachten, da ja jeder feste Körper auch durch Erwärmung flüssig gemacht werden kann, während er doch chemisch derselbe bleibt.

Hieraus rechtfertigt es sich, dass man eine Auflösung und

andere ähnliche Körper nicht als eigentliche oder chemische Verbindungen betrachtet, bei welchen eine auffallende Veränderung der Eigenschaften eintreten muss. Um aber doch anzudeuten, dass die Vereinigung der beiden Körper nicht ganz dieselben Eigenschaften besitzt, die sie als Gemenge besitzen müsste, nennt man sie eine lose Verbindung. Die Bestandtheile loser Verbindungen sind meistentheils viel leichter von einander zu trennen, als die Bestandtheile chemischer Verbindungen, wie dies auch die Auflösungen zeigen (siehe § 31).

Fernere Beispiele von losen Verbindungen werden wir weiterhin kennen lernen. Es ist in der Chemie nicht allein von den chemischen, sondern auch von den losen Verbindungen die Rede.

§ 35.

Die Verhältnisse, nach welchen zum Beispiel die Elemente Wasserstoff, Sauerstoff, Kohlenstoff, Schwefel, Chlor sich mit einander verbinden, sind folgende. Es verbinden sich

2 Theile Wasserstoff mit 32 Theilen Sauerstoff,
2 -   -   - 24   -   Kohlenstoff,
2 -   -   - 64   -   Schwefel,
2 -   -   - 71   -   Chlor,
32 - Sauerstoff - 24   -   Kohlenstoff,
32 -   -   - 64   -   Schwefel,
32 -   -   - 71   -   Chlor,
24 - Kohlenstoff - 64   -   Schwefel,
24 -   -   - 71   -   Chlor,
64 - Schwefel   - 71   -   Chlor.

Es zeigt sich, dass hier zu demselben Körper immer dieselbe Zahl gehört. Dieses findet nicht allein bei den genannten fünf, sondern bei allen Elementen statt.

Das Mengenverhältniss, in welchem zwei Körper zusammengebracht werden sollen, kann man entweder nach Gewichtstheilen oder nach Raumtheilen bestimmen. Statt Gewichtstheil pflegt man dabei nur „Theil" zu sagen. Wenn sich 2 Theile Wasserstoff mit 32 Theilen Sauerstoff verbinden, so heisst das: Es verbinden sich 2 Loth Wasserstoff mit 32 Loth Sauerstoff und ebenso 2 Cent Wasserstoff mit 32 Cent Sauerstoff. Man könnte es für vortheilhafter halten, statt der in der gegebenen Tabelle enthaltenen Zahlen möglichst kleine ganze Zahlen einzusetzen. Man würde dann folgende vereinfachte Tabelle erhalten. Es verbinden sich:

1 Theil Wasserstoff mit 16 Theilen Sauerstoff,
1 „ „ „ 12 „ Kohlenstoff,
1 „ „ „ 32 „ Schwefel,
2 „ „ „ 71 „ Chlor,
4 „ Sauerstoff „ 3 „ Kohlenstoff,
1 „ „ „ 2 „ Schwefel,
32 „ „ „ 71 „ Chlor,
3 „ Kohlenstoff „ 8 „ Schwefel,
24 „ „ „ 71 „ Chlor,
64 „ Schwefel „ 71 „ Chlor.

Aber diese Tabelle würde nicht den Vortheil darbieten, dass zu demselben Elemente immer dieselbe Zahl gehört.

Um zu wissen, wie viel Theile Stickstoff und wie viel Theile Wasserstoff, Sauerstoff, Kohlenstoff, Schwefel, Chlor sich mit einander verbinden, braucht man nur die dem Stickstoff zugehörige Zahl zu kennen. Diese ist 28. Es verbinden sich also zum Beispiel 28 Pfund Stickstoff mit 71 Pfund Chlor.

§ 36.

Theilen heisst aus einem Körper gleichartige Stücke machen; zersetzen heisst aus einem Körper ungleichartige Stücke machen. Vom mathematischen Gesichtspunkte aus ist die Theilbarkeit der Körper unbegrenzt. In der Wirklichkeit hängt die Theilbarkeit von der Vollkommenheit der Instrumente ab. Mit Instrumenten kann man niemals einen Körper zerlegen.

Die Verwandlung eines Stückes von blauem Kupfervitriol in zwei Stücke von blauem Kupfervitriol heisst Theilung. Die Verwandlung einer Quantität von blauem Kupfervitriol in weissen Kupfervitriol und Wasser, welche verschiedenartige Körper sind, ist eine Zerlegung.

Wenn man die Theilbarkeit der Körper vom mathematischen

Gesichtspunkte aus für unbegrenzt erklärt, so hat dies folgende Bedeutung.

Man kann sich denken, dass man 1 Loth blauen Kupfervitriol in Millionen gleiche Stücke getheilt hat; man kann dann ausrechnen, dass jedes Stück ein milliontel Loth wiegt. Man kann sich auch vorstellen, dass eines dieser Stücke wieder in Millionen gleiche Stücke getheilt ist, und kann wieder ausrechnen, dass eins dieser Stücke ein billiontel Loth wiegt. Aber aus dem, was man sich als möglich denken kann, lässt sich kein Schluss ziehen über das, was in der Wirklichkeit stattfindet, und es hat also die vom mathematischen Gesichtspunkte aus betrachtete Theilbarkeit für die Wirklichkeit nicht die geringste Bedeutung.

Will man ein Blatt Papier mit den Händen allein zertheilen, so hört die Theilbarkeit auf, wenn die Stückchen nicht mehr mit beiden Händen gefasst werden können. Mit einer Scheere kann man die Theilung weiter fortsetzen, mit einem Rasirmesser noch weiter. Man sieht also, dass die in der Wirklichkeit stattfindende Theilbarkeit desto weiter sich erstreckt, je vollkommenere Instrumente man anzuwenden vermag.

Es ist ein allgemein bestätigter Satz der Erfahrung, dass man mit Instrumenten keine Verbindung zerlegen, also nicht etwa aus blauem Kupfervitriol weissen Kupfervitriol und Wasser machen kann.

§ 37.

Um die Erscheinungen der Chemie zu erklären, nimmt man an, dass mit vollkommenen Instrumenten jeder Körper in sehr kleine, untheilbare Stücke, Atome *) genannt, sich zertheilen lassen würde. Ein Atom ist also der kleinste Theil eines Körpers, der mit vollkommenen Instrumenten herzustellen sein würde. Zwei Atome desselben Körpers sind einander vollkommen gleich. Atome verschiedenartiger Körper sind von einander verschieden.

Wie bei Anwendung vollkommener Instrumente, die es nicht giebt, die Theilbarkeit der Körper sich verhalten würde, kann man nicht wissen.

---

*) Der Singular heisst: das Atom ⏑ ⏑̄·

Wenn die kleinsten Stücke eines Körpers, die mit den unvollkommenen Instrumenten der Wirklichkeit sich herstellen lassen, eben wegen dieser Unvollkommenheit an Gestalt und Gewicht nicht einander gleich sind, so würden die mit vollkommenen Instrumenten herzustellenden Atome (von blauem Kupfervitriol zum Beispiel) ohne Zweifel in jeder Beziehung einander gleich sein, da eine Ungleichheit nicht durch die Unvollkommenheit der Instrumente veranlasst sein kann, und da alle diese Atome in der Beziehung einander gleich sind, dass sie aus blauem Kupfervitriol bestehen.

Dagegen spricht nichts dafür, dass ein Atom blauer Kupfervitriol gleich sein wird einem Atom Papier.

Da durch diese Annahme, wie sich weiterhin zeigen wird, sehr viele Erscheinungen der Chemie erklärt werden können, so hält man sie für richtig.

Wie sich die hier besprochenen Atome zu den in § 4 erwähnten Molecülen verhalten, geht aus dem folgenden Paragraphen hervor.

§ 38.

Jedes Atom eines Körpers besteht aus einer bestimmten Anzahl von Molecülen. Die Anzahl von Molecülen, die ein Atom eines Körpers ausmachen, nennt man das Atomgewicht des Körpers. Das Atomgewicht des Wasserstoffs ist 2, des Sauerstoffs 32, des Kohlenstoffs 24, des Schwefels 64, des Chlors 71.

Da man annimmt, dass mit vollkommenen Instrumenten ein Körper nur in Atome sich zertheilen lassen würde, so folgt, dass ein Atom eines Elements in die Molecüle, aus denen man sich dasselbe bestehend denkt, auf keine Weise zertheilt oder zerlegt werden kann.

§ 39.

Wenn zwei Körper sich mit einander verbinden, so verbindet sich jedesmal ein Atom des einen Körpers mit einem Atom des andern Körpers.

Aufgabe. Es sind 2 Loth Wasserstoff gegeben; mit wie viel Sauerstoff werden sich diese verbinden?

Die 2 Loth Wasserstoff bestehen aus einer zwar nicht bekannten, aber vollkommen bestimmten Anzahl x von Atomen. Da ein Atom Wasserstoff sich verbindet mit einem Atom Sauerstoff, so verbinden sich x Atome Wasserstoff mit x Atomen Sauerstoff. Da ein Atom Wasserstoff aus 2 Molecülen besteht, so bestehen x Atome Wasserstoff aus 2 x Molecülen. Da ein Atom Sauerstoff aus 32 Molecülen besteht, so bestehen x Atome Sauerstoff aus 32 x Molecülen. Da 2 Loth Wasserstoff gleich 2 x Molecülen waren, so sind 2 x Molecüle Wasserstoff gleich 2 Loth. Wenn 2 x Molecüle Wasserstoff 2 Loth wiegen, so wiegen x Molecüle Wasserstoff 1 Loth. Wenn x Molecüle Wasserstoff 1 Loth wiegen, so wiegen x Molecüle Sauerstoff ebenfalls 1 Loth. Wenn x Molecüle Sauerstoff 1 Loth wiegen, so wiegen 32 x Molecüle Sauerstoff 32 Loth. — Es verbinden sich also 2 Loth Wasserstoff mit 32 Loth Sauerstoff, wie es im § 35 angegeben ist. Die Lösung der Aufgabe lässt sich aus folgendem Schema entnehmen.

Wasserstoff.	Sauerstoff.
2 Loth,	?
x Atome,	x Atome,
2 x Molecüle,	32 x Molecüle,
2 Loth.	32 Loth.

§ 40.

Ein Atom eines Elementes wird zur Abkürzung durch einen oder zwei Buchstaben seines lateinischen Namens bezeichnet. Die bemerkenswerthesten Elemente, ihre Zeichen und Atomgewichte sind folgende *).

---

*) Die lateinischen Namen der Elemente sind nur da angegeben, wo sie zum Verständniss der Zeichen erforderlich sind. Was die maassgebende Verbindung bedeutet, wird später auseinander gesetzt werden.

Name	Atom-zeichen	Atom-gewicht	Maassgebende Verbindung
Aluminium	Al*)	55	Thonerde $Al^2 O^3$
Antimon ‿ ‿ ⸌ (Stibium)	Sb	244	Antimonoxyd $Sb^2 O^3$
Arsen ‿ ⸌	As	150	Arsenichte Säure $As^2 O^3$
Barium	Ba	274	Baryt BaO
Blei (Plumbum)	Pb	414	Bleioxyd PbO
Bōr	B	44	Borsäure BO^3
Brōm	Br	160	Bromwasserstoff $H^2 Br^2$
Cadmium	Cd	224	Cadmiumoxyd CdO
Calcium	Ca	80	Kalk CaO
Chlōr	Cl	71	Chlorwasserstoff $H^2 Cl^2$
Chrōm	Cr	109	Chromsäure CrO^3
Eisen (Ferrum)	Fe	112	Eisenoxydul FeO
Fluor ⸌ ‿ oder ‿ ⸌	Fl	38	Fluorwasserstoff $H^2 Fl^2$
Gold (Aurum)	Au	392	Goldoxyd $Au^2 O^3$
Jōd	J	254	Jodwasserstoff $H^2 J^2$
Kalium	K	156	Kali KO
Kiesel (Silicium)	Si	56	Kieselsäure SiO^2
Kobalt ⸌ ‿ (Cobaltum)	Co	118	Kobaltoxydul CoO
Kohlenstoff (Carbonium)	C	24	Kohlensäure CO^2
Kupfer (Cuprum)	Cu	126	Kupferoxyd CuO
Lithium **)	Li	28	Lithion ⸌ ‿ ‿ LiO
Magnesium	Mg	50	Magnesia MgO
Mangan ‿ ⸌	Mn	108	Manganoxydul MnO
Natrium	Na	92	Natron ⸌ ‿ NaO
Nickel ⸌ ‿	Ni	116	Nickeloxydul NiO
Phosphor ⸌ ‿	P	62	Phosphorsäure $P^2 O^5$
Platin ‿ ⸌ oder ⸌ _	Pt	394	Platinoxydul PtO
Quecksilber (Hydrargyrum) ‿ ⸌ ‿ ‿	Hg	400	Quecksilberoxyd HgO
Sauerstoff (Oxygenium)	O	32	Wasser $H^2 O$
Schwefel (Sulfur)	S	64	Schwefelsäure SO^3
Silber (Argentum)	Ag	432	Silberoxyd AgO
Stickstoff (Nitrogenium)	N	28	Salpetersäure $N^2 O^5$
Strontium	Sr	175	Strontian ‿ ‿ ⸌ SrO
Wasserstoff (Hydrogenium)	H	2	Wasser $H^2 O$
Wismuth ⸌ _ (Bismuthum)	Bi	420	Wismuthoxyd $Bi^2 O^3$
Zink	Zn	131	Zinkoxyd ZnO
Zinn (Stannum)	Sn	236	Zinnoxydul SnO

*) Man spricht Al nicht einsilbig aus wie all, sondern buchstabirend aell. Ebenso werden alle Atomzeichen buchstabirend ausgesprochen.

**) Ein th wird nie wie z ausgesprochen.

Aus den hier aufgezählten Elementen bestehen alle für gewöhnlich vorkommenden Körper. Man ersieht also daraus, dass zum Beispiel Messing nicht ein Element ist, oder dass Erde, Wasser, Luft, Feuer nicht Elemente sind.

§ 41.

Nach § 37 sind weder einfache Atome, das heisst Atome von Elementen, noch zusammengesetzte Atome, das heisst Atome von Verbindungen, theilbar. Zusammengesetzte Atome sind stets in ihre Bestandtheile zersetzbar. Wenn ein Körper nicht mit einem andern Körper verbunden ist, so nennt man ihn frei, im Gegentheil gebunden.

Es kann sich beispielsweise ein Atom Kohlenstoff mit einem Atom Sauerstoff verbinden. Die Verbindung heisst Kohlenoxyd.

Es ist nun wohl denkbar, dass ein solches Atom Kohlenstoff, welches sich mit einem Atom Sauerstoff verbunden hat, nun auf keine Weise wieder von demselben zu trennen wäre. In Wirklichkeit aber lässt sich jede Verbindung auf irgend eine Weise wieder in ihre Bestandtheile zerlegen. Man nimmt deshalb mit Recht an, dass im Kohlenoxyd Kohlenstoff und Sauerstoff enthalten sind, obwohl in gebundenem Zustande.

In § 7 ist gesagt worden, dass eine Eigenschaft stets das Verhalten eines Körpers zu einem anderen Körper bedeutet. Diese Erklärung scheint nicht richtig zu sein, wenn man von der Zersetzbarkeit einer Verbindung spricht; denn wenn zum Beispiel der blaue Kupfervitriol sich in weissen Kupfervitriol und Wasser zersetzt, so geht diese Zersetzung bei jedem einzelnen Atom in derselben Weise vor sich. Man könnte also sagen, dass ein einziges Atom von blauem Kupfervitriol für sich und ohne Rücksicht auf irgend welche andere Atome die Eigenschaft der Zersetzbarkeit besitzt. Bedenkt man aber, dass in einer Verbindung die beiden Bestandtheile enthalten sind, so erweist sich die Erklärung als vollkommen richtig. Die Zersetzbarkeit eines Atoms von blauem Kupfervitriol ist nichts anderes, als die Eigenschaft der darin enthaltenen Atome von weissem Kupfervitriol, dass sie sich bei hinreichend hoher Temperatur von den Wasser-Atomen trennen.

§ 42.
Die Anzahl der Atome jedes Elements ist unveränderlich.

Aus den bisher besprochenen Gesetzen folgt nicht, dass es unmöglich ist, ein Element in ein anderes zu verwandeln. Man könnte es zum Beispiel für möglich halten, 4 Atome Kohlenstoff in 3 Atome Sauerstoff zu verwandeln, da 4 Atome Kohlenstoff aus eben so viel Molecülen bestehen, wie drei Atome Sauerstoff.

Allein die Erfahrung lehrt, dass eine solche Verwandlung nie stattfindet. Da zum Beispiel Gold ein Element ist, so kann man freies Gold zwar aus den Verbindungen des Goldes darstellen, nicht aber aus irgend welchen anderen Körpern.

Hieraus ergiebt sich unmittelbar, dass die Anzahl der freien und der gebundenen Atome irgend eines Elementes zusammengenommen weder vergrössert noch verkleinert werden kann.

§ 43.
Das Atomgewicht einer Verbindung ist gleich den Atomgewichten der Bestandtheile zusammengenommen.

Wenn sich ein Atom Kohlenstoff mit einem Atom Sauerstoff zu Kohlenoxyd verbunden hat, so wollen wir untersuchen, wie gross das Atomgewicht des Kohlenoxyds ist. Zu diesem Zwecke fragen wir zuerst, wie viel Atome Kohlenoxyd entstehen, wenn 1 Atom Kohlenstoff mit 1 Atom Sauerstoff sich verbindet.

Nimmt man an, dass 1 Atom Kohlenstoff und 1 Atom Sauerstoff zu 2 Atomen Kohlenoxyd sich verbinden, so heisst dies: Aus einem kleinsten Stückchen Kohlenstoff und einem kleinsten Stückchen Sauerstoff entstehen zwei kleinste Stückchen Kohlenoxyd. Eins von diesen beiden kann man nehmen und es, da Kohlenoxyd kein Element ist, wieder zersetzen. Die Zersetzungs-Produkte würden sein: $\frac{1}{2}$ Atom Kohlenstoff und $\frac{1}{2}$ Atom Sauerstoff. Da es aber halbe Atome nicht giebt, so folgt, dass 1 Atom Kohlenstoff und 1 Atom Sauerstoff nicht 2 Atome Kohlenoxyd bilden können. Eben so wenig können 1 Atom Kohlenstoff und 1 Atom Sauerstoff noch mehr als 2 Atome Kohlenoxyd bilden. Es können deshalb 1 Atom Kohlenstoff und 1 Atom Sauerstoff nur zu 1 Atom Kohlenoxyd sich verbinden. 1 Atom

Kohlenoxyd besteht demnach aus $24 + 32 = 56$ Molecülen, so dass das Atomgewicht des Kohlenoxyds $= 56$ ist.

§ 44.

Ein Atom einer Verbindung von zwei Elementen wird bezeichnet durch die neben einander gestellten Zeichen der Bestandtheile. Das Zeichen für ein Atom einer Verbindung nennt man die Formel der Verbindung. Ein Gemenge wird bezeichnet durch ein zwischen die Zeichen der Bestandtheile gesetztes Pluszeichen.

Das Zeichen für 1 Atom Kohlenoxyd oder die Formel des Kohlenoxyds ist CO; dagegen bedeutet $C + O$ ein Gemenge von einem Atom Kohlenstoff und einem Atom Sauerstoff.

$2 N + 3 H$ bedeutet ein Gemenge von 2 Atomen Stickstoff und 3 Atomen Wasserstoff.

§ 45.

Ein chemischer Vorgang oder Process wird bezeichnet durch eine Gleichung, in welcher auf der linken Seite die zu dem Versuche angewandten, auf der rechten Seite die bei dem Versuche entstandenen Körper geschrieben sind.

1 Atom gebrannter Kalk $+$ 1 Atom Wasser $=$ 1 Atom gelöschter Kalk. $C + O = CO$ bedeutet: „Ein Gemenge von 1 Atom Kohlenstoff und 1 Atom Sauerstoff verwandelt sich in 1 Atom Kohlenoxyd" oder auch „1 Atom Kohlenstoff und 1 Atom Sauerstoff verbinden sich zu 1 Atom Kohlenoxyd."

$CO = C + O$ bedeutet: „1 Atom Kohlenoxyd zersetzt sich in 1 Atom Kohlenstoff und 1 Atom Sauerstoff."

Aus diesen Beispielen ist noch zu entnehmen, dass man, wenn eine chemische Gleichung durch Worte erklärt werden soll, den Ausdruck „gleich" zu vermeiden hat. Gebrannter Kalk und Wasser sind von gelöschtem Kalk sehr verschieden, also nicht diesem gleich. Dagegen würde es richtig sein, zu sagen: die Molecüle von 1 Atom gebranntem Kalk und von 1 Atom Wasser sind gleich den Molecülen von 1 Atom gelöschtem Kalk.

§ 46.

Aehnliche Verhältnisse wie in der Chemie kommen auch im gewöhnlichen Leben vor, zum Beispiel 1 Heft + 1 Klinge = 1 Messer, 1 Stock + 1 Schnur = 1 Peitsche.

Die Aehnlichkeit findet statt in Beziehung auf § 19. Denn ein Messer besitzt die Eigenschaft, dass man damit schneiden kann; diese Eigenschaft besassen vorher weder das Heft noch auch die Klinge, wenn nicht letztere etwa so gross ist, dass man sich eines Theiles der Klinge als Heft bedienen kann.

Ferner findet die Aehnlichkeit statt in Beziehung auf § 39; denn es verbindet sich stets ein Heft mit einer Klinge.

Endlich findet die Aehnlichkeit statt in Beziehung auf § 43; denn wenn etwa ein Heft 4 Quentchen, eine Klinge 3 Quentchen wiegt, so wiegt ein Messer 7 Quentchen.

§ 47.

Es kann sich zweitens (siehe § 39) ein Atom eines Körpers verbinden mit mehreren Atomen eines andern Körpers. Eine als Coefficient geschriebene Atomzahl bezieht sich auf den nachfolgenden Körper; eine als Exponent geschriebene Atomzahl bezieht sich nur auf das vorhergehende Element, welches Bestandtheil einer Verbindung sein muss.

1 Wagebalken + 2 Wageschalen = 1 Wage;
1 Wagenkasten + 4 Räder = 1 Wagen.

Es verbinden sich 2 Atome Wasserstoff mit 1 Atom Sauerstoff zu 1 Atom Wasser. Dieser Prozess wird ausgedrückt durch die Gleichung

$$2H + O = H^2O.$$

H^2 spricht man nicht H zur Zweiten, oder H Quadrat, oder H hoch Zwei, sondern H Zwei.

Wollte man statt H^2O schreiben 2HO, so würde sich die als Coefficient geschriebene Zahl 2 nicht blos auf das nachfolgende Element H, sondern auf den nachfolgenden Körper HO beziehen; 2HO würde bedeuten 2 Atome einer Verbindung von 1 Atom Wasserstoff und 1 Atom Sauerstoff.

Es verbindet sich 1 Atom Schwefel mit 3 Atomen Sauerstoff zu 1 Atom Schwefelsäure SO^3.

Wenn in § 39 gesagt war, dass sich 1 Atom eines Körpers stets mit 1 Atom eines anderen Körpers verbindet, so findet dieses Gesetz in dem gegenwärtigen Paragraphen die Erweiterung, dass sich 1 Atom des einen Körpers auch mit mehreren Atomen des anderen Körpers verbinden kann. Es lassen sich hierüber einige Versuche anstellen, die wir uns auf folgende Weise klar machen können.

Stellen wir uns vor, in einer Messerfabrik würden verfertigt: Messer mit einer Klinge (einfache Messer) und ferner Messer mit zwei Klingen (doppelte Messer), nicht aber etwa noch Messer mit drei Klingen. Es bedeute H ein Heft, K eine Klinge; dann muss ein einfaches Messer bezeichnet werden durch HK, ein doppeltes Messer durch HK^2. Wenn nun Hefte und Klingen sich stets so mit einander verbinden, dass möglichst wenige unverbunden übrig bleiben, so sind folgende 4 Fälle möglich:

I. $H + K = HK$,
II. $H + 2K = HK^2$,
III. $HK + K = HK^2$,
IV. $HK^2 + H = 2HK$.

Es ist ausserdem auch möglich, dass gar keine Veränderung eintritt, wie in der Gleichung:
$$HK + H = HK + H.$$

Oder es können mehrere der aufgeführten Fälle gleichzeitig eintreten, wie in der Gleichung:
$$2H + 3K = HK + HK^2,$$
welche letztere aus der Addition der Gleichungen I und II hervorgeht.

Mit Hülfe des Vorhergehenden und der folgenden Tabelle sind nun die anzustellenden chemischen Versuche leicht verständlich:

H	1 Atom Kali	fest, löslich in Wasser,
K	1 Atom Weinsteinsäure	fest, löslich in Wasser,
HK	1 Atom einfachweinsteinsaures Kali	fest, löslich in Wasser,
HK^2	1 Atom doppeltweinsteinsaures Kali	fest, unlöslich in Wasser.

Statt des Körpers in der ersten Spalte muss man sich den

in der zweiten Spalte aufgeführten Körper denken, dessen Verhalten in der dritten Spalte angegeben ist.

Man giesst in ein Reagensglas etwas Kalilösung (x Atome)*); man fügt einige Weinsteinsäurelösung (höchstens x Atome) hinzu. Es entsteht nach Gleichung I einfachweinsteinsaures Kali (x Atome), welches sich in demselben Wasser auflöst, in welchem vorher

---

*) Die Kalilösung pflegt man nicht zu jedem einzelnen Versuche anzufertigen, bei welchem man sie gebrauchen will. Man bereitet von derselben ebenso wie von manchen anderen häufiger gebrauchten Auflösungen in einer Flasche eine grössere Menge. Für Flaschen zu Auflösungen und anderen Flüssigkeiten eignen sich im Allgemeinen eingeschliffene Glasstöpsel besser als Korke, weil die letzteren von manchen Flüssigkeiten chemisch verwandelt werden, so dass der Kork nicht mehr schliesst und auch der Inhalt der Flasche zugleich mit dem Kork eine chemische Veränderung erleidet. Dagegen bilden die Korke im Allgemeinen einen besseren Verschluss wie die Glasstöpsel und es ist deshalb bei stark verdampfenden Flüssigkeiten wie bei Schwefelkohlenstoff und besonders bei Aether und Collodium (einem vorzüglichen Mittel bei Brandwunden) ein Kork dem Glasstöpsel vorzuziehen. Ein Glasstöpsel, der längere Zeit hindurch in einem Flaschenhalse gesteckt hat, haftet oft und namentlich, wenn die Flasche Kalilösung enthält, so fest an dem Flaschenhalse, dass es unmöglich scheint, ihn daraus zu entfernen. Wenn ein wiederholtes Drücken oder Hämmern des Stöpsels nach verschiedenen Seiten hin erfolglos geblieben ist, so hält man bei horizontaler Lage der Flasche den Flaschenhals in die Flamme einer einfachen Spirituslampe und versetzt die Flasche etwa $1/4$ Minute lang in eine drehende Bewegung, so dass der gesammte Umfang des Flaschenhalses gleichmässig erwärmt wird. Gleich darauf sucht man den Stöpsel zu lösen, und dies wird meistentheils jetzt möglich sein. Ist dies nicht der Fall, so kann man denselben Versuch noch einmal wiederholen, jedoch nicht früher, als bis sich der Flaschenhals erst vollständig wieder abgekühlt hat. Wenn aber nun der Stöpsel noch immer fest haftet, so stellt man die Flasche umgekehrt in ein Becherglas und giesst in letzteres einiges Wasser. Nach einem oder mehreren Tagen nimmt man die Flasche, während man ihren Stöpsel festhält, aus dem Becherglase heraus. Ist der gewünschte Erfolg noch nicht eingetreten, so wird die Wiederholung der eben beschriebenen Verfahrungsweisen nur sehr selten nicht zum Ziele führen.

Kali und Weinsteinsäure aufgelöst waren. Dann fügt man mehr Weinsteinsäurelösung (wiederum x Atome) hinzu und es entsteht nach Gleichung III festes doppeltweinsteinsaures Kali (x Atome). Einen innerhalb einer Flüssigkeit entstehenden festen Körper nennt man einen Niederschlag. Ferner giesst man in ein Reagensglas Weinsteinsäure (x Atome) und wenig Kali ($\frac{1}{2}$ x Atome); es entsteht nach Gleichung II doppeltweinsteinsaures Kali ($\frac{1}{2}$ x Atome). Fügt man noch mehr Kali (wiederum $\frac{1}{2}$ x Atome) hinzu, so entsteht nach Gleichung IV einfachweinsteinsaures Kali (x Atome) und es löst sich der eben entstandene Niederschlag wieder auf.

§ 48.

Es können sich drittens mehrere Atome eines Körpers mit mehreren Atomen eines anderen Körpers verbinden.

Es verbinden sich 2 Atome Chlor mit 5 Atomen Sauerstoff zu 1 Atom Chlorsäure $Cl^2 O^5$.

§ 49.

Die Elemente werden eingetheilt in Metalle und Metalloide. Ein Metall ist ein Element, welches mit Sauerstoff eine Base bildet; ein Metalloid ist ein Element, welches mit Sauerstoff keine Base bildet. Im festen und im flüssigen Aggregatzustande sind alle Metalle undurchsichtig und glänzend. Mit Ausnahme des Quecksilbers sind alle Metalle bei gewöhnlicher Temperatur fest.

Von den in § 40 genannten Elementen gehören zu den Metalloiden: Sauerstoff, Wasserstoff, Stickstoff, Schwefel, Kohlenstoff, Chlor, Brom, Jod, Fluor, Phosphor, Bor, Kiesel; die übrigen Elemente sind Metalle. Im gewöhnlichen Leben nennt man Metall jeden Körper, der undurchsichtig und glänzend ist.

Da indessen Undurchsichtigkeit und Glanz nicht chemische Eigenschaften sind, so würde es in der Chemie offenbar unpassend sein, nach diesen Eigenschaften zu beurtheilen, ob ein Element ein Metall oder ein Metalloid ist.

§ 50.

Alle Basen sind Verbindungen eines Metalls mit Sauerstoff. Die meisten Säuren sind Verbindungen eines Metalloids mit Sauerstoff; wenige Säuren sind Verbindungen eines Metalls mit Sauerstoff. Ausserdem giebt es noch Säuren, welche Verbindungen eines Metalloids mit Wasserstoff sind. Die Säuren werden deshalb eingetheilt in Sauerstoffsäuren und Wasserstoffsäuren.

Die Base Kali ist eine Verbindung des Metalls Kalium mit Sauerstoff. Die Säure Chlorsäure ist eine Verbindung des Metalloids Chlor mit Sauerstoff. Wenn ein Metall ein Element ist, welches mit Sauerstoff eine Base bildet, so kann darum doch ein Metall in einem anderen Verhältniss sich mit Sauerstoff zu einer Säure verbinden. Das Manganoxydul MnO ist eine Base; aber die Mangansäure Mn^2O^5 ist eine Säure.

Die Säure Salzsäure ist eine Verbindung des Metalloids Chlor mit Wasserstoff; sie wird in der Wissenschaft auch gewöhnlich Chlorwasserstoffsäure genannt.

§ 51.

Bei einer Verbindung von zwei Elementen schreibt man in dem Atomzeichen zuerst das Metall oder den Wasserstoff, zuletzt den Sauerstoff. Bei einer Verbindung einer Base und einer Säure schreibt man zuerst die Base, dann ein Komma und zuletzt die Säure.

KO, nicht OK, bedeutet ein Atom Kali.

Cl^2O^5, nicht O^5Cl^2, ist die Formel für die Chlorsäure.

H^2Cl^2, nicht Cl^2H^2, bedeutet ein Atom Salzsäure. Ein Atom chlorsaures Kali wird bezeichnet durch Ko, Cl^2O^5.

§ 52.

Der Name einer Verbindung ist gewöhnlich aus den Namen der Bestandtheile zusammengesetzt. Meistentheils nennt man den Bestandtheil zuerst, der zuletzt geschrieben wird; hiervon machen jedoch die Sauerstoffverbindungen eine Ausnahme.

Die Verbindung KCl^2 heisst Chlorkalium. Die Verbindung H^2Cl^2 heisst entweder Salzsäure oder Chlorwasserstoffsäure. Die Verbindung KO, Cl^2O^5 heisst chlorsaures Kali. Die Verbindung Cl^2O^5 heisst Chlossäure, welches Wort man sich aus Chlor und

Sauerstoff gebildet denken kann. Die Verbindung HgO heisst Quecksilberoxyd, welches Wort man sich aus Quecksilber und Oxygenium gebildet vorstellen kann.

§ 53.

In einem Atom einer Verbindung sind selten mehr als 7 Atome eines Bestandtheils enthalten. Die Anzahl der existirenden Verbindungen ist überhaupt eine sehr beschränkte.

Wenn die grösste vorkommende Atomzahl 7 ist, so würden zum Beispiel Wasserstoff und Sauerstoff nach § 39, 47 und 48 mit einander 49 Verbindungen bilden können. In Wirklichkeit bilden sie mit einander nur 2 Verbindungen.

Der häufigste Fall ist sogar der, dass zwei Elemente mit einander gar keine Verbindung eingehen.

§ 54.

Die zusammengesetzten Körper entstehen selten direct, das heisst durch blosse Verbindung, sondern meistens indirect, das heisst durch gleichzeitige Zersetzung und Verbindung. Eine Ausnahme hiervon bilden die Salze, welche fast immer direct entstehen, namentlich, wenn Basen und Säuren im flüssigen Aggregatzustande mit einander in Berührung kommen.

Bei dem im § 21 besprochenen Versuche entstand das schwefelsaure Bleioxyd indirect. Zur Entstehung desselben war demnach, ausser den Bestandtheilen, Schwefelsäure und Bleioxyd, noch ein dritter Körper, Essigsäure erforderlich.

Wenn man also von irgend einer Verbindung nur weiss, dass sie indirect entsteht, so ist ihre Darstellungsweise viel schwieriger zu errathen, als wenn man weiss, dass die Verbindung direct entsteht.

Wenn wir im vorigen Paragraphen gesehen haben, dass die Anzahl der existirenden Verbindungen im Ganzen genommen eine sehr beschränkte ist, so sehen wir jetzt noch, dass diese Verbindungen im Allgemeinen schwierig darzustellen sind.

Sauerstoff.

§ 55.

1 Atom Quecksilberoxyd zersetzt sich bei starker Erhitzung in ein Gemenge von 1 Atom Sauerstoff und 1 Atom Quecksilber.

$$HgO = O + Hg.$$

Von mehreren mit einander gemengten Körpern pflegt man denjenigen zuerst zu schreiben, den man eben als den wichtigsten betrachtet.

§ 56.

Aufgabe. **Wenn bei der Zersetzung des Quecksilberoxyds die Menge des Sauerstoffs $\frac{3}{11}$ Loth beträgt, wie viel beträgt die Menge der übrigen Körper?**

Man berechnet nach § 40 und § 43 die Atomgewichte aller bei dem Versuche vorkommenden Körper; 432 Molecüle Quecksilberoxyd geben 32 Molecüle Sauerstoff und 400 Molecüle Quecksilber (Gleichung I Seite 64). Man multiplicirt beide Seiten von Gleichung I mit x (x bedeutet eine beliebige ganze Zahl); 432 x Molecüle Quecksilberoxyd geben 32 x Molecüle Sauerstoff und 400 x Molecüle Quecksilber (Gleichung II). Man nimmt für x die Anzahl der Molecüle, die in 1 Loth enthalten sind; 432 Loth Quecksilberoxyd geben 32 Loth Sauerstoff und 400 Loth Quecksilber (Gleichung III). Man setzt unter denjenigen Körper, dessen Menge bekannt ist, also hier unter Sauerstoff die Zahl 1, indem man beide Seiten der vorigen Gleichung mit 32 dividirt; $\frac{432}{32}$ Loth Quecksilberoxyd geben 1 Loth Sauerstoff und $\frac{400}{32}$ Loth Quecksilber (Gleichung IV). Man schreibt unter Sauerstoff die bekannte Menge desselben, indem man beide Seiten der vorigen Gleichung mit $\frac{3}{11}$ multiplicirt; $\frac{432 \cdot 3}{32 \cdot 11}$ Loth Quecksilberoxyd geben $\frac{3}{11}$ Loth Sauerstoff und $\frac{400 \cdot 3}{32 \cdot 11}$ Loth Quecksilber (Gleichung V). Man verwandelt durch Heben und

Multipliciren die eben gefundenen Werthe in Brüche, die mit möglichst kleinen Zahlen geschrieben sind; $\frac{81}{22}$ Loth Quecksilberoxyd geben $\frac{3}{11}$ Loth Sauerstoff und $\frac{75}{22}$ Loth Quecksilber (Gleichung VI.).

Bevor wir die Lösung der Aufgabe zu Ende führen, wollen wir eine allgemeine Bemerkung über die sogenannte Abkürzung der Zahlen machen. Vergleicht man etwa mit einander die Zahlen 6481 und 6000, welche letztere dadurch aus der ersteren hervorgegangen ist, dass man die Ziffern 4, 8, 1 durch Nullen ersetzt hat, so ergiebt sich der dreifache Unterschied, dass die Zahl 6000 schneller auszusprechen ist wie die Zahl 6481, dass man ferner mit der Zahl 6000 leichter rechnen kann als mit der Zahl 6481 und dass endlich 6000 sich dem Gedächtniss leichter einprägen lässt als 6481. Die drei genannten Vorzüge kommen einer Zahl in desto höherem Maasse zu, je mehr Ziffern derselben Nullen sind. Wenn man nun statt einer gegebenen richtigen Zahl eine sogenannte abgekürzte Zahl annimmt, so wünscht man natürlich, dass der Fehler der abgekürzten Zahl so klein wie möglich sei. So kürzt man 24 ab auf 20, dagegen 47 auf 50. Die Ziffern einer Zahl mit Ausschluss der Nullen am Ende heissen geltende Ziffern. Die Zahl 9763 mit 3 oder 2 oder 1 geltenden Ziffern geschrieben ergiebt 9760 oder 9800 oder 10000. Bei einem Decimalbruch werden die Ziffern mit Ausschluss der Nullen am Anfang geltende genannt. Der Decimalbruch 0,03456 enthält 4 geltende Ziffern. Auf 3 oder 2 oder 1 geltende Ziffern abgekürzt heisst derselbe 0,0346 oder 0,035 oder 0,03.

Was die in der obigen Aufgabe gefundene Menge von Quecksilberoxyd, nämlich $\frac{81}{22}$ Loth betrifft, so ist zuerst zu bedenken, dass man Gewichtsstücke von einem zweiundzwanzigstel Loth nicht besitzt; man muss also $\frac{81}{22}$ Loth umrechnen in Gewichtsstücke, die man besitzt. Gesetzt, man hätte nur ganze Lothe, so würde man statt $\frac{81}{22} = 3\frac{15}{22}$ zu setzen haben 4 Loth; der Fehler beträgt dann $\frac{7}{22}$ Loth. Wollte man statt $\frac{81}{22}$ setzen 3, so würde der Fehler $\frac{15}{22}$ betragen. Gesetzt ferner, man besässe zehntel oder hundertstel oder tausendstel oder zehntausendstel Lothe, so würde man statt $\frac{81}{22}$ zu setzen haben $\frac{810}{22} \cdot \frac{1}{10}$ oder

$\frac{8100}{22} \cdot \frac{1}{100}$ oder $\frac{81000}{22} \cdot \frac{1}{1000}$ oder $\frac{810000}{22} \cdot \frac{1}{10000}$ woraus sich ergiebt 3,7 oder 3,68 oder 3,682 oder 3,6818.

Man wird aber bei dieser Berechnung noch Folgendes zu bedenken haben. Erstens ist es offenbar nutzlos, die kleinsten Gewichte, die man besitzt, zu gebrauchen, wenn diese an der zu verwendenden Wage keinen Ausschlag mehr hervorbringen; ferner erfordert der Gebrauch kleiner Gewichte auf einer genauen Wage mehr Zeit als der Gebrauch grösserer Gewichte auf einer weniger genauen Wage. Man wird also auch aus diesem Grunde sehr häufig auf den Gebrauch kleiner Gewichte verzichten.

Wir wollen nun hier und im Folgenden überall, wo es nicht ausdrücklich anders bestimmt ist, jedes Zahlenresultat so berechnen, dass es drei geltende Ziffern enthält.

Statt $\frac{81}{22}$ Loth haben wir also zu setzen 3,68 Loth. Statt $\frac{75}{22}$ Loth haben wir zu setzen 3,41 Loth. Wir finden schliesslich: 3,68 Loth Quecksilberoxyd geben $\frac{3}{11}$ Loth Sauerstoff und 3,41 Loth Quecksilber (Gleichung VII.).

Die Menge des Sauerstoffs, nämlich $\frac{3}{11}$ Loth, in derselben Weise umzurechnen, ist offenbar überflüssig, da nach der Natur der Aufgabe diese Quantität von Sauerstoff als gegebene, nicht als gesuchte Grösse betrachtet wird.

Wir lassen nun die vollständige Lösung unserer Aufgabe folgen.

$$\text{HgO} = \text{O} + \text{Hg}$$
$$\text{Hg} = 400 \quad \text{O} = 32 \quad \text{Hg} = 400$$
$$\text{O} = 32$$

I.	432 Molecüle	=	32 Molecüle	+	400 Molecüle,
II.	432 x „	=	32 x „	+	400 x „
III.	432 Loth	=	32 Loth	+	400 Loth,
IV.	$\frac{432}{32}$ „	=	1 „	+	$\frac{400}{32}$ „
V.	$\frac{432 \cdot 3}{32 \cdot 11}$ „	=	$\frac{3}{11}$ „	+	$\frac{400 \cdot 3}{32 \cdot 11}$ „
VI.	$\frac{81}{22}$ „	=	$\frac{3}{11}$ „	+	$\frac{75}{22}$ „
VII.	3,68 „	=	$\frac{3}{11}$ „	+	3,41 „

Wenn man die Lösung derartiger Aufgaben einmal richtig aufgefasst hat, so kann man sich das Hinschreiben der Gleichungen

I und II ersparen und sogleich mit der Gleichung III anfangen, und hier auch, wenn man will, die Benennungen fortlassen.

§ 57.

Der Sauerstoff ist ein Gas. 144 Loth Sauerstoff nehmen denselben Raum ein wie 100000 Loth Wasser.

Aufgabe. Ein Gefäss, welches 15,6 Loth Wasser enthält, soll mit Sauerstoff gefüllt werden. Wie viel Quecksilberoxyd ist dazu erforderlich?

Da das Volumen von 144 Loth Sauerstoff gleich ist dem Volumen von 100000 Loth Wasser, so kann man schreiben: es sind, durch Raumtheile gemessen,

I. 144 Loth Sauerstoff = 100000 Loth Wasser.

Auf ähnliche Weise wie im vorigen Paragraphen leitet man hieraus ab:

II. $\frac{144}{100000}$ Loth Sauerstoff = 1 Loth Wasser,

III. $\frac{144 \cdot 156}{100000 \cdot 10}$ Loth Sauerstoff = 15,6 Loth Wasser.

Der Sauerstoff, der das gegebene Gefäss anfüllt, wiegt also $\frac{144 \cdot 156}{100000 \cdot 10}$ Loth. Man hat jetzt also auf die im vorigen Paragraphen beschriebene Weise zu berechnen, wie viel Quecksilberoxyd erforderlich ist, um diese Quantität Sauerstoff darzustellen.

Man kann dabei alles fortlassen, wonach bei der vorliegenden Aufgabe nicht gefragt ist.

$$\begin{aligned}
\text{HgO} &= \text{O,} \\
432 \text{ Loth} &= 32 \text{ Loth,} \\
\frac{432}{32} \text{ \textit{„}} &= 1 \text{ \textit{„}} \\
\frac{432 \cdot 144 \cdot 156}{32 \cdot 100000 \cdot 10} &=
\end{aligned}$$

Zur Darstellung des gewünschten Sauerstoffs sind also erforderlich:

$$\frac{432 \cdot 144 \cdot 156}{32 \cdot 100000 \cdot 10} = \frac{303264}{100000}*) = 0{,}303 \text{ Loth Quecksilberoxyd.}$$

---

*) Da sich mit einer Potenz von 10 sehr leicht dividiren lässt, so hebt man den Bruch nur so weit, dass im Nenner eine Potenz von 10 stehen bleibt.

§ 58.

Die Wirkung des Luftdrucks besteht darin, dass derselbe die Entstehung eines leeren Raumes verhindert, sobald flüssige oder luftförmige Körper vorhanden sind, die in jenen Raum eindringen können.

Da die Luft, wie schon in § 1 gezeigt ist, Gewicht hat, so muss sie in Folge dessen einen Druck ausüben auf alle unter ihr befindlichen Körper, oder mit anderen Worten auf alle Körper, welche sie in der Richtung nach dem Mittelpunkte der Erde hin berührt. Dieser Druck ist sehr beträchtlich; das Gewicht der gesammten oberhalb eines Quadratzolles an der Erdoberfläche befindlichen Luft ist eben so gross, wie das Gewicht einer auf derselben Grundfläche lastenden Quecksilbersäule von 29 preussischen Zoll Höhe.*) Dies beträgt etwas mehr als 14 Pfund. In der engeren Physik, wo die Lehre vom Luftdruck in ihrer Vollständigkeit zu behandeln ist, wird gezeigt, dass Flüssigkeiten und luftförmige Körper in Folge der Veränderlichkeit ihrer Gestalt einen von oben her auf sie ausgeübten Druck in allen Richtungen und also zum Beispiel auch nach obenhin fortpflanzen.

Es übt deshalb die gewöhnliche Luft an der Erdoberfläche auf jeden Körper, den sie in beliebiger Richtung berührt, einen eben so grossen Druck aus, wie auf einen unter ihr befindlichen Körper von derselben Oberfläche.

Die Lehre vom Luftdruck ist auch für den Chemiker bei den so häufig anzustellenden Versuchen mit Gasen von grosser Wichtigkeit.

Um die oben bezeichnete Wirkung des Luftdruckes kennen zu lernen, nehme man eine beiderseitig offene Glasröhre und sauge aus dem oberen Ende derselben, während ihr unteres Ende in Wasser taucht, Luft aus. Durch die Entfernung der Luft aus der Röhre würde in derselben, wenn sie unten durch einen festen Körper verschlossen wäre, ein leerer Raum ent-

---

*) Die Höhe einer solchen Quecksilbersäule pflegt man nach pariser Zollen zu messen. Es sind 28 pariser Zoll gleich 29 preussische Zoll, oder etwas genauer 29 pariser Zoll gleich 30 preussische Zoll.

stehen. Da sie aber unten in Wasser taucht, so verhindert der auf die obere Fläche des äusseren Wassers wirkende Luftdruck die Entstehung des leeren Raumes, indem er das Wasser in die Röhre zu steigen veranlasst.

In noch auffallenderer Weise zeigt sich die Wirkung des Luftdrucks bei folgendem Versuch. In einen Kolben von mittlerer Grösse bringt man etwa 1 Loth Wasser und verschliesst ihn mit einem Kork, durch welchen der eine Schenkel einer umgekehrten U-förmigen Röhre gesteckt ist. U-förmig nennt man eine Röhre, die aus einem ersten vertikal von oben nach unten verlaufenden, einem zweiten horizontalen und einem dritten vertical von unten nach oben verlaufenden Theile besteht, wobei alle drei Theile eine beliebige Länge haben können. Man spannt nun den Kolben vermittelst eines Retortenhalters in passender Höhe ein, um das Wasser durch eine untergesetzte Flamme erhitzen zu können. Das ausserhalb des Kolbens befindliche Ende der U-förmigen Röhre führt man in ein Becherglas, welches kaltes Wasser enthält. Beim Erhitzen des in dem Kolben enthaltenen Wassers verwandelt sich das letztere allmählig in Wasserdampf. Der Wasserdampf ist bei weitem dünner als das Wasser. Der aus einem Loth Wasser entstehende Wasserdampf nimmt beinahe 1 Cubikfuss ein. Beim Erhitzen des Wassers entsteht in dem Kolben ein Gemenge von Luft und Wasserdampf, welches durch die U-förmige Röhre in das kalte Wasser geleitet wird. Hier verwandelt sich der Wasserdampf wieder in flüssiges Wasser, während die Luft in Blasen entweicht. Wenn man mit der Erhitzung fortfährt, so wird die Luft bald ziemlich vollständig aus dem Kolben vertrieben, und man sieht nur noch ganz kleine Luftbläschen durch das kalte Wasser hindurch entweichen. Jetzt hört man auf zu erhitzen. Der in der U-förmigen Röhre befindliche Wasserdampf wird durch die Berührung mit dem kalten Wasser wieder flüssig gemacht und in den entstehenden leeren Raum presst der Luftdruck das Wasser aus dem Becherglase hinein. Dasselbe findet weiterhin auch innerhalb des Kolbens statt und mit grosser Geschwindigkeit sieht man das Wasser aus dem Becherglase in den Kolben zurücksteigen.

Man nehme ferner eine pneumatische Wanne. Diese ist ein am besten aus durchsichtigen Glasplatten zusammengesetztes rechteckiges Gefäss. Ueber die beiden einander zunächst liegenden Kanten der Wanne ist eine von den Rändern aus in die Wanne hinabsteigende Brücke gelegt. Die Wanne wird mit so viel Wasser gefüllt, dass dieses etwa einen halben Zoll über der Brücke steht. Es ist bequem, wenn die Wanne eine solche Tiefe hat, dass auch grössere Glascylinder von etwa ein Fuss Höhe und zwei Zoll Durchmesser, horizontal in der Wanne liegend, sich vollständig mit Wasser füllen.

Wenn man nun einen solchen Cylinder mit dem Fussende nach oben gerichtet aufhebt, während die Mündung unter Wasser bleibt, so kann in Folge der Wirkung des Luftdruckes das Wasser den Cylinder nicht verlassen, selbst dann nicht, wenn man ihn auf die Brücke stellt.

Besitzt die Wanne die eben bezeichnete Tiefe nicht, so stellt man den Cylinder mit dem Fussende nach unten in die Wanne, füllt ihn vermittelst einer mit einem Griff versehenen Porzellankasserolle vollständig mit Wasser, legt eine Glasplatte auf die Mündung und kehrt den Cylinder mit der rechten Hand um, während man mit der linken die Glasplatte an die Mündung andrückt.

In solche auf der Brücke der pneumatischen Wanne stehende mit Wasser gefüllte Cylinder werden, bei der Darstellung von Gasen, diese häufig eingeleitet. Es ist überhaupt als allgemeine Regel zu betrachten, dass ein Raum, in welchen ein reines Gas gebracht werden soll, vorher mit einer Flüssigkeit angefüllt werden muss.

Um sich die Art der Einleitung eines Gases in den Cylinder klar zu machen, stelle man letzteren über eine in der Brücke angebrachte Oeffnung und bringe das eine Ende einer Glasröhre unter die Oeffnung. Bläst man nun in das andere Ende Luft ein, so steigt diese in den Cylinder empor, während natürlich ein gleiches Volumen Wasser aus demselben austritt.

§ 59.

Alle luftförmigen Körper dehnen sich durch Erwärmung stark aus und ziehen sich bei der Erkaltung eben so stark wieder zusammen.

Die Kenntniss dieses Satzes ist nöthig zum Verständniss von Erscheinungen, welche bei vielen chemischen Versuchen eintreten.

Man nehme eine innen vollständig trockene Retorte *), giesse in ein Becherglas, dessen Höhe der Länge des Retortenhalses fast gleich ist, etwas Wasser, stelle die Retorte mit dem offenen Ende des Halses nach unten in das Becherglas und erhitze die in dem Bauch der Retorte enthaltene Luft. Man sieht eine Menge von Luftblasen aus dem Retortenhalse durch das Wasser entweichen. Wenn dieses aufgehört hat, so unterbreche man die Erhitzung. Der Retortenbauch und die darin enthaltene Luft kehren nun allmählig zu der früheren Temperatur zurück; dabei verkleinert sich wiederum das Volumen der Luft und es würde in der Retorte ein leerer Raum entstehen. Dies wird aber durch den Luftdruck verhindert und es tritt jetzt allmählig in die Retorte so viel Wasser ein, dass das Volumen des letzteren gleich ist dem Volumen der vorher aus der Retorte ausgetretenen Luft.

§ 60.
Darstellung des Sauerstoffs aus Quecksilberoxyd.

Bei vielen chemischen Processen, welche dazu dienen, einen gewissen Körper darzustellen, und zwar namentlich bei jeder nicht direkten Bildung des betreffenden Körpers, entsteht dieser Körper nicht rein, sondern gemengt mit anderen Körpern. Dem Chemiker erwächst dann die Aufgabe, den gewünschten Bestandtheil des entstandenen Gemenges von den übrigen zu trennen.

---

*) Um das an den Innenwänden einer Retorte haftende Wasser zu entfernen, steckt man eine Glasröhre so weit wie möglich in den Hals der Retorte ein und erhitzt die befeuchteten Theile der Retorte, während man das freie Ende der Röhre in den Mund nimmt und fortwährend Luft durch dieselbe einathmet. Man muss hierbei vermeiden, dass ein Tropfen Wasser mit einem erhitzten Retortentheil in Berührung kommt, weil jene dadurch wahrscheinlich zerspringen würde.

Häufig erfolgt indessen diese Trennung schon von selbst, das heisst ohne Zuthun des Chemikers. Dies ist auch der Fall bei der Darstellung des Sauerstoffs aus Quecksilberoxyd. Das letztere zersetzt sich, wie schon gesagt wurde, erst bei sehr hoher Temperatur. Bei dieser ist das entstehende Quecksilber luftförmig und bildet einen unsichtbaren Dampf. Aus dem Gemenge von Sauerstoff und Quecksilberdampf scheidet sich aber der letztere als flüssiges Quecksilber ab, sobald er mit kälteren Körpern in Berührung kommt.

Für alle Experimente, bei denen es sich um die Darstellung und Auffangung eines luftförmigen Körpers handelt, ist es unerlässliche Regel, dass man, so weit es irgend möglich ist, alle Vorbereitungen vollendet, bevor man die eigentliche Darstellung beginnt.

Man nimmt ein trockenes Reagensglas und ein Stück feines Drahtnetz. Will man Drahtnetz verwenden, welches mit einem Anstrich von Oelfarbe versehen ist, so muss man diesen durch Hineinhalten in eine Flamme zuerst abbrennen lassen. Man verfertigt nun aus solchem Drahtgewebe durch Aufrollen auf das Reagensglas für dieses eine cylindrische Hülse, welche dessen untere Hälfte umschliesst, zieht sie dann wieder ab und legt sie bei Seite.

Man spannt das Reagensglas in horizontaler Lage vermittelst eines Retortenhalters unmittelbar an der Mündung in solcher Höhe ein, dass sein verschlossenes Ende mit einer Berzelius'schen Lampe erhitzt werden kann. Man füllt die pneumatische Wanne mit Wasser und stellt sie in geringer Entfernung von dem Reagensglase so auf, dass eine durch die Achse des Reagensglases gelegte verticale Ebene auf der Längenausdehnung der Brücke senkrecht steht und die in dieser befindliche Oeffnung durchschneidet. Es ist nun (siehe § 16) das Reagensglas mit einem Kork zu verschliessen und durch diesen eine Glasröhre zu stecken, welche von dem in der eben beschriebenen Lage befindlichen Reagensglase aus bis unter die Brücke der pneumatischen Wanne reicht. Man untersucht, ob die Verbindung des Reagensglases mit der Glasröhre durch den Kork luftdicht schliesst, nimmt die Röhre mit dem Kork aus dem Reagensglase und legt sie bei Seite.

Soll der Versuch nach halbstündiger Erhitzung beendet werden, so nimmt man nicht mehr als ein Quentchen Quecksilberoxyd und schüttet dieses in das Reagensglas.

Nach § 57 nimmt der hieraus zu entwickelnde Sauerstoff denselben Raum ein, wie 5,14 Loth Wasser, so dass also zur Auffangung des Sauerstoffs nur ein kleiner Cylinder erforderlich ist.

Man bringt das Reagensglas in eine horizontale Lage und dreht es so lange, bis sich das Quecksilberoxyd über eine Länge von etwa 2 Zoll ausgebreitet hat. Man steckt nun, während das Reagensglas immer horizontal bleibt, die Röhre mit dem Kork wieder in sein offenes Ende und spannt es in der früher beschriebenen Weise wieder in den Retortenhalter ein. Ueber das Loch in der Brücke der pneumatischen Wanne stellt man einen mit Wasser gefüllten umgekehrten Glascylinder. Nun beginnt man das Quecksilberoxyd zu erhitzen. Sogleich sieht man aus dem in das Wasser tauchenden Ende der Entwickelungsröhre Blasen in den Cylinder steigen, welche offenbar aus Luft bestehen (§ 59). Ausserdem erleidet das Quecksilberoxyd durch die Erhitzung zuerst eine physikalische Veränderung, darin bestehend, dass seine rothe Farbe in eine schwarzbraune übergeht. Lässt man es wieder erkalten, so wird es wieder roth. Man muss aber die Erkaltung nicht so stark werden lassen, dass das in die Entwickelungsröhre zurücksteigende Wasser dem Reagensglase zu nahe kommt. Nunmehr schiebt man die Drahtnetzhülse über das freie Ende des Reagensglases und erhitzt von Neuem so stark wie möglich. Es entwickeln sich wiederum Gasblasen und man sieht die nicht erhitzte Hälfte des Reagensglases mit einem grauen Anflug sich überziehen. Während die bis jetzt in den Cylinder gestiegenen Blasen grösstentheils aus Luft bestanden, erhält man weiterhin ziemlich reinen Sauerstoff, den man in einem neuen Cylinder auffängt. — Wollte man zur Unterbrechung des Versuches nur die Lampe fortnehmen, so würde das Wasser durch die Entwickelungsröhre bis in das Reagensglas zurücksteigen. Das beste Verfahren zu diesem Zweck besteht darin, dass man vermittelst des Retortenhalters zu gleicher Zeit das

Reagensglas von der Lampe und die Entwickelungsröhre aus dem Wasser entfernt.

Das entstandene Quecksilber hat sich in dem nicht erhitzten Theile des Reagensglases in kleinen Tröpfchen abgeschieden. Das Reagensglas ist gewöhnlich ein wenig an die Drahthülse angeschmolzen. Die letztere hatte den Zweck, das Einschmelzen eines Loches in das Reagensglas zu verhindern.

Dass das in dem zweiten Cylinder aufgefangene Gas nicht gewöhnliche Luft, sondern ein neuer Körper, Sauerstoff nämlich ist, erkennt man durch folgenden Versuch. Man verschliesst das untere Ende des Cylinders, während es sich noch unter Wasser befindet, mit einer Glasplatte und kann jetzt den Cylinder auf seinen Fuss stellen, ohne dass der Sauerstoff sich entfernt. Taucht man nun nach Abhebung der Glasplatte ein nicht mehr brennendes, sondern nur noch glimmendes Holzspänchen in den Sauerstoff, so fängt das Holz wieder an mit sehr heller Flamme zu brennen. Bei dem ersten (grösstentheils mit Luft gefüllten) Cylinder gelingt dieser Versuch nicht.

§ 61.
Billig und schnell kann man Sauerstoff erhalten aus chlorsaurem Kali, welches bei der Erhitzung in ein Gemenge von Sauerstoff und Chlorkalium zerfällt.

Ein Atom chlorsaures Kali wird nach § 51 durch KO, Cl^2O^5 bezeichnet. Bei der Erhitzung desselben erfolgt eine gleichzeitige Zersetzung und Verbindung, welche genauer im § 82 betrachtet werden soll. Hier genügt es, das Resultat derselben zu kennen. Der sämmtliche in dem Atom KO, Cl^2O^5 gebunden enthaltene Sauerstoff wird frei. Es sind dies 6 Atome. Ausserdem entsteht ein Atom Chlorkalium KCl^2. Die Gleichung für den Vorgang heisst also

$$KO, Cl^2O^5 = 6\,O + KCl^2.$$

§ 62.
Aufgabe. Wenn bei der Zersetzung des chlorsauren Kali's die Menge des Chlorkaliums $3\frac{1}{2}$ Loth beträgt, welches ist die Menge der übrigen Körper?

Man verfährt wie in § 56. Bei allen derartigen Anfgaben hat man darauf zu achten, dass man nur die Atomgewichte der bei dem Versuche vorkommenden Körper berechnen muss, nicht aber die Atomgewichte von solchen Körpern, die nur bei der Erklärung des Versuches erwäbnt werden. Zum klaren Verständniss des vorliegenden Versuches kann man darauf aufmerksam machen, dass das chlorsaure Kali ein Salz ist, bestehend aus der Base Kali und der Säure Chlorsäure. Aber bei unserem jetzigen Versuche kommen Kali und Chlorsäure nicht vor, und man erfährt dabei über ihre Eigenschaften nicht das Geringste. Deshalb sind auch ihre Atomgewichte nicht zu berechnen.

Das Atomgewicht des chlorsauren Kalis ist nach § 43 gleich der Anzahl der Molecüle von 1 Atom Kalium, 1 Atom Sauerstoff, 2 Atomen Chlor und 5 Atomen Sauerstoff. Für 1 Atom Sauerstoff und 5 Atome Sauerstoff kann man offenbar sogleich 6 Atome Sauerstoff setzen. Die Lösung der gestellten Aufgabe ist hiernach folgende.

$$KO, Cl^2 O^5 \quad = 6\,O \quad + KCl^2$$

$$K = 156 \quad 6\,O = 192 \quad K = 156$$

$$6\,O = 192 \quad\quad\quad\quad\quad 2\,Cl = 142$$

$$2\,Cl = 142$$

$$\overline{490} \quad\quad = 192 \quad\quad + 298$$

$$\frac{490}{298} \quad = \frac{192}{298} \quad + 1$$

$$\frac{490 \cdot 7}{298 \cdot 2} = \frac{192 \cdot 7}{298 \cdot 2} \quad + 3\tfrac{1}{2}$$

$$\frac{1715}{298} = \frac{336}{149}$$

$$5{,}76 \quad = 2{,}26$$

5,76 Loth chlorsaures Kali geben also 2,26 Loth Sauerstoff und 3½ Loth Chlorkalium.

§ 63.

Aufgabe. **Wie viel wiegt das Wasser, welches denselben Raum einnimmt, wie der aus 1 Loth chlorsaurem Kali sich entwickelnde Sauerstoff?**

Man sucht zuerst das Gewicht der genannten Sauerstoffmenge ebenso wie im vorigen Paragraphen.

$$KO, Cl^2 O^5 = 6 \, O$$
$$490 = 192$$
$$1 = \frac{192}{490}$$

Man sucht zweitens das Gewicht des Wassers, welches denselben Raum einnimmt wie $1\frac{92}{490}$ Loth Sauerstoff (nach § 57).

$$144 \text{ Loth Sauerstoff} = 100000 \text{ Loth Wasser}$$
$$1 = \frac{100000}{144}$$
$$\frac{192}{490} = \frac{100000 \cdot 192}{144 \cdot 490}$$

Das gesuchte Wasser beträgt also
$$\frac{100000 \cdot 192}{144 \cdot 490} = \frac{40000}{147} = 272 \text{ Loth.}$$

§ 64.
Die Zersetzung des chlorsauren Kalis geht rascher von statten, wenn man demselben etwas Braunstein beimengt.

Von der Richtigkeit dieser Thatsache, von der eine genügende Erklärung nicht existirt, überzeugt man sich folgendermassen. Das chlorsaure Kali ist ein Salz und deshalb bei gewöhnlicher Temperatur ein fester Körper (nach § 31) und zwar von weisser Farbe. Ein trocknes Reagensglas füllt man etwa ½ Zoll hoch mit chlorsaurem Kali und erhitzt dieses alsdann über einer einfachen Spirituslampe. Das Salz schmilzt zuerst und darauf entwickeln sich aus demselben zahlreiche Bläschen, welche aus Sauerstoff bestehen. Man steckt einen am unteren Ende glimmenden Holzspahn, der mindestens eben so lang ist wie das Reagensglas, in das letztere hinein. Der Holzspahn fängt nicht eher an zu brennen, als bis er sich nahe über dem chlorsauren Kali befindet.

Man nimmt nun ungefähr dieselbe Menge chlorsaures Kali wie bei dem vorigen Versuche, reibt sie in einer Reibeschale mit einer kleinen Quantität pulverisirtem Braunstein zusammen und verfährt weiter auf dieselbe Weise wie bei dem vorigen Versuche. Es entwickelt sich jetzt der Sauerstoff so rasch, dass der glimmende Holzspahn schon an der Mündung des Reagensglases sich entzündet.

§ 65.
Gebrauch des Gasometers.

Ein Gasometer ist ein Apparat zur Aufbewahrung von Gasen. Das zu chemischen Versuchen angewandte Gasometer besteht aus zwei über einander befindlichen, cylinderförmigen, kupfernen Gefässen, einem unteren, allseitig verschlossenen, und einem oberen offenen, welches von geringerer Höhe ist als das untere. Vom oberen Gefässe in das untere führen zwei mit Hähnen versehene Röhren, nämlich die **kurze Röhre** in der Mitte, welche vom Boden des oberen Gefässes bis zur Decke des unteren reicht, und die **lange Röhre** zur Seite, welche vom Boden des oberen Gefässes bis nahe an den Boden des unteren Gefässes reicht.

Um der Stellung des oberen Gefässes über dem unteren eine hinreichende Festigkeit zu geben, sind zwischen dem Boden des ersteren und der Decke des letzteren noch zwei Röhren als Ständer angebracht, die mit der langen Röhre ein gleichseitiges Dreieck bilden. — In der Seitenwand des unteren Gefässes, nahe am Boden, befindet sich die nach oben gebogene **Einflussröhre**, welche mit einem Schraubenstöpsel verschlossen werden kann. Ausserdem ist zu manchen Versuchen zweckmässig eine von der Decke des oberen Gefässes ausgehende und dann seitwärts verlaufende, mit einem Hahn versehene **Ausflussröhre**. Endlich dient eine Glasröhre als **Wasserstandszeiger**.

Das untere Gefäss des Gasometers, welches zur Aufnahme eines Gases dienen soll, muss nach § 58 zuerst mit Wasser gefüllt werden. Zu diesem Zweck giesst man Wasser in das obere Gefäss, während zuerst alle Röhren geschlossen sind. In ein Luft enthaltendes Gefäss kann nicht anders Wasser eindringen, als wenn zugleich die Luft aus dem Gefässe entweicht. Durch die lange Röhre allein kann, sobald ihr unteres Ende unter Wasser steht, offenbar keine Luft ausströmen. Um einzusehen, dass auch durch die kurze Röhre allein das untere Gefäss nicht mit Wasser gefüllt werden kann, muss man das physikalische Gesetz kennen, dass in einer engen Röhre nicht Wasser und Luft neben einander her fliessen können. Will man sich von der Richtigkeit dieses Gesetzes durch einen besonderen Versuch überzeugen, so umwickele man einen ziemlich engen Trichterhals mit feuchtem Filtrirpapier und setze den Trichter in den Hals einer mit Luft gefüllten Flasche. Das feuchte Filtrirpapier bildet einen luftdichten Verschluss. Giesst man nun Wasser in den Trichter, so sieht man, dass nur eine kleine Menge Wasser in die Flasche fliesst. Deshalb muss man, um das Gasometer mit Wasser zu füllen, die lange und die kurze Röhre öffnen, damit zu gleicher Zeit das Wasser durch die lange Röhre nach unten und die Luft durch die kurze Röhre nach oben fliessen kann. Wenn das Gasometer eine Ausflussröhre besitzt, so kommt man am schnellsten zum Ziel, wenn man die lange Röhre, die kurze Röhre und die Ausflussröhre zu gleicher Zeit öffnet, damit durch die beiden ersten das Wasser einfliessen und durch die letzte die Luft ausfliessen kann.

Will man nun, nachdem das untere Gefäss vollständig mit Wasser gefüllt ist, ein Gas in das Gasometer, das heisst in das untere Gefäss desselben, einleiten, so schliesst man die sämmtlichen Röhren, setzt das Gasometer auf einen Schemel so, dass die Einflussröhre etwas über den Rand des Schemels hinausragt und stellt unterhalb der Einflussröhre einen leeren Eimer hin. Um sich mit dem Gebrauche des Gasometers vertraut zu machen, kann man als einzuleitendes Gas zuerst Luft anwenden, die man mit dem Munde durch eine längere Glasröhre zubläst. Man öffnet die Einflussröhre. Es kann aus dieser kein Wasser ausfliessen, so lange nicht ein anderer Körper an die Stelle des Wassers im Gasometer tritt. Man schiebt über das eine Ende der genannten Glasröhre ein Stück Kautschuckröhre von etwa 2 Zoll Länge, steckt diese in die Einflussröhre und kann nun in das Gasometer Luft einblasen. Man sieht, dass zu gleicher Zeit ein gleiches Volumen Wasser das Gasometer verlässt. Wenn man endlich die Einflussröhre wieder mit dem Schraubenstöpsel verschliesst, so kann man das aufgefangene Gas beliebig lange aufbewahren.

Will man weiterhin das Gas aus dem Gasometer in andere Gefässe bringen, so muss der obere Theil des Gasometers etwa bis zur Hälfte mit Wasser gefüllt sein. Es versteht sich, dass man das betreffende Gefäss zuerst mit Wasser zu füllen hat. Einen Glascylinder stellt man in den oberen Theil des Gasometers, füllt ihn mit Wasser, bedeckt ihn mit einer Glasplatte und kehrt ihn um, wie es in § 58 beschrieben ist. Man stellt ihn über die kurze Röhre des Gasometers. Nun öffnet man die lange Röhre und dann die kurze; die letztere verschliesst man wieder, sobald die gewünschte Menge Gas in den Cylinder eingedrungen ist. Soll der Cylinder mit dem Gase vollständig gefüllt werden, so lässt man dieses so lange einströmen, bis einige Gasblasen wieder aus dem Cylinder durch das Wasser hindurch ausgetreten sind.

Man verschliesst nun den Cylinder wieder mit der Glasplatte und nimmt ihn aus dem Gasometer fort.

Eine Glasglocke, die mit einem Flaschenhalse, hier Tubulus genannt, versehen ist, füllt man mit Wasser am leichtesten so, dass man den den Tubulus verschliessenden Glas- oder Kork-Stöpsel fortnimmt, die Glocke in einen mit Wasser gefüllten Eimer stellt, den Stöpsel wieder einsetzt, und die untere Oeffnung der Glocke mit einer Glasplatte oder mit einem Blumentopfuntersatze von Porzellan verschliesst, bevor man sie aus dem Eimer in den oberen Theil des Gasometers bringt. Ist jedoch die Glocke höher als der Eimer, so hält man die mit dem Stöpsel verschlossene Glocke umgekehrt in der linken Hand, giesst mit der rechten Hand Wasser hinein, verschliesst die Glocke, kehrt sie wieder um und setzt sie in das Gasometer.

Will man das Gas aus dem Gasometer in eine Flasche mit engem Halse bringen, so stellt man zuerst einen kleinen kurzhalsigen Trichter umgekehrt über die kurze Röhre des Gasometers, giesst in den oberen Theil so viel Wasser, dass dieses noch über den Trichter hinaus steht und stellt die mit Wasser gefüllte Flasche umgekehrt mit ihrem Halse über den Trichterhals.

Es kommt auch vor, dass man gezwungen ist, das Gas nicht aus der kurzen Röhre, sondern aus der Ausflussröhre austreten zu lassen, um es in ein anderes Gefäss überzuleiten. Dies tritt zum Beispiel ein bei Gasometern, deren unterer Theil aus einem weiten Glascylinder besteht und welchen gewöhnlich die kurze Röhre ganz fehlt. In diesem Falle schiebt man über die Ausflussröhre einen hinreichend langen Kautschuckschlauch und leitet durch diesen, indem man zuerst die lange Röhre, dann die Ausflussröhre öffnet, das Gas wohin man will, etwa in einen auf der Brücke der pneumatischen Wanne stehenden Cylinder oder auch in die Einflussröhre eines anderen Gasometers.

§ 66.
Darstellung des Sauerstoffs aus chlorsaurem Kali.

Das reine chlorsaure Kali kann ohne jede Gefahr pulverisirt und erhitzt und überhaupt auf jede beliebige Art behandelt werden. Dagegen erfordern Gemenge von chlorsaurem Kali mit manchen anderen Körpern grosse Vorsicht, wovon man sich auf folgende Art überzeugen kann.

Man zerreibt eine kleine Menge chlorsaures Kali zu einem feinen Pulver, vermengt dieses mit einem eben so grossen Volumen von pulverisirtem schwarzem Schwefelantimon, indem man beide Körper mit Hülfe eines Hornlöffelchens auf einem Blatt Papier durcheinander rührt. Von diesem Gemenge schüttet man etwa eine Messerspitze voll in die Mitte eines $1\frac{1}{2}$ Zoll breiten, 4 Zoll langen Papierstreifens, und faltet letzteren der Länge nach zweimal zusammen, so dass das Gemenge in einer an beiden Enden offenen Kapsel enthalten ist. Die Mitte der Papierkapsel legt man auf die Mitte von einem kleinen, in der linken Hand gehaltenen Ambos, während man die Enden der Papierkapsel nach unten hin zurückbiegt, um sie ebenfalls mit der linken Hand festzuhalten. Mit der rechten Hand führt man nun einen Hammerschlag auf das Gemenge; hat man gut getroffen, so verbrennt dieses wie Schiesspulver, und zwar oft mit starkem Knall. Aehnlich verhalten sich die Gemenge von chlorsaurem Kali mit manchen anderen Körpern.

Ein Gemenge von chlorsaurem Kali und Braunstein verhält sich nun zwar nicht so, ist vielmehr vollkommen ungefährlich. Es wäre aber möglich, dass man aus Versehen statt des Braunsteins einen anderen Körper genommen hätte, der mit dem chlorsauren Kali ein gefährliches Gemenge bildet. Deshalb muss man, bevor man zu der Erhitzung einer grösseren Menge von chlorsaurem Kali und Braunstein schreitet, ein wenig von den anzuwendenden Körpern in einem Reagensglase durcheinander schütteln und erhitzen, um sich so zu überzeugen, dass ein Versehen der genannten Art nicht vorgefallen ist.

Um die zu den späteren Versuchen nothwendige Menge Sauerstoff zu erhalten, reibt man 4 Loth chlorsaures Kali mit 1 Loth pulverisirtem Braunstein in einer Reibeschale zusammen, füllt das Gemenge in einen Kolben, schliesst diesen durch einen Kork, durch welchen eine zu einem spitzen Winkel gebogene Glasröhre geführt ist. Man erhitzt den Kolben, damit er nicht zerspringe, vermittelst eines Sandbades. Man spannt nämlich den Kolben in einen Retortenhalter in solcher Höhe ein, dass der Boden des Kolbens den Boden einer eisernen Schale eben berührt, welche letztere durch die Flamme einer Berzelius'schen Lampe erhitzt werden soll. Darauf schüttet man in die eiserne Schale so viel Sand, dass dieser fast eben so hoch reicht wie das in dem Kolben enthaltene Gemenge. Ein Kautschuckschlauch führt von der aus dem Kolben tretenden Glasröhre durch die Einflussröhre des Gasometers bis auf den Boden des letzteren. Das Ende dieses Schlauches nimmt man wieder aus dem Gasometer heraus und steckt es nicht eher wieder hinein, als bis man nach begonnener Erhitzung mit Hülfe eines glimmenden Holzspahnes sich überzeugt hat, dass aus der Gasleitungsröhre reiner Sauerstoff austritt. Man braucht nicht sehr stark zu erhitzen. Häufig sieht man in dem erhitzten Gemenge ein Erglühen, welches, von einem Punkte ausgehend, sich nach allen Seiten verbreitet. Auch zeigt sich hin und wieder ein Funkensprühen, welches von Verunreinigungen des Braunsteins herrührt. Bei der Anstellung dieses Versuches sind die in § 60 gemachten Bemerkungen wohl zu berücksichtigen.

§ 67.

Der Sauerstoff ist ein farb-, geschmack- und geruchloses Gas. Mit den brennbaren Körpern kann er sich unter lebhafter Feuererscheinung verbinden.

Dass der Sauerstoff ein farbloses Gas ist, hat sich schon an dem aus Quecksilberoxyd dargestellten Sauerstoff gezeigt.

Seinen Geschmack und Geruch kann man untersuchen, indem man ihn aus der Ausflussröhre des Gasometers ausströmen lässt.

Es können im Sauerstoffgase alle Körper verbrennen, die in der Luft verbrennen können, und ebenso wie in der Luft ist es dazu nöthig, dass die Körper vorher angezündet sind. Die Verbrennung im Sauerstoff geht aber mit viel stärkerer Lichtentwickelung vor sich.

Ehe man zu solchen Versuchen schreitet, muss man sich durch ein Experiment im Kleinen davon überzeugen, dass nicht in Folge irgend eines Versehens im Gasometer ein Gasgemenge vorhanden ist, welches bei der Entzündung mit heftigem Knall, oder sogar mit Zertrümmerung des dasselbe enthaltenden Gefässes verbrennt. Einen derartigen Vorversuch muss man niemals unterlassen, sobald man eine grössere Menge von irgend einem Gase anzuzünden beabsichtigt. Von der Nothwendigkeit dieser Vorsichtsmassregel kann man sich auf folgende Weise überzeugen. Man füllt einen Cylinder mit Sauerstoff, giesst in den Cylinder, indem man die verschliessende Glasplatte ein wenig zur Seite schiebt, eine kleine Menge Schwefelkohlenstoff, welcher eine leicht bewegliche Flüssigkeit bildet, und schüttelt den Schwefelkohlenstoff im Cylinder hin und her. Man umwickelt die Seitenwand des Cylinders mit einem Handtuch, nimmt die Glasplatte fort und bringt an die Mündung des Cylinders eine Flamme. Je nach der Grösse des Cylinders entsteht ein mehr oder weniger heftiger Knall. Es kann auch vorkommen, dass der Cylinder zersprengt wird. In diesem Falle können jedoch die Glasstücke keinen Schaden anrichten, da sie wegen des umgewickelten Handtuchs nicht umhergeschleudert werden.

Beim Sauerstoff stellt man den Vorversuch in der Art an, dass man einen kleinen Cylinder mit dem Gase füllt und dann in dieses einen glimmenden Holzspahn taucht, welcher mit Flamme zu brennen anfangen muss, ohne dass ein Knall entsteht.

Die mit Sauerstoff anzustellenden Verbrennungsversuche, welche in einem dunklen Zimmer ein schönes Schauspiel darbieten, sind folgende.

A. Feuerschwamm verbrennt in der Luft ohne Flamme. Um ihn in Sauerstoff verbrennen zu lassen, bedient man sich einer tubulirten Glocke. Durch einen in den Tubulus passenden Kork führt man einen Draht und steckt das untere Ende des Drahtes einigemale durch ein Stück Feuerschwamm. Man verschliesst die Glocke durch einen zweiten Kork oder durch einen Glasstöpsel, füllt sie mit Sauerstoff und nimmt sie, mit einem Blumentopfuntersatz verschlossen, aus dem Gasometer heraus. Vertauscht man nun den die Glocke verschliessenden Stöpsel mit dem Kork, an welchem der Feuerschwamm befestigt ist, so sieht man, dass dieser unangezündet im Sauerstoff nicht verbrennt. Angezündet dagegen verbrennt er mit heller Flamme. Hat man ein nicht zu kleines Stück genommen, so bleibt ein Theil unverbrannt zurück.

B. Schwefel bringt man in ein sogenanntes Phosphorlöffelchen, lässt ihn über einer Flamme schmelzen und sich entzünden. In einer mit Sauerstoffgas gefüllten tubulirten Glocke verbrennt er mit schöner violetter Flamme. In der Glocke ist der von der Verbrennung des Schwefels in der Luft her bekannte Körper von stechendem Geruch, schweflichte Säure genannt, entstanden. Um die Glocke zu ferneren Versuchen zu verwenden, trägt man sie aus dem Experimentirzimmer heraus und entfernt durch Einblasen von Luft in den Tubulus die in ihr enthaltene schweflichte Säure.

C. Eisen kann auch in gewöhnlicher Luft verbrennen. Wenn der Schmied auf ein glühendes Stück Eisen schlägt, so fliegen von demselben Funken ab, welche nicht mehr aus Eisen bestehen, sondern aus verbranntem Eisen, gewöhnlich Hammerschlag genannt. Um im Sauerstoff Eisen verbrennen zu lassen, nimmt man eine dünne Uhrfeder und macht diese ihrer ganzen Länge nach, indem man sie langsam durch eine Flamme zieht, glühend. Die Uhrfeder verliert hierdurch ihre Elasticität und kann nun in jede beliebige Gestalt gebogen werden; man biegt sie gerade.

Weiterhin kann man den Versuch auf zwei verschiedene Arten anstellen, indem man die Uhrfeder entweder in einem Strome von Sauerstoff, der aus der Ausflussröhre des Gasometers heraustritt, oder aber innerhalb einer mit Sauerstoff gefüllten Glocke verbrennen lässt. In jedem Falle nuss man einen Kunstgriff anwenden, um die Uhrfeder anzuzünden.

Will man nach der ersten Art verfahren, so lässt man durch einen Gehülfen eine einfache Spirituslampe so halten, dass der aus der Ausflussröhre austretende Sauerstoffstrom nahe über dem von der Mitte aus nach den Seiten hin platt gedrückten Dochte der Lampe hinstreift, und hält ein Ende der Uhrfeder in den Sauerstoffstrom. Bald fängt die Uhrfeder unter blendendem Funkensprühen, aber ohne Flamme, an zu verbrennen und die Spirituslampe ist dann zu entfernen. Es ist gut hierbei die Uhrfeder horizontal zu halten, weil dann der am Ende der Feder entstehende und sich fortwährend vergrössernde Tropfen von geschmolzenem Hammerschlag später abfällt. Nach jedem solchen Abfallen muss nämlich die Uhrfeder von neuem angezündet werden. An den umhersprühenden Funken verbrennt man sich nicht.

Um nach der zweiten Art zu verfahren, steckt man die Uhrfeder durch einen in den Tubulus der Glasglocke passenden Kork und schiebt über das untere Ende der Feder ein Stück Feuerschwamm. Nachdem man die mit einem anderen Kork oder einem Glasstöpsel geschlossene Glocke mit Sauerstoff gefüllt hat, entzündet man den Feuerschwamm und vertauscht den ersteren Kork mit demjenigen, der die Uhrfeder trägt. Der brennende Feuerschwamm entzündet dann die Uhrfeder. Bei diesem Versuche ist es interessant zu sehen, wie die gegen die Innenwände der Glasglocke sprühenden Funken von diesen Innenwänden zurückprallen, so dass alle Funken Zickzacklinien bilden.

D. Phosphor ist derjenige Körper, welchem die Zündmasse der gewöhnlichen Streichhölzchen ihre leichte Entzündlichkeit verdankt. Dieser letzteren Eigenschaft wegen wird der Phosphor unter Wasser aufbewahrt. Von einer Phosphorstange schneidet man unter Wasser in einer Porzellanschale ein Stück ab, welches das Phosphorlöffelchen nicht ganz anfüllt. Hält man nun das letztere, nachdem man das abgeschnittene Stück Phosphor mit Hülfe einer Messerspitze hineingebracht hat, über eine Flamme, so schmilzt der Phosphor, entzündet sich und fährt fort zu brennen, wobei aber zu Anfang kleine Massen brennenden Phosphors umhergeschleudert werden. Diesem Uebelstande kann indessen abgeholfen werden. Es ist dazu erstens nothwendig, dass man das Phosphorstück mit Filtrirpapier abtrocknet. Hierbei muss man den Phosphor nicht mit den Fingern in Berührung kommen lassen, weil er sich bisweilen schon beim Abtrocknen entzündet und dann, wenn er die Finger berührt, schlimme Brandwunden hervorbringt. Zweitens muss man den Phosphor nicht dadurch, dass man ihn über eine Flamme hält, sondern durch Berührung mit einem erhitzten Draht von oben her entzünden. Weiterhin kann man den Phosphor ebenso wie eine Uhrfeder auf zwei Weisen in Sauerstoff verbrennen lassen.

Die erste Art ist folgende. Man schiebt das eine Ende einer Kautschuckröhre von etwa einem Fuss Länge über die Ausflussröhre des Gasometers, das andere Ende über eine eben so lange Glasröhre. Den Phosphor legt man in eine mit einem Griff versehene eiserne Schale, zündet ihn an und lässt den aus der Glasröhre austretenden Sauerstoffstrom gegen den Phosphor sich ergiessen. Man stellt den Versuch beim Unterricht am besten am Ende einer Stunde an; nach Beendigung des Versuches öffnet man die Fenster des Zimmers, um den entstandenen Rauch sich entfernen zu lassen.

Bei der zweiten Art lässt man den Phosphor innerhalb einer mit Sauerstoff gefüllten tubulirten Glocke verbrennen. Die letztere wird jedoch fast immer zersprengt, wenn man nicht ein sehr kleines Stück Phosphor anwendet. In jedem Falle ist es zu diesem Versuche unbedingt nothwendig, den Phosphor sorgfältig abzutrocknen.

§ 68.

Verbrennung heisst die unter Entwickelung von Wärme und Licht eintretende Verbindung irgend eines Körpers mit einem Gase. Den ersten Körper nennt man den brennbaren Körper, das Gas den die Verbrennung unterhaltenden Körper, den entstehenden zusammengesetzten Körper das Verbrennungsprodukt. Alle drei Körper nennt man, so lange sie glühend (das heisst warm und leuchtend) sind, Feuer.

Bei der Verbrennung des Schwefels (§ 67) ist der Schwefel der brennbare Körper, das Sauerstoffgas der die Verbrennung unterhaltende Körper; das Verbrennungsprodukt heisst schweflichte

Säure; diese ist ein Gas, welches zwar nicht gesehen werden kann, welches sich aber durch seinen stechenden Geruch zu erkennen giebt.

Bei der Verbrennung des Eisens ist das Verbrennungsprodukt der Hammerschlag. Bei der Verbrennung des Phosphors ist das Verbrennungsprodukt Phosphorsäure, welche als ein weisser Rauch erscheint.

Das in der obigen Erklärung des Wortes Verbrennung vorkommende Wort Verbindung bedeutet offenbar einen Vorgang nnd nicht einen Körper.

Das die Verbrennung unterhaltende Gas ist fast immer Sauerstoff; nur von solchen Verbrennungen wird in den zunächst folgenden Paragraphen die Rede sein.

§ 69.

Temperatur nennt man die Wärme eines Molecüls. Damit ein Molecül eines bestimmten Körpers in Sauerstoff verbrennen, also mit Sauerstoff sich verbinden kann, muss ihm eine bestimmte Temperatur (Entzündungstemperatur) mitgetheilt sein. Ausserdem wird bei der Verbrennung Wärme erzeugt (Verbrennungswärme), oder jedes Molecül des entstandenen Verbrennungsprodukts besitzt eine hohe Temperatur (Verbrennungstemperatur).

Jeder brennbare Körper besitzt eine bestimmte Entzündungstemperatur, unterhalb deren er nicht in Sauerstoff verbrennen kann. Die Entzündungstemperatur des Phosphors ist gleich seinem Schmelzpunkte (das heisst der Temperatur, bei welcher der feste Phosphor schmilzt).

Man nehme ein nach unten sich verengendes Glasgefäss (ein Champagnerglas), giesse allmälig (damit das Glas nicht springt) Wasser hinein, welches in einem anderen Gefässe bis zum Kochen erhitzt ist und werfe in das Wasser ein Stück Phosphor. Nachdem dieser geschmolzen ist, lasse man vermittelst einer Kautschuk- und einer Glasröhre Sauerstoffgas aus der Ausflussröhre des Gasometers an den Phosphor strömen. Man sieht dann, dass dieser verbrennt.

Die Entzündungstemperatur ist eine Wärme, die dem brennnenden Körper erst von anderen Körpern mitgetheilt werden muss, damit er verbrenne. Die Verbrennungstemperatur ist eine Wärme, die der brennbare Körper oder vielmehr das Verbrennungsprodukt anderen Körpern mittheilen kann.

§ 70.

Die Verbrennungstemperatur ist stets höher als die Entzündungstemperatur. Bei den meisten Verbrennungen geht die Verbrennungswärme der eben entstandenen Molecüle des Verbrennungsprodukts zum Theil zu den nächsten Molecülen des brennbaren Körpers über, um diesen als Entzündungstemperatur zu dienen.

Nach § 69 muss jedem Molecül des brennbaren Körpers, damit es verbrennen kann, die Entzündungstemperatur mitgetheilt werden. Diess scheint nicht richtig zu sein, da es bei den in § 67 beschriebenen Verbrennungen hinreiche, nur einigen Molecülen des brennbaren Körpers die entsprechende Entzündungstemperatur mitzutheilen, worauf dann allmälig auch die übrigen Molecüle des brennbaren Körpers scheinbar ohne mitgetheilte Entzündungstemperatur zur Verbrennung gelangten. Es versteht sich jedoch von selbst, dass alle Molecüle (eigentlich alle Atome) desselben Körpers dieselben Eigenschaften besitzen müssen, und dass also sämmtliche Molecüle eines brennbaren Körpers zu ihrer Verbrennung der Entzündungstemperatur bedürfen. Es ist auch leicht einzusehen, dass die nicht unmittelbar angezündeten Molecüle ihre Entzündungstemperatur auf die Weise erhalten, wie es am Eingange dieses Paragraphen ausgesprochen ist.

Wenn man freilich Phosphor auf die im vorigen Paragraph beschriebene Weise verbrennen lässt, so ist jedem zur Verbrennung gelangenden Phosphormolecül die Entzündungstemperatur von aussen her mitgetheilt. Wenn man aber, wie bei den in § 67 beschriebenen Versuchen, nur einige Molecüle des Phosphors anzündet, so geht die Verbrennungstemperatur der Phosphorsäure zum Theil auf die zunächst gelegenen Phosphormolecüle über, so dass diese dadurch angezündet werden.

§ 71.

Die Luft ist ein Gemenge von $\frac{1}{5}$ Maass Sauerstoff und $\frac{4}{5}$ Maass Stickstoff. Die brennbaren Körper können sich also auch mit dem Sauerstoff der Luft verbinden. Da hierbei der in der Luft enthaltene Stickstoff zugleich mit dem Verbrennungsprodukt erwärmt wird, so bleibt zwar die Verbrennungswärme unverändert, aber es muss die Verbrennungstemperatur in der Luft niedriger sein als in reinem Sauerstoff.

Es wurde schon im § 67 bemerkt, dass im reinen Sauerstoffgase nur die Körper verbrennen, die dies auch in der Luft thun. Ebenso verbrennen alle Körper in der Luft, die sich mit dem reinen Sauerstoff unter Entwickelung von Wärme und Licht verbinden.

Die Verbrennungen in der Luft sind bekanntlich für das gewöhnliche Leben von der grössten Wichtigkeit, da durch sie die zum Kochen der Speisen und zum Heizen nothwendige Wärme, so wie auch das zur Beleuchtung bei Nacht gebrauchte Licht hervorgebracht werden.

Die Möglickeit der Verbrennung in der Luft erklärt sich daraus, dass die Luft ein Gemenge von Sauerstoff und Stickstoff ist. Da nun in einem Gemenge die Eigenschaften der Körper unverändert bleiben, so kann der Sauerstoff der Luft die Verbrennung eben so gut unterhalten, wie der reine Sauerstoff.

Zwischen beiden Verbrennungen muss jedoch ein Unterschied stattfinden. Wenn eine bestimmte Menge eines brennbaren Körpers sich mit der nothwendigen Menge Sauerstoff verbindet, so wird dadurch eine bestimmte Wärmemenge erzeugt, mag der Sauerstoff rein oder mit Stickstoff gemengt sein. Da aber bei der Verbrennung in Luft die Molecüle des Verbrennungsprodukts im Augenblicke ihrer Entstehung mit den Stickstoffmolecülen der Luft gemengt sind, so vertheilt sich die Verbrennungswärme des Verbrennungsprodukts auch auf die Stickstoffmolecüle, so dass dadurch die Verbrennungstemperatur (und zugleich die Lichtentwickelung) erniedrigt wird. Nun kann auch das Verbrennungsprodukt nur einer geringeren Anzahl von Molecülen des brennbaren Körpers die Entzündungstemperatur mittheilen als bei der Verbrennung in reinem Sauerstoff. Es muss also die Verbrennung in der Luft nicht allein mit einer niedrigeren Temperatur, sondern auch langsamer erfolgen als im reinen Sauerstoff. Ferner ist es möglich, dass bei der Verbrennung gewisser Körper in Luft die Verbrennungstemperatur so niedrig wird, dass die den nächsten Molecülen des brennbaren Körpers mitgetheilte Temperatur unterhalb ihrer Entzündungstemperatur liegt. Dieser Fall tritt beim Eisen ein und das Eisen kann deshalb in der Luft nur dann verbrennen, wenn ihm die Entzündungstemperatur immer wieder von neuem mitgetheilt wird.

§ 72.

Ein verbrennender luftförmiger Körper wird Flamme genannt.

Es giebt bekanntlich Verbrennungen, die ohne Flamme, und solche, die mit Flamme erfolgen. Eine Verbrennung ohne Flamme zeigen in der Luft der Feuerschwamm und der Taback, die Kohle eines ausgeblasenen Holzspähnchens; eine Verbrennung mit Flamme zeigt der Schwefel, der Phosphor, das Holz, der Spiritus, das Oel. Wenn ein fester oder luftförmiger Körper mit Flamme verbrennt, so sieht man die Flamme an einer Stelle, an welcher der brennende Körper sich gar nicht zu befinden scheint. Da aber die Flamme nur da sein kann, wo brennende Molecüle sich befinden, so muss man fragen, auf welche Weise ein brennbarer fester oder flüssiger Körper bis zu den äussersten Punkten der von ihm gebildeten Flamme gelangen kann. Diese Fortbewegung kommt dadurch zu Stande, dass der brennbare feste oder flüssige Körper vor seiner Verbrennung in einen luftförmigen Körper verwandelt wird. Die hierzu nothwendige hohe Temperatur (§ 15) wird, ebenso wie die Entzündungstemperatur, von der Verbrennungswärme der bereits verbrannten Molecüle des brennbaren Körpers entnommen. Wenn ein Körper ohne Flamme verbrennt, so ist daraus zu schliessen, dass seine Entzündung bei einer Temperatur erfolgt, die niedriger ist als die Temperatur, bei welcher er sich in Dampf verwandelt.

Eine Flamme hat als luftförmiger Körper eine leicht veränderliche Gestalt, so dass sie schon durch einen schwachen Luftzug zur Seite abgelenkt wird.

§ 73.

Bei der Verbrennung einer Flüssigkeit wird durch den Docht in jedem Augenblick dieselbe Menge der Flüssigkeit in die Mitte der Flamme geführt, um hier luftförmig gemacht und entzündet zu werden.

Man giesse etwas Brennspiritus in einen eisernen Tiegel und zünde ihn an. Dies geschieht am leichtesten mit Hülfe eines Spiritusfidibus. Will man sich einen solchen anfertigen, so setzt man auf eine ziemlich hohe und schmale Flasche einen Kork, steckt hierdurch einen Draht, der bis zum Boden der Flasche reicht, biegt den Draht unten zu einer Oese um und bindet um die Oese mit einem Faden einen kleinen Bausch von Watte. Endlich giesst man in die Flasche etwas Spiritus. Den in den eisernen Tiegel gegossenen Spiritus entzündet man, indem man die Watte des brennenden Spiritusfidibus zur Hälfte hineintaucht. Man sieht nun, wie die Flamme des Spiritus allmälig immer grösser wird. Dies rührt davon her, dass die Verbrennungswärme der Flamme zum Theil in die Seitenwand des Tiegels übergeht und durch diese in den noch flüssigen Spiritus geleitet wird, welcher nun seinerseits stärker verdampft und also eine grössere Flamme bildet.

Will man dagegen eine Flamme von unveränderlicher Grösse erhalten, so bringt man den Spiritus oder irgend eine andere zu verbrennende Flüssigkeit in ein verschlossenes Gefäss, aus welchem nur ein Docht nach aussen hin führt. In den Poren des Dochtes steigt die Flüssigkeit empor. Zündet man diese an, so umgiebt die Flamme den Docht, und die in einem Augenblicke verbrennenden Molecüle verwandeln durch ihre Verbrennungstemperatur andere Theile der Flüssigkeit, die sich noch im Inneren des Dochtes befinden, in Dampf und theilen diesem dann die Entzündungstemperatur mit. Dieselben Vorgänge, nämlich Aufsteigen der Flüssigkeit in den Docht, Verwandeln in Dampf und

Verbrennen, dauern nun in derselben Weise fort, so lange noch Flüssigkeit vorhanden ist.

Will man aber die Flamme vergrössern oder verkleinern, so braucht man offenbar nur das aus dem Gefäss hervorragende Dochtstück zu vergrössern oder zu verkleinern.

Manche Flüssigkeiten, die zur Verwandlung in Luftarten einer sehr hohen Temperatur bedürfen, zum Beispiel Oel, können ohne Docht gar nicht zur Verbrennung gebracht werden. Denn wenn man über die freie Oberfläche einer solchen Flüssigkeit eine Flamme hält, so vertheilt sich die Wärme der Flamme auf eine so grosse Menge der Flüssigkeit, dass die Temperaturerhöhung der letzteren zu ihrer Verwandlung in Luftarten nicht ausreicht. Bei Anwendung eines Dochtes dagegen vertheilt sich die Wärme der entzündenden Flamme nur auf eine kleine Menge der Flüssigkeit, und es wird also der letzteren eine viel höhere Temperatur mitgetheilt.

Es braucht kaum hervorgehoben zu werden, dass der Docht auch bei solchen festen Körpern Anwendung findet, die erst schmelzen müssen, bevor sie verbrennen. Bei diesen muss ein Docht von solcher Dicke angewandt sein, dass in jedem Augenblicke eine bestimmte Menge des geschmolzenen Körpers emporsteigt.

Ueber Oel, Wachs, Stearin und ähnliche Körper mag hier noch bemerkt werden, dass sie sich bei erhöhter Temperatur nur in Folge einer chemischen Zersetzung in Luftarten verwandeln, aus denen bei der Abkühlung die früheren Körper nicht wieder entstehen würden. Die betreffenden Luftarten sind aus demselben Grunde nicht Oel-, Wachs- oder Stearindampf zu benennen. Der Spiritus dagegen verwandelt sich bei der Erwärmung in Spiritusdampf.

§ 74.
Eine Verbrennung wird unterbrochen durch das Fehlen entweder erstens des brennbaren Körpers oder zweitens des Sauerstoffs oder drittens der Entzündungstemperatur.

Wenn ein brennbarer Körper angefangen hat zu verbrennen, so fährt er gewöhnlich auf die in § 70 besprochene Weise auch zu verbrennen fort. Es kommt häufig vor, dass man eine solche Verbrennung zu unterbrechen oder ein Feuer auszulöschen wünscht. Dies kann auf drei Weisen geschehen.

Eine Verbrennung wird erstens unterbrochen, wenn man dafür sorgt, dass kein brennbarer Körper mehr vorhanden ist. Dies geschieht zum Beispiel, wenn beim Brennen eines Gebäudes die umstehenden Häuser niedergerissen werden.

Man kann hierüber auch folgenden Versuch anstellen. Man giesst Brennspiritus in eine Porzellanschale und zündet ihn an. Giesst man nun in die Porzellanschale Wasser und rührt dieses mit einem Glasstabe unter den Spiritus, so hört letzterer zu brennen auf, weil das Gemenge von Spiritus und Wasser nicht mehr brennbar ist. Die Meinung, dass brennender Spiritus beim Zugiessen von Wasser noch stärker zu brennen anfinge, ist irrthümlich.

Eine Verbrennung ist ferner unmöglich, wenn kein Sauerstoff zugegen ist. Man nehme eine einfache Spirituslampe, drücke ihren Docht platt aus einander und zünde sie an. Es ist leicht einzusehen, dass der Sauerstoff der Luft in das Innere der Flamme nicht eindringen kann, weil er sich bereits an der Aussenseite derselben mit dem Spiritusdampf verbindet. Wenn man deshalb die Zündmasse eines Streichhölzchens in den Raum oberhalb des Dochtes der Spiritusflamme bringt, so kann sich die Zündmasse, weil kein Sauerstoff vorhanden ist, nicht entzünden.

Zieht man die Zündmasse hinreichend rasch wieder zurück, so bleibt sie auch ausserhalb der Flamme unverändert. Lässt man das Ende des Streichhölzchens etwas längere Zeit in der Flamme, so nimmt es dort die Entzündungstemperatur an und beginnt zu brennen, sobald man es an den Sauerstoff der Luft bringt. Lässt man das Ende des Streichhölzchens noch länger in der Flamme, so verwandelt sich der in der Zündmasse enthaltene Phosphor in Dampf, welcher an die Oberfläche der Flamme gelangt und dort verbrennt.

Eine bereits begonnene Verbrennung kann also auch dadurch unterbrochen werden, dass man den ferneren Zutritt des Sauerstoffs verhindert. So löscht man eine Spiritusflamme aus, indem man über den Docht eine Kapsel setzt.

Man nehme ein verschliessbares Gefäss mit Streichhölzchen (eine Holzschachtel, eine Porzellandose) und zünde die Streichhölzchen an. Die Verbrennung wird unterbrochen, sobald man das Gefäss durch Aufsetzen des Deckels verschliesst.

Wenn die Kleider eines Menschen Feuer gefangen haben, so wird das beste Mittel zum Auslöschen des Feuers in der Einhüllung der Kleider in einen Mantel oder auch darin bestehen, dass sich der Mensch auf die Erde legt und dass man die brennenden Theile mit Decken oder Betten umhüllt. Ausserdem kann man das sogleich zu besprechende Mittel (Wasser) anwenden.

Die dritte Art der Unterbrechung einer Verbrennung beruht auf dem Entziehen der Entzündungstemperatur. Dies kann, wie schon aus § 71 hervorgeht, dadurch geschehen, dass man das Verbrennungsproduct mit irgend einem fremdem Körper sich mengen lässt. So besteht Ausblasen in einer Zuführung von kalter Luft zu dem entstehenden Verbrennungsproduct (siehe den folgenden Paragraphen). Ferner vermag besonders das Wasser einem anderen Körper eine grosse Menge von Wärme zu entziehen, indem es sich in Dampf verwandelt. Hierauf beruht das Ausgiessen oder Ausspritzen. Es ist jedoch klar, dass das Wasser erst dann ein Feuer auszulöschen vermag, wenn der brennbare Körper dadurch bis unter seine Entzündungstemperatur abgekühlt wird, dass also bei einem sehr grossen Feuer eine zu kleine Menge Wasser auch wirkungslos sein kann.

§ 75.

Der Sauerstoff, welcher mit einem brennenden Körper in Berührung kommt und sich mit demselben verbindet, bringt Erwärmung hervor. Der Sauerstoff oder Stickstoff, welcher mit einem brennenden Körper in Berührung kommt, ohne sich mit demselben zu verbinden, bringt Abkühlung hervor. Ein Körper muss in der Luft dann am besten brennen, wenn der Luftzug in jedem Augenblick so viel Sauerstoff hinzuführt, wie sich mit den Molecülen des brennbaren Körpers verbinden kann, welche die Entzündungstemperatur besitzen. Ein Luftzug, welcher mehr oder weniger Sauerstoff zuführt, muss die Verbrennung schwächen oder auch unterbrechen.

Ein Luftzug kann bekanntlich auf ein Feuer zwei ganz entgegengesetzte Wirkungen ausüben; dasselbe wird durch den Luftzug entweder angeblasen oder ausgeblasen. Diese entgegengesetzten Wirkungen erklären sich leicht, wenn man bedenkt, dass die verschiedenen zu einem brennenden Körper hinzutretenden Luftmolecüle sich mit demselben entweder verbinden, oder bloss vermengen. Die ersteren, welche nothwendig aus Sauerstoff bestehen müssen, veranlassen die Bildung des sehr heissen Verbrennungsproduktes und bringen also Erwärmung hervor. Die letzteren, welche aus Sauerstoff oder aus Stickstoff bestehen, entziehen dem Verbrennungsprodukte einen Theil seiner Wärme und bringen also Abkühlung hervor.

Wenn man nun einen brennenden Körper in einem gewissen Augenblicke betrachtet, so ist eine gewisse Menge von Molecülen vorhanden, welche von dem eben entstandenen Verbrennungsprodukte die Entzündungstemperatur erhalten haben. Mit diesen Molecülen kann sich eine bestimmte Menge von Sauerstoff verbinden. Wenn nun in demselben Augenblicke gerade diese bestimmte Menge des mit Stickstoff gemengten Sauerstoffs hinzutritt, so entsteht eine bestimmte Verbrennungstemperatur. Es muss aber eine niedrigere Verbrennungstemperatur entstehen, wenn der Luftzug in dem betrachteten Augenblicke entweder mehr oder weniger Sauerstoff als jene bestimmte Menge, die wir die richtige nennen wollen, zuführt. Tritt nämlich mehr als die richtige Menge Sauerstoff zu, so wirkt der übrige Sauerstoff abkühlend; im folgenden Augenblick empfangen weniger Molecüle des brennbaren Körpers die Entzündungstemperatur, und die Verbrennung geht nicht so gut von statten, wie bei der richtigen Sauerstoffmenge. Wenn aber weniger als die richtige Sauerstoffmenge zu dem brennenden Körper hinzutritt, so kann nur eine geringere Anzahl von Molecülen des brennbaren Körpers zur Verbrennung gelangen. Es entsteht also weniger Verbrennungswärme und es empfangen wiederum weniger Molecüle des brennbaren Körpers die Entzündungstemperatur als bei der richtigen Sauerstoffmenge. In diesem Falle tritt aber bei allen festen und flüssigen Körpern, die mit Flamme verbrennen, ein Umstand ein, wodurch der Nachtheil eines zu geringen Luftzutritts noch vergrössert wird. Diese Körper werden nämlich, wie in § 73 aus einander gesetzt ist, durch die Verbrennungswärme des eben entstandenen Verbrennungsprodukts erst in luftförmige Körper verwandelt und darauf wird ihnen ihre Entzündungstemperatur mitgetheilt. Wenn nun diese luftförmig gewordenen Molecüle nicht Sauerstoff vorfinden, mit dem sie sich verbinden können, so entfernen sie sich unverbrannt und die Verbrennungswärme, die sie hätten erzeugen können, ist also verloren. Bei einer russenden Oelflamme kann man sich hiervon überzeugen. Der Russ ist in der Flamme als luftförmiger Körper enthalten gewesen und geht, weil nicht die richtige Menge Sauerstoff zur Flamme hinzutritt, unverbrannt fort.

§ 76.

Bei den meisten Verbrennungen ist der natürliche Luftzug nicht stark genug, um die Verbrennung so lebhaft wie möglich zu machen. Die Hinzuführung einer grösseren Menge von Sauerstoff wird hervorgebracht durch Anwendung eines Schornsteins und dadurch, dass man dem brennbaren Körper eine grosse Oberfläche ertheilt.

Ohne einen gewissen Luftzug ist offenbar eine Verbrennung ganz unmöglich. Denken wir uns zum Beispiel die Flamme einer einfachen Spirituslampe. Vom Dochte aus erhebt sich der luftförmige Spiritus, das heisst der Spiritusdampf. Dieser kann nur da verbrennen, wo er mit dem Sauerstoff der Luft in Berührung kommt, nämlich an der Oberfläche der Flamme. Hier also befindet sich im Augenblicke seiner Entstehung das Verbrennungsprodukt des Spiritus. Wenn dieses nun an derselben Stelle verbliebe, so würde es die Berührung des übrigen von ihm eingeschlossenen Spiritusdampfs mit dem ausserhalb befindlichen Sauerstoff der Luft verhindern. Es ist leicht einzusehen, auf welche Weise das in einem Augenblick entstandene luftförmige Verbrennungsprodukt des Spiritus von der Stelle, wo es entstand, entfernt wird. Da dasselbe nämlich eine sehr hohe Temperatur besitzt, so ist es nach § 59 sehr ausgedehnt und sehr dünn, es steigt also in der umgebenden kalten und deshalb dichteren Luft in die Höhe. Dass das luftförmige Verbrennungsprodukt des Spiritus sich von der Flamme aus nach oben hin entfernt, davon kann man sich schon überzeugen, wenn man in einiger Höhe über der Flamme die Hand hält. Aus demselben Grunde nimmt man den Geruch der schweflichten Säure, die bei der Verbrennung des Schwefels von einem Streichhölzchen entsteht, nicht wahr, wenn man das Streichhölzchen hinreichend hochhält; von einer brennenden Cigarre oder von brennendem Feuerschwamm sieht man den Rauch in die Höhe steigen. Sobald das Verbrennungsprodukt sich nicht mehr entfernt, muss auch die weitere Verbrennung eines Körpers aufhören. Die Flamme einer Spirituslampe erlischt deshalb nach kurzer Zeit, wenn man einen oben geschlossenen Glascylinder so über dieselbe hält, dass die Flamme von der Cylinderwand ganz umgeben ist.

Auch gewöhnliche Luft steigt, wenn sie erwärmt wird, in gleicher Weise, wie das Verbrennungsproduct des Spiritus, in die Höhe, was sich durch folgenden Versuch leicht beweisen lässt. Man biege eine Glasröhre von 16" Länge so, dass ein 4" langes Stück horizontal von links nach rechts, dann ein 8" langes Stück vertical von unten nach oben und endlich wieder ein 4" langes Stück horizontal von links nach rechts verläuft. Man spannt die horizontalen Stücke in zwei Retortenhalter in solcher Höhe ein, dass das verticale Stück durch eine untergestellte möglichst heisse Flamme erhitzt werden kann. Geschieht dies, so wird die Luft in dem verticalen Stücke erwärmt und dünner gemacht. Sie strömt deshalb fortwährend aus der oberen Mündung aus, während neue Luft in die untere Mündung einfliesst. Um diese Bewegung der Luft sichtbar zu machen, schneidet man von einem Stück Feuerschwamm einen Streifen von 1 Linie Breite ab, zündet ihn an und hält das glimmende Ende unmittelbar vor die untere Mündung der Röhre, in welche dann der Rauch einströmt.

Wenn nun der natürliche Luftzug, wie es eine Oelflamme, etwa die einer Schiebelampe ohne Cylinder, deutlich zeigt, nicht hinreicht, um allen luftförmig gewordenen Molecülen des Oels den zur Verbrennung nothwendigen Sauerstoff zuzuführen, so fragt es sich, ob es Mittel giebt, diesem Uebelstande abzuhelfen. Ein Mittel dazu besteht in der Anwendung eines Schornsteins.

Wir wollen unsere Aufmerksamkeit hier besonders auf den

Schornstein richten, den man bei einer Schiebelampe anwendet, auf den Cylinder nämlich.

Es ist übrigens bekannt, dass bei grossen Feuerungen, namentlich bei denen von Dampfmaschinen, stets sehr hohe Schornsteine angewendet werden, und diese haben keinen anderen Zweck als den, einen hinreichenden Luftzug hervorzubringen.

Die Wirkung eines Schornsteins kann man sich durch folgenden Versuch klar machen. Man nimmt eine ziemlich weite Glasröhre von etwa $\frac{1}{2}$ Zoll Durchmesser und 1 Fuss Länge. Man hält sie vertical, verschliesst ihr oberes Ende mit der befeuchteten Innenseite der Hand und taucht sie 3 Zoll tief in Wasser. Darauf entfernt man plötzlich die verschliessende Hand. Man sieht, dass das Wasser in die Röhre eindringt und fast 3 Zoll hoch über den Spiegel des äusseren Wassers emporsteigt.

Der Grund dieser Erscheinung ist leicht einzusehen. Das dichtere Wasser hat nämlich das Bestreben, die dünnere Luft nach oben hin zu verdrängen.

Man wiederhole nun den Versuch mit dem Unterschiede, dass man die Röhre jetzt 6 Zoll tief in das Wasser taucht, ehe man die verschliessende Hand entfernt. Man sieht, dass jetzt das Wasser bedeutend höher in der Röhre sich erhebt als bei dem vorigen Versuche. Man kann hieraus schliessen, dass das Wasser mit einer um so grösseren Geschwindigkeit in die Röhre einzuströmen beginnt, je höher die zu verdrängende Luftsäule ist.

Denkt man sich nun bei einem Versuche derselben Art als dichteren Körper kalte Luft, und als dünneren Körper das erhitzte Verbrennungsprodukt des Oeles oder des Holzes, so folgt, dass das in einem Schornstein befindliche Verbrennungsprodukt durch die ausserhalb befindliche dichtere Luft mit desto grösserer Geschwindigkeit nach oben hin verdrängt werden muss, je höher der Schornstein ist.

Die Erscheinung bei einer mit einem Schornstein versehenen Feuerung unterscheidet sich von der eben beobachteten nur dadurch, dass das Eindringen des Wassers in die Röhre nur einmal stattfindet, wohingegen bei der Feuerung das Eindringen der dichten kalten Luft ein fortwährendes ist, indem die in einem Augenblick eindringende kalte Luft jedesmal im folgenden Augenblick sich in das heisse also dünnere Verbrennungsprodukt verwandelt.

Ein zweites Mittel, um einem brennenden Körper eine grössere Menge Luft zuzuführen, besteht darin, dass man den brennenden Körper in eine Gestalt bringt, welche eine grosse Oberfläche besitzt.

Dieses Mittel wird besonders bei Flammen angewandt, die zur Beleuchtung dienen.

Den Docht einer Schiebelampe kann man bei unverändertem Querschnitt in drei verschiedene Gestalten bringen, welche bei verschiedenen Lampen sämmtlich Anwendung finden. Man kann ihn erstens zusammenrollen, so dass er einen massiven Cylinder bildet. Zweitens kann man ihn der Länge nach aufschneiden und auseinanderfalten, so dass er eine Ebene bildet. Endlich kann man ihn in der gewöhnlichen Weise anwenden, wo er eine hohle Röhre darstellt. Diese drei beschriebenen Dochte haben natürlich denselben Querschnitt, so dass in allen während derselben Zeit dieselbe Menge von Oel emporsteigen kann. Dagegen hat der volle runde Docht eine viel kleinere Oberfläche als die beiden anderen, so dass an jenen während derselben Zeit eine viel geringere Menge von Sauerstoff anströmt, wie an die letzteren. In Folge dessen findet bei der Küchenlampe eine unvortheilhafte Verbrennung des Oeles statt. Vortheilhafter ist die Verbrennung des Oels bei einer Schirmlampe mit plattem Dochte, weil an diesen, seiner grösseren Oberfläche wegen, mehr Luft anströmt. Bei dem platten und dem runden Dochte ist die Oberfläche offenbar von gleicher Grösse, allein diese letztere Gestalt ist vortheilhafter, wenn es sich darum handelt, einen Cylinder als Schornstein über die Flamme zu setzen. Auf einen platten Docht muss nämlich offenbar ein viel weiterer Cylinder gesetzt werden, wie auf einen runden hohlen Docht von gleichem Querschnitt. Hieraus folgt, dass in einem über einen platten Docht gesetzten Cylinder zugleich mit dem Verbrennungsprodukt viel kalte Luft eintritt, welche sich mit dem heissen Verbrennungsprodukt mengt und also auch die Temperatur des letzteren erniedrigt.

Es versteht sich, dass bei einem runden hohlen Docht die Luft von aussen und von innen muss an den Docht heranströmen können, wenn eine lebhafte Verbrennung erreicht werden soll. Vom Vorhandensein eines solchen sogenannten doppelten Luftzuges bei einer Schiebelampe kann man sich leicht überzeugen, indem man entweder die untere Oeffnung der den Docht einschliessenden Röhre mit einem Kork verschliesst, oder den untersten Theil der den Cylinder tragenden Krone mit einem Handtuche umwickelt. In beiden Fällen fängt die Flamme an zu russen.

Um bei der Schiebelampe das eben bei der Schirmlampe erwähnte Einströmen überflüssiger, das heisst nicht zur Verbrennung dienender Luft in den Cylinder zu vermeiden, ist es zweckmässig, einen eingeschnürten Cylinder zu verwenden. Die Einschnürung muss sich ungefähr in $\frac{1}{3}$ Höhe der Flamme vom Docht aus befinden. Die den Cylinder tragende Krone muss auf- und abwärts verschiebbar sein, um den Cylinder in die vortheilhafteste Stellung bringen zu können.

Wasserstoff.

§ 77.

Ein chemischer Prozess, der aus einer gleichzeitigen Zersetzung und Verbindung besteht, lässt sich meistentheils betrachten als eine Vertauschung. In einer chemischen Gleichung bezeichnet man zwei sich vertauschende Körper durch untergesetzte Punkte.

Wenn man den in § 21 beschriebenen Vorgang, bei welchem essigsaures Bleioxyd und Schwefelsäure sich verwandeln in Essigsäure und schwefelsaures Bleioxyd durch eine Gleichung darstellen will, so kann man die linke Seite der Gleichung schreiben

Bleioxyd, Essigsäure + Schwefelsäure.

Man kann nun hieraus die rechte Seite der Gleichung finden, wenn man an die Stelle von Essigsäure Schwefelsäure setzt und umgekehrt an die Stelle von Schwefelsäure Essigsäure.

Man erhält alsdann
    Bleioxyd, Schwefelsäure + Essigsäure
und dies ist die gesuchte rechte Seite der Gleichung. Bezeichnet man die sich vertauschenden Körper durch untergesetzte Punkte, so heisst also die ganze Gleichung
Bleioxyd, Essigsäure + Schwefelsäure = Bleioxyd, Schwefelsäure + Essigsäure.

§ 78.

Der Wasserstoff kann dargestellt werden aus Natrium und Wasser, welche, mit einander in Berührung gebracht, Wasserstoff und Natriumoxyd bilden, oder auch aus Kalium und Wasser, welche Wasserstoff und Kaliumoxyd bilden.

Die Gleichung
$$Na + H^2O = 2H + NaO$$
bedeutet: 1 Atom Natrium und 1 Atom Wasser geben 2 Atome Wasserstoff und 1 Atom Natriumoxyd.

Die Gleichung
$$K + H^2O = 2H + KO$$
hat die entsprechende Bedeutung.

§ 79.

Der Wasserstoff ist ein Gas. 9 Loth Wasserstoff nehmen denselben Raum ein wie 100000 Loth Wasser.

Aufgabe. Wie viel wiegt das Wasser, welches denselben Raum einnimmt wie der aus 6 Korn Natrium und dem zugehörigen Wasser darzustellende Wasserstoff?

$$Na = 2H$$
$$92 \text{ Loth} = 4 \text{ Loth}$$
$$1 \text{ „} = \frac{4}{92} \text{ „}$$
$$\frac{6}{1000} \text{ „} = \frac{4 \cdot 6}{92 \cdot 1000} \text{ Loth.}$$

Nach Raumtheilen gemessen, sind

$$9 \text{ Loth Wasserstoff} = 100000 \text{ Loth Wasser}$$
$$1 \text{ ,, } \text{ ,, } = \frac{100000}{9} \text{ ,, } \text{ ,, }$$
$$\frac{4.6}{92.1000} \text{ ,, } \text{ ,, } = \frac{100000 \cdot 4 \cdot 6}{9 \cdot 92 \cdot 1000} \text{ Loth Wasser.}$$

Das Gewicht des gesuchten Wassers beträgt also
$$\frac{100000 \cdot 4 \cdot 6}{9 \cdot 92 \cdot 1000} = \frac{200}{69} = 2{,}90 \text{ Loth.}$$

§ 80.
Darstellung des Wasserstoffs aus Natrium oder Kalium und Wasser.

Natrium und Kalium sind Metalle, die mit einander viele Aehnlichkeit haben, so dass die im Folgenden genannten Eigenschaften des Natriums auch dem Kalium zukommen. Das Natrium verbindet sich schon bei gewöhnlicher Temperatur mit Sauerstoff, ohne jedoch dabei zu verbrennen; es muss deshalb in einer Flasche unter einer Flüssigkeit aufbewahrt werden. Diese Flüssigkeit darf aber nicht, wie beim Phosphor, Wasser sein, da erstens Natrium leichter ist als Wasser und deshalb auf dem Wasser schwimmt, und da zweitens das Natrium bei der Berührung mit Wasser sich sogleich mit dem Sauerstoff desselben verbindet. Zur Aufbewahrung des Natriums wird eine Flüssigkeit mit Namen Steinöl gebraucht, welche keinen Sauerstoff enthält.

Man holt mit einer Messerklinge ein Stück Natrium aus der Flasche, legt es auf Filtrirpapier um das anhaftende Steinöl einsaugen zu lassen und schneidet ein erbsengrosses Stück ab. Man muss das Natrium nicht, wie Phosphor, zwischen Filtrirpapier mit den Fingern drücken, weil es dabei merkwürdigerweise bisweilen plötzlich mit Feuererscheinung umherspritzt. Die frischen Schnittflächen zeigen denselben Glanz wie Silber, welcher jedoch sehr schnell verschwindet, weil sich das Metall sogleich an seiner Oberfläche mit dem Sauerstoff der Luft verbindet. Das erbsengrosse Stück Natrium knetet man in das Loch einer noch nicht angebohrten Kugelform, schliesst diese, bringt dann den Kopf der Form unter einen mit Wasser gefüllten umgekehrten Glascylinder und öffnet sie dann. Das Natrium steigt in die Höhe und bildet mit dem Wasser Wasserstoff, welcher ein Gas ist, und Natriumoxyd, einen festen Körper, der sich aber sogleich in dem Wasser auflöst. Der Wasserstoff ist brennbar. Zündet man ihn an, so verbindet er sich mit dem Sauerstoff der Luft zu Wasser nach der Gleichung $2H + O = H^2O$. Der aus Natrium und Wasser dargestellte Wasserstoff verbrennt mit gelber Flamme.

Wiederholt man denselben Versuch mit Kalium, so verbrennt der Wasserstoff mit violetter Flamme (siehe § 87 D). Lässt man den mit Hülfe von Natrium oder Kalium dargestellten Wasserstoff eine Zeit lang stehen bevor man ihn entzündet, so ist seine Flamme fast ungefärbt.

§ 81.

Die Gleichung für einen chemischen Process, der aus zwei oder mehr Theilprocessen zusammengesetzt ist, erhält man, wenn man die Gleichungen der Theilprocesse addirt, dabei aber die Körper fortlässt, welche bei einem Theilprocess entstanden sind und bei einem anderen Theilprocess wieder verbraucht werden. Solche fortzulassende Körper bezeichnet man durch untergesetzte Striche.

Um die hier gegebene Regel klar zu machen, wollen wir den chemischen Process betrachten, welcher zusammengesetzt ist aus der Verwandlung von Natrium und Wasser in Wasserstoff und Natriumoxyd und aus der Verwandlung von Wasserstoff und Sauerstoff in Wasser. Diese beiden Theilprocesse können leicht in einen einzigen Process vereinigt werden. Man legt zu dem Zwecke auf Wasser ein Stück Filtrirpapier, auf dieses ein Stück Natrium, und zündet den von dem Natrium aufsteigenden Wasserstoff an. Scheinbar verbrennt nun das Natrium; aber in Wirklichkeit verbrennt der von dem Natrium und dem Wasser entwickelte Wasserstoff. Das entstandene Natriumoxyd bildet zuerst einen glühenden Tropfen, der nicht mit dem in dem Filtrirpapier enthaltenen flüssigen Wasser in Berührung kommt, sondern nur mit dem Wasserdampf, in welchen sich das flüssige Wasser an seiner Oberfläche durch die Hitze des Natriumoxyds verwandelt. Nachdem aber das Natriumoxyd allmälig seine hohe Temperatur verloren hat, kommt es plötzlich mit dem flüssigen Wasser in Berührung. In diesem Augenblicke entsteht ein kleiner Knall, wobei manchmal das Natriumoxyd etwas umherspritzt.

Betrachtet man nun die Gleichungen für diese beiden Theilprocesse, nämlich

$$Na + H^2O = 2H + NaO$$
$$\text{und } 2H + O = H^2O,$$

wo immer auf der linken Seite die angewandten und auf der rechten Seite die entstandenen Körper stehen, so ist leicht ersichtlich, dass die einfache Addition beider Gleichungen nicht ein richtiges Resultat geben würde, weil nicht alle bei den Theilprocessen angewandten und entstandenen Körper auch bei dem Gesammtprocesse angewandt und entstanden sind. Nach Vollendung der beiden Theilprocesse ist nämlich kein Wasserstoff mehr vorhanden; deshalb darf nicht Wasserstoff auf der rechten Seite der Gleichung für den Gesammtprocess stehen. Fbenso ist auch zu dem Gesammtprocess kein Wasserstoff angewandt; deshalb darf auch auf der linken Seite der Gleichung für denselben nicht Wasserstoff stehen. Folglich muss bei der Addition der Gleichungen der Theilprocesse 2H auf der rechten und auf der linken Seite fortgelassen werden. Die Ableitung der Gleichung des Gesammtprocesses ist also folgende

$$Na + H^2O = \underline{2H} + NaO$$
$$\underline{2H + O} = \underline{H^2O}$$
$$Na + H^2O + O = NaO + H^2O.$$

Wendet man zu dem Gesammtprocesse Kalium statt des Natriums an, so braucht man nur das Kalium ohne Filtrirpapier auf Wasser zu bringen. Der Wasserstoff entzündet sich dann schon durch die bei der Verwandlung von Kalium und Wasser in Wasserstoff und Kaliumoxyd erzeugte Wärme. Um den entstehenden glühenden Kaliumoxydtropfen gut auf dem Wasser hin und her schwimmen zu sehen, muss man nur ein erbsengrosses Stück Kalium anwenden. Man muss dieses auch aus möglichst geringer Höhe auf das Wasser herabfallen lassen, weil sonst das in das Wasser tiefer eindringende und dann wieder in die Höhe steigende Kalium aus dem Wasser herausgeschleudert wird. Endlich muss man mit Hülfe eines Glasstabes verhindern, dass nicht etwa das Kaliumstück an der Wand des Gefässes haften bleibt, weil alsdann auch der glühende Tropfen leicht umhergeschleudert wird.

§ 82.

Zur Erklärung eines chemischen Vorganges ist es häufig nothwendig, denselben als aus mehreren Theilprocessen zusammengesetzt zu betrachten, die einzeln nicht immer verwirklicht werden können.

Als Beispiel für das hier Gesagte kann die Verwandlung des chlorsauren Kalis in Sauerstoff und Chlorkalium dienen. Dieser Process erklärt sich aus folgenden Gleichungen

I. $KO,Cl^2O^5 = KO + Cl^2O^5$,

II. $KO + Cl^2O^5 = KCl^2 + 6O$,

III. $KO,Cl^2O^5 = 6O + KCl^2$.

Beide Theilprocesse, dargestellt durch die Gleichungen I und II, können für sich allein nicht stattfinden.

§ 83.

Der Wasserstoff kann auch dargestellt werden aus Zink und Schwefelsäurehydrat, welche, mit einander in Berührung gebracht, Wasserstoff und schwefelsaures Zinkoxyd bilden. Sehr viele chemische Processe bestehen in der Vertauschung von 1 Atom Metall und 2 Atomen Wasserstoff.

Zink ist ein Metall, welches zum Beispiel zur Dachbedeckung und zur Anfertigung von Badewannen benutzt wird.

Ueber das Schwefelsäurehydrat wird ausführlicher in § 96 die Rede sein; die Formel für dasselbe heisst

$$H^2O,SO^3.$$

Die Gleichung für den zu Anfang dieses Paragraphen genannten Vorgang, bei welchem ebenso, wie bei der Darstellung des Wasserstoffs, aus Natrium und Wasser oder aus Kalium und Wasser die Vertauschung von 1 Atom Metall und 2 Atomen Wasserstoff stattfindet, heisst nun

$$Zn + H^2O,SO^3 = 2H + ZnO,SO^3,$$

oder mit Worten: ein Atom Zink und ein Atom Schwefelsäurehydrat geben zwei Atome Wasserstoff und ein Atom schwefelsaures Zinkoxyd.

§ 84.

Aufgabe. Wie viel Zink und Schwefelsäure ist erforderlich, um aus einem Gasometer 40 Pfund Wasser durch Wasserstoff zu verdrängen?

Es sind nach Raumtheilen gemessen,

9 Loth Wasserstoff $= 100000$ Loth Wasser,

$$\frac{9}{100000} \text{ ,, \quad ,, } = 1 \text{ ,, \quad ,,}$$

$$\frac{9 \cdot 40 \cdot 30}{100000} \text{ ,, \quad ,, } = 40 \text{ Pfund ,,}$$

$$Zn + H^2O, SO^3 = 2H$$

$Zn = 131 \qquad 2H = 4 \qquad 2H = 4$
$\qquad\qquad\quad 4O = 128$
$\qquad\qquad\quad S = 64$

$$131 + 196 = 4$$

$$\frac{131}{4} + \frac{196}{4} = 1$$

$$\frac{131 \cdot 9 \cdot 40 \cdot 30}{4 \cdot 100000} + \frac{196 \cdot 9 \cdot 40 \cdot 30}{4 \cdot 100000} = \frac{9 \cdot 40 \cdot 30}{100000}$$

$$\frac{3537}{1000} + \frac{5292}{1000}$$

$$3{,}54 + 5{,}29$$

Der aus 3,54 Loth Zink und 5,29 Loth Schwefelsäurehydrat darzustellende Wasserstoff nimmt also denselben Raum ein wie 40 Pfund Wasser.

§ 85.

Bei der Darstellung des Wasserstoffs aus Zink und Schwefelsäure muss die letztere verdünnt sein, weil in der concentrirten Schwefelsäure das schwefelsaure Zinkoxyd unlöslich ist.

Eine mit Wasser vermengte Flüssigkeit nennt man verdünnt, weil durch den Zusatz des Wassers die Molecüle der betreffenden Flüssigkeit weiter von einander entfernt werden (§ 14). Im Gegensatze hierzu nennt man eine Flüssigkeit desto concentrirter, mit je weniger Wasser sie vermengt ist. Man pflegt nicht Rücksicht darauf zu nehmen, ob sich das der Flüssigkeit zugesetzte Wasser mit derselben verbindet oder nicht (§ 29). Wenn man zu concentrirter Schwefelsäure, das heisst zu reinem Schwefelsäurehydrat, Wasser hinzufügt, so ist die entstandene verdünnte Schwefelsäure sehr heiss. Da nun fast immer bei der Entstehung eines zusammengesetzten Körpers Wärme erzeugt wird, so schliesst man umgekehrt aus der Wärmeerzeugung auf die Entstehung eines zusammengesetzten Körpers, und es ist deshalb sehr wahrscheinlich, dass sich ein Atom wasserfreie Schwefelsäure auch mit mehr als einem Atom Wasser verbinden kann. Wegen eben dieser Wärmeerzeugung darf, wenn Schwefelsäure und Wasser zusammengegossen werden sollen, keine der beiden Flüssigkeiten vorher erhitzt sein, weil sonst leicht ein gefährliches Umherspritzen entsteht.

Man übergiesse ein Stückchen Zinkblech in einem Reagensglase mit concentrirter Schwefelsäure. Es tritt eine schwache Entwickelung von Wasserstoffbläschen ein, die aber bald wieder aufhört. Man füge dann zu der Schwefelsäure Wasser hinzu, nunmehr entstehen Wasserstoffblasen in grosser Menge. Zur Erklärung dieses Verhaltens dient der folgende Versuch.

Man löst etwas schwefelsaures Zinkoxyd, welches als Salz ein fester Körper ist, in kaltem Wasser auf und fügt zu der Auflösung ein wenig concentrirte Schwefelsäure hinzu. Die Flüssigkeit bleibt klar; setzt man aber noch mehr Schwefelsäure hinzu, so scheidet sich das schwefelsaure Zinkoxyd wieder als fester Körper aus.

Aus diesem Versuche ergiebt sich, dass das schwefelsaure Zinkoxyd in einer hinreichend verdünnten Schwefelsäure ebenso wie in Wasser löslich ist, unlöslich dagegen in einer concentrirteren Schwefelsäure.

Hieraus nun folgt, dass beim Uebergiessen eines Stückes Zink mit concentrirter Schwefelsäure zwar Anfangs an der Oberfläche des Zinks, das heisst da, wo Zink und Schwefelsäure sich berühren, Wasserstoff und schwefelsaures Zinkoxyd entstehen, dass aber das letztere, indem es auf der Oberfläche des Zinks verbleibt, die fernere Berührung von Zink und Schwefelsäure und demnach auch die weitere Entwickelung von Wasserstoff verhindert.

§ 86.
Darstellung des Wasserstoffs aus Zink und Schwefelsäure.

Man versieht eine Gasentwickelungsflasche mit einem Kork, durch welchen ein langhalsiger Trichter und eine spitzwinklig gebogene Glasröhre gesteckt sind. Die Mündung des Trichterhalses muss sich nahe über dem Boden der Flasche befinden, das untere Ende der gebogenen Röhre nahe unter dem Kork. Man untersucht, ähnlich wie bei der Spritzflasche, ob der Verschluss luftdicht ist. Um eine rasche Wasserstoffentwickelung zu erhalten, muss man dafür sorgen, dass das in die Flasche zu bringende Zink eine grosse Oberfläche besitzt. Man wendet deshalb das Zink in Gestalt von Blech an, welches man mit Hülfe einer Scheere oder eines Schraubstocks in hinreichend kleine Stücke zertheilt hat, um sie durch den Flaschenhals stecken zu können. Man nimmt ferner aus demselben Grunde vom Zink eine grössere Menge als die dem zu entwickelnden Wasserstoff entsprechende. Man füllt die Flasche zum dritten Theil mit Wasser, setzt den Kork wieder auf und stellt eine Leitung von der gebogenen Röhre aus bis in das Gasometer her. Das freie Ende dieser Röhrenleitung nimmt man wieder aus der Einflussröhre heraus und bringt sie in das etwa bis zur Hälfte mit Wasser gefüllte obere Gefäss des Gasometers. Man giesst etwas Schwefelsäure durch den Trichter in die Flasche, worauf eine lebhafte Gasentwickelung beginnt. Das zuerst aus der Röhrenleitung austretende Gas ist offenbar ein Gemenge von Wasserstoff und Luft. Fängt man dieses in einem Cylinder auf und zündet es an, so verbrennt es mit einem mehr oder weniger lauten Knall.

Man muss bei diesem Versuche unmittelbar nach dem Abheben der den Cylinder verschliessenden Glasplatte die anzündende Flamme an das Gas bringen. Ist das Gas rein, so entsteht zwar im Augenblicke der Anzündung immer ein kleiner Knall, weiterhin aber brennt das Gas ohne Knall ab. Man leitet den Wasserstoff nicht eher in das Gasometer ein, als bis man sich an dem ruhigen Abbrennen von seiner Reinheit überzeugt hat. Wenn die Gasentwickelung zu langsam wird, so fügt man von neuem Schwefelsäure zu. Um schliesslich den Process zu unterbrechen, giesst man die Flüssigkeit aus der Flasche, spült das Zink einige Mal mit Wasser ab und schüttet es zum Trocknen auf mehrfach zusammengelegtes Filtrirpapier.

§ 87.

Der Wasserstoff ist ein farb-, geschmack- und geruchloses Gas von sehr geringer Dichtigkeit, welches angezündet unter Entwickelung von vieler Wärme und wenig Licht zu Wasser verbrennt und das Verbrennen nicht unterhält.

Aus den genannten Eigenschaften des Wasserstoffs erklären sich folgende Versuche. Der im § 67 genannte Vorversuch beim jedesmaligen Experimentiren mit Wasserstoff darf auf keine Weise versäumt werden (§ 88).

A. Lässt man Wasserstoff aus der Ausflussröhre des Gasometers auf die Zunge strömen, so nimmt man keinen Geschmack wahr.

B. In entsprechender Weise überzeugt man sich davon, dass der Wasserstoff geruchlos ist. War der Wasserstoff erst kurz vorher aus gewöhnlichem Zinkblech und Schwefelsäure dargestellt, so besitzt er freilich einen eigenthümlichen unangenehmen Geruch. Dieser rührt aber von einer aus dem Zinkblech stammenden Verunreinigung her, welche nach einiger Zeit vom Wasser aufgenommen wird, so dass dann der Wasserstoff geruchlos erscheint.

C. Man schiebt die Mündung eines platt gedrückten Collodiumballons über die Ausflussröhre und lässt Wasserstoff einströmen. Sobald das Gewicht des Ballons und des darin befindlichen Wasserstoffs kleiner ist als das Gewicht des gleichen Raumtheils Luft, so steigt der Ballon an die Decke des Zimmers. Nach einiger Zeit kommt der Ballon wieder herunter (siehe § 89).

D. Man füllt einen Cylinder von etwa 1 Fuss Höhe und 2 Zoll Weite mit Wasserstoff und zündet den Wasserstoff an. Dieser verbrennt mit sehr schwach leuchtender Flamme. Die grössere Helligkeit beim Verbrennen des aus Natrium oder Kalium und Wasser entstandenen Wasserstoffs, welche wir im § 80 beobachtet haben, rührte davon her, dass dem Wasserstoff kleine Quantitäten von Natrium- oder Kaliumoxyd beigemengt waren (§ 90). Man bekommt natürlich eine grössere Flamme ausserhalb des Cylinders, wenn man unmittelbar nach dem Anzünden des Wasserstoffs Wasser in den Cylinder giesst. Wiederholt man diesen Versuch mit dem Unterschiede, dass man den Cylinder eine halbe Minute lang offen stehn lässt und dann erst den brennenden Spiritusfidibus an die Mündung des Cylinders bringt, so erfolgt keine Verbrennung, weil der weniger dichte Wasserstoff durch die dichtere Luft aus dem Cylinder nach oben hin verdrängt worden ist.

E. Man zündet den Wasserstoff an der Ausflussröhre des Gasometers an. Man sieht, wie schon früher, dass bei der Verbrennung des Wasserstoffs nur wenig Licht erzeugt wird. Um die Temperatur der Wasserstoffflamme zu untersuchen, halte man eine Glasröhre hinein. Wenn diese nicht aus zu dickem Glase besteht, so wird sie bald so weich, dass man sie biegen kann.

Wiederholt man denselben Versuch mit einer eben so grossen Spiritusflamme, so sieht man, dass die Temperatur der letzteren nicht hinreichend ist, um das Glas zum Schmelzen zu bringen.

F. Man hält einen mit Wasser von der Temperatur des Zimmers gefüllten Kolben über die Wasserstoffflamme. Der in der letzteren gebildete Wasserdampf verwandelt sich in Berührung mit dem kalten Kolben in flüssiges Wasser.

G. Steckt man einen brennenden Spiritusfidibus rasch in einen mit Wasserstoff gefüllten Cylinder, so erlischt die Spiritusflamme. Man kann bei diesem Versuche besser den Cylinder vorher umkehren.

§ 88.

Ein Atom Sauerstoff nimmt denselben Raum ein, wie ein Atom Wasserstoff, eben so auch ein Atom Stickstoff. Ein Gemenge von zwei Maassen Wasserstoff und einem Maass Sauerstoff, welches angezündet mit heftigem Knall sich in Wasserdampf verwandelt, wird Knallgas genannt.

Es ist sehr leicht zu berechnen, in welchem Gewichtsverhältniss Wasserstoff und Sauerstoff sich zu Wasser verbinden. Denn wir haben

$$2\,H + O =$$
$$\underline{2\,H = 4 \quad\quad O = 32}$$
$$4 \;\;+\;\; 32$$
$$1 \;\;+\;\; 8$$

Es verbindet sich also 1 Gewichtstheil Wasserstoff mit 8 Gewichtstheilen Sauerstoff. Es würde indessen sehr schwierig sein, wenn man Wasserstoff und Sauerstoff abwägen wollte, um sie in dem genannten Verhältnisse mit einander zu vermengen. Mit Hülfe des oben ausgesprochenen Gesetzes ist dies dagegen ohne Mühe auszuführen.

Statt der Aufgabe: „in welchem Gewichtsverhältniss müssen Wasserstoff und Sauerstoff zusammengebracht werden, damit sich beide zu Wasser mit einander verbinden können?" stellen wir die Aufgabe: „In welchem Maassverhältniss müssen beide Körper zu demselben Zwecke zusammengebracht werden?"

Es seien 2 Maass Wasserstoff gegeben. Die Anzahl der in einem Maass enthaltenen Wasserstoffatome sei x. 2 Maass Wasserstoff bestehen also aus 2x Atomen. 2x Atome Wasserstoff verbinden sich mit x Atomen Sauerstoff. Da aber 1 Atom Sauerstoff denselben Raum einnimmt wie 1 Atom Wasserstoff, so nehmen x Atome Sauerstoff denselben Raum ein wie x Atome Wasserstoff. x Atome Sauerstoff bilden also, ebenso wie x Atome Wasserstoff, ein Maass. Folglich verbinden sich 2 Maass Wasserstoff mit 1 Maass Sauerstoff zu Wasser.

Man sieht leicht, dass man schreiben kann

I   2 H   + O =
II 2 Maass + 1 Maass

Man denkt sich die Gleichung I mit x multiplicirt und für x die Anzahl der in einem Maass enthaltenen Atome Wasserstoff eingesetzt; dann entsteht Gleichung II.

Wir vermögen nun die Aufgabe zu lösen, einen gegebenen Cylinder mit so viel Wasserstoff und Sauerstoff zu füllen, dass sich beide zu Wasser verbinden können. Man bestimmt das Gewicht des den Cylinder anfüllenden Wassers (am leichtesten vermittelst eines Maasscylinders). Dies betrage 46,4 Loth. Wir wollen den Raum, den 1 Loth Wasser einnimmt, 1 Maass nennen. Wir schreiben

$$2\,H + O = (2\,H + O)*)$$
$$2\text{ Maass} + 1\text{ Maass} = 3\text{ Maass}$$
$$\frac{2}{3}\text{ ,,} + \frac{1}{3}\text{ ,,} = 1\text{ ,,}$$
$$\frac{2 \cdot 464}{3 \cdot 10} + \frac{464}{3 \cdot 10} = 46{,}4$$
$$30{,}9 \quad + \quad 15{,}5$$

Man bringt nun in den Cylinder 15,5 Loth Wasser und bezeichnet die Gränze zwischen Wasser und Luft durch den geradlinigen Rand eines befeuchteten Papierstreifens. Man füllt den Cylinder ganz mit Wasser und lässt aus einem Gasometer Sauerstoff bis zu der bezeichneten Grenze und darauf aus einem anderen Gasometer Wasserstoff bis zur Füllung des Cylinders eintreten.

Das Gemenge von 2 Maass Wasserstoff und 1 Maass Sauerstoff wird Knallgas genannt, weil es, angezündet, eben so wie das in § 67 beschriebene Gemenge von Schwefelkohlenstoff und Sauerstoff einen heftigen Knall erzeugt. Von dem zuerst angezündeten Theile des Knallgases aus verbreitet sich die Entzündungstemperatur so rasch durch die ganze Masse, dass das gesammte Gasgemenge in einem Augenblicke sich in Wasserdampf zu verwandeln scheint. Der Knall rührt davon her, dass der entstehende Wasserdampf eine sehr hohe Temperatur besitzt und deshalb einen sehr grossen Raum einzunehmen strebt, aus welchem er die ihn umgebenden Körper hinaustreibt. Eine solche von einem Knall begleitete plötzliche Verwandlung eines Körpers in eine sich ausdehnende Luftart nennt man eine Explosion.

Eine Explosion ist im Allgemeinen um so stärker, je grösser das Hinderniss ist, welches sich der Ausdehnung des entstandenen luftförmigen Körpers entgegensetzt. Dieselbe Menge Knallgas würde in einer enghalsigen Flasche stärker explodiren als in einem Cylinder. Dieser Regel gegenüber ist es sehr merkwürdig, dass Knallgas, welches in Seifenblasen eingeschlossen ist, mit einem verhältnissmässig ausserordentlich starken Knall ex-

---

*) In dieser Gleichung soll 2 H + O die noch nicht gemengten, (2 H + O) aber die gemengten Gase bezeichnen.

plodirt. Um diesen Versuch zu machen, muss man in einem Gasometer 2 Maass Wasserstoff und 1 Maass Sauerstoff zusammenbringen. Das Volumen der in dieses Gasometer eingeleiteten Gase bestimmt man durch die Menge des aus dem Gasometer ausfliessenden Wassers, welches man in einem Maasscylinder auffängt. Aus der Ausflussröhre des Gasometers leitet man das Knallgas in Seifenwasser. Es versteht sich, dass man sich sehr davor hüten muss, das Knallgas, während es aus dem Gasometer ausströmt, anzuzünden. Denn die Entzündung würde sich bis in das Gasometer fortpflanzen und eine sehr gefährliche Explosion würde davon die Folge sein.

Es ist oben gesagt, dass auch ein Atom Stickstoff denselben Raum einnimmt wie ein Atom Wasserstoff. Es läst sich hiernach leicht berechnen, wie viel Maass Wasserstoff und Luft man zusammenbringen muss, um ein möglichst stark explodirendes Gemenge zu erhalten. Wenn ein Maass Wasserstoff aus x Atomen besteht, so bestehen $\frac{4}{5}$ Maass Stickstoff aus $\frac{4}{5}$ x Atomen, und $\frac{1}{5}$ Maass Sauerstoff besteht aus $\frac{1}{5}$ x Atomen. Die beiden letzteren zusammengebracht geben 1 Maass Luft, welches also aus $\frac{4}{5}$ x Atomen Stickstoff und $\frac{1}{5}$ x Atomen Sauerstoff besteht. Wenn $\frac{4}{5}$ x N $+$ $\frac{1}{5}$ x O denselben Raum einnehmen wie x H, so würden, wenn es fünftel Atome gäbe, $\frac{4}{5}$ N $+$ $\frac{1}{5}$ O denselben Raum einnehmen wie H. Zur Erleichterung der Berechnungen kann man deshalb, ohne Missverständnisse zu befürchten, durch $N^{\frac{4}{5}} O^{\frac{1}{5}}$ diejenige Menge Luft bezeichnen, welche denselben Raum einnehmen würde wie ein Atom Wasserstoff. Alsdann haben wir zur Lösung der obigen Aufgabe die Gleichung

$$2H + 5 N^{\frac{4}{5}} O^{\frac{1}{5}} = H^2 O + 4 N$$
2 Maass $+$ 5 Maass

Das gesuchte möglichst stark explodirende Gemenge muss also aus 2 Maass Wasserstoff und 5 Maass Luft bestehen.

Aufgabe. Wie hat man zu verfahren, um einen Cylinder, der 56 Loth Wasser enthält, mit einem möglichst stark explodirenden Gemenge von Wasserstoff und Luft zu füllen?

Wir schreiben

$$2\,H + 5\,N^{\frac{4}{5}}O^{\frac{1}{5}} = (2\,H + 5\,N^{\frac{4}{5}}O^{\frac{1}{5}})$$
$$2 \text{ Maass} + 5 \text{ Maass} = 7 \text{ Maass}$$
$$\frac{2}{7} + \frac{5}{7} = 1$$
$$\frac{2 \cdot 56}{7} + \frac{5 \cdot 56}{7} = 56$$
$$16 + 40$$

Man bringt in den Cylinder 16 Loth Wasser, verschliesst ihn mit einer Glasplatte und lässt die 16 Loth Wasser durch Wasserstoff verdrängen.

Das erhaltene Gemenge explodirt, obwohl natürlich weniger stark als reines Knallgas. Einen vernehmlichen Knall geben ausserdem alle Gemenge von Wasserstoff und Luft, welche aus 1 Maass Knallgas und höchstens 4 Maass nicht explodirendem Gase bestehen. Solche Gemenge sind diejenigen, die auf 2 Maass Wasserstoff höchstens 13 Maass Luft und wenigstens 1 Maass Luft enthalten.

Es ist schliesslich noch zu bemerken, dass das zu Anfang dieses Paragraphen ausgesprochene Gesetz, nach welchem x Atome Sauerstoff oder auch x Atome Stickstoff denselben Raum einnehmen wie x Atome Wasserstoff, nur unter zwei Voraussetzungen richtig ist. Die erste Voraussetzung besteht darin, dass die beiden mit einander verglichenen Gase dieselbe Temperatur haben. Da in § 59 auseinandergesetzt ist, dass alle Gase bei der Erwärmung sich ausdehnen, so folgt, dass x Atome Sauerstoff von 10^0 nur denselben Raum einnehmen wie x Atome Wasserstoff von 10^0, dagegen einen grösseren Raum wie x Atome Wasserstoff von 0^0, einen kleineren Raum wie x Atome Wasserstoff von 20^0.

Die zweite Bedingung, welche erfüllt sein muss, damit eine gleiche Anzahl von Atomen von Wasserstoff, Sauerstoff oder Stickstoff einen gleichen Raum einnehmen, besteht darin, dass die mit einander verglichenen Gase unter demselben Drucke sich befinden müssen. Es nehmen x Atome irgend eines Gases einen um so kleineren Raum ein, je grösser der Druck ist, der auf sie wirkt. Man kann sich hiervon durch folgenden Versuch überzeugen.

Man nimmt ein Gasometer mit Wasserstandszeiger und bringt, während nur die Einflussöffnung geschlossen ist, so viel

Wasser hinein, dass dieses etwa die Hälfte des unteren Gasometergefässes anfüllt. In dem oberen Gefäss des Gasometers ist jetzt natürlich kein Wasser enthalten. Man bezeichnet die Oberfläche des Wassers im Wasserstandszeiger durch einen Streifen befeuchtetes Papier, welcher den Wasserstandszeiger nur zur Hälfte umgiebt. Man schliesst nun die lange Röhre, die kurze und die Ausflussröhre. Die x Atome der im unteren Gasometergefässe enthaltenen Luft befanden sich vor dem Schliessen der Hähne unter dem Druck der äusseren Luft; nach dem Schliessen der Hähne wirkt auf dieselben noch ein eben so grosser Druck, der aber jetzt nur von der Innenfläche des Gasometers und der Hähne ausgeübt wird. Man füllt jetzt das obere Gefäss des Gasometers vollständig mit Wasser und öffnet den Hahn der langen Röhre. Man sieht das Wasser im Wasserstandszeiger steigen; die x Luftatome im Gasometer nehmen also jetzt einen geringeren Raum ein wie vorher. Dies hat darin seinen Grund, dass auf die eingeschlossene Luft jetzt ausser dem Druck der äusseren Luft noch der Druck des im oberen Gasometergefässe und in der langen Röhre enthaltenen Wassers wirkt. Hierauf schliesst man wieder den Hahn der langen Röhre und nimmt die Schraube von der Einflussöffnung ab. Aus dieser fliesst Wasser aus und man sieht am Wasserstandszeiger, dass die eingeschlossene Luft jetzt einen grösseren Raum einnimmt als zu Anfang des Versuches. Dies erklärt sich folgendermaassen. Der auf das Wasser in der Einflussröhre wirkende äussere Luftdruck hat das im Gasometer enthaltene Wasser zu tragen; er übt deshalb auf die oberhalb des Wassers befindliche Luft einen um so viel geringeren Druck aus, wie es der zum Tragen des Wassers in dem Gasometer verbrauchten Wirkung entspricht.

§ 89.

Verschiedene Luftarten, die mit einander in Berührung stehen, vermengen sich mit einander trotz ihrer verschiedenen Dichtigkeit vollständig. Diese Erscheinung wird Diffusion genannt. Auch verschiedene Flüssigkeiten können durcheinander diffundiren.

Man nehme einen Cylinder von etwa 1 Fuss Höhe und 2 Zoll

Durchmesser und stelle ihn, nachdem man ihn mit Wasserstoff gefüllt hat, mit der Mündung nach unten auf ein Drahtdreieck, welches auf einem Dreifuss liegt. Man sollte nun glauben, dass der dünnere Wasserstoff immer oberhalb der dichteren Luft verbleiben müsste in derselben Weise, wie Oel auf Wasser schwimmt, ohne sich mit diesem jemals zu vermischen. Dem ist indessen nicht so. Denn wenn man nach 20 Minuten eine Flamme in den Cylinder hält, so ist, wie man sieht, in demselben kein Wasserstoff mehr enthalten, oder doch so wenig Wasserstoff, dass sich das Gemenge von Wasserstoff und Luft nicht mehr entzündet. Es hat also eine Bewegung des Wasserstoffs in den vorher mit Luft gefüllten Raum, und eine Bewegung der Luft in den vorher mit Wasserstoff gefüllten Raum stattgefunden. Der Wasserstoff des Cylinders und die Luft des Zimmers haben sich mit einander vollständig vermengt, so dass also in dem Cylinder nur sehr wenig Wasserstoff zurückgeblieben ist.

Einen ähnlichen Versuch mit Wasserstoff und Luft kann man auf folgende Art anstellen. Man nimmt zwei gleiche Cylinder von der oben bezeichneten Grösse, füllt den einen mit Wasserstoff und stellt ihn umgekehrt über den unteren, welcher Luft enthält. Nach 12 Minuten verschliesst man beide Cylinder durch zwei zwischengeschobene Glasplatten. Bei der Anzündung überzeugt man sich, dass beide Cylinder gleiche Gemenge von Wasserstoff und Luft enthalten.

Wenn Wasserstoff und Luft sich trotz ihrer verschiedenen Dichtigkeit mit einander vermengen, so kann man leicht schliessen, dass aus einem Gemenge von beiden Luftarten die beiden Bestandtheile sich nicht wieder von einander scheiden. Man wiederhole den zuletzt beschriebenen Versuch mit der Abänderung, dass der Cylinder mit Luft oben und der Cylinder mit Wasserstoff unten steht. Indem nun Wasserstoff und Luft in Folge ihrer verschiedenen Dichtigkeit ihre Plätze vertauschen, diffundiren sie zugleich durcheinander. Nach einer halben Minute sind in beiden Cylindern gleiche Gemenge enthalten. Wartet man mit der Anzündung noch länger, so bekommt man doch stets den nämlichen Erfolg.

Dasselbe Verhalten wie Wasserstoff und Luft zeigen je zwei beliebige verschiedene Luftarten.

Vergleicht man in Beziehung auf Diffusion zwei verschiedene Flüssigkeiten mit einander, so zeigt es sich, dass hier zwei Fälle möglich sind, dass bald eine Diffusion stattfindet, bald auch nicht. Die leichteste Art, um das Verhalten von zwei Flüssigkeiten in Beziehung auf Diffusion kennen zu lernen, besteht darin, dass man beide Flüssigkeiten durch Umrühren oder Schütteln mit einander vermengt und dann nachsieht, ob sich dieselben ihrer verschiedenen Dichtigkeit gemäss von einander trennen oder nicht.

Wasser und Oel, Wasser und Schwefeläther diffundiren nicht durcheinander.

Wasser und Schwefelsäure, Wasser und Spiritus (Alkohol) diffundiren durcheinander.

Ein durch Auflösung flüssig gemachter fester Körper und die auflösende Flüssigkeit diffundiren stets durcheinander. Wäre dies nicht der Fall, so müsste zum Beispiel die wässerige Auflösung eines gefärbten festen Körpers, dessen Dichtigkeit grösser ist als Wasser, nach längerem Stehen unten stärker gefärbt erscheinen als oben.

Will man nicht blos die unterbleibende Trennung zweier Flüssigkeiten beobachten, sondern auch ihre gegen das Gesetz der Dichtigkeit erfolgende Vermengung, so kann man Versuche folgender Art anstellen.

Man nimmt eine U förmig gebogene Röhre von der Höhe und Weite eines Reagensglases, füllt sie mit verdünnter Lackmusauflösung und spannt sie in einen Retortenhalter. Man bringt mit Hülfe einer Pipette Schwefelsäure, welche dichter als Lackmusauflösung ist, durch den einen Schenkel der Röhre an ihren Boden. In diesem Schenkel färbt sich die Lackmusauflösung sogleich roth. Aber auch in dem anderen Schenkel erhebt sich die rothe Färbung, und zwar um etwa 2 Linien während der ersten Stunde. Man sieht hieraus, dass die Flüssigkeiten viel langsamer diffundiren als die Luftarten.

§ 90.

Feste und flüssige Körper strahlen bei derselben Temperatur viel mehr Licht aus als luftförmige. In allen hellleuchtenden Flammen sind glühende feste oder flüssige Körper enthalten.

Wenn schon bei der Verbrennung des Wasserstoffs in Luft eine hohe Temperatur erzeugt wird, so muss eine noch viel höhere Temperatur bei der Verbrennung des Wasserstoffs in reinem Sauerstoff entstehen. Man kann eine solche ohne Gefahr vermittelst eines Knallgashahnes veranlassen. Dieser besteht aus einer rechtwinklig gebogenen Messingröhre, in deren einen Schenkel eine andere engere Messingröhre eingeschraubt werden kann. Das Ausflussende des Knallgashahns besteht nun aus einem inneren Cylinder und einem äusseren ringförmigen Raume. Durch Kautschukröhren setzt man das Einflussende der inneren Röhre in Verbindung mit der Ausflussröhre eines mit Sauerstoff gefüllten Gasometers, das Einflussende der äusseren Röhre dagegen mit der Ausflussröhre eines mit Wasserstoff gefüllten Gasometers. An dem gemeinschaftlichen Ausflussende der beiden Röhren können sich dann die beiden Gase mit einander vermengen. Man lässt zuerst Wasserstoff ausströmen und zündet diesen an. Darauf lässt man Sauerstoff zufliessen. Die Flamme wird dann natürlich viel kleiner und auch heller leuchtend.

Zur Bestätigung des oben ausgesprochenen ersten Satzes halte man nun vermittelst einer Tiegelzange ein Stückchen Kreide in die Knallgasflamme. Da die Wärme der letzteren jetzt auf zwei Körper, nämlich auf den Wasserdampf und auf die Kreide sich vertheilt, so versteht es sich, dass die Kreide eine niedrigere Temperatur erhält, als wie sie die reine Knallgasflamme besass. Dennoch sieht man, dass die Kreide ein ausserordentlich lebhaftes Licht ausstrahlt.

Hält man einen Platindraht in die Knallgasflamme, so schmilzt das Platin und strahlt ebenfalls ein lebhaftes Licht aus, welches indessen weniger intensiv ist als das der Kreide. Dieser Versuch dient zum Beweise dafür, dass auch flüssige Körper bei derselben Temperatur mehr Licht erzeugen als luftförmige.

Zur Erläuterung des zweiten obigen Satzes bringe man ein

abgetrocknetes Stück Phosphor in einen kleinen Porzellantiegel, stelle diesen in eine weitere Porzellanschale, zünde den Phosphor an und decke ein grosses Becherglas umgekehrt darüber. Man warte, bis in dem Becherglase kein Rauch mehr sichtbar ist und nehme das Becherglas fort. Auf dem Boden der Porzellanschale findet man jetzt einen schneeartigen festen Körper, nämlich Phosphorsäure. Diese war in der Phosphorflamme in geschmolzenem Zustande enthalten und von ihr rührte das blendende Licht der Phosphorflamme her.

Man halte ferner in eine zur Beleuchtung dienende Oel- oder Gasflamme eine weisse Porzellanschale. Diese bedeckt sich mit einem festen schwarzen Körper, dem Russ, welcher aus Kohlenstoff besteht. Dieser ist, wie es später ausführlicher erörtert werden wird, durch eine Zersetzung des Oeles oder des Leuchtgases entstanden. Der Russ ist, ebenso wie die Kohle, welche auch aus Kohlenstoff besteht, unschmelzbar. Er ist also in festem Aggregatzustande in der Flamme enthalten, kommt aber bei einer nicht russenden Flamme nicht zum Vorschein, weil er sich weiterhin mit dem Sauerstoff der Luft zu einem luftförmigen Verbrennungsprodukte verbindet.

Es mag noch bemerkt werden, dass in einer Phosphorflamme das Verbrennungsprodukt, dagegen in einer Oel- oder Gasflamme der brennbare Körper das Licht ausstrahlt.

§ 91.
Die Berührung mit Platin übt auf Wasserstoff und Sauerstoff dieselbe Wirkung aus, wie die Entzündungstemperatur.

Da Wasserstoff und Sauerstoff nur mit der Oberfläche eines Stückes Platin in Berührung kommen können, so muss eine bestimmte Menge Platin desto besser die Verbindung beider Gase mit einander bewirken, eine je grössere Oberfläche das Platin besitzt. Ein sogenannter Platinschwamm besteht aus sehr porösem und deshalb eine sehr grosse Oberfläche besitzendem Platin, welches auf feinem Platindraht innerhalb eines Eisendrahtringes befestigt ist. Um einen Platinschwamm zu dem folgenden Versuche tauglich zu machen, fasst man ihn mit einer

Pincette und hält ihn in eine Spiritusflamme bis er glüht und lässt ihn wieder erkalten.

Oeffnet man nun die Ausflussröhre eines mit Wasserstoff gefüllten Gasometers, so sieht man den Platinschwamm erglühen, wenn man ihn in den Wasserstoffstrom hineinhält, ohne ihn aber der Ausflussröhre zu nahe zu bringen. Dieses Erglühen rührt von der Verbrennungswärme des Wasserstoffs her, die sich auf den entstehenden Wasserdampf, den Stickstoff der Luft und den Platinschwamm vertheilt. Es verbinden sich jetzt nur diejenigen Wasserstoff- und Sauerstoffatome, welche zugleich mit einander und mit Platin in Berührung stehen. Daraus, dass der übrige Wasserstoff sich nicht entzündet, kann man schliessen, dass die Temperatur, die das glühende Platin jetzt besitzt, niedriger ist als die Entzündungstemperatur des Wasserstoffs. Bringt man nun aber den Platinschwamm der Ausflussröhre allmälig immer näher, so steigt die Temperatur des Platins und erreicht endlich die Entzündungstemperatur des Wasserstoffs. Alsdann fängt der letztere mit einem kleinen Knalle an schon da zu verbrennen, wo er noch nicht mit dem Platin in Berührung steht. Dieses aber hört fast ganz auf zu glühen, weil sich die Wasserstoffflamme kaum bis zu dem Platin hin erstreckt.

§ 92.

Die Platinzündmaschine ist ein Apparat, vermittelst dessen man Wasserstoff gegen einen Platinschwamm strömen lassen kann und in welchem sich stets so viel Wasserstoff von neuem entwickelt, wie vorher verbraucht worden ist.

Die Platinzündmaschine ist das wohlfeilste Feuerzeug für den, der sie selbst in Stand setzen und nöthigenfalls repariren kann. Sie besteht aus einem äusseren Glasgefäss, welches verdünnte Schwefelsäure enthält und einer inneren, zur Aufnahme des Zinks und des Wasserstoffs dienenden Glasglocke, welche vom Deckel des äusseren Gefässes nach unten hin herabreicht.

Um eine Platinzündmaschine von gewöhnlicher Construction in Stand zu setzen, giesst man in das äussere Gefäss so viel Wasser, dass, während der Deckel mit der Glocke aufliegt, die Oberfläche des Wassers noch $1\frac{1}{2}$ Zoll vom Rande entfernt ist.

Dann fügt man so viel Schwefelsäure zu, dass die Flüssigkeit 1 Zoll vom Rande absteht. Man schraubt die Spitze ab, welche der den Platinschwamm enthaltenden Kapsel gegenübersteht. Man drückt den Hahn nach unten. Hierdurch wird eine von der Glocke aus zuerst nach oben und dann zur Seite führende Röhre geöffnet. Die verdünnte Schwefelsäure steigt in die Glocke hinein, bis sie hier und im änsseren Gefäss gleich hoch steht. Man lässt den Hahn los, welcher durch eine Feder wieder gehoben wird. In der Glocke berühren sich jetzt Zink und Schwefelsäure; es entsteht Wasserstoff, aber nur so lange, bis die Schwefelsäure wieder aus der Glocke verdrängt ist. Um reinen Wasserstoff in der Glocke zn haben lässt man das Gas aus der letzteren etwa noch dreimal entweichen, hält aber dabei, um jede Gefahr zu vermeiden, vor den Platinschwamm ein Blatt Papier. Nunmehr schraubt man die Ausflussspitze wieder ein und zündet den Wasserstoff einmal an, um den Platinschwamm auszuglühen.

Wenn die Maschine ihren Dienst versagt, so ist entweder der Platinschwamm nicht in gutem Zustand, oder es fehlt Wasserstoff. Der Platinschwamm wird gewöhnlich durch einmaliges Anzünden des Wasserstoffs wieder brauchbar. Der Wasserstoff kann fehlen, weil die Ausflussröhre verstopft ist, oder weil das Zink, oder weil die Schwefelsäure verbraucht ist. Die beiden letzteren Fälle sind daran zu erkennen, dass die Flüssigkeit im äusseren Gefäss und in der Glocke gleich hoch steht. Ist die Ausflussspitze verstopft, so schraubt man sie ab und reinigt sie vormittelst einer sehr feinen Nähnadel oder vermittelst einer Schweinsborste von einer Bürste.

§ 93.

Der Wasserstoff verbindet sich mit Sauerstoff zu Wasser. Die atomistische Zusammensetzung einer Verbindung giebt an, wie viel Atome jedes Bestandtheils in einem Atom der Verbindung enthalten sind. Die procentische Zusammensetzung giebt an, wie viel Gewichtstheile von jedem Bestandtheil in 100 Gewichtstheilen der Verbindung enthalten sind.

Es ist schon mehrfach erwähnt worden, dass ein Atom Wasser aus zwei Atomen Wasserstoff und einem Atom Sauerstoff besteht. Die atomistische Zusammensetzung einer Verbindung wird unmittelbar durch die Formel der Verbindung angegeben, also beim Wasser durch H^2O.

Um die procentische Zusammensetzung des Wassers zu berechnen, geht man von der Gleichung aus, welche die Zerlegung des Wassers in seine Bestandtheile ausdrückt.

$$H^2O = 2H \qquad + O$$
$$2H = 4 \qquad 2H = 4 \qquad O = 32$$
$$O = 32$$

$$36 = 4 + 32$$
$$1 = \frac{4}{36} + \frac{32}{36}$$
$$100 = \frac{4 \cdot 100}{36} + \frac{32 \cdot 100}{36}$$
$$100 = \frac{100}{9} + \frac{800}{9}$$
$$100 = 11{,}1 + 88{,}9$$

Es bestehen also 100 Gewichtstheile Wasser aus 11,1 Gewichtstheilen Wasserstoff und 88,9 Gewichtstheilen Sauerstoff.

§ 94.

Das Wasser kann direct dargestellt werden. Es ist bei gewöhnlicher Temperatur eine farb-, geschmack- und geruchlose Flüssigkeit. Sein Gefrierpunkt oder Erstarrungspunkt, das heisst die Temperatur, bei welcher es fest wird oder sich in Eis verwandelt, ist 0° C. Das Eis ist weniger dicht als das Wasser. Schnee ist fein zertheiltes Eis. Der Schmelzpunkt eines festen Körpers ist stets gleich dem Gefrierpunkt des aus denselben Atomen bestehenden flüssigen Körpers. Der Siedepunkt des Wassers ist 100° C.

Die direkte Entstehung des Wassers haben wir bereits (§ 87F) beobachtet. Wenn eine Verbindung direct entsteht, so ist damit nicht gesagt, dass die Bestandtheile derselben unter allen Umständen, sobald sie nur einander berühren, sich mit einander verbinden. So ist es bei Wasserstoff und Sauerstoff, damit sie sich verbinden, nothwendig, dass sie entweder die Entzündungstemperatur besitzen oder mit Platin in Berührung stehen.

§ 95.

Die Destillation ist ein Process, bei welchem ein flüssiger Körper durch Erwärmung luftförmig und dann durch Erkaltung wieder flüssig gemacht wird. Durch Destillation können aus einem Gemenge von Körpern mit sehr beträchtlich verschiedenem Siedepunkt die Bestandtheile rein erhalten werden.

Das in der Natur vorkommende Wasser ist meistentheils nicht rein, enthält vielmehr aufgelöste Salze.

Man nehme ein blankes Stück Platinblech, bringe einen Tropfen Brunnenwasser darauf und erhitze es über einer Flamme. Das Wasser verdampft und hinterlässt einen weissen Fleck; dieser besteht aus Salzen, die in dem Wasser aufgelöst enthalten waren.

Um aus solchem unreinem Wasser reines zu erhalten, muss man es destilliren. Zu einer Destillation ist stets eine Retorte zu verwenden, während bei anderen Erhitzungsprocessen fast immer andere Gefässe, namentlich Kolben bequemer sind.

Man bringt also das zu destillirende Wasser in den Bauch einer Retorte und zwar bei einer tubulirten Retorte durch den Tubulus, bei einer nicht tubulirten vermittelst eines langhalsigen Trichters durch den Retortenhals, so dass letzterer in jedem Falle trocken und rein bleibt. Darauf spannt man vermittelst eines Retortenhalters die Retorte so ein, dass Bauch und Mündung nach unten gekehrt sind, und erhitzt das Wasser.

Um das aus dem Wasserdampf enstehende flüssige Wasser aufzufangen, steckt man den Hals der Retorte in einen Kolben, der alsdann Vorlage genannt wird. Diese liegt in einer Porzellanschale und wird mit Schnee oder feuchtem Filtrirpapier umgeben.

Zur Destillation des Wassers im Grossen wendet man eine kupferne Retorte an, die aus Blase und Helm besteht. Die Verwandlung des Wasserdampfes in Wasser geschieht in einem Schlangenrohr, welches durch ein mit Wasser gefülltes Kühlfass geleitet ist.

§ 96.

Das Wasser ist indifferent, es kann jedoch, ebenso wie auch manche andere Körper, sich als Base und auch als Säure verhalten. Eine Verbindung, in welcher das Wasser als Base oder als Säure enthalten ist, heisst Hydrat. Anderes Verbindungswasser nennt man Krystallwasser.

Der gebrannte Kalk ist eine Verbindung von Calcium mit Sauerstoff, deren wissenschaftlicher Name Calciumoxyd ist. Das Calciumoxyd ist eine Base; es reagirt alkalisch und kann sich zum Beispiel mit Salpetersäure zu einem neutralen Salze verbinden. Das Calciumoxyd verbindet sich auch mit Wasser, wie wir im § 19 gesehen haben. Diese Verbindung, im gewöhnlichen Leben gelöschter Kalk genannt, führt den wissenschaftlichen Namen Calciumoxydhydrat. Da das Calciumoxyd eine Base ist, so muss das Wasser, welches sich mit jenem verbindet, eine Säure sein. Die Formel für das Calciumoxyd ist CaO, die für das Calciumoxydhydrat CaO, H^2O nach § 51.

Das Wasser kann sich auch mit Säuren verbinden. Zum Beweise hierfür bringt man eine Quantität Phosphorsäure, welche auf die im § 90 beschriebene Weise dargestellt ist, in einen Platintiegel und wägt diesen sammt seinem Inhalte und seinem Deckel. Zu der Phosphorsäure setzt man tropfenweise einiges Wasser hinzu, darauf erhitzt man den Tiegel bis zum Glühen und bestimmt, nachdem er erkaltet ist, von neuem sein Gewicht. Es zeigt sich, dass er schwerer geworden ist; im Tiegel befindet sich eine glasartige feste Masse, nämlich Phosphorsäurehydrat, und die wahrgenommene Gewichtsvermehrung rührt von dem Wasser her, mit welchem die Phosphorsäure sich verbunden hat. Um den Tiegl wieder rein zu bekommen, giesst man Wasser hinein, in welchem sich das Phosphorsäurehydrat wieder auflöst.

Da die Phosphorsäure eine Säure ist, so muss das Wasser, welches sich mit jener verbindet, eine Base sein. Die Formel für die Phosphorsäure ist P^2O^5, die für das Phosphorsäurehydrat H^2O, P^2O^5 nach § 51.

Wir ersehen hieraus, dass sich das Wasser sowohl wie eine Säure als auch wie eine Base verhalten kann. Es giebt zwar viele Körper, die nicht allein in Beziehung auf ihre Reaktion, sondern auch in Beziehung auf ihre Verbindungen sich stets entweder wie Basen oder wie Säuren verhalten. Aber es giebt auch manche andere Körper, welche einer entschiedenen Base gegenüber die Rolle einer Säure spielen, einer entschiedenen Säure gegenüber aber als Basen zu betrachten sind. Was die Benennung der Hydrate betrifft, so muss hier von neuem darauf hingewiesen werden (§ 29), dass man das mit anderen Körpern verbundene oder gemengte Wasser meistentheils unerwähnt lässt. Dies geschieht namentlich bei solchen Körpern, die häufig als Hydrate, selten aber im wasserfreien Zustande angewendet werden. Hierher gehören zum Beispiel Schwefelsäure und Salpetersäure. Diese Benennungen werden fast immer für diejenigen Körper gebraucht, deren richtigerer Name Schwefelsäurehydrat und Salpetersäurehydrat ist. Zur Vermeidung von Zweideutigkeiten nennt man dann die freie nicht mit Wasser verbundene Schwefelsäure „wasserfreie Schwefelsäure"; dasselbe gilt für die Salpetersäure, sowie auch für das Kali (siehe § 29) und für verschiedene andere später zu erwähnende Körper.

Das Wasser verbindet sich auch mit Salzen, in welchem Falle man es mit Sicherheit weder als Säure, noch als Base ansehen kann. Es ist zum Beispiel der blaue Kupfervitriol eine Verbindung von 1 Atom wasserfreiem schwefelsaurem Kupferoxyd (CuO, SO^3) und von 5 Atomen Wasser. Solches Verbindungswasser, welches kein Hydratwasser ist, wird Krystallwasser genannt.

Von dieser wenig passenden Benennung wird später noch die Rede sein.

§ 97.

Die Verwandlung eines Gases in einen flüssigen Körper durch Berührung mit einer Flüssigkeit nennt man Absorption. Dieselbe Flüssigkeit vermag von demselben Gase desto mehr zu absorbiren, je grösser der Druck und je niedriger die Temperatur ist.

Auf die Wichtigkeit der Verwandlung fester Körper in flüssige durch Auflösung bei chemischen Versuchen ist in § 29 hingewiesen. Als auflösender Körper dient fast immer das Wasser. Das Wasser vermag nicht allein feste Körper, sondern auch Gase flüssig zu machen, und die absorbirende Kraft des Wassers hat für den Chemiker ein nicht viel geringeres Interesse, als seine auflösende Kraft.

Aus der Umkehrung der in der Ueberschrift dieses Paragraphen ausgesprochenen Gesetze folgt: Wenn eine Flüssigkeit bei einem gewissen Druck und einer gewissen Temperatur so viel wie möglich von einem Gase absorbirt hat, so muss ein Theil des absorbirten Gases wieder entweichen, sobald der Druck vermindert oder die Temperatur erhöht wird.

Zu den hierüber anzustellenden Versuchen kann man frisches Brunnenwasser verwenden und zwar entweder unmittelbar, oder besser, nachdem man es auf folgende Weise behandelt hat. Man bringt das Wasser in eine ziemlich grosse Flasche, welche davon höchstens zum dritten Theile angefüllt wird. Vermittelst einer Röhre bläst man in die Flasche Luft, die man vorher möglichst lange in den Lungen hat verbleiben lassen. Darauf verschliesst man die Flasche und schüttelt tüchtig um. Dieses Verfahren wiederholt man einige Male. Das Wasser absorbirt von der aus den Lungen kommenden Luftart mehr als von gewöhnlicher Luft.

Man nimmt einen grossen Trichter von solcher Weite, dass die in den Kegel einmündende Oeffnung des Halses sich mit der hineingesteckten Spitze des dritten Fingers der rechten Hand verschliessen lässt. Man fasst den Trichter mit der linken Hand, indem man sein unteres Ende mit dem dritten Finger derselben Hand verschliesst. Man füllt den Trichterhals bis oben hin mit Wasser und drückt die Spitze des dritten Fingers der rechten Hand fest in den Trichterhals ein. Darauf zieht man den letzteren Finger wieder in die Höhe, so jedoch, dass er noch in dem Trichterhalse verbleibt. Innerhalb des Wassers sieht man jetzt eine Menge kleiner Luftbläschen erscheinen. Durch das Emporziehen des Fingers ist der Luftdruck, welcher vorher auf dem Wasser lastete, zum Theil aufgehoben, und es kann das Wasser unter dem geringen Drucke, welcher jetzt darauf wirkt, nicht mehr so viel Luft absorbirt zurückhalten wie vorher.

Zu einem ferneren Versuche nimmt man eine Retorte und versieht die Mündung, deren inneren Rand man etwas glatt gefeilt hat, mit einem gut schliessenden Korke. Man füllt den Retortenbauch und die Hälfte des Halses mit Wasser, nimmt den Retortenbauch so in eine Hand, dass der Hals von der verticalen Lage nur wenig abweicht. Man bringt das Wasser im Retortenhalse zum Sieden und verschliesst letzteren, nachdem man das Sieden einige Zeit hindurch hat fortdauern lassen, schnell mit dem Kork, während man zugleich zu erhitzen aufhört. Den im Retortenhalse enthaltenen Wasserdampf verwandelt man durch Abkühlung vermittelst der kalten Hand wieder in flüssiges Wasser. In dem Retortenhalse entsteht nun ein luftleerer Raum, welcher auf das Wasser im Retortenbauche keinen Druck mehr ausübt. Hier scheidet sich deshalb die vorher absorbirt gewesene Luftart in Bläschen aus, welche bei einigem Schütteln sich oben sammeln. Wenn man den verschliessenden Kork wieder entfernt, so sieht man, einen wie grossen Raum bei dem herrschenden Luftdruck die Luftart einnimmt, welche vorher vom Wasser absorbirt war.

Um weiter zu zeigen, dass eine vom Wasser absorbirte Luftart bei erhöhter Temperatur aus dem Wasser sich wieder ausscheidet, kann man folgendermassen verfahren. Man füllt eine Retorte vollständig mit Wasser und bringt die mit einem Finger verschlossene Mündung unter die Oberfläche von anderem Wasser, welches in einer Porzellanschale enthalten ist. Man spannt den Retortenhals vermittelst eines Retortenhalters in gewöhnlicher Lage ein, das heisst so, dass Mündung und Bauch nach unten gekehrt sind. Man erhitzt nun das Wasser in dem Retortenbauche so lange, bis sich ein Theil des Halses mit Wasserdampf gefüllt hat. Diesem Wasserdampfe ist auch die Luftart beigemengt, welche vorher von dem Wasser absorbirt worden war. Wenn man die Retorte sich wieder abkühlen lässt, so verwandelt sich der Wasserdampf wieder in Wasser; die absorbirt gewesene Luftart aber bleibt zurück und würde erst nach längerer Zeit von dem Wasser wieder vollständig absorbirt werden.

Eine Flüssigkeit bildet mit einer Luftart, die sie absorbirt hat, eine lose Verbindung.

Stickstoff.

§ 98.

Man erhält ziemlich reinen Stickstoff dadurch, dass man in einer Quantität abgeschlossener Luft Phosphor verbrennen und die entstandene feste Phosphorsäure sich absetzen lässt.

Man nimmt einen Cylinder und stellt einen Kork her, welcher einen etwas geringeren Durchmesser als der Cylinder hat und, auf Wasser schwimmend, einen umgekehrten Porzellantiegeldeckel horizontal zu tragen vermag. Der Kork muss zu dem Zwecke an seiner oberen Seite einen Einschnitt haben, welcher die zum Anfassen des Tiegeldeckels dienende Oese aufnimmt; ausserdem muss er hinreichend dünn sein. Man legt den Kork mit dem Deckel auf die Brücke einer pneumatischen Wanne, welche letztere so viel Wasser enthält, dass der Kork noch nicht vollkommen auf dem Wasser schwimmt. Man bringt auf den Tiegeldeckel ein trockenes Stück Phosphor, zündet dieses an und deckt rasch den mit Luft gefüllten Cylinder darüber. Aus Luft und Phosphor entsteht nun nach der Gleichung $25 \, N^{\frac{4}{5}} O^{\frac{1}{5}} + P = 20 \, N + P^2 O^5$ ein Gemenge von Stickstoff und Phosphorsäure, welches zuerst als ein Rauch erscheint, sich aber bald in seine Bestandtheile scheidet, indem die feste Phosphorsäure zum Theil zu Boden fällt, zum Theil an die Wände des Cylinders sich ansetzt.

Lässt man aus der obigen Gleichung die beiden festen Körper fort, so zeigt die Gleichung $25 \, N^{\frac{4}{5}} O^{\frac{1}{5}} = 20 \, N$, dass aus 1 Maas Luft $\frac{4}{5}$ Maas Stickstoff entstehen. Allein durch die Verbrennung des Phosphors wird der Stickstoff stark erwärmt und folglich ausgedehnt. Man sieht deshalb aus dem Cylinder einige Gasblasen durch das Wasser hindurch entweichen. Wenn aber darauf der Stickstoff sich wieder abkühlt und zusammenzieht, so dringt das Wasser in den Cylinder ein und füllt nicht allein den fünften Theil desselben an, der früher von dem Sauerstoff eingenommen wurde, sondern auch noch den Raum, in welchem früher das ausgetretene Stickstoffgas enthalten war.

Will man den Versuch so anstellen, dass aus dem Cylinder kein Gas entweicht, so legt man auf den Porzellantiegeldeckel einige Stückchen Phosphor, die mit Wasser befeuchtet sind, und deckt den Cylinder darüber wie vorher. Der Phosphor verbindet sich jetzt ebenfalls mit dem Sauerstoff der Luft, jedoch sehr langsam. Etwa nach Verlauf eines Tages ist das Wasser genau bis zum fünften Theil der Höhe des Cylinders emporgestiegen.

Der auf die eine oder die andere Art erhaltene Stickstoff ist mit einer kleinen Quantität von Phosphordampf gemengt, wovon man sich durch den Geruch überzeugen kann.

§ 99.

Der Stickstoff ist ein farb-, geschmack- und geruchloses Gas, welches weder verbrennt, noch das Verbrennen unterhält.

Die drei zuerst genannten Eigenschaften des Stickstoffs ergeben sich schon daraus, dass das Gemenge von Stickstoff und Sauerstoff, die Luft, dieselben Eigenschaften besitzt. Denn es ist klar, dass, wenn ein Gemenge zum Beispiel geruchlos ist, auch die Bestandtheile des Gemenges geruchlos sein müssen.

Von den beiden zuletzt genannten Eigenschaften des Stickstoffs überzeugt man sich, wenn man in den Stickstoff einen brennenden Spiritusfidibus taucht, welcher das Gas nicht entzündet und zugleich selbst erlischt. Man muss zu diesem Versuche nicht ein Stück brennenden Phosphors verwenden, da die Phosphorflamme wegen ihrer hohen Temperatur einen so lebhaften Luftzug hervorbringt, dass durch den hinzutretenden Sauer= stoff die weitere Verbrennung des Phosphors wieder möglich gemacht wird.

§ 100.

Das Gewicht eines beliebigen Raumtheils von einem Körper, gemessen durch das Gewicht eines gleichen Raumtheils von einem zweiten Körper, nennt man die Dichtigkeit des ersten Körpers gegen den zweiten.

Wenn eine Linie von 2 Fuss Länge gemessen werden soll durch eine Linie von 1 Zoll Länge, so ist die Frage zu beantworten, wie oft 1 Zoll in 2 Fuss enthalten ist, oder es müssen 2 Fuss durch 1 Zoll dividirt werden. Das Resultat dieser Messung lässt sich auf zwei Arten ausdrücken. Man kann sagen: 2 Fuss, gemessen durch 1 Zoll, sind gleich 24. Oder man kann aus der Gleichung

$$\frac{2\,\text{Fuss}}{1\,\text{Zoll}} = 24$$

durch Multiplication mit der Gleichung
$$1\,\text{Zoll} = 1\,\text{Zoll}$$
ableiten
$$2\,\text{Fuss} = 24\,\text{Zoll}.$$

Man kann also auch sagen: 2 Fuss sind gleich 24 Zoll. Diese letzte Art ist die bei den meisten Messungen gebräuchlichere.

Wenn das Gewicht eines Cubikzolls Schwefel $2\tfrac{1}{7}$ Loth und das Gewicht eines Cubikzolls Wasser $1\tfrac{1}{14}$ Loth beträgt, so findet man

$$\frac{\text{Gewicht eines Cubikzolls Schwefel}}{\text{Gewicht eines Cubikzolls Wasser}} = \frac{2\tfrac{1}{7}}{1\tfrac{1}{14}} = 2.$$

Nach der Ueberschrift des vorliegenden Paragraphen kann man diese Gleichung aussprechen: die Dichtigkeit des Schwefels gegen Wasser ist 2.

Es würde nicht passend sein, wenn man sagen wollte: Die Dichtigkeit eines Cubikzolls Schwefel oder die Dichtigkeit von $2\tfrac{1}{7}$ Loth Schwefel gegen Wasser ist 2. Denn wenn man zu der in Rede stehenden Messung nicht 1 Cubikzoll Schwefel, sondern einen anderen Raumtheil, etwa 3 Cubikzoll, angewandt hätte, so würde man als Resultat

$$\frac{2\tfrac{1}{7} \cdot 3}{1\tfrac{1}{14} \cdot 3} = 2$$

gefunden haben, also dieselbe Zahl wie vorher. Es ist demnach allgemein

$$\frac{\text{Gewicht eines beliebigen Raumtheils Schwefel}}{\text{Gewicht eines gleichen Raumtheils Wasser}} = 2.$$

Man kann nun natürlich auch bei dieser Messung eben so wie oben das Resultat auf eine zweite Art ausdrücken. Es ergiebt sich dann, dass das Gewicht eines beliebigen Raumtheils

Schwefel 2 mal so gross ist wie das Gewicht eines gleichen Raumtheils Wasser.

§ 101.

Bezeichnet man das Gewicht eines beliebigen Raumtheils Wasserstoff durch (H)*), das Gewicht eines gleichen Raumtheils Sauerstoff, Stickstoff, Chlor, Wasserdampf, Luft, Wasser durch (O), (N), (Cl), (H² O), (L), (W), so ist die Dichtigkeit des Wasserstoffs gegen Wasser $=\dfrac{(H)}{(W)}$ und so weiter.

§ 102.

Ein Atom jedes bei gewöhnlicher Temperatur luftförmigen Elementes nimmt denselben Raum ein wie ein Atom Wasserstoff*).

Ausser Sauerstoff, Wasserstoff und Stickstoff ist bei gewöhnlicher Temperatur auch das Element Chlor luftförmig. Ein Atom jedes dieser Elemente nimmt denselben Raum ein. Mit Hülfe dieses Gesetzes kann man leicht die Dichtigkeit zum Beispiel des Stickstoffs gegen Wasserstoff finden. Denn es ist

$$\frac{(N)}{(H)} = \frac{xN}{xH} = \frac{N}{H} = \frac{28}{2} = 14.$$

Hierin bedeutet (N) das Gewicht eines Raumtheils oder eines Maasses Sticktoff. Dieses Maass Stickstoff besteht aus einer gewissen Anzahl von Atomen, die wir x nennen. Wir setzen also xN für (N). Da nun 1 Atom Wasserstoff denselben Raum einnimmt wie 1 Atom Stickstoff, so nehmen auch x Atome Wasserstoff denselben Raum ein wie x Atome Stickstoff. Um also zu dem Maasse Stickstoff ein gleiches Maass Wasserstoff zu erhalten, muss der Wasserstoff ebenfalls aus x Atomen bestehen, so dass statt (H) zu setzen ist xH.

Eben so würde man finden

$$\frac{(O)}{(Cl)} = \frac{O}{Cl} = \frac{32}{71}.$$

---

*) (H) wird ausgesprochen H in Klammern oder H eingeklammert.
**) Dies Gesetz gilt wieder nur unter den zu Ende von Paragraph 88 besprochenen Bedingungen.

§ 103.

Aufgabe. Ein Gefäss enthält $\frac{2}{3}$ Loth Stickstoff; wie viel Wasserstoff kann das Gefäss aufnehmen?

Es ist in dieser Aufgabe die Rede von einer gewissen Menge Stickstoff, welche ein bestimmtes Gewicht besitzt und natürlich zugleich einen bestimmten Raum einnimmt. Wir können daher nach § 101 das Gewicht des Stickstoffs bezeichnen durch (N), so dass wir haben (N) = $\frac{2}{3}$ Loth.

Es ist ferner die Rede von dem Gewichte eines gleichen Raumtheils Wasserstoff, welches wir also durch (H) bezeichnen werden.

(H) ist nun leicht zu finden aus der Gleichung

$$(H) = \frac{(H)}{(N)} \cdot (N).$$

Da $\frac{(H)}{(N)} = \frac{2}{28}$, (N) = $\frac{2}{3}$ Loth, so ist

$$(H) = \frac{2 \cdot 2}{28 \cdot 2} = \frac{1}{21} = 0{,}0476 \text{ Loth}.$$

§ 104.

Aufgabe. Welches ist die Dichtigkeit der Luft gegen Wasserstoff?

Mit Hülfe des Vorhergehenden findet man leicht

$$\frac{(L)}{(H)} = \frac{\frac{4}{5}(N) + \frac{1}{5}(O)}{(H)} = \frac{\frac{4}{5} \times N + \frac{1}{5} \times O}{x \, H} = \frac{\frac{4}{5} N + \frac{1}{5} O}{H}$$

$$= \frac{\frac{4}{5} \cdot 28 + \frac{1}{5} \cdot 32}{2} = \frac{144}{10}$$

Wenn man die Gleichung

$$\frac{(L)}{(H)} = \frac{144}{10}$$

dividirt in die Gleichung 1 = 1, so findet man

$$\frac{(H)}{(L)} = \frac{10}{144} = \frac{5}{72} = 0{,}0694.$$

Die Gleichung

$$(H) = \frac{1}{14{,}4} (L)$$

zeigt, dass ein Maass Wasserstoff mehr als 14 mal so leicht ist wie ein gleiches Maass Luft.

Aufgabe. **Wie viel wiegt die Luft, welche denselben Raum einnimmt wie 25 Korn Wasserstoff?**

$$(H) = \frac{25}{1000} \text{ Loth, } (L) = \frac{(L)}{(H)} \cdot (H), \frac{(L)}{(H)} = \frac{144}{10},$$

$$(L) = \frac{144 \cdot 25}{10 \cdot 1000} = \frac{36}{100} = 0{,}360 \text{ Loth.}$$

§ 105.

Wenn der zweite Körper nicht besonders genannt ist, auf welchen die Dichtigkeit des ersten Körpers bezogen werden soll, so ist bei festen und flüssigen Körpern Wasser, bei luftförmigen Körpern Luft als zweiter Körper hinzuzudenken.

Spricht man von der Dichtigkeit des Schwefels, so meint man die Dichtigkeit des Schwefels gegen Wasser, welche in § 100 gleich 2 gefunden ist.

Spricht man von der Dichtigkeit der Schwefelsäure, so meint man die Dichtigkeit der Schwefelsäure gegen Wasser. Diese kann auf folgende Art gefunden werden. Man bestimmt das Gewicht einer kleinen leeren, mit einem Glasstöpsel verschlossenen Flasche, man füllt die Flasche vollständig mit Schwefelsäure und bestimmt ihr Gewicht. Man füllt darauf die Flasche vollständig mit Wasser und bestimmt wiederum ihr Gewicht. Dann dividirt man mit dem Gewichte des Wassers in das Gewicht der Schwefelsäure. War die Schwefelsäure concentrirt, so findet man als Quotienten die Dichtigkeit 1,84.

Auf dieselbe Weise würde man für Wasser natürlich die Dichtigkeit 1 finden.

Bei der Bestimmung der Dichtigkeit des Wasserstoffs, als eines luftförmigen Körpers, wird als zweiter Körper die Luft hinzugedacht. Die Dichtigkeit des Wasserstoffs ist also = 0,0694 (nach § 104). Die Dichtigkeit der Luft ist demnach gleich 1.

Es mag nebenbei gesagt werden, dass man für Dichtigkeit häufig auch den Ausdruck specifisches Gewicht anwendet. Ferner sei bemerkt, dass chemische Rechenaufgaben auch stöchiometrische Aufgaben genannt werden, dass man also unter Stöchiometrie den Theil der Chemie versteht, in welchem die

Lösung der gestellten Aufgaben durch blosse Rechnung gesucht wird. Hiernach fällt zum Beispiel die Frage, wie viel Sauerstoff sich aus 1 Loth Quecksilberoxyd entwickeln lässt, oder die Frage nach der Dichtigkeit des Wasserstoffs in das Gebiet der Stöchiometrie, nicht dagegen die Frage, auf welche Weise aus einem Gemenge von Stickstoff und Sauerstoff der letztere sich abscheiden lässt.

§ 106.

Aufgabe. Wie gross ist die Dichtigkeit des Stickstoffs?

Die Dichtigkeit des Stickstoffs ist nach § 100 und § 105 zu bezeichnen durch
$$\frac{(N)}{(L)}.$$

Man findet leicht
$$\frac{(N)}{(L)} = \frac{(N)}{(H)} \cdot \frac{(H)}{(L)} = \frac{28 \cdot 10}{2 \cdot 144} = \frac{35}{36} = 0{,}972.$$

Ebenso kann man finden, dass die Dichtigkeit des Sauerstoffs $= 1{,}11$, die des Chlors $= 2{,}47$ ist.

§ 107.

Ein Cubikfuss Wasserstoff von 0^0 Temperatur und unter dem gewöhnlichen Luftdruck (von 28 pariser Zoll Quecksilber) wiegt $\frac{1}{6}$ Loth.

Dieselben Voraussetzungen, dass nämlich die Gase die Temperatur 0^0 haben und unter dem gewöhnlichen Luftdruck (von 28 pariser Zoll Quecksilber) stehen, gelten auch, sobald nicht ausdrücklich das Gegentheil bemerkt ist, für alle folgenden Berechnungen über das Gewicht von Gasen und über die Dichtigkeit von Gasen gegen Wasser. Die unter denselben Voraussetzungen berechnete Dichtigkeit eines luftförmigen Körpers gegen Luft kann man die normale Dichtigkeit der Luftart nennen. So ist die normale Dichtigkeit des Wasserstoffs, das heisst die Dichtigkeit des Wasserstoffs bei 0^0 Temperatur und bei 28 Zoll Druck — wenn keine Zweideutigkeit zu befürchten ist, so kann man statt Druck einer Quecksilbersäule von 28 pariser Zoll Höhe kürzer Druck von 28 Zoll sagen — gleich 0,0694, wie sie in § 104 berechnet wurde.

Allein die Dichtigkeit eines Gases gegen ein anderes behält stets denselben Werth, wenn nur bei beiden Gasen Temperatur und Druck dieselben bleiben. So ist zum Beispiel die Dichtigkeit des Wasserstoffs bei 30° Temperatur und bei 20 Zoll Druck gegen Luft bei 30° Temperatur und 20 Zoll Druck wieder gleich der normalen Dichtigkeit des Wasserstoffs 0,0694.

§ 108.

Aufgabe. Wie viel Kalium ist erforderlich, um $\frac{1}{10}$ Cubikfuss Wasserstoff darzustellen?

Die Aufgabe zerfällt in zwei Theile. Man berechnet zuerst das Gewicht des gegebenen Maasses Wasserstoff und darauf das Gewicht des Kaliums, welches zur Darstellung des eben gefundenen Gewichtes Wasserstoff erforderlich ist.

$$\tfrac{1}{10} \text{ Cubikfuss Wasserstoff} = \frac{1}{6.10} \text{ Loth Wasserstoff.}$$

Von der zur Lösung des zweiten Theiles der Aufgabe dienenden Gleichung

$$K + H^2O = 2H + KO$$

braucht man nur die Körper hinzuschreiben, die in der Aufgabe vorkommen.

$$K = 2H$$
$$156 = 4$$
$$\frac{156}{4} = 1$$
$$\frac{156}{4.6.10} = \frac{1}{6.10}$$

$\frac{156}{4.6.10} = \frac{13}{20} =$ 0,650 Loth Kalium sind erforderlich um $\frac{1}{10}$ Cubikfuss Wasserstoff darzustellen.

§ 109.

Aufgabe. Welches ist das Gewicht von $\frac{3}{4}$ Cubikfuss Stickstoff?

Man berechnet zuerst das Gewicht des Wasserstoffs, der mit dem gegebenen Stickstoff gleichen Raum einnimmt, und darauf das Gewicht des Stickstoffs, der mit dem eben gefundenen Wasserstoff gleichen Raum einnimmt.

Es ist
$$(H) = \frac{1 \cdot 3}{6 \cdot 4} \text{ Loth.}$$

$$(N) = \frac{(N)}{(H)} \cdot (H),$$

$$\frac{28 \cdot 3}{2 \cdot 6 \cdot 4} = \frac{7}{4} = 1{,}75 \text{ Loth.}$$

$\frac{3}{4}$ Cubikfuss Stickstoff wiegen also 1,75 Loth.

§ 110.

Aufgabe. Wie viel chlorsaures Kali ist erforderlich, um $\frac{5}{8}$ Cubikfuss Sauerstoff darzustellen?

$\frac{5}{8}$ Cubikfuss Wasserstoff wiegen $\frac{1 \cdot 5}{6 \cdot 8}$ Loth = (H);

$$\frac{(O)}{(H)} = \frac{32}{2}; \; (O) = \frac{32 \cdot 5}{2 \cdot 6 \cdot 8} \text{ Loth.}$$

$$\begin{aligned} KO, Cl^2 O^5 &= 6\,O \\ 490 &= 192 \\ \frac{490}{192} &= 1 \\ \frac{490 \cdot 32 \cdot 5}{192 \cdot 2 \cdot 6 \cdot 8} &= \frac{32 \cdot 5}{2 \cdot 6 \cdot 8} \end{aligned}$$

Zur Darstellung von $\frac{5}{8}$ Cubikfuss Sauerstoff gebraucht man also

$$\frac{490 \cdot 32 \cdot 5}{192 \cdot 2 \cdot 6 \cdot 8} = \frac{1225}{288} = 4{,}25 \text{ Loth}$$

chlorsaures Kali.

§ 111.

Aufgabe. Welchen Raum nehmen 5 Quentchen Wasserstoff ein?

Da $\frac{1}{6}$ Loth Wasserstoff 1 Cubikfuss einnimmt, so nimmt 1 Loth Wasserstoff 6 Cubikfuss ein, und man findet die Anzahl der Cubikfusse des Wasertoffs, wenn man die Anzahl der Lothe mit 6 multiplicirt.

Es sind also 5 Quentchen Wasserstoff $= \frac{5.6}{10} = 3$ Cubikfuss Wasserstoff.

§ 112.

Aufgabe. Wie viel Raumtheile Wasserstoff lassen sich darstellen aus 3 Loth Schwefelsäurehydrat und dem zugehörigen Zink?

Man berechnet zuerst, wie viel Gewichtstheile Wasserstoff aus dem gegebenen Schwefelsäurehydrat entstehen, und darauf, welchen Raum die gefundene Gewichtsmenge Wasserstoff einnimmt.

$$H^2O, SO^3 = 2\,H$$
$$196 = 4$$
$$1 = \frac{4}{196}$$
$$3 = \frac{4.3}{196}$$

Es sind nun $\frac{4.3}{196}$ Loth Wasserstoff $= \frac{4.3.6}{196} = \frac{18}{49} = 0{,}367$ Cubikfuss Wasserstoff. Da 1 Cubikfuss $12^3 = 1728$ Cubikzoll ist, so sind $\frac{18}{49}$ Cubikfuss $= \frac{18.1728}{49} = 635$ Cubikzoll.

§ 113.

Aufgabe. Welchen Raum nehmen 2 Loth Stickstoff ein?

Man berechnet zuerst das Gewicht des Wasserstoffs, der mit dem gegebenen Stickstoff gleichen Raum einnimmt, und darauf das Volumen des Wasserstoffs.

$$(N) = 2 \text{ Loth}; \ (H) = \frac{(H)}{(N)} \cdot (N) = \frac{2.2}{28} \text{ Loth}.$$

Nach § 111 sind $\frac{2.2}{28}$ Loth Wasserstoff $= \frac{2.2.6}{28} = \frac{6}{7}$ Cubikfuss $= 1480$ Cubikzoll.

Es nehmen also 2 Loth Stickstoff einen Raum von 1480 Cubikzoll ein.

§ 114.

Aufgabe. Wie viel Raumtheile Sauerstoff lassen sich darstellen aus 1 Quentchen Quecksilberoxyd?

Man berechnet zuerst das Gewicht des aus dem gegebenen Quecksilberoxyd darzustellenden Sauerstoffs, darauf das Gewicht des Wasserstoffs, der mit dem eben gefundenen Sauerstoff gleichen Raum einnimmt, und endlich das Volumen des zuletzt gefundenen Wasserstoffs.

$$HgO = O$$
$$432 = 32$$
$$1 = \frac{32}{432}$$
$$\frac{1}{10} = \frac{32}{432 \cdot 10}$$

$$(O) = \frac{32}{432 \cdot 10} \text{ Loth}, \ (H) = \frac{(H)}{(O)} \cdot (O) = \frac{2 \cdot 32}{32 \cdot 432 \cdot 10} \text{ Loth}$$
$$= \frac{2 \cdot 32 \cdot 6}{32 \cdot 432 \cdot 10} = \frac{1}{360} \text{ Cubikfuss} = 4{,}80 \text{ Cubikzoll}.$$

§ 115.

Die Dichtigkeit des Wassers gegen Wasserstoff $\frac{(W)}{(H)}$ ist gleich $\frac{100000}{9}$.

Aufgabe. Wie viel wiegt 1 Cubikfuss Wasser bis auf $\frac{1}{2}$ Korn genau berechnet?

Diese Fassung der Aufgabe bedeutet, dass man abweichend von der in § 56 gemachten Bestimmung, bei der Berechnung des gesuchten Gewichts sich nicht auf drei geltende Ziffern beschränken soll.

$$(W) = \frac{(W)}{(H)} \cdot (H), \ \frac{(W)}{(H)} = \frac{100000}{9}, \ (H) = \tfrac{1}{6} \text{ Loth},$$
$$(W) = \frac{100000}{9 \cdot 6} = \frac{50000}{27} = 1851{,}852 \text{ Loth}$$
$$= 61 \text{ Pfund } 21{,}852 \text{ Loth}.$$

Auf dieselbe Weise findet man das Gewicht eines Cubikzolls Wasser zu

$$\frac{3125}{2916} = 1{,}072 \text{ Loth.}$$

$\frac{3125}{2916}$ ist sehr nahe $= \frac{15}{14}$;

die Differenz beträgt nämlich

$$\frac{3125}{2916} - \frac{15}{14} = 0{,}000245.$$

§ 116.

Aufgabe. Es seien 2 Cent Natrium gegeben. Wie viel wiegt das Wasser, welches denselben Raum einnimmt wie der durch das gegebene Natrium aus Wasser zu entwickelnde Wasserstoff?

Es ist zuerst das Gewicht des darzustellenden Wasserstoffs zu berechnen und darauf das Gewicht des Wassers, welches mit jenem gleichen Raum einnimmt.

$$\begin{aligned} \text{Na} &= 2\,\text{H} \\ 92 &= 4 \\ 1 &= \frac{4}{92} \\ 0{,}02 &= \frac{4 \cdot 2}{92 \cdot 100} \end{aligned}$$

Es ist also

$$(\text{H}) = \frac{4 \cdot 2}{92 \cdot 100} \text{ Loth,}$$

$$(\text{W}) = \frac{(\text{W})}{(\text{H})} \cdot (\text{H}) = \frac{100000 \cdot 4 \cdot 2}{9 \cdot 92 \cdot 100}$$

$$= \frac{2000}{207} = 9{,}66 \text{ Loth.}$$

§ 117.

Aufgabe. Wie viel Wasserstoff kann ein gegebenes Gefäss aufnehmen?

Man bestimmt das Gewicht des Wassers, welches das Gefäss aufzunehmen vermag. Dies betrage 25 Loth.

Es ist $(W) = 25$ Loth

$$(H) = \frac{(H)}{(W)} \cdot (W) = \frac{9 \cdot 25}{100000} = \frac{225}{100000} = 0{,}00225 \text{ Loth.}$$

§ 118.

Aufgabe. Wie gross ist der Rauminhalt eines gegebenen Gefässes?

Diese Aufgabe, welche scheinbar ausserhalb des Bereiches der Chemie liegt, ist für den Chemiker von Interesse, und ihre Lösung ergiebt sich aus dem Vorhergehenden mit Einfachheit.

Man bestimmt das Gewicht des von dem Gefässe aufgenommenen Wassers. Es betrage 1 Pfund 3 Loth; darauf berechnet man das Gewicht des Wasserstoffs, der mit dem Wasser gleichen Raum einnimmt, und endlich das Volumen dieses Wasserstoffs.

$$(W) = 33 \text{ Loth,}$$

$$(H) = \frac{(H)}{(W)} \cdot (W) = \frac{9 \cdot 33}{100000} \text{ Loth}$$

$$= \frac{9 \cdot 33 \cdot 6}{100000} \text{ Cubikfuss.}$$

Das Volumen des Wasserstoffs, welcher das gegebene Gefäss erfüllt und folglich auch das Volumen des gegebenen Gefässes selbst beträgt also

$$\frac{9 \cdot 33 \cdot 6}{100000} \text{ Cubikfuss oder}$$

$$\frac{3079296}{100000} = 30{,}8 \text{ Cubikzoll.}$$

§ 119.

Aufgabe. Wie viel Zink und Schwefelsäure sind erforderlich, um ein Gasometer, welches 10 Pfund Wasser fasst, mit Wasserstoff zu füllen?

$$(W) = 10 \cdot 30 \text{ Loth; } (H) = \frac{(H)}{(W)} \cdot (W) = \frac{9 \cdot 10 \cdot 30}{100000} \text{ Loth.}$$

Zn	+	H^2O, SO^3	=	2H
131	+	196	=	4

$$\frac{131}{4} + \frac{196}{4} = 1$$

$$\frac{131 \cdot 9 \cdot 10 \cdot 30}{4 \cdot 100000} + \frac{196 \cdot 9 \cdot 10 \cdot 30}{4 \cdot 100000} = \frac{9 \cdot 10 \cdot 30}{100000}$$

$$\frac{3537}{4000} + \frac{1323}{1000}$$

$$0{,}884 + 1{,}32$$

Es sind 0,884 Loth Zink und 1,31 Loth Schwefelsäurehydrat erforderlich, um ein Gasometer, welches 10 Pfund Wasser fasst, mit Wasserstoff zu füllen.

§ 120.

Aufgabe. **Welches ist die Dichtigkeit des Chlors gegen Wasser?**

$$\frac{(Cl)}{(W)} = \frac{(Cl)}{(H)} \cdot \frac{(H)}{(W)} = \frac{71 \cdot 9}{2 \cdot 100000} = \frac{639}{200000} = 0{,}00320.$$

§ 121.

Aufgabe. **Ein Gefäss fasst 20 Loth Wasser; wie viel Luft kann das Gefäss aufnehmen?**

$$(W) = 20 \text{ Loth,}$$

$$(L) = \frac{(L)}{(H)} \cdot \frac{(H)}{(W)} \cdot (W) = \frac{144 \cdot 9 \cdot 20}{10 \cdot 100000}$$

$$= \frac{2592}{100000} = 0{,}0259 \text{ Loth.}$$

§ 122.

Aufgabe. **Wie viel Quecksilberoxyd ist erforderlich, um einen Cylinder, der 12 Loth Wasser fasst, mit Sauerstoff zu füllen?**

$$(W) = 12 \text{ Loth,}$$

$$(O) = \frac{(O)}{(H)} \cdot \frac{(H)}{(W)} \cdot (W) = \frac{32 \cdot 9 \cdot 12}{2 \cdot 100000} \text{ Loth,}$$

$$\begin{aligned} HgO &= O \\ 432 &= 32 \end{aligned}$$

$$\frac{432}{32} = 1$$

$$\frac{432 \cdot 32 \cdot 9 \cdot 12}{32 \cdot 2 \cdot 100000} = \frac{32 \cdot 9 \cdot 12}{2 \cdot 100000}$$

— 139 —

Um einen Cylinder, der 12 Loth Wasser fasst, mit Sauerstoff zu füllen, sind also erforderlich

$$\frac{432 \cdot 32 \cdot 9 \cdot 12}{32 \cdot 2 \cdot 100000} = \frac{23328}{100000} = 0{,}233 \text{ Loth Quecksilberoxyd.}$$

§ 123.

Aufgabe. Der aus 1,5 Loth chlorsaurem Kali entwickelte Sauerstoff wird in ein mit Wasser gefülltes Gasometer geleitet. Wie viel Wasser fliesst aus dem Gasometer aus?

$$KO, Cl^2O^5 = 6\,O$$
$$490 = 192$$
$$1 = \frac{192}{490}$$
$$1{,}5 = \frac{192 \cdot 15}{490 \cdot 10}$$
$$(O) = \frac{192 \cdot 15}{490 \cdot 10} \text{ Loth,}$$
$$(W) = \frac{(W)}{(H)} \cdot \frac{(H)}{(O)} \cdot (O) = \frac{100000 \cdot 2 \cdot 192 \cdot 15}{9 \cdot 32 \cdot 490 \cdot 10} = \frac{2000}{49}$$
$$= 408 \text{ Loth} = 13 \text{ Pfund } 18 \text{ Loth.}$$

§ 124.

I Gramm ist gleich 6 Cent. I Cubikcentimeter Wasser wiegt I Gramm.

Die in diesem Buche bisher erwähnten Gewichte sind die sogenannten Zollgewichte. Das Maass ist das preussische oder rheinländische.

Die französischen Gewichte und Maasse gewähren bei Berechnungen den bedeutenden Vortheil, dass irgend eines derselben sehr leicht in irgend ein anderes sich verwandeln lässt. Die Einheit des französischen Gewichts heisst ein Gramm. Es ist 1 Gramm = 6 Cent; folglich sind 1000 Gramm = 6000 Cent = 60 Loth = 2 Pfund. 10 Gramm werden anch ein Dekagramm genannt; ebenso 100 Gramm ein Hektogramm, 1000 Gramm ein Kilogramm. Ferner heisst $\frac{1}{10}$ Gramm ein Decigramm, $\frac{1}{100}$ Gramm ein Centigramm, $\frac{1}{1000}$ Gramm ein Milligramm.

Die Einheit des französischen Maasses ist 1 Meter. Die Ausdrücke Dekameter, Hektometer, Kilometer, Decimeter, Centimeter, Millimeter bedeuten bezüglich 10, 100, 1000, $\frac{1}{10}$, $\frac{1}{100}$, $\frac{1}{1000}$ Meter.

Es ist 1 Gramm gleich dem Gewicht von 1 Cubikcentimeter Wasser. Hieraus folgt, dass 1 Cubikdecimeter Wasser 1 Kilogramm wiegt. Ein Cubikdecimeter wird auch ein Liter genannt.

Das Wort Gramm schreibt man, wenn es auf eine Zahl folgt, oben rechts neben der Zahl als gr; 4^{gr} bedeutet 4 Gramm. Ebenso schreibt man kg statt Kilogramm, mg statt Milligramm, m statt Meter, km statt Kilometer, mm statt Millimeter, cc statt Cubikcentimeter. Die Schreibweise $2^m,5$ statt $2,5^m$ entspricht der Ausdrucksweise der französischen Sprache (deux mètres et cinq dixièmes).

Wir können nun berechnen, wie viel Fuss ein Meter beträgt. Wir gehen aus von der Gleichung
$$1^{cc} \text{ Wasser} = 1^{gr} \text{ Wasser,}$$
woraus durch Multiplication mit der Gleichung
$$1000000 = 1000000$$
hervorgeht:
1 Cubikmeter Wasser = 6000000 Cent = 60000 Loth.

Es ist also $(W) = 60000$ Loth,

folglich $(H) = \dfrac{(H)}{(W)} \cdot (W) = \dfrac{9 \cdot 60000}{100000}$ Loth $= \dfrac{9 \cdot 60000 \cdot 6}{100000}$ *)

= 32,4 Cubikfuss.

Wenn man aus beiden Seiten der Gleichung
1 Cubikmeter = 32,4 Cubikfuss
die dritte Wurzel auszieht, so folgt schliesslich
1 Meter = 3,19 Fuss.

Zur Lösung aller solcher im Obigen berechneten Aufgaben, in welchen zugleich das Gewicht und das Volumen eines Körpers vorkommen, war erforderlich die Gleichung
1 Cubikfuss Wasserstoff = $\frac{1}{6}$ Loth Wasserstoff.

Bei Zugrundelegung der französischen Gewichte und Maasse bedient man sich zur Lösung derartiger Aufgaben der Gleichung
$$1^{cc} \text{ Wasser} = 1^{gr} \text{ Wasser.}$$

— 141 —

Aufgabe. a) Welches ist das Gewicht von 1 Cubikmeter Wasserstoff?

Das Gewicht (W) desjenigen Wassers, welches mit dem gegebenen Wasserstoff gleichen Raum einnimmt ist 1000000^{gr}.

Es ist $(H) = \dfrac{(H)}{(W)} \cdot (W) = \dfrac{9 \cdot 1000000}{100000} = 90^{gr}$.

Aufgabe. b) Wie viel Kalium ist erforderlich um 1 Liter Wasserstoff darzustellen?

Es ist $(W) = 1000^{gr}$

$$(H) = \dfrac{(H)}{(W)} \cdot (W) = \dfrac{9 \cdot 1000}{100000} \text{ Gramm}$$

$$\begin{aligned} K &= 2H \\ 156 &= 4 \\ \dfrac{156}{4} &= 1 \end{aligned}$$

$$\dfrac{156 \cdot 9 \cdot 1000}{4 \cdot 100000}.$$

Zur Darstellung von 1 Liter Wasserstoff sind demnach $\dfrac{156 \cdot 9 \cdot 1000}{4 \cdot 100000} = \dfrac{351}{100} = 3{,}51^{gr}$ Kalium erforderlich.

Aufgabe. c) Welches Volumen hat der aus 1^{gr} chlorsaurem Kali darzustellende Sauerstoff?

$$\begin{aligned} KO, Cl^2 O^5 &= 6\,O \\ 490 &= 192 \\ 1 &= \dfrac{192}{490} \end{aligned}$$

es ist also $(O) = \dfrac{192}{490}$ Gramm.

Wir haben nun

$$(W) = \dfrac{(W)}{(H)} \cdot \dfrac{(H)}{(O)} \cdot (O) = \dfrac{100000 \cdot 2 \cdot 192}{9 \cdot 32 \cdot 490}$$

$$\dfrac{40000}{147} = 272^{gr}.$$

272^{gr} Wasser nehmen einen Raum von 272^{cc} ein.

§ 125.

Das Stickstoffoxydul hat die Formel N^2O. Es kann dargestellt werden durch Erhitzung des salpetersauren Ammoniaks.

Die Base Ammoniak ist eine Verbindung des Metalls Ammonium H^8N^2, von welchem in § 157 die Rede sein wird, mit Sauerstoff, so dass ein Atom Ammoniak durch H^8N^2O bezeichnet wird. Die Formel für die Salpetersäure ist N^2O^5, die Formel für das salpetersaure Ammoniak H^8N^2O,N^2O^5. Diess zersetzt sich beim Erhitzen so, dass möglichst viel Stickstoffoxydul und ausserdem Wasser entsteht, entsprechend der Gleichung
$$H^8N^2O,N^2O^5 = 2\,N^2O + 4\,H^2O.$$

Aus § 42 ergiebt sich unmittelbar, dass auf der linken Seite einer chemischen Gleichung von jedem Element ebenso viel Atome stehn müssen wie auf der rechten. Bei complicirteren Gleichungen ist es zur Vermeidung von Irrungen rathsam, dieselben in dieser Beziehung zu prüfen. Dies kann nach folgendem Schema geschehen:

$$H^8N^2O,N^2O^5 = 2\,N^2O + 4\,H^2O$$

H	8	$4 \cdot 2 = 8$
N	$2 + 2 = 4$	$2 \cdot 2 = 4$
O	$1 + 5 = 6$	$2 + 4 = 6$

§ 126.

Das Stickstoffoxydul ist ein Gas. Ein Atom einer luftförmigen Verbindung, welches aus zwei oder drei einfachen Atomen besteht, nimmt denselben Raum ein wie 2 Atome Wasserstoff.

Aufgabe. Welches ist die Dichtigkeit des Stickstoffoxyduls gegen Wasserstoff?

$$\frac{(N^2O)}{(H)} = \frac{x\,N^2O}{2\,x\,H} = \frac{N^2O}{2\,H} = \frac{88}{4} = 22{,}0.$$

Hierin bedeutet (N^2O) das Gewicht irgend eines Maasses Stickstoffoxydul. Dieses besteht aus x Atomen. Wir setzen also xN^2O für (N^2O). Da nun 2 Atome Wasserstoff denselben Raum einnehmen wie 1 Atom Stickstoffoxydul, so nehmen auch $2x$ Atome Wasserstoff denselben Raum ein wie x Atome Stickstoffoxydul. Um also zu dem Maasse Stickstoffoxydul ein gleiches

Maass Wasserstoff zu erhalten, muss man von letzterem 2x Atome nehmen, so dass statt (H) zu setzen ist 2xH.

§ 127.
Aufgaben über Stickstoffoxydulgas.

Vermittelst des im vorigen Paragraphen gefundenen Werthes von $\frac{(N^2O)}{(H)}$ lassen sich nun leicht alle das Stickstoffoxydul betreffenden Aufgaben lösen, welche den in den Paragraphen 106 bis 123 behandelten Aufgaben über andere Gase analog sind.

a) **Welches ist die Dichtigkeit des Stickstoffoxyduls** (siehe § 106)?

$$\frac{(N^2O)}{(L)} = \frac{N^2O}{2H} \cdot \frac{(H)}{(L)} = \frac{88 \cdot 10}{4 \cdot 144} = \frac{55}{36} = 1{,}53.$$

In gleicher Weise findet sich die Dichtigkeit des Wasserdampfs

$$\frac{(H^2O)}{(L)} = \frac{H^2O}{2H} \cdot \frac{(H)}{(L)} = \frac{36 \cdot 10}{4 \cdot 144} = \frac{5}{8} = 0{,}625.$$

b) **Welches ist das Gewicht von 24 Cubikzoll Stickstoffoxydul** (siehe § 109)?

Es ist

$$(H) = \frac{1 \cdot 24}{6 \cdot 1728} \text{ Loth},$$

$$(N^2O) = \frac{(N^2O)}{(H)} \cdot (H) = \frac{N^2O}{2H} \cdot (H) = \frac{88 \cdot 1 \cdot 24}{4 \cdot 6 \cdot 1728}$$

$$= \frac{11}{216} = 0{,}0509 \text{ Loth}.$$

c) **Wie viel salpetersaures Ammoniak gebraucht man, um $\frac{1}{4}$ Cubikfuss Stickstoffoxydul darzustellen** (siehe § 110)?

$$(H) = \frac{1}{6 \cdot 4} \text{ Loth},$$

$$(N^2O) = \frac{N^2O}{2H} \cdot (H) = \frac{88}{4 \cdot 6 \cdot 4}$$

$$H^8N^2O, N^2O^5 = 2\,N^2O$$

$$\begin{array}{rl} 8\,H = & 16 \\ 4\,N = & 112 \\ 6\,O = & 192 \\ \hline & 320 \end{array} \quad \begin{array}{rl} 4\,N = & 112 \\ 2\,O = & 64 \\ \hline & 176 \end{array}$$

$$320 = 176$$

$$\frac{320}{176} = 1$$

$$\frac{320 \cdot 88}{176 \cdot 4 \cdot 6 \cdot 4} = \frac{88}{4 \cdot 6 \cdot 4}$$

Es sind also zur Darstellung von ¼ Cubikfuss Stickstoffoxydul erforderlich

$$\frac{320 \cdot 88}{176 \cdot 4 \cdot 6 \cdot 4} = \frac{5}{3} = 1{,}67 \text{ Loth salpetersaures Ammoniak.}$$

d) **Welchen Raum nehmen 54 Cent Stickstoffoxydul ein (siehe § 113)?**

$$(N^2O) = 0{,}54 \text{ Loth,}$$

$$(H) = \frac{2H}{N^2O} \cdot (N^2O) = \frac{4 \cdot 54}{88 \cdot 100} \text{ Loth} = \frac{4 \cdot 54 \cdot 6}{88 \cdot 100}$$

$$= \frac{162}{1100} \text{ Cubikfuss} = \frac{162 \cdot 1728}{1100} = \frac{279936}{1100} = 254 \text{ Cubikzoll.}$$

e) **Wie viel Raumtheile Stickstoffoxydul lassen sich darstellen aus ½ Pfund salpetersaurem Ammoniak (siehe § 114)?**

$$H^8N^2O, N^2O^5 = 2\,N^2O$$
$$320 = 176$$
$$1 = \frac{176}{320}$$
$$15 = \frac{176 \cdot 15}{320}$$

$$(N^2O) = \frac{176 \cdot 15}{320} \text{ Loth;} \quad (H) = \frac{2H}{N^2O} \cdot (N^2O)$$

$$= \frac{4 \cdot 176 \cdot 15}{88 \cdot 320} \text{ Loth} = \frac{4 \cdot 176 \cdot 15 \cdot 6}{88 \cdot 320} = \frac{9}{4} = 2{,}25 \text{ Cubikfuss.}$$

f) **Welches ist die Dichtigkeit des Stickstoffoxyduls gegen Wasser (siehe § 120)?**

$$\frac{(N^2O)}{(W)} = \frac{N^2O}{2H} \cdot \frac{(H)}{(W)} = \frac{88 \cdot 9}{4 \cdot 100000} = \frac{198}{100000} = 0{,}00198.$$

g) **Ein Gefäss fasst 9 Pfund Wasser. Wie viel Stickstoffoxydul kann dasselbe aufnehmen (siehe § 121)?**

(W) = 9 . 30 Loth,

$$(N^2O) = \frac{N^2O}{2H} \cdot \frac{(H)}{(W)} \cdot (W) = \frac{88 \cdot 9 \cdot 30 \cdot 9}{4 \cdot 100000} = \frac{5346}{10000}$$
$$= 0{,}535 \text{ Loth.}$$

h) **Wie viel salpetersaures Ammoniak ist erforderlich, um ein Gasometer, welches 7 Pfund 10 Loth Wasser fasst, mit Stickstoffoxydul zu füllen (siehe § 122)?**

(W) = 220 Loth,

$$(N^2O) = \frac{N^2O}{2H} \cdot \frac{(H)}{(W)} \cdot (W) = \frac{88 \cdot 9 \cdot 220}{4 \cdot 100000} \text{ Loth.}$$

$$H^8N^2O, N^2O^5 = 2\,N^2O$$
$$320 = 176$$
$$\frac{320}{176} = 1$$

$$\frac{320 \cdot 88 \cdot 9 \cdot 220}{176 \cdot 4 \cdot 100000} = \frac{88 \cdot 9 \cdot 220}{4 \cdot 100000}$$

Es sind also zur Darstellung desjenigen Stickstoffoxyduls, welches ebenso viel Raum einnimmt wie 7 Pfund 10 Loth Wasser, nothwendig

$$\frac{320 \cdot 88 \cdot 9 \cdot 220}{176 \cdot 4 \cdot 100000} = \frac{792}{1000} = 0{,}792 \text{ Loth}$$

salpetersaures Ammoniak.

i) **Wieviel wiegt das Wasser, welches ebenso viel Raum einnimmt wie das aus $\frac{1}{4}$ Loth salpetersaurem Ammoniak dargestellte Stickstoffoxydul (siehe § 123)?**

$$H^8N^2O, N^2O^5 = 2\,N^2O$$
$$320 = 176$$
$$1 = \frac{176}{320}$$
$$\frac{1}{4} = \frac{176}{320 \cdot 4}$$

$$(N^2O) = \frac{176}{320 \cdot 4} \text{ Loth,}$$

$$(W) = \frac{(W)}{(H)} \cdot \frac{2H}{N^2O} \cdot (N^2O) = \frac{100000 \cdot 4 \cdot 176}{9 \cdot 88 \cdot 320 \cdot 4} = \frac{625}{9}$$
$$= 69{,}4 \text{ Loth.}$$

§ 128.
Darstellung des Stickstoffoxyduls.

Wenn das zu verwendende salpetersaure Ammoniak nicht trocken ist, so dampft man es zuerst ein, das heisst man erhitzt es, um das beigemengte Wasser zu entfernen. Man kocht es in einer offenen Porzellanschale unter fortwährendem Umrühren mit einem Glasstabe über starkem Feuer so lange, bis der Rauch nicht wie Wassernebel in der Luft wieder verschwindet; darauf lässt man die Masse erkalten. Der ebengenannte Rauch besteht aus unzersetztem salpetersaurem Ammoniak. Bei minder starker Erhitzung entsteht aus dem flüssigen salpetersauren Ammoniak nicht Dampf von salpetersaurem Ammoniak, sondern nur Stickstoffoxydul und Wasser.

Man bringt etwa ein Loth des trockenen Salzes in einen Kolben von solcher Grösse, dass das Salz höchstens den vierten Theil des Kolbenbauches anfüllt. Man setzt in den Kolbenhals, vermittelst eines Korkes, eine zu einem spitzen Winkel gebogene Glasröhre ein und schiebt über das äussere Ende der letzteren einen Kautschuckschlauch, welcher bis in die Einflussröhre des Gasometers reicht. Man erhitzt, indem man die Temperatur allmälig steigen lässt, über der Flamme einer Berzelius'schen Lampe. Das Salz schmilzt und es entwickeln sich aus demselben Gasblasen. Diese bestehen, wenn nämlich das Salz nicht wasserfrei war, anfangs nur aus Wasserdampf. In jedem Falle führt man das freie Ende des Kautschuckschlauches zuerst in das obere Gefäss des Gasometers und prüft das sich entwickelnde Gas, welches man in einen kleinen Cylinder treten lässt, durch Hineintauchen eines glimmenden Holzspähnchens. Hält man den glimmenden Holzspahn, ebenso wie beim Sauerstoff, unmittelbar an das aus der Leitung ausströmende Gas, so entzündet er sich nicht, da dem Stickstoffoxydul hier noch zu viel Wasserdampf beigemengt ist. Erst wenn das glimmende Spähnchen beim Eintauchen in das aufgefangene Gas, ebenso wie beim Sauerstoffgase, wieder mit Flamme zu brennen anfängt, leitet man es in die Einflussröhre des Gasometers ein. Während des ganzen Versuches muss man eine zu heftige Erhitzung vermeiden, welche ein zu starkes Aufschäumen und ein Austreten des Salzes aus dem Kolben zur Folge haben würde.

§ 129.

Das Stickstoffoxydul ist ein farb- und geruchloses Gas von schwach süsslichem Geschmack, nicht brennbar, das Verbrennen nicht unterhaltend. Bei hinreichend hoher Temperatur zerfällt es in seine Bestandtheile. Wenn es vollkommen rein ist, so kann es ohne Gefahr eingeathmet werden.

Wenn man in eine mit Stickstoffoxydul gefüllte Glocke ein Phosphorlöffelchen mit schwach brennendem Schwefel taucht, so sieht man die Flamme verlöschen, weil das Gas die Verbrennung nicht unterhält. Zieht man den Schwefel wieder heraus, erhitzt ihn stark über einer Flamme, so dass er lebhaft brennt, und taucht ihn jetzt von neuem in das Stickstoffoxydulgas ein, so fährt er zu brennen fort. Dieser Versuch erklärt sich daraus, dass die Temperatur der grossen Schwefelflamme hoch genug war um die Zerlegung des Stickstoffoxyduls zu veranlassen; bei der kleinen Schwefelflamme war das nicht der Fall. Die Zerlegung des Stickstoffoxyduls erfolgt nach der Gleichung

$$N^2O = O + 2N,$$

und es ist klar, dass der auf der rechten Seite dieser Gleichung stehende Sauerstoff die Verbrennung unterhalten kann. Wendet man statt des Schwefels Phosphor an, so zeigt es sich, dass schon eine kleine Phosphorflamme im Stickstoffoxydul zu brennen fortfährt.

Wenn man das Stickstoffoxydul einathmen will, so ist es zur Vermeidung von sehr gefährlichen Zufällen nothwendig, dass das zur Darstellung des Gases angewandte salpetersaure Ammoniak von einer sehr häufig darin enthaltenen Verunreinigung vollkommen frei sei. Um dies zu untersuchen, lösst man ein wenig von

dem Salze in einem Reagensglase in destillirtem Wasser auf;
dieses muss natürlich überhaupt immer da angewendet werden,
wo man die im undestillirten Wasser enthaltenen Verunreinigungen
vermeiden will.

Zu der Lösung des salpetersauren Ammoniaks fügt man einige
Tropfen einer Lösung von salpetersaurem Silberoxyd hinzu.
Entsteht hierdurch eine Trübung, so ist das Salz nicht rein;
bleibt die Flüssigkeit vollkommen klar, so kann das aus dem
salpetersauren Ammoniak dargestellte Gas ohne Gefahr eingeathmet werden.

Durch das Einathmen des Gases wird ein schnell vorüber-
gehender Rausch hervorgebracht. Zur Hervorbringung eines
bewusstlosen Zustandes ist eine nicht unbeträchtliche Menge des
Gases erforderlich. Ueberhaupt ist der Versuch, den doch nur
eine einzige Person ausführen kann, nicht anzurathen.

§ 130.

Das Stickstoffoxyd N^2O^2 entsteht bei der Berührung von Salpeter-säure und Kupfer.

Die Theorie der Darstellung des Stickstoffoxyds erhellt aus
folgenden Gleichungen

$$\begin{aligned}
\text{I.} \quad & N^2O^5 = N^2O^2 + 3O \\
\text{II.} \quad & 3O + 3Cu = 3CuO \\
\text{III.} \quad & 3CuO + 3N^2O^5 = 3CuO, N^2O^5 \\
\hline
\text{IV.} \quad & 4N^2O^5 + 3Cu = N^2O^2 + 3CuO, N^2O^5
\end{aligned}$$

N^2O^5 bedeutet ein Atom Salpetersäure; dieses kann sich zersetzen
in 1 Atom Stickstoffoxyd und 3 Atome Sauerstoff (Gleichung I.).
Diese Zersetzung findet nur statt, wenn ein Körper zugegen
ist, der sich mit dem entstehenden Sauerstoff verbinden kann.
Es verbinden sich 3 Atome Sauerstoff mit 3 Atomen Kupfer zu
3 Atomen Kupferoxyd, welches eine Base ist (Gleichung II.).
Diese beiden ersten Theilprocesse finden nur statt, wenn eine
Säure zugegen ist, die sich mit dem entstandenen Kupferoxyd
verbinden kann. Drei Atome von letzterem Körper bilden mit

drei Atomen Salpetersäure drei Atome salpetersaures Kupferoxyd (Gleichung III.). Durch Addition der Gleichungen für die genannten drei Theilprocesse erhält man (siehe § 81) für den Gesammtprocess die Gleichung IV.

§ 131.

Das Stickstoffoxyd ist ein Gas. Ein Atom einer gasförmigen Verbindung, welches aus mehr, als drei einfachen Atomen besteht, nimmt denselben Raum ein wie vier Atome Wasserstoff.

Aufgabe. Welches ist die Dichtigkeit des Stickstoffoxyds gegen Wasserstoff?

Mit Berücksichtigung von § 126 findet man leicht

$$\frac{(N^2O^2)}{(H)} = \frac{x\,N^2O^2}{4\,x\,H} = \frac{120}{8} = 15,0.$$

§ 132.
Aufgaben über Stickstoffoxydgas.

Wenn wir die im Früheren über verschiedene Gase und namentlich die in § 127 über Stickstoffoxydulgas berechneten Aufgaben mit einander in Beziehung auf ihr praktisches Interesse vergleichen, so finden wir, dass nur einige unter ihnen sich auf leicht ausführbare Versuche beziehen, während andere einzig dazu dienen, um die Lösung jener praktisch wichtigen Aufgaben vorzubereiten.

Wir wollen zunächst von diesem Gesichtspunkte aus die im § 127 behandelten Aufgaben einer Prüfung unterwerfen und dann über das Stickstoffoxyd nur noch solche Aufgaben lösen, die von unmittelbar praktischem Interesse sind.

a. Die Dichtigkeit des Stickstoffoxyduls ist von Interesse für solche Versuche, wie sie in Beziehung auf Wasserstoff in § 89 beschrieben sind. Da die Dichtigkeit des Stickstoffoxyduls grösser als $1\frac{1}{2}$ ist, so wird das Stickstoffoxydulgas innerhalb eines offenen Cylinders länger verbleiben, wenn die Mündung des Cylinders nach oben, als wenn sie nach unten gekehrt ist.

— 150 —

b. Das Gewicht eines gegebenen Raumtheils von Stickstoffoxydul hat kein Interesse für uns, da, wie es schon in § 88 bemerkt ist, die Bestimmung eines solchen Gewichts grosse Schwierigkeiten macht.

c. Die Bestimmung des Gewichts von demjenigen salpetersauren Ammoniak, aus welchem ein gewisser Raumtheil Stickstoffoxydul dargestellt werden kann, ist für uns ohne Interesse, da wir die Grösse irgend eines Raumes nicht unmittelbar, sondern nur vermittelst des Wassers messen, welches denselben Raum ausfüllt (siehe § 118).

d. Noch weniger interessirt uns die Frage nach dem Raume, den ein bestimmtes Gewicht von Stickstoffoxydul einnimmt, da wir weder das Gewicht, noch das Volumen eines Gases unmittelbar bestimmen.

e. Die Frage nach dem Volumen von Stickstoffoxydul, welches aus einem gegebenen Gewicht von salpetersaurem Ammoniak entstehen kann, besitzt ebenfalls ein praktisches Interesse nicht.

f. Die Dichtigkeit des Stickstoffoxyduls gegen Wasser interessirt uns unmittelbar nicht, da wir schon aus § 14 wissen, dass das Stickstoffoxydulgas dünner ist als Wasser und deshalb im Wasser emporsteigt.

g. Die Bestimmung des Gewichts von demjenigen Stickstoffoxydul, welches ebenso viel Raum einnimmt, wie ein gewisses Gewicht Wasser, haben wir aus schon besprochenen Gründen für praktisch unwichtig zu halten.

h. Die Berechnung des Gewichts von salpetersaurem Ammoniak, welches ein dem Volumen einer gegebenen Gewichtsmenge Wasser gleiches Volumen von Stickstoffoxydul zu entwickeln vermag, ist von unmittelbar praktischem Interesse.

i. Dasselbe gilt von der umgekehrten Aufgabe, nämlich von der Berechnung des Gewichts desjenigen Wassers, welches ebensoviel Raum einnimmt, wie das aus einer gegebenen Menge von salpetersaurem Ammoniak darzustellende Stickstoffoxydul.

Von praktischem Interesse sind also nur die Aufgaben unter a, h und i. Entsprechende Aufgaben über Stickstoffoxyd sind folgende.

— 151 —

A. **Welches ist die Dichtigkeit des Stickstoffoxyds?**

$$\frac{(N^2O^2)}{(L)} = \frac{N^2O^2}{4H} \cdot \frac{(H)}{(L)} = \frac{120 \cdot 10}{8 \cdot 144} = \frac{25}{24} = 1{,}04.$$

B. **Wie viel wasserfreie Salpetersäure uud Kupfer ist erforderlich, um dasjenige Stickstoffoxyd darzustellen, welches ebenso viel Raum einnimmt wie 30 Pfund Wasser?**

(W) = 900 Loth,

$$(N^2O^2) = \frac{N^2O^2}{4H} \cdot \frac{(H)}{(W)} \cdot (W) = \frac{120 \cdot 9 \cdot 900}{8 \cdot 100000} \text{ Loth.}$$

$$4\,N^2O^5 + 3\,Cu = N^2O^2$$

$$8\,N = 224 \quad 3\,Cu = 378 \quad 2\,N = 56$$
$$20\,O = 640 \qquad\qquad\qquad 2\,O = 64$$
$$\overline{\quad 864 + 378 = 120 \quad}$$

$$\frac{864}{120} + \frac{378}{120} = 1$$

$$\frac{864 \cdot 120 \cdot 9 \cdot 900}{120 \cdot 8 \cdot 100000} + \frac{378 \cdot 120 \cdot 9 \cdot 900}{120 \cdot 8 \cdot 100000} = \frac{120 \cdot 9 \cdot 900}{8 \cdot 100000}$$

$$\frac{8748}{1000} + \frac{15309}{4000} = \frac{120 \cdot 9 \cdot 900}{100000}$$

$$8{,}75 + 3{,}83.$$

Es werden also zur Darstellung desjenigen Stickstoffoxyds, welches ebenso viel Raum einnimmt wie 30 Pfund Wasser,

8,75 Loth wasserfreie Salpetersäure
und 3,83 Loth Kupfer gebraucht.

C. **Wie viel wiegt das Wasser, welches denselben Raum einnimmt wie das aus 5 Quentchen wasserfreier Salpetersäure und dem zugehörigen Kupfer darzustellende Stickstoffoxyd?**

$$4\,N^2O^5 = N^2O^2$$
$$864 = 120$$
$$1 = \frac{120}{864}$$
$$\frac{5}{10} = \frac{120 \cdot 5}{864 \cdot 10}$$

$$(N^2O^2) = \frac{120 \cdot 5}{864 \cdot 10} \text{ Loth,}$$

$$(W) = \frac{(W)}{(H)} \cdot \frac{4H}{N^2O^2} \cdot (N^2O^2) = \frac{100000 \cdot 8 \cdot 120 \cdot 5}{9 \cdot 120 \cdot 864 \cdot 10}$$

$$= \frac{12500}{243} = 51{,}4 \text{ Loth.}$$

§ 133.

Zur Darstellung des Stickstoffoxyds gebraucht man am besten eine wasserhaltige Salpetersäure, welche 28 Prozent wasserfreie Säure enthält.

Aufgabe. Wie viel verdünnte Salpetersäure von 28 % Gehalt an wasserfreier Säure ist erforderlich, um dasjenige Stickstoffoxyd darzustellen, welches denselben Raum einnimmt wie 10½ Pfund Wasser?

Man berechnet zuerst, wie viel wasserfreie Salpetersäure zur Darstellung des verlangten Stickstoffoxyds nothwendig ist.

$(W) = 315$ Loth,

$$(N^2O^2) = \frac{N^2O^2}{4H} \cdot \frac{(H)}{(W)} \cdot (W) = \frac{120 \cdot 9 \cdot 315}{8 \cdot 100000} \text{ Loth,}$$

$$4N^2O^5 = N^2O^2$$
$$864 = 120$$
$$\frac{864}{120} = 1$$

$$\frac{864 \cdot 120 \cdot 9 \cdot 315}{120 \cdot 8 \cdot 100000} = \frac{120 \cdot 9 \cdot 315}{8 \cdot 100000}$$

Man berechnet weiter, wie viel verdünnte Salpetersäure statt der gefundenen wasserfreien verwendet werden muss. Dies kann geschehen vermittelst der Gleichung

$$(N^2O^5 + xH^2O)^*) = N^2O^5$$
$$100 = 28$$
$$\frac{100}{28} = 1$$

---

*) Die Klammer soll hier ebenso wie in § 88 das fertige Gemenge der innerhalb der Klammer stehenden Körper bezeichnen.

$$\frac{100 \cdot 864 \cdot 120 \cdot 9 \cdot 315}{28 \cdot 120 \cdot 8 \cdot 100000} = \frac{120 \cdot 9 \cdot 315}{8 \cdot 100000}.$$

Es sind also zur Darstellung des verlangten Stickstoffoxyds erforderlich

$$\frac{100 \cdot 864 \cdot 120 \cdot 9 \cdot 315}{28 \cdot 120 \cdot 8 \cdot 100000} = \frac{2187}{200} = 10{,}9 \text{ Loth}$$

der 28 prozentigen Salpetersäure.

Aufgabe. Es sind gegeben 4 Quentchen einer 22 prozentigen Salpetersäure. Wie viel wiegt das Wasser, welches denselben Raum einnimmt wie das aus der gegebenen Salpetersäure zu entwickelnde Stickstoffoxyd?

Man berechnet zuerst den Gehalt der gegebenen verdünnten Salpetersäure an wasserfreier Säure.

$$(N^2O^5 + xH^2O) = N^2O^5$$
$$100 = 22$$
$$1 = \frac{22}{100}$$
$$0{,}4 = \frac{22 \cdot 4}{100 \cdot 10}.$$

Man berechnet weiter, wie viel Gewichtstheile Stickstoffoxyd aus $\frac{22 \cdot 4}{100 \cdot 10}$ Loth wasserfreier Salpetersäure entstehen, und bestimmt endlich das Gewicht des gleichen Volumens Wasser. Man findet 9,05 Loth Wasser.

§ 134.

Darstellung des Stickstoffoxyds.

Es ist schon im vorigen Paragraphen gesagt, dass man zur Darstellung des Stickstoffoxyds sich am besten einer 28 prozentigen Salpetersäure bedient. Eine verdünntere Säure giebt eine zu langsame, eine concentrirtere Säure eine zu rasche Gasentwickelung. Die 28 prozentige Salpetersäure hat die Dichtigkeit 1,2 und deshalb muss man, wenn die zu verwendende Säure eine grössere Dichtigkeit hat, aus ihr die verlangte 28 prozentige herstellen.

Die Bestimmung der Dichtigkeit macht man am leichtesten

mit Hülfe eines Aräometers innerhalb eines Glascylinders. Das Aräometer sinkt in jede Flüssigkeit so tief ein, dass das Gewicht des Aräometers gleich ist dem Gewicht der verdrängten Flüssigkeit. Unter der verdrängten Flüssigkeit versteht man diejenige, welche gleiches Volumen hat mit dem unter der Oberfläche der Flüssigkeit befindlichen Theile des Aräometers. Da bei einem dichteren Körper in demselben Raume mehr Molecüle enthalten sind als bei einem dünneren, so folgt, dass man, um gleich viele Molecüle zu erhalten, von einem dichteren Körper ein kleineres Volumen nehmen muss als von einem dünneren, deshalb sinkt das Aräometer in eine Flüssigkeit desto tiefer ein, je dünner die Flüssigkeit oder je geringer die Dichtigkeit der Flüssigkeit ist.

Die Vermischung der Salpetersäure mit Wasser wird in einem Becherglase vorgenommen, welches in eine Porzellanwanne gestellt ist, damit beim etwaigen Zerbrechen des Glasgefässes die Salpetersäure, welche Holz, Papier und ähnliche Körper rasch zerstört, keinen Schaden anrichten kann. Man bringt nun die zu verwendende Säure in das Becherglas, fügt einiges Wasser hinzu, rührt mit einem Glasstabe um, schöpft vermittelst einer Porzellanmensur die Säure in den Glascylinder und liest an der Graduirung des Aräometers die Dichtigkeit der Säure ab. Ist diese grösser als 1,2, so muss noch Wasser hinzugefügt werden; ist sie kleiner als 1,2, so hat man wieder concentrirtere Säure zuzusetzen. Was man von der so bereiteten 28 prozentigen Säure nicht gebraucht, kann man in einer Flasche zu einer späteren Darstellung von Stickstoffoxyd zurückstellen. Die Entstehung des Stickstoffoxyds lässt man in einer Gasentwicklungsflasche vor sich gehen. In diese bringt man zuerst zerschnittenes Kupferblech, wovon man ebenso wie vom Zink in § 86 einen Ueberschuss anwendet. Um die zu den nachfolgenden Versuchen erforderliche Menge von Stickstoffoxyd darzustellen, nimmt man nicht viel weniger als ein Pfund 28 prozentige Salpetersäure. Die Flasche muss so gross sein, dass mindestens ein drittel des Flascheninhalts mit Luft gefüllt bleibt. Man verschliesst die Flasche mit einem Kork, durch welchen eine spitzwinklig gebogene Röhre geführt ist. Während der Entwickelung des Gases muss man ein Becherglas zur Hand haben, in welches man die Entwickelungsflasche hineinstellen kann, um sie mit kaltem Wasser zu umgeben. Es wird nämlich bei der Einwirkung von Salpetersäure und Kupfer aufeinander Wärme erzeugt, und diese Wärme beschleunigt ihrerseits wieder die Einwirkung der beiden genannten Körper auf einander. In Folge dessen geht die Gasentwickelung allmälig immer rascher von statten, so dass, wenn man nicht von aussen her für eine Abkühlung sorgt, oft die Flüsigkeit, indem sie stark aufschäumt, in die aus der Flasche führende Glasröhre eindringt.

Beim Beginn der Einwirkung von Salpetersäure und Kupfer auf einander beobachtet man einige Erscheinungen, die in den folgenden Paragraphen ihre Erklärung finden werden. In dem Raume oberhalb der Flüssigkeit nimmt man eine gelbliche allmälig ins Rothe übergehende Färbung wahr. Obwohl die Gasentwickelung sichtlich schon begonnen hat, sieht man in dem in Wasser eingetauchten Ende der von der Flasche ausgehenden, aus Glasröhren bestehenden Leitung das Wasser in die Höhe steigen. Bald aber sinkt das Wasser wieder zurück, und aus der Röhrenleitung treten Gasblasen aus. Erst nachdem der Raum oberhalb der Flüssigkeit in der Flasche wieder vollständig farblos geworden ist, kann man das austretende Gas als rein genug betrachten, um es in das Gasometer einzuleiten.

Das zugleich mit dem Stickstoffoxyd entstehende salpetersaure Kupferoxyd löst sich in dem der Salpetersäure beigemengten Wasser auf.

§ 135.

Das Stickstoffoxyd ist ein farbloses Gas, welches das Verbrennen nicht unterhält. Bei hinreichend hoher Temperatur zerfällt es in seine Bestandtheile. Es verbindet sich bei gewöhnlicher Temperatur unter schwacher Wärmeentwickelung mit Sauerstoff. Von schwefelsaurer Eisenoxydullösung wird es absorbirt, eingeathmet wirkt es tödtlich.

Es lassen sich mit dem Stickstoffoxyd folgende Versuche anstellen:

A) Man füllt eine tubulirte Glasglocke mit dem Gase und

taucht Schwefel hinein, welcher in einem Phosphorlöffelchen lebhaft brennt. Die Flamme erlischt. Dasselbe Verhalten zeigt schwach brennender Phosphor. Lebhaft brennender Phosphor dagegen fährt in dem Gase zu brennen fort. Die Temperatur einer solchen Flamme ist nämlich hoch genug, um die Zersetzung des Gases nach der Gleichung

$$N^2O^2 = 2O + 2N$$

zu veranlassen.

Auch bei diesem Versuche ist das in § 67 beschriebene erste Verfahren zur Verbrennung des Phosphors dem zweiten vorzuziehen.

B) Man füllt mit dem Gase einen ziemlich hohen und weiten Glascylinder, bedeckt diesen mit einer Glasplatte und lässt das im Cylinder etwa noch befindliche Wasser auslaufen, indem man die Glasplatte möglichst wenig zur Seite schiebt. Man stellt den Cylinder wieder auf seinen Fuss und giesst, indem man abermals die Glasplatte möglichst wenig zur Seite schiebt, etwas Schwefelkohlenstoff hinein. Man erhitzt, besonders wenn die Lufttemperatur niedrig ist, den Cylinder ein wenig, indem man ihn in fast horizontaler Lage über einer Flamme hin und her bewegt. Darauf taucht man in das Gemenge von Stickstoffoxyd und Schwefelkohlenstoffdampf die Flamme eines Spiritusfidibus. Der Schwefelkohlenstoff verbrennt, indem er sich mit dem Sauerstoff des Stickstoffoxyds verbindet, mit blendendem Lichte. Dies ist je nach der Quantität des mit dem Stickstoffoxyd gemengten Schwefelkohlenstoffs mehr grün oder mehr blau gefärbt. Die Entstehung des so sehr lebhaften Lichtes bei dieser Verbrennung ist noch nicht erklärt. Es scheint nämlich in der Flamme nicht, so wie in einer Oelflamme, fester Kohlenstoff enthalten zu sein (siehe § 90). Es scheidet sich zwar bei dem Versuche an den Wänden des Cylinders fester Schwefel ab; im Augenblicke der Verbrennung aber ist dieser jedenfalls luftförmig. Man thut gut diesen Schwefel bald durch Waschen mit Wasser zu entfernen.

C) Man nimmt von einem mit Stickstoffoxyd gefüllten Cylinder die verschliessende Glasplatte fort. An der Mündung des Cylinders zuerst, dann aber auch oberhalb und unterhalb desselben wird ein braunrother Dampf sichtbar. Dieser entsteht noch rascher, wenn man durch Eingiessen von Wasser das Stickstoffoxyd aus dem Cylinder verdrängt und mit Luft in Berührung bringt. Das Stickstoffoxyd verbindet sich, ohne einer Entzündung zu bedürfen, mit Sauerstoff zur Untersalpetersäure N^2O^4 nach der Gleichung:

$$N^2O^2 + 2O = N^2O^4.$$

D) Hält man in den an der Mündung eines Cylinders entstehenden Untersalpetersäuredampf einen Finger, so nimmt man eine geringe Temperaturerhöhung wahr. Lässt man das Stickstoffoxyd aus der Ausflussröhre eines Gasometers in die Luft strömen, so steigt die Temperatur eines in den Untersalpetersäuredampf gehaltenen Thermometers um einige Grade.

Das Verhalten des Stickstoffoxyds rücksichtlich der Verbrennung ist, wie man aus den beschriebenen Versuchen ersieht, ein recht merkwürdiges. Das unzersetzte Gas unterhält die Verbrennung nicht; dennoch verbrennen manche Körper in demselben, indem sie es vorher zersetzen. Das Gas verbindet sich direct mit Sauerstoff; dennoch verbrennt es nicht, weil jene Verbindung nur von einer geringen Temperaturerhöhung begleitet ist, bei welcher eine Lichtentwickelung, das heist ein Glühen der Verbindung, nicht eintritt.

E) Man bringt einige Stücke von schwefelsaurem Eisenoxydul, gewöhnlich Eisenvitriol genannt, einem grasgrünen Salze in ein Reagensglas, übergiesst sie mit Wasser und schüttelt um. Wird das Wasser hierbei trübe, so giesst man es ab und fügt neues Wasser hinzu, so lange bis dieses klar bleibt. Man lässt nun den Eisenvitriol ohne Erwärmung unter Umschütteln sich auflösen. Man bringt an die Ausflussröhre des mit Stickstoffoxyd gefüllten Gasometers vermittelst eines kurzen Kautschuckschlauches eine rechtwinklig gebogene Glasröhre, deren freier Schenkel mindestens ebenso lang wie das Reagensglas ist. Man lässt das Gas durch die Eisenvitriollösung streichen, und diese färbt sich allmälig dunkelbraun, fast schwarz. Es ist nicht sicher, ob man den gebildeten dunkelbraunen Körper als eine chemische oder als eine lose Verbindung zu betrachten hat.

Leitet man Luft oder Sauerstoff durch die entstandene Flüssigkeit, so wird sie nicht wieder entfärbt.

F) Bei den Gasen Sauerstoff, Wasserstoff, Stickstoff ist im Obigen nichts erwähnt worden über ihre Einwirkung auf den menschlichen Körper, wenn sie in die Lungen gebracht das heisst eingeathmet werden. Vom Sauerstoff wird in dieser Beziehung später noch die Rede sein müssen. Da übrigens die Luft fortwährend eingeathmet wird, und da die Luft ein Gemenge von Sauerstoff und Stickstoff ist, so folgt, dass Sauerstoff und Stickstoff beim Einathmen eine schädliche Wirkung auf den thierischen Körper nicht ausüben. Auch der Wasserstoff kann ohne Nachtheil eingeathmet werden. Das Stickstoffoxyd bringt, wenn es nicht in zu geringer Menge eingeathmet wird, den Tod hervor. Man braucht sich jedoch deshalb nicht ängstlich vor dem Einathmen des Stickstoffoxyds zu hüten, so lange dasselbe mit der Luft in Berührung ist. Aus dem Stickstoffoxyd entsteht nämlich bei der Berührung mit Sauerstoff sogleich Untersalpetersäure. In kleiner Menge zwar hat diese einen für manche Personen nicht unangenehmen Geruch. In etwas grösserer Menge aber eingeathmet wirkt sie hustenerregend und bringt ein Gefühl des Erstickens hervor, wodurch man vom freiwilligen Einathmen grösserer Quantitäten zurückgeschreckt wird.

§ 136.
Auffindung der Atomzahlen in einer chemischen Gleichung.

Es möge hier zunächst ein Versuch über die aus Stickstoffoxyd und Sauerstoff entstehende Untersalpetersäure beschrieben werden. Man setzt einen Cylinder, der zu einem Drittel mit Stickstoffoxydgas, zu zwei Dritteln mit Wasser gefüllt ist, umgekehrt auf die Brücke einer pneumatischen Wanne und lässt etwas Luft hineintreten, entweder durch eine Röhre, in die man mit den Backen (nicht mit den Lungen) bläs13t, oder, wenn die pneumatische Wanne hinreichend tief ist, vermittelst eines mit Luft gefüllten Cylinders. Beim Eintreten der Luft zu dem Stickstoffoxyd sinkt natürlich das Wasser in dem Cylinder, in welchem zugleich der braunrothe Untersalpetersäuredampf sichtbar wird.

Hierauf aber steigt das Wasser allmälig wieder empor und die Färbung verschwindet nach einiger Zeit ganz und gar. Man kann sich die Höhe des Wassers in dem Cylinder vor der Einführung der Luft durch einen Papierstreifen bezeichnen. Nach Einführung der Luft steigt das Wasser nicht ganz so weit empor, wie es früher stand. Ist der braunrothe Dampf wieder verschwunden, so kann man den Versuch wiederholen und zwar so lange, bis der Cylinder keine Luft mehr aufzunehmen vermag.

Dieses Verhalten hat wahrscheinlich seinen Grund in Folgendem. Die Untersalpetersäure verwandelt sich bei der Berührung mit Wasser in Stickstoffoxyd und Salpetersäure. Die letztere ist eine Flüssigkeit und vermengt sich mit dem Wasser. Bei der Bildung der flüssigen Salpetersäure entsteht, ebenso wie wir es in § 58 bei der Verwandlung von Wasserdampf in Wasser gesehen haben, ein luftleerer Raum, und in diesen wird durch den Druck der äusseren Luft das Wasser emporgehoben.

Wir wollen untersuchen, ob es möglich ist, dass aus Untersalpetersäure Stickstoffoxyd und Salpetersäure entstehen. Da, wie in § 125 mitgetheilt ist, ein Atom Salpetersäure die Zusammensetzung N^2O^5 hat, so muss die Gleichung für den in Rede stehenden Process heissen

$$x N^2 O^4 = y N^2 O^2 + z N^2 O^5.$$

Die Werthe für x, y, z findet man folgendermassen. Für eine der unbekannten Grössen, zum Beispiel für x, setzt man den Werth 1. Darauf verfährt man wie bei der Prüfung einer chemischen Gleichung (siehe § 125).

$$N^2 O^4 = y N^2 O^2 + z N^2 O^5$$

N	2	$2y + 2z$
O	4	$2y + 5z$

Aus den Gleichungen $2 = 2y + 2z$ und $4 = 2y + 5z$ findet man

$$y = \frac{1}{3}; \quad z = \frac{2}{3}.$$

Die Gleichung für den Process würde hiernach heissen:

$$N^2 O^4 = \frac{1}{3} N^2 O^2 + \frac{2}{3} N^2 O^5.$$

Um die hier vorkommenden Brüche fortzuschaffen kann man

die letzte Gleichung noch mit dem Generalnenner der vorkommenden Brüche, also mit 3, multipliciren; man erhält demnach
$$3 N^2 O^4 = N^2 O^2 + 2 N^2 O^5.$$
Es ist übrigens das Rechnen mit einer chemischen Gleichung, welche Bruchtheile von Atomen enthält, nicht so wiedersinnig, wie man anfangs denken mag. Wir wollen in dieser Beziehung die beiden Gleichungen
$$N^2 O^4 = \frac{1}{3} N^2 O^2 + \frac{2}{3} N^2 O^5 \text{ und}$$
$$3 N^2 O^4 = N^2 O^2 + 2 N^2 O^5 \text{ mit einander}$$
vergleichen. Jede chemische Gleichung soll nur dazu dienen, um das Verhalten einer bestimmten wahrnehmbaren Gewichtsmenge irgend welcher Körper zu erklären. Zu diesem Zwecke muss man sich dieselbe immer mit einer grossen ganzen Zahl (x) multiplicirt denken, denn ein einziges Atom oder eine kleine Anzahl von Atomen wird stets der Wahrnehmung unserer Sinne entgehen. Bei dem in Rede stehenden chemischen Process betrage etwa die Menge des Stickstoffoxyds 1 Korn, und es sei die Anzahl der hierin enthaltenen Atome gleich 100000. Soll nun auf diese Atome die Gleichung
$$3 x N^2 O^4 = x N^2 O^2 + 2 x N^2 O^5$$
bezogen werden, so ist $3x = 100000$, $x = 33333\frac{1}{3}$, und man erhält durch Einsetzung dieser Werthe,
$$100000 \, N^2 O^4 = 33333\tfrac{1}{3} \, N^2 O^2 + 66666\tfrac{2}{3} \, N^2 O^5.$$

Da es drittel Atome nicht geben kann, so erhellt, dass x eine ganze Zahl sein muss. Wir setzen also $x = 33333$ und bekommen
$$99999 \, N^2 O^4 = 33333 \, N^2 O^2 + 66666 \, N^2 O^5.$$
1 Atom Untersalpetersäure muss unverwandelt bleiben.

Dieselbe Folgerung ist, wie man sich leicht überzeugen kann, ebenso gut aus der Gleichung
$$y N^2 O^4 = \frac{1}{3} y N^2 O^2 + \frac{2}{3} y N^2 O^5$$
abzuleiten, worin dann $y = 100000$ ist.

Die Anwendung von chemischen Gleichungen, welche Brüche als Coefficienten enthalten, erleichtert sogar manchmal die Berechnung chemischer Aufgaben, wie es der folgende Paragraph zeigen wird.

Ueber die Auffindung unbekannter Atomzahlen möge noch bemerkt werden, dass dieselbe auch ein sehr schätzenswerthes Mittel darbietet, um chemische Gleichungen, von denen man einen Theil vergessen hat, wieder vollständig ins Gedächtniss zurückzurufen.

Wir wollen zum Beispiel annehmen, man erinnere sich, dass aus salpetersaurem Ammoniak entstehen können Stickstoffoxydul und Wasser, man kenne die Formeln der betreffenden Körper, habe aber die Atomzahlen vergessen. Setzt man für die unbekannte Atomzahl des salpetersauren Ammoniaks den Werth 1, so hat man

$$H^8N^2O, N^2O^5 = xN^2O + yH^2O$$

H	8	2y
N	4	2x
O	6	x + y

Man hat also die Gleichungen
$$8 = 2y$$
$$4 = 2x.$$

Hieraus folgt $x = 2$, $y = 4$. Diese Werthe genügen auch der dritten Gleichung. Wäre dies nicht der Fall, so würde daraus folgen, dass überhaupt keine Werthe von x und y der Aufgabe genügen, dass dieselbe also unlösbar ist.

§ 137.
Untersuchung der Raumverhältnisse, welche bei der Vermengung von Stickstoffoxyd mit Luft unter Gegenwart von Wasser stattfinden müssen.

Zur Lösung dieser Aufgabe gebrauchen wir die bisher noch nicht aufgestellte Gleichung, welche die gegenseitige Einwirkung von Stickstoffoxyd, Luft und Wasser auf einander ausdrückt. Wir gehen aus von der Gleichung

$$N^2O^2 + 2O = N^2O^4$$

Die in diesem Theilprocess entstandene Untersalpetersäure soll wieder Stickstoffoxyd und Untersalpetersäure bilden nach der Gleichung

$$3N^2O^4 = N^2O^2 + 2N^2O^5.$$

Damit aber die in dem ersten Theilprocess gebildete Untersalpetersäure in dem zweiten Theilprocess wieder vollständig verbraucht werde, dividiren wir die letzte Gleichung durch 3 = 3. Wir erhalten dann

$$N^2O^2 + 2O = N^2O^4$$
$$\underline{N^2O^4 \qquad\quad = \tfrac{1}{3}N^2O^2 + \tfrac{2}{3}N^2O^5}$$
$$N^2O^2 + 2O = \tfrac{1}{3}N^2O^2 + \tfrac{2}{3}N^2O^5$$

Wenn wir dasjenige Stickstoffoxyd, welches zwar bei dem ersten Theilprocess mit Sauerstoff sich verbindet, beim zweiten Theilprocess aber wieder von demselben sich trennt, unberücksichtigt lassen wollen, so können wir von der letzten Gleichung abziehen die Gleichung $\tfrac{1}{3}N^2O^2 = \tfrac{1}{3}N^2O^2$, so dass entsteht

$$\tfrac{2}{3}N^2O^2 + 2O = \tfrac{2}{3}N^2O^5.$$

Wollen wir endlich annehmen, dass der hier verbrauchte Sauerstoff aus Luft entnommen sei, so multipliciren wir die Gleichung

$$N^{\tfrac{4}{5}}O^{\tfrac{1}{5}} = \tfrac{1}{5}O + \tfrac{4}{5}N$$

mit 10 und addiren. Wir erhalten also

$$\tfrac{2}{3}N^2O^2 + \quad \underline{2O} \quad = \tfrac{2}{3}N^2O^5$$
$$\underline{10\,N^{\tfrac{4}{5}}O^{\tfrac{1}{5}} \qquad\qquad = 2O + 8N}$$
$$\tfrac{2}{3}N^2O^2 + 10\,N^{\tfrac{4}{5}}O^{\tfrac{1}{5}} = \tfrac{2}{3}N^2O^5 + 8N.$$

Durch Multiplication mit 3 = 3 erhalten wir

$$2N^2O^2 + 30\,N^{\tfrac{4}{5}}O^{\tfrac{1}{5}} = 2N^2O^5 + 24N.$$

Diese Gleichung können wir, ohne die ganzen Zahlen einzubüssen, noch durch 2 = 2 dividiren. Es ergiebt sich

$$N^2O^2 + 15\,N^{\tfrac{4}{5}}O^{\tfrac{1}{5}} = N^2O^5 + 12N.$$

Hieraus folgt endlich, dass von 4 Maass Stickstoffoxyd und 15 Maass Luft übrig bleiben müssen 12 Maass Stickstoff.

Da die richtige Gleichung für die Entstehung von Salpetersäure aus Stickstoffoxyd und Sauerstoff heisst

$$3N^2O^2 + 6O = N^2O^2 + 2N^2O^5,$$

folglich bei diesem Processe aus drei zur Verwendung gekommenen Atomen Stickstoffoxyd immer wieder ein Atom Stickstoffoxyd neu entsteht, so kann man die Frage aufwerfen, ob es für möglich zu halten ist, dass eine gegebene Menge von Stickstoffoxyd bei Gegenwart einer hinreichenden Menge von Sauerstoff sich vollständig in Salpetersäure verwandelt. Dies ist allerdings nicht möglich. Es können aber auch von der vorhandenen Gesammtmenge des Stickstoffoxyds nicht mehr als zwei Atome unverwandelt zurückbleiben, denn 3 Atome Stickstoffoxyd würden noch mit Sauerstoff 2 Atome Salpetersäure und 1 Atom Stickstoffoxyd bilden müssen. 2 Atome Stickstoffoxyd (nicht 2 x Atome) sind aber eine Quantität, welche wir wegen ihrer Kleinheit auf keine Weise würden wahrnehmen können.

§ 138.

Die Untersalpetersäure N^2O^4 kann dargestellt werden durch Erhitzung eines Gemenges von saurem schwefelsaurem Kali und salpetersaurem Kali.

Das saure schwefelsaure Kali ist eine Verbindung von schwefelsaurem Kali und Schwefelsäurehydrat, welches letztere (§ 96) als ein Salz zu betrachten ist. Eine Verbindung von zwei Salzen nennt man ein Doppelsalz. In der Formel für ein Doppelsalz setzt man zwischen die Formeln der einzelnen Salze ein Semikolon. Die Formel für das saure schwefelsaure Kali ist
$$KO,SO^3 ; H^2O,SO^3.$$
Das salpetersaure Kali wird gewöhnlich Salpeter genannt; die Formel dafür heisst
$$KO,N^2O^5.$$
Dass nun aus diesen beiden Salzen Untersalpetersäure entstehen kann, erhellt aus folgenden Gleichungen

$$
\begin{aligned}
KO,SO^3 ; H^2O,SO^3 &= KO,SO^3 + \underline{H^2O,SO^3} \\
\underline{H^2O,SO^3} + KO,N^2O^5 &= KO,SO^3 + \underline{H^2O,N^2O^5} \\
\underline{H^2O,N^2O^5} &= H^2O + N^2O^4 + O \\
\hline
KO,SO^3 ; H^2O,SO^3 + KO,N^2O^5 &= N^2O^4 + H^2O + O + 2\,KO,SO^3.
\end{aligned}
$$

§ 139.

Aufgabe. In welchen einfachen Gewichtsverhältnissen sind saures schwefelsaures Kali und Salpeter zur Darstellung von Untersalpetersäure zusammenzubringen?

Aus ähnlichen Gründen, wie sie in § 56 aus einander gesetzt sind, wünscht man oft, statt der genauen, durch grosse Zahlen ausgedrückten Gewichtsverhältnisse, in welchen die zu einem chemischen Process dienenden Körper zu verwenden sind, kleinere ganze Zahlen an die Stelle zu setzen. Es entstehen also Aufgaben von der Art der eben ausgesprochenen. Man löst diese folgendermaassen:

$$KO,SO^3; H^2O,SO^3 + KO,N^2O^5$$

K = 156	K = 156
8 O = 256	6 O = 192
2 S = 128	2 N = 56
2 H = 4	
544 +	404

544 + 404

$\frac{544}{404}$ + 1

	A B	C	D	E
1,347 + 1	1 : 1 =	1,000	1,347 — 1,000 = 0,347	9
2,694 + 2	3 : 2 =	1,500	1,500 — 1,347 = 0,153	8
4,041 + 3	4 : 3 =	1,333	1,347 — 1,333 = 0,014	1
5,388 + 4	5 : 4 =	1,250	1,347 — 1,250 = 0,097	7
6,735 + 5	7 : 5 =	1,400	1,400 — 1,347 = 0,053	5
8,082 + 6	8 : 6			
9,429 + 7	9 : 7 =	1,286	1,347 — 1,286 = 0,061	6
10,776 + 8	11 : 8 =	1,375	1,375 — 1,347 = 0,028	3
12,123 + 9	12 : 9			
13,470 + 10	13 : 10 =	1,300	1,347 — 1,300 = 0,047	4
14,817 + 11	15 : 11 =	1,364	1,364 — 1,347 = 0,017	2

Man berechnet zuerst die richtigen Gewichtsmengen der anzuwendenden Körper (544 + 404). Man schreibt dann unter denjenigen Körper, dem die kleinste Gewichtsmenge entspricht, (hier unter Salpeter) die Zahl 1 und erhält $\frac{544}{404}$ + 1. Man verwandelt hierin den Bruch $\frac{544}{404}$ in einen Decimalbruch mit vier geltenden Ziffern und erhält 1,347 + 1. Man kürzt den gefundenen Decimalbruch so ab, dass nur eine ganze Zahl übrig bleibt. So findet man, dass statt der genauen Zahlen 544 und 404 genommen werden kann das System der Zahlen 1 und 1. Diese beiden Zahlen schreibt man, wie oben geschehen ist, in dieselbe Reihe mit den Zahlen 1,347 + 1 in die beiden mit A und B überschriebenen Spalten. Man multiplicirt ferner die Zahlen 1,347 + 1 mit 2 und erhält 2,694 + 2, woraus durch Abkürzung entstehen die unter A und B zu schreibenden ganzen Zahlen 3 und 2. Man fährt in derselben Weise fort, indem man die Zahlen 1,347 + 1 nach einander mit 3, 4, 5 und so weiter multiplicirt. So findet man die Abkürzungen 4 und 3, dann 5 und 4, dann 7 und 5, dann 8 und 6. Da die beiden Zahlen 8 und 6 sich durch 2 theilen lassen, so ist das schon gefundene System 4 und 3 besser als das System 8 und 6. Aus demselben Grunde ist auch das System 12 und 9 nicht weiter zu berücksichtigen. Um über die grössere oder geringere Vorzüglichkeit der noch vorliegenden Systeme von Abkürzungen 1 und 1, 3 und 2, 4 und 3, 5 und 4, 7 und 5, 9 und 7, 11 und 8, 13 und 10, 15 und 11 zu entscheiden, dividirt man jede erste Zahl durch die zugehörige zweite. Die betreffenden Quotienten sind oben unter C angegeben. Da der Quotient von 544 und 404 gleich 1,347 ist, so sind die Abkürzungen um so besser, je weniger ihr Quotient von 1,347 verschieden ist. Diese Differenzen sind oben unter D verzeichnet. Unter E endlich sind die verschiedenen Systeme von Abkürzungen nach dem Grade ihrer Vorzüglichkeit numerirt. Neben dem besten Systeme 4 und 3 steht die Nummer 1, neben dem zweitbesten 15 und 11 die Nummer 2; es folgen dann die Systeme 11 und 8, 13 und 10, 7 und 5, 9 und 7, 5 und 4, 3 und 2, 1 und 1. Wir haben also 4 und 3 als die beste Lösung der Aufgabe zu betrachten.

Wenn man bei der obigen Rechnung die Zahlen 544 und 404 nicht durch 404, sondern durch 544 dividirt hätte, um darauf unter dem sauren schwefelsauren Kali die aufeinanderfolgenden ganzen Zahlen 1, 2, 3 und so weiter zu schreiben, so würde man erstens dieselben Systeme von Abkürzungen wie oben gefunden haben, und zweitens noch einige neue Systeme, welche sämmtlich von geringerer Vorzüglichkeit als die oben gefundenen gewesen wären. Man hätte sich auf diese Weise also nur nutzlose Mühe gemacht.

Man pflegt bei derartigen Aufgaben meistentheils mit einer allgemeinen Schätzung der Genauigkeit sich zu begnügen, welche das gewählte System zusammengehöriger Abkürzungen darbietet. Will man dies nicht, so kann man die Aufgabe etwa so stellen: In welchen durch möglichst kleine Zahlen ausgedrückten Gewichtsverhältnissen sind zur Darstellung von Untersalpetersäure saures schwefelsaures Kali und Salpeter zusammenzubringen, wenn bei keinem der angewendeten Körper der Fehler grösser als $1\tfrac{0}{0}$ sein soll. Man hat dann zuerst das richtige procentische Verhältniss der anzuwendenden Körper zu berechnen (siehe § 93). In der folgenden Gleichung soll die linke Seite die beiden anzuwendenden Körper vor der Vermengung, die rechte Seite das fertige Gemenge bezeichnen

$$KO,SO^3;H^2O,SO^3 + KO,N^2O^5 = (KO,SO^3;H^2O,SO^3 + KO,N^2O^5)$$

$$544 + 404 = 948$$

$$\frac{544 \cdot 100}{948} + \frac{404 \cdot 100}{948} = 100$$

$$\frac{13600}{237} + \frac{10100}{237}$$

$$57{,}4 + 42{,}6$$

Man hat nun der Reihe nach die procentischen Verhältnisse der auf einander folgenden Systeme von Abkürzungen zu berechnen. Dem Systeme 1 und 1 entspricht das procentische Verhältniss 50,0 und 50,0. Dem Systeme 3 und 2 entsprechen die Zahlen 60,0 und 40,0, endlich dem Systeme 4 und 3 die Zahlen 57,1 und 42,9. Das System 4 und 3 genügt der Aufgabe, da 57,4 — 57,1 kleiner als 1 ist.

§ 140.

Die Untersalpetersäure N^2O^4 ist bei gewöhnlicher Temperatur ein braunrothes Gas, welches durch Abkühlung condensirt, das heisst in eine Flüssigkeit verwandelt werden kann.

Dass die aus Stickstoffoxyd und Sauerstoff entstehende Untersalpetersäure ein braunrothes Gas ist, haben wir schon in § 135 gesehen. Die Darstellung derselben aus saurem schwefelsaurem Kali und Salpeter ist besonders wegen eines später zu beschreibenden Versuches (siehe § 152) von Interesse.

Man bringt eine kleine Quantität saures schwefelsaures Kali in einen geräumigen Kolben und erhitzt dasselbe, bis es schmilzt. Darauf schüttet man in den Kolben eine etwa ebenso grosse Menge Salpeter und fährt fort zu erhitzen. Es entsteht nach § 138 ein Gemenge von untersalpetersaurem Gase, Wasserdampf und Sauerstoff. Die beiden letzteren sind farblos. Wenn man das untersalpetersaure Gas in eine hinreichend abgekühlte Vorlage leitete, so würde sich dasselbe zugleich mit dem Wasserdampf condensiren, oder in eine Flüssigkeit verwandeln. Da die Untersalpetersäure schon bei nicht sehr niedriger Temperatur eine Flüssigkeit bildet, so wird das untersalpetersaure Gas häufig auch Untersalpetersäuredampf genannt (siehe § 15).

Die Untersalpetersäure wird mit Unrecht eine Säure genannt, denn sie kann sich nicht mit Basen zu Salzen verbinden. Sie erleidet vielmehr bei der Berührung mit Basen eine Zersetzung nach der Gleichung

$$2 N^2O^4 = N^2O^3 + N^2O^5.$$

Der Körper N^2O^3 heisst salpetrichte Säure. Diese verbindet sich mit Basen zu Salzen. N^2O^5 ist die schon mehrfach erwähnte Salpetersäure. Beim Zusammenbringen von Untersalpetersäure mit Kali zum Beispiel entsteht ein Gemenge von salpetrichtsaurem und von salpetersaurem Kali.

Aus der Dichtigkeit des Untersalpetersäuredampfes, für welche man durch Versuche die Zahl 1,7 gefunden hat, ergiebt sich, dass es unrichtig sein würde für die Untersalpetersäure die Formel N^2O^3, N^2O^5 aufzustellen. Denn nach § 131 muss die Dichtigkeit eines Körpers N^2O^4 sein:

$$\frac{(N^2O^4)}{(L)} = \frac{N^2O^4}{4H} \cdot \frac{(H)}{(L)} = \frac{184 \cdot 10}{8 \cdot 144} = \frac{115}{72} = 1,60.$$

Die Dichtigkeit eines Körpers N^2O^3, N^2O^5 dagegen würde sein:

$$\frac{(N^2O^3, N^2O^5)}{(L)} = \frac{N^2O^3, N^2O^5}{4H} \cdot \frac{(H)}{(L)} = \frac{368 \cdot 10}{8 \cdot 144} = \frac{115}{36}$$
$$= 3,19.$$

Die Untersalpetersäure ist übrigens der einzige Körper, welcher den Namen einer Säure führt, ohne auch wirklich eine Säure zu sein.

§ 141.

Die wasserfreie Salpetersäure N^2O^5 ist schwierig darzustellen. Das Salpetersäurehydrat H^2O, N^2O^5 entsteht zugleich mit saurem schwefelsaurem Kali bei der Berührung gleicher Gewichtsmengen von Salpeter und Schwefelsäurehydrat.

Die Theorie der Darstellung des Salpetersäurehydrats erhellt aus folgenden Gleichungen:

$$\underline{KO, N^2O^5} + \underline{H^2O, SO^3} = H^2O, N^2O^5 + \underline{KO, SO^3}$$
$$\underline{KO, SO^3} + H^2O, SO^3 = KO, SO^3; H^2O, SO^3$$
$$\overline{KO, N^2O^5 + 2 H^2O, SO^3 = H^2O, N^2O^5 + KO, SO^3; H^2O, SO^3}$$

$K = 156$	$4H = 8$
$6O = 192$	$8O = 256$
$2N = 56$	$2S = 128$
$404 \;+$	392
$1,031 \;+$	$1.$

Aus diesen Zahlen ergiebt sich, dass zur Darstellung des Salpetersäurehydrats nahe gleiche Gewichtsmengen von Salpeter und englischer Schwefelsäure — dies ist der gewöhnliche Name des Schwefelsäurehydrats — verwendet werden müssen. Man könnte glauben, dass zur Darstellung des Salpetersäurehydrats der erste der beiden oben angeführten Theilprocesse für sich allein hinreichend wäre; dieser Theilprocess kann indessen nur mit dem zweiten Theilprocesse zusammen verwirklicht werden.

§ 142.

Aufgabe A. Wie viel Salpetersäurehydrat lässt sich darstellen aus 8 Pfund Salpeter und 7 Pfund Schwefelsäure?

Die gegebenen Mengen von Salpeter und Schwefelsäure sind wahrscheinlich einander nicht so entsprechend, dass beide Körper vollständig verbraucht werden können. Es wird dann also von den gegebenen Körpern nur der eine vollständig verbraucht werden; von dem andern wird ein Theil unverbraucht bleiben. Nach dem Früheren lässt sich leicht finden, dass, um aus 8 Pfund Salpeter Salpetersäurehydrat darzustellen, $\frac{392 \cdot 8}{404}$ Pfund $= 7 \frac{77}{101}$ Pfund Schwefelsäure gebraucht werden. Da nur 7 Pfund Schwefelsäure vorhanden sind, so folgt hieraus, dass nicht der Salpeter, sondern die Schwefelsäure vollständig verbraucht werden muss, wenn möglichst viel Salpetersäurehydrat entstehen soll. Hieraus ergiebt sich eine leichte Art, die gegebene Aufgabe zu lösen. Wenn $\frac{312 \cdot 8}{404} > 7$, so folgt $\frac{392}{7} > \frac{404}{8}$. Nun ist $\frac{392}{7}$ das Atomgewicht von $2H^2O, SO^3$, dividirt durch die gegebene Menge der Schwefelsäure; ebenso ist $\frac{404}{8}$ das Atomgewicht von KO, N^2O^5, dividirt durch die gegebene Menge des Salpeters. Um also die gestellte Aufgabe zu lösen, dividirt man in das Atomgewicht jedes Körpers mit seinem gegebenen Gewichte. Derjenige Körper, welcher auf diese Art den grössten Quotienten ergiebt, wird vollständig verbraucht.

$$KO, N^2O^5 + 2H^2O, SO^3$$

$$\begin{array}{cc} 404 & + \quad 392 \\ \frac{404}{8} & \frac{392}{7} \\ 50\tfrac{1}{2} & 56. \end{array}$$

Schliesslich ist noch zu berechnen, wie viel Salpeter bei dem Processe übrig bleibt und wie viel Salpetersäurehydrat entsteht.

$$KO,N^2O^5 + 2H^2O,SO^3 = H^2O,N^2O^5$$

$$404 + 392 = 252$$

$$\frac{404}{392} + 1 = \frac{252}{392}$$

$$\frac{404 \cdot 7}{392} + 7 = \frac{252 \cdot 7}{392}$$

$$\frac{101}{14} \qquad \frac{9}{2}$$

$$7{,}21 \qquad\qquad 4{,}5$$

Es bleiben also 0,79 Pfund Salpeter unverbraucht, und es entstehen 4,5 Pfund Salpetersäurehydrat.

Aufgabe B. Es sind gegeben 6 Quentchen chlorsaures Kali, 7 Quentchen Zink, 2 Quentchen Schwefelsäure. Aus dem ersten Körper soll Sauerstoff, aus den beiden letzten soll Wasserstoff dargestellt, darauf sollen Sauerstoff und Wasserstoff zu Knallgas gemengt werden. Welcher der drei gegebenen Körper wird vollständig verbraucht?

$$KO,Cl^2O^5 \qquad\qquad\qquad = 6\,O$$
$$6\,Zn \quad + 6\,H^2O,SO^3 \qquad = 12\,H$$
$$\overline{KO,Cl^2O^5 + 6\,Zn + 6\,H^2O,SO^3 = 6(2H+O)}$$

$$490 + 786 + 196$$

$$\frac{490}{6} \qquad \frac{786}{7} \qquad \frac{196}{2}$$

$$81\tfrac{2}{3} \qquad 112\tfrac{2}{7} \qquad 98.$$

Von den drei letzten Quotienten ist derjenige, welcher dem Zink entspricht, der grösste; dieses wird also vollständig verbraucht. Um die Richtigkeit des gefundenen Resultates zu prüfen, kann man noch berechnen, ob die Mengen von chlorsaurem Kali und Schwefelsäure, welche 7 Quentchen Zink entsprechen, wirklich kleiner als die gegebenen Mengen der beiden Körper sind.

— 171 —

$$KO,Cl^2O^5 + 6\,Zn + 6\,H^2O,SO^3 =$$
$$490 + 786 + 196$$
$$\frac{490}{786} + 1 + \frac{196}{786}$$
$$\frac{490 \cdot 7}{786} + 7 + \frac{196 \cdot 7}{786}$$
$$\frac{1715}{393} \qquad \frac{686}{393}$$
$$4{,}36 \qquad\qquad 1{,}75.$$

§ 143.

Das Salpetersäurehydrat ist eine Flüssigkeit von niedrigerem Siedepunkt als das Wasser. Aus einem Gemenge von Salpetersäurehydrat und saurem schwefelsaurem Kali lässt sich das erstere durch Destillation abscheiden.

Der im vorigen Paragraphen besprochene Process geht schon bei gewöhnlicher Temperatur vor sich. Das entstandene Salpetersäurehydrat ist dann noch von dem beigemengten sauren schwefelsauren Kali durch Destillation zu trennen. Hierzu dient eine Retorte (siehe § 95). Bei einer tubulirten Retorte bringt man den Salpeter und die Schwefelsäure (von jedem etwa 1 Loth) durch den Tubulus in den Retortenbauch. In jedem Falle und besonders bei Verwendung einer nicht tubulirten Retorte müssen Bauch und Hals der letzteren vollkommen trocken sein. Auch der Salpeter darf keine Feuchtigkeit enthalten. Bei einer nicht tubulirten Retorte schüttet man diesen durch den Hals ein, (da man häufig feste Substanzen in Retorten zu bringen hat, so thut man gut, beim Ankauf von Retorten stets darauf zu sehen, dass dieselben einen möglichst weiten Hals haben); darauf bringt man vermittelst eines langhalsigen Trichters die Schwefelsäure in den Retortenbauch. Hierbei darf weder vom Salpeter noch von der Schwefelsäure an dem Retortenhalse etwas haften bleiben. Beide Substanzen dürfen zusammen höchstens den vierten Theil des Retortenbauches einnehmen, weil die Masse bei der Erhitzung aufschäumt. Man erhitzt mit einer kleinen Flamme; die Salpetersäure verwandelt sich in Dampf, und dieser wird innerhalb des Retortenhalses und besonders innerhalb des vorgelegten Kolbens, welchen man durch Schnee oder durch übergelegtes befeuchtetes Filtrirpapier abkühlt, wieder flüssig.

Davon, dass die Bildung der Salpetersäure aus Salpeter und Schwefelsäure schon bei gewöhnlicher Temperatur und auch bei Gegenwart von freiem Wasser erfolgt, kann man sich durch einen Versuch überzeugen, der ausserdem ein selbstständiges Interesse darbietet. Man löst innerhalb eines Reagensglases Salpeter oder auch ein beliebiges anderes salpetersaures Salz in Wasser auf; man fügt einige Kupferdrehspähne und Schwefelsäure hinzu. Nach kurzer Zeit färbt sich der Raum oberhalb der Flüssigkeit gelb oder roth. Es ist nämlich Salpetersäure entstanden und diese hat mit dem Kupfer Stickstoffoxyd gebildet, welches mit dem Sauerstoff der Luft sich zu Untersalpetersäure verbindet. Denselben Erfolg ergiebt ausser der Salpetersäure und den salpetersauren Salzen kein anderer Körper. Der beschriebene Versuch liefert deshalb ein Mittel, um zu erkennen, ob ein gegebener Körper entweder freie oder gebundene Salpetersäure enthält.

§ 144.

Das Salpetersäurehydrat ist eine bei 86° C. siedende, farblose Flüssigkeit von eigenthümlichem Geruch und der Dichtigkeit 1,52. Die Salpetersäure vermag viele Körper zu oxydiren, indem sie selbst zu Stickstoffoxyd reducirt wird. Oxydiren heisst: einen Körper veranlassen, dass er sich mit Sauerstoff verbindet; reduciren heisst: eine sauerstoffhaltige Verbindung veranlassen, dass sie Sauerstoff abgiebt. Bei der Oxydation durch Salpetersäure werden viele unlösliche Körper in lösliche verwandelt.

Das Salpetersäurehydrat ist zwar im reinen Zustande farblos; aus Gründen, von denen am Schlusse dieses Parapraphen die Rede sein wird, erscheint es indessen gewöhnlich etwas gelb gefärbt.

Um den Siedepunkt einer Flüssigkeit zu untersuchen bedient man sich einer tubulirten Retorte, giesst in den Bauch derselben eine Quantität der Flüssigkeit, setzt in den Tubulus vermittelst eines durchbohrten Korkes ein Thermometer ein und bringt die Flüssigkeit zum Sieden. Das vom Dampfe des reinen Salpetersäurehydrats umgebene Thermometer zeigt eine Temperatur von 86^0 C.

Die oxydirende Kraft der Salpetersäure haben wir schon in § 134 beobachtet. Das feste Kupfer wurde von der Salpetersäure in lösliches salpetersaures Kupferoxyd verwandelt. Wenn man nun sagt, dass die Salpetersäure das Kupfer aufzulösen vermag, so ist doch wohl zu beachten, dass das Kupfer sich nicht so in Salpetersäure auflösst, wie etwa blauer Kupfervitriol in Wasser. Man kann vielmehr allgemein zwei Arten der Auflösung von einander unterscheiden, eine physikalische und eine chemische. Die physikalischen Auflösungen sind in § 17 betrachtet. Sie bestehen nach § 34 aus flüssigen losen Verbindungen einer Flüssigkeit und eines festen Körpers. Der letztere ist aus der physikalischen Auflösung stets leicht wieder herzustellen und zwar entweder durch Abkühlung (§ 17) oder durch Abdampfen, wie wir es in § 128 beim salpetersauren Ammoniak gesehen haben. Die Auflösung des Kupfers in Salpetersäure dagegen ist eine chemische. Bei einer solchen wird der feste Körper durch die Flüssigkeit zuerst in einen neuen chemischen Körper übergeführt und dieser wird dann physikalisch aufgelöst. Demnach kann man aus der (chemischen) Auflösung des Kupfers in Salpetersäure durch Abdampfen nicht wieder Kupfer, sondern nur salpetersaures Kupferoxyd herstellen.

Ebenso wie Kupfer werden die meisten Metalle (zum Beispiel eine Silbermünze, ein Stück Zink) von der Salpetersäure aufgelöst.

In ähnlicher Weise löst die Salpetersäure Papier und Zeug chemisch auf. Wenn aus Versehen Salpetersäure auf Kleidungsstücke gespritzt ist, so bringt man so rasch wie möglich etwas Ammoniak auf die von der Salpetersäure benetzten Stellen. Die Base Ammoniak verbindet sich dann mit der Salpetersäure zu salpetersaurem Ammoniak, welches auf das Zeug keine Wirkung mehr ausübt.

Einen ferneren Versuch über die oxydirende und auflösende Kraft der Salpetersäure kann man mit Phosphor anstellen. An einem kleinen Stückchen Phosphor, welches man in einem Reagensglase mit verdünnter Salpetersäure übergiesst und erhitzt, lässt sich noch die interessante Erscheinung beobachten, dass kleine Gasblasen oft mit ziemlich grosser Kraft an festen Körpern haften. Bei der Einwirkung der Salpetersäure auf Phosphor wird die erstere ebenso wie bei fast allen hierher gehörenden Processen in Stickstoffoxydgas verwandelt. Während die aus dem Phosphor und aus einem Theil des Sauerstoffs der Salpetersäure entstehende Phosphorsäure sich in dem gegenwärtigen Wasser auflöst, bildet das Stickstoffoxyd ein an dem oberen Theile des Phosphorstückchens haftendes Gasbläschen, welches oft das Phosphorstückchen vom Boden des Reagensglases bis an die Oberfläche der Salpetersäure emporhebt. Hier löst sich das Gasbläschen ab und der Phosphor sinkt zu Boden, um bald von neuem wieder emporgehoben zu werden. Bringt man ein Glas mit frischem Brunnenwasser in ein erwärmtes Zimmer, so scheidet sich die Luftart, die vom Wasser absorbirt war (§ 97) an der Glaswand in Bläschen ab, welche trotz ihrer geringen Dichtigkeit erst dann in dem Wasser emporsteigen, wenn sie eine gewisse Grösse erreicht haben.

Durch die Salpetersäure kann ferner das Eisenoxydul FeO oxydirt werden zu Eisenoxyd Fe^2O^3. Die Gleichung für diesen Process ist nach § 136 leicht abzuleiten.

Man schreibt
$$FeO + x N^2O^5 = y Fe^2O^3 + z N^2O^2.$$

Man findet $x = \frac{1}{6}$, $y = \frac{1}{2}$, $z = \frac{1}{6}$.

Durch Multiplication mit dem Generalnenner 6 ergiebt sich
$$6 FeO + N^2O^5 = 3 Fe^2O^3 + N^2O^2.$$

Man bereitet wie in § 135 C eine ziemlich concentrirte Auflösung von schwefelsaurem Eisenoxydul und giesst diese in kleinen Quantitäten zu concentrirter Salpetersäure. Das Eisenoxydul verwandelt sich in Eisenoxyd, während zugleich Stickstoffoxyd gebildet wird. Man könnte dieses Stickstoffoxyd ebenso wie in § 135 E in eine Lösung von schwefelsaurem Eisenoxydul einleiten und die letztere würde dadurch schwarzbraun gefärbt werden. Diese beiden Theilprocesse sind leicht zu einem Gesammtprocess zu vereinigen. Man braucht nur zu einer Lösung von schwefelsaurem Eisenoxydul eine kleine Quantität von Salpetersäure zuzusetzen. Die letztere bildet mit einem Theile des schwefelsauren Eisenoxyduls schwefelsaures Eisenoxyd und Stickstoffoxydgas. Dieses aber wird von der übrigen schwefelsauren Eisenoxydullösung absorbirt, wobei, ebenso wie früher, eine dunkelbraun gefärbte Flüssigkeit entsteht. Es versteht sich, dass beim Zusatze einer grösseren Menge von Salpetersäure zu der Eisenvitriollösung die dunkelbraune Färbung wieder verschwinden muss, weil das gesammte Eisenoxydul sich in Eisenoxyd verwandelt. Dieser Erfolg wird am besten erreicht, wenn man die Flüssigkeit erwärmt.

Die gelbliche Färbung des Salpetersäurehydrats kann unter andern dadurch hervorgebracht sein, dass der zur Darstellung desselben angewandte Salpeter mit Staub verunreinigt war. Dieser verwandelt eine kleine Menge der Salpetersäure in Stickstoffoxyd, welches mit dem Sauerstoff der Luft Untersalpetersäure bildet. Die letztere ertheilt dann der Salpetersäure die gelbe Färbung.

§ 145.

Zwei durch einander diffundirende Flüssigkeiten vereinigen sich fast immer zu einer losen Verbindung, deren Dichtigkeit sich nicht wie die Dichtigkeit eines Gemenges berechnen lässt.

Wir wollen zunächst einige Berechnungen über die Dichtigkeit eines Gemenges von zwei Flüssigkeiten anstellen.

Aufgabe A. Welches ist die Dichtigkeit eines Gemenges von $68\tfrac{0}{0}$ Salpetersäurehydrat und $32\tfrac{0}{0}$ Wasser?

Um die gesuchte Dichtigkeit zu finden, haben wir das Gewicht des gegeben Gemenges zu dividiren durch das eines gleichen Raumtheils Wasser. Das Gewicht des ersteren ist $68 + 32 = 100$. Das Gewicht eines gleichen Volumens Wasser denken wir uns zusammengesetzt aus zwei Theilen: nämlich aus dem Gewicht desjenigen Wassers, welches denselben Raum einnimmt wie 68 Theile Salpetersäurehydrat, und ferner aus dem

Gewicht desjenigen Wassers, welches denselben Raum einnimmt, wie 32 Theile Wasser. Zur Auffindung des ersten Theiles dient die Gleichung $\frac{(S)}{(W)} = 1{,}52$, worin (S) das Gewicht irgend eines Raumtheils Salpetersäurehydrat bedeutet. Aus derselben folgt, da $(S) = 68$ ist

$$(W) = \frac{68}{1{,}52}.$$

Die Dichtigkeit des gegebenen Gemenges beträgt demnach

$$\frac{68 + 32}{\frac{68}{1{,}52} + 32} = \frac{100 \cdot 152}{68 \cdot 100 + 32 \cdot 152} = \frac{15200}{11664} = \frac{950}{729} = 1{,}30.$$

Aufgabe B. **Welches ist die Dichtigkeit des Gemenges $H^2O, N^2O^5 + 5H^2O$?**

Diese Aufgabe ist leicht auf die vorige zurückzuführen. Man hat nur die der gegebenen atomistischen Zusammensetzung entsprechende Gewichtszusammensetzung zu berechnen. So entsteht die Aufgabe: Welches ist die Dichtigkeit eines Gemenges von 252 Theilen Salpetersäurehydrat und 180 Theilen Wasser? Man findet

$$\frac{252 + 180}{\frac{252}{1{,}52} + 180} = \frac{432 \cdot 152}{25200 + 180 \cdot 152} = \frac{65664}{52560} = \frac{456}{365} = 1{,}25.$$

Aufgabe C. **Ein Gemenge von Salpetersäurehydrat und Wasser hat die Dichtigkeit 1,45. Welches ist die procentische Zusammensetzung des gegebenen Gemenges?**

Bezeichnet man mit x die Anzahl der in 100 Theilen des Gemenges enthaltenen Theile von Salpetersäurehydrat, mit y dagegen die Anzahl der Theile von Wasser, so hat man zur Bestimmung von x und y die beiden Gleichungen:

I. $x + y = 100$

II. $\dfrac{x + y}{\dfrac{x}{1{,}52} + y} = 1{,}45.$

Es ergeben sich die Werthe
$$x = \frac{34200}{377} = 90,7$$
$$y = 9,3.$$

Um nun die hier gewonnenen Rechnungsresultate zusammenzustellen mit dem, was in der Ueberschrift gesagt ist, müssen wir zunächst untersuchen, ob Salpetersäure und Wasser durch einander diffundiren. Dies ist allerdings der Fall. Denn wenn man beide Flüssigkeiten zusammenmischt, so trennen sie sich trotz ihrer verschiedenen Dichtigkeit nicht wieder von einander (§ 89). Hieraus folgt, dass beide Flüssigkeiten zu losen Verbindungen sich vereinigen, und dass also wahrscheinlich jede derartige lose Verbindung nicht diejenige Dichtigkeit besitzt, die sie als Gemenge haben müsste. So ist denn auch durch Versuche gefunden, dass eine aus $68\frac{0}{0}$ Salpetersäurehydrat und $32\frac{0}{0}$ Wasser bestehende Flüssigkeit nicht die Dichtigkeit 1,30, wie sie oben in der Aufgabe A berechnet ist, sondern die Dichtigkeit 1,41 besitzt. Ferner ist die in der Aufgabe B zu 1,25 berechnete Dichtigkeit des Gemenges (man kann diesen Ausdruck, wenn kein Missverständniss dadurch veranlasst wird, immerhin gebrauchen) $H^2O, N^2O^5 + 5H^2O$ in Wirklichkeit $= 1,36$.

Endlich enthält ein Gemenge von Salpetersäurehydrat und Wasser, dessen Dichtigkeit 1,45 ist, nicht, wie in Aufgabe C berechnet wurde, $90,3\frac{0}{0}$, sondern nur $77,8\frac{0}{0}$ Salpetersäurehydrat.

Es mag schliesslich bemerkt werden, dass die Gase, welche doch viel rascher durch einander diffundiren wie die Flüssigkeiten, nicht lose Verbindungen mit einander bilden. Die beobachtete Dichtigkeit eines Gasgemenges ist deshalb der berechneten Dichtigkeit desselben gleich (§ 104).

§ 146.

Eine lose Verbindung von zwei ungleich dichten Flüssigkeiten hat eine um so grössere Dichtigkeit, je mehr Procente des dichteren Bestandtheils darin enthalten sind.

Es ist zwar bis jetzt noch nicht gelungen, das Gesetz aufzufinden, nach welchem die Dichtigkeit jedes beliebigen Gemenges von Salpetersäurehydrat und Wasser sich berechnen lässt, man weiss jedoch, dass die Dichtigkeit eines derartigen Gemenges einen um so grösseren Werth hat, je grösser der Procentgehalt des Gemenges an Salpetersäurehydrat ist.

Von dieser Regel wurde in § 134 zur Anfertigung einer verdünnten Salpetersäure von 28 $\frac{0}{0}$ Gehalt an wasserfreier Säure eine Anwendung gemacht.

Es braucht kaum bemerkt zu werden, dass es nicht die geringste Schwierigkeit verursacht, aus dem Procentgehalt einer verdünnten Salpetersäure an wasserfreier Säure den entsprechenden Procentgehalt an Salpetersäurehydrat abzuleiten. So war bei dem in § 133 besprochenen Gemenge der Procentgehalt an wasserfreier Salpetersäure gleich 28; diesem entspricht ein Gehalt von 32,7 $\frac{0}{0}$ Salpetersäurehydrat, wie sich aus der folgenden Berechnung ergiebt.

$$N^2O^5 = H^2O, N^2O^5$$
$$216 = 252$$
$$1 = \frac{252}{216}$$
$$28 = \frac{252 \cdot 28}{216} = 32,7.$$

Bei Gemengen von Salpetersäure und Wasser und überhaupt bei Gemengen sehr vieler durch einander diffundirender Flüssigkeiten (§ 89) bietet die Bestimmung der Dichtigkeit ein werthvolles Mittel dar, um die Zusammensetzung einer solchen Flüssigkeit kennen zu lernen. Da indessen solche sogenannte Flüssigkeitsgemenge in Wahrheit nicht Gemenge, sondern lose Verbindungen sind, so ist, um die Zusammensetzung aus der Dichtigkeit abzuleiten, stets eine Reihe von Versuchen erforderlich, die einmal von einem Chemiker ausgeführt und in einer Tabelle zusammengestellt sind. Diese Versuche bestehen darin, dass man bekannte Gewichtstheile von Salpetersäurehydrat und Wasser zusammenmischt und darauf die Dichtigkeit des entstandenen Gemenges bestimmt. Wenn nun auf diese Weise etwa gefunden ist, dass eine Salpetersäure von 68 $\frac{0}{0}$ Gehalt an Salpetersäurehydrat die Dichtigkeit 1,41 hat, so folgt umgekehrt, dass eine verdünnte

Salpetersäure von der Dichtigkeit 1,41 an Salpetersäurehydrat 68 $\frac{0}{0}$ enthält. Das, was hier über die Ableitung der Zusammensetzung einer Flüssigkeit aus ihrer Dichtigkeit gesagt ist, findet noch bei vielfältigen anderen losen Verbindungen Anwendung, zum Beispiel bei Gemengen von Schwefelsäure und Wasser, von Alkohol und Wasser. Ferner gehören hierher Auflösungen von festen Körpern (zum Beispiel von Kochsalz, Zucker) in Wasser, bei welchen aus einer grösseren Dichtigkeit stets eine grössere Concentration folgt, da alle in Wasser löslichen festen Körper dichter als Wasser sind (man vergleiche § 14). Endlich gehören hierher Flüssigkeiten, welche aus Wasser und einem absorbirten Gase (zum Beispiel Chlorwasserstoffgas, Ammoniakgas) bestehen. Bei der Flüssigkeit, die aus Wasser und absorbirtem Ammoniakgase besteht und welche schon in § 6 und in § 30 unter dem Namen Ammoniak erwähnt worden ist, tritt der Umstand ein, dass einer geringeren Dichtigkeit eine grössere Concentration entspricht. Man muss deshalb annehmen, dass das durch Berührung mit dem Wasser flüssig gewordene Ammoniakgas eine geringere Dichtigkeit wie das Wasser besitzt.

§ 147.

Eine lose Verbindung von zwei Flüssigkeiten mit verschiedenen Siedepunkten hat oft einen höheren Siedepunkt wie jeder der Bestandtheile.

Der Siedepunkt des Salpetersäurehydrats beträgt 86 ⁰ C. nach § 143. Der Siedepunkt des Wassers beträgt 100 ⁰ C. nach § 94. Wenn man nun zu concentrirtem Salpetersäurehydrat allmälig mehr und mehr Wasser hinzufügt, um jedesmal den Siedepunkt des entstandenen Gemenges zu untersuchen, so steigt der Siedepunkt nicht allein bis 100 ⁰ C., sondern sogar bis auf 122 ⁰ C. Diesen Siedepunkt besitzt ein Gemenge von 68 $\frac{0}{0}$ Salpetersäurehydrat und 32 $\frac{0}{0}$ Wasser. Noch mehr verdünnte Flüssigkeiten zeigen wiederum einen niedrigeren Siedepunkt, welcher jedoch stets höher als 100 ⁰ C. ist.

Dieselbe Thatsache lässt sich auf eine noch interessantere Art beobachten. Wenn man nämlich eine verdünnte Salpetersäure von beliebiger Concentration der Destillation unterwirft, und diese lange genug fortsetzt, so zeigt der Rückstand in der Retorte stets einen Siedepunkt von 122° C. und einen Gehalt von 68§ an Salpetersäurehydrat. Hieraus folgt, dass der bei der Destillation sich bildende Dampf im Allgemeinen eine andere Zusammensetzung hat wie die Flüssigkeit, aus welcher der Dampf sich entwickelt. Von einer 80 procentigen Säure destillirt eine noch concentrirtere Säure ab, damit die 68 procentige Säure übrig bleibt. Aus einer 50 procentigen Säure entfernt sich eine noch verdünntere Säure; nur so kann wieder 68 procentige Säure zurückbleiben. Eine 68 procentige Säure endlich destillirt unverändert über.

Wenn dieselben Versuche bei einem anderen als dem gewöhnlichen Luftdruck angestellt werden, so zeigt die in der Retorte zurückbleibende Säure von unveränderlichem Siedepunkt jedesmal eine andere Zusammensetzung.

§ 148.

Ableitung der atomistischen aus der durch Gewichtstheile gegebenen Zusammensetzung.

Die im vorigen Paragraphen erwähnte Thatsache, dass eine verdünnte Salpetersäure von 68§ Gehalt an Salpetersäurehydrat einen unveränderlichen Siedepunkt hat, kann zu der Vermuthung führen, dass die genannte Flüssigkeit nicht eine lose, sondern eine chemische Verbindung sei. Um diese Vermuthung einer genaueren Prüfung zu unterwerfen, wollen wir die Formel für die in Rede stehende Flüssigkeit ableiten. Dieselbe möge heissen $(H^2O)^y$, $(N^2O^5)^x$. Man berechnet zunächst, dass den 68§ Salpetersäurehydrat 58,3§ an wasserfreier Säure entsprechen, so dass der zu untersuchende Körper aus 583 Gewichtstheilen wasserfreier Salpetersäure und aus 417 Gewichtstheilen Wasser besteht.

Wir schreiben nun

$$x N^2 O^5 + y H^2 O = (H^2 O)^y, (N^2 O^5)^x$$

I. 583 z Molecüle + 417 z Molecüle

II. $\dfrac{583 z}{216}$ Atome + $\dfrac{417 z}{36}$ Atome

III. 1 Atom + $\dfrac{417 z \cdot 216}{36 \cdot 583 z}$

IV. 1 + 4,292.

	A B	C	D	E
1 +	4,292	4 : 1 = 4,000	4,292 — 4,000 = 0,292	3
2 +	8,584	9 : 2 = 4,500	4,500 — 4,292 = 0,208	2
3 +	12,876	13 : 3 = 4,333	4,333 — 4,292 = 0,041	1

An Stelle von 583 Theilen wasserfreier Salpetersäure können wir 583 z Molecüle setzen, wenn wir unter z die Anzahl der in einem Theil enthaltenen Molecüle verstehen. Dann sind 417 Theile Wasser zu ersetzen durch 417 z Molecüle Wasser, wie es in Gleichung I. geschehen ist. Es mag nebenbei bemerkt werden, dass, wenn diese Gleichung vollkommen richtig sein soll, die Zahl 583 z theilbar sein muss durch 216, nämlich durch das Atomgewicht der wasserfreien Salpetersäure; denn irgend eine bestimmte Menge eines gewissen Körpers muss aus einer bestimmten ganzen Zahl von Atomen bestehen. Ebenso muss also auch die Zahl 417 z theilbar sein durch 36, das Atomgewicht des Wassers.

Wir müssen jezt statt der in Gleichung I. stehenden Molecüle Atome einsetzen. Wir erhalten $\dfrac{583 z}{216}$ Atome wasserfreie Salpetersäure und $\dfrac{417 z}{36}$ Atome Wasser. Weiterhin haben wir ebenso zu verfahren wie in § 139. Wenn man alle Glieder einer richtigen chemischen Gleichung mit derselben Zahl multiplicirt, so erhält man wiederum eine richtige Gleichung.

Von den beiden Zahlen $\dfrac{583 z}{216}$ und $\dfrac{417 z}{36}$ ist die erste die kleinere. Wir multipliciren deshalb die Gleichung II mit $\dfrac{216}{583 z}$; es entsteht Gleichung III.

Ueber die Genauigkeit der jetzt abzuleitenden einfachen Zahlen wollen wir, ebenso wie in § 139, die Voraussetzung machen, dass der Fehler nicht ein ganzes Procent betragen darf. Diese Voraussetznng ist dem gegenwärtigen Zustande der Chemie wohl entsprechend. Denn wenn ein Chemiker (durch Mittel, die hier nicht zu erörtern sind) die Zusammensetzung eines dem besprochenen ähnlichen Körpers mit Vorsicht bestimmt, so wird der dabei mögliche Fehler meistens weniger als ein Procent betragen.

Der Formel $(H^2O)^4$, N^2O^5 entsprechen 60,0 $\tfrac{0}{0}$ wasserfreie Säure; der Formel $(H^2O)^9$, $(N^2O^5)^2$ entsprechen 57,1 $\tfrac{0}{0}$; der Formel $(H^2O)^{13}$, $(N^2O^5)^3$, entsprechen 58,0 $\tfrac{0}{0}$. Die Zahlen 3 und 13 sind die kleinsten, die der Aufgabe genügen, da in dem gegebenen Körper 58,3 $\tfrac{0}{0}$ wasserfreie Salpetersäure enthalten waren.

Aus § 53 erhellt, dass die Existenz einer chemischen Verbindung von der Formel $(H^2O)^{13}$, $(N^2O^5)^3$ sehr unwahrscheinlich genannt werden muss. Man könnte die in Rede stehende verdünnte Salpetersäure auch als eine Verbindung von Salpetersäurehydrat und Wasser betrachten. Ihre Formel würde dann sein $(H^2O, N^2O^5)^3$; $(H^2O)^{10}$. Es ist indessen auch die Existenz einer nach der letzten Formel zusammengesetzten Verbindung für unwahrscheinlich zu erklären. Da wir nun am Schlusse des vorigen Paragraphen gesehen haben, dass der bei der Destillation von Salpetersäure in der Retorte verbleibende Rückstand nicht eine unveränderliche, sondern eine von dem Luftdrucke abhängige Zusammensetzung hat, so geht hieraus in Uebereinstimmung mit dem Vorhergehenden die Unwahrscheinlichkeit dafür hervor, dass jener Rückstand für eine chemische Verbindung zu halten sei.

§ 149.
Die Dichtigkeit einer als rein gedachten Luftart, gemessen durch die Dichtigkeit derselben unter 28 Zoll Druck, nennt man die Concentration der Luftart.

Es ist schon in § 100 darauf hingewiesen worden, dass die Dichtigkeit irgend eines Körpers denselben Werth behält, mag man nun zu ihrer Bestimmung eine grössere oder eine kleinere Menge des betreffenden Körpers verwenden. Wenn die Dichtigkeit eines grösseren Stückes Schwefel gleich 2 ist, so kann man den Schwefel pulverisiren, und es ist noch immer die Dichtigkeit jedes noch so kleinen Stückchens Schwefel gleich 2. Die Dichtigkeit des Eisens ist 7,8, und wenn man etwa Eisenfeilspähne mit pulverisirtem Schwefel mengt, so ist noch immer die Dichtigkeit jedes Eisenstückchens gleich 7,8, die Dichtigkeit jedes Schwefelstückchens gleich 2. Nicht anders verhält es sich mit Luftarten. Wenn man 2 Maass Wasserstoff und 1 Maass Sauerstoff in ein Gefäss bringt, so behält die Dichtigkeit jedes Gases ihren früheren Werth, mögen nun die beiden Gase, welche zusammen 3 Maas ausmachen, noch unvermischt sein oder mögen sie zu Knallgas sich mit einander vermengt haben.

Man kann jedoch von einem derartigen Gemenge einen einzigen Bestandtheil besonders ins Auge fassen und sich denken, derselbe sei rein, die übrigen beigemengten Bestandtheile seien also nicht vorhanden. Unter dieser Voraussetzung würde dann die Dichtigkeit des Wasserstoffs im Knallgase $= \dfrac{2\,(H)}{3\,(L)} = \dfrac{2 \cdot 10}{3 \cdot 144}$,

die Dichtigkeit des Sauerstoffs im Knallgase $= \dfrac{(O)}{3\,(L)} = \dfrac{10}{3 \cdot 9}$

sein. Die Concentration des Wasserstoffes im Knallgase würde also $\dfrac{\frac{2 \cdot 10}{3 \cdot 144}}{\frac{10}{144}} = \dfrac{2}{3}$, die des Sauerstoffs im Knallgase würde $\dfrac{\frac{10}{3 \cdot 9}}{\frac{10}{9}} = \dfrac{1}{3}$ sein.

Man sieht leicht ein, dass der Ausdruck Concentration bei Luftarten in ganz ähnlichem Sinne gebraucht wird wie bei Flüssigkeiten (§ 85). Denn mengt man Schwefelsäure mit Wasser, so bleibt, wenn nicht etwa beide Flüssigkeiten eine Verbindung mit einander eingehen, trotz der Vermengung die Dichtigkeit jeder Elüssigkeit ungeändert, die Concentration der Schwefelsäure dagegen wird immer geringer, je mehr Wasser man zusetzt.

Jeder wirklich reinen Luftart, welche unter einem Druck von 28 Zoll steht, entspricht offenbar die Concentration 1.

Man denke sich ein Gefäss von 1 Cubikfuss Inhalt, welches Wasserstoff bei 28 Zoll Druck enthält. Der Wasserstoff bestehe aus x Atomen. Diese x Atome füllen den Cubikfuss vollständig aus, und es vermag bei derselben Temperatur und demselben Drucke in diesen mit Wasserstoff gefüllten Cubikfuss, ebenso wenig wie etwa in einen mit Wasser gefüllten Cubikfuss, noch irgend ein ferneres Atom einzudringen. Bei vergrössertem Drucke dagegen kann das mit x Atomen Wasserstoff gefüllte Gefäss mehr Atome aufnehmen, bei einem Drucke von 56 Zoll zum Beispiel 2 x Atome Wasserstoff. Die Dichtigkeit des Wasserstoffs wird dadurch verdoppelt, und seine Concentration wird gleich 2. Statt der zweiten x Atome Wasserstoff kann man unter Vergrösserung des Druckes auf 56 Zoll auch x Atome Sauerstoff in denselben Raum bringen. Die früheren x Atome Wasserstoff nehmen jetzt nur die Hälfte des Gefässes ein, und die Dichtigkeit des Wasserstoffs ist, ebenso wie im vorigen Falle, verdoppelt. Nachdem aber die x Atome Wasserstoff mit den x Atomen Sauerstoff sich vollständig vermengt haben, ist die Concentration des Wasserstoffs zu ihrem früheren Werthe 1 zurückgekehrt. Ebenso hat auch der mit dem Wasserstoff vermengte Sauerstoff offenbar die Concentration 1. Wollte man zu den anfänglichen x Atomen Wasserstoff bei Vergrösserung des Druckes auf 56 Zoll Stickstoffoxydul in das Gefäss bringen, so würde die Anzahl der Atome des letzteren $\frac{1}{2}$ x betragen; von Stickstoffoxyd würde die Anzahl der Atome $\frac{1}{4}$ x betragen. Denn $\frac{1}{2}$ x Atome Stickstoffoxydul und ebenso $\frac{1}{4}$ x Atome Stickstoffoxyd nehmen denselben Raum ein wie x Atome Wasserstoff, und bei der Verdoppelung des Druckes wird das Volumen jedes Gases halbiert. Die Concentration jedes in der beschriebenen Weise mit Wasserstoff gemengten Gases würde gleich 1 sein.

Man kann aus diesem Beispiele noch folgendes Gesetz entnehmen: Wenn die Concentration eines reinen Gases gleich 2 ist, so ist der Druck, unter dem das Gas sich befinden muss, gleich 2 . 28 Zoll, und wenn in einem Gasgemenge die Summe aller Concentrationen 2 beträgt, so ist der Druck, unter welchem das Gasgemenge sich befinden muss, ebenfalls gleich 2.28 Zoll. Ist etwa in einem Gefässe enthalten ein Gemenge von Stickstoff mit der Concentration $\frac{4}{8}$, von Sauerstoff mit der Concentration $\frac{3}{8}$ und von einer dritten Luftart mit der Concentration $\frac{1}{4}$, so ist der Druck, unter welchem dies Gemenge sich befinden muss, gleich $(\frac{4}{8} + \frac{3}{8} + \frac{1}{4}).28 = 35$ Zoll.

§ 150.

Jeder chemische Körper kann im luftförmigen Zustande bei irgend einer Temperatur eine um so grössere Concentration erreichen, je weniger tief die Temperatur unter dem Siedepunkt des Körpers liegt. Einen Dampf, welcher die seiner Temperatur entsprechende grösste Concentration erreicht hat, nennt man gesättigt.

Der Inhalt des vorhergehenden Paragraphen bezieht sich ohne Einschränkung auf alle Luftarten und demnach auch auf die Dämpfe, das heisst auf solche Körper im luftförmigen Aggregatzustande, die unter gewöhnlichen Verhältnissen von Druck und Temperatur auch flüssig oder fest sein können. Bei den Dämpfen tritt aber ein eigenthümlicher Umstand ein, der eine besondere Besprechung nothwendig macht. Es kann nämlich ein Körper unterhalb seines Siedepunktes als reiner Dampf unter einem Drucke von 28 Zoll nicht existiren. So können beispielsweise Wasserdampf unterhalb $100°$, Dampf von Salpetersäurehydrat unterhalb $86°$ und der Dampf der losen Verbindung von $68\frac{0}{0}$ Salpetersäurehydrat und $32\frac{0}{0}$ Wasser unterhalb $122°$ in reinem Zustande unter einem Druck von 28 Zoll nicht existiren. Es geht nun aus dem vorigen Paragraphen hervor, dass man zur Berechnung der Concentration einer Luftart zwei Grössen kennen muss, nämlich erstens die Dichtigkeit, welche jene Luftart haben würde, wenn sie das gegebene Gefäss allein anfüllte, und zweitens die Dichtigkeit derselben Luftart, wenn sie in reinem Zustande unter 28 Zoll Druck sich befände. Die zuletzt genannte Dichtigkeit kann nun zwar, wie oben gesagt wurde, ein Körper im luftförmigen Zustande unterhalb seiner Siedetemperatur nicht annehmen, es ist aber als sicher zu betrachten, dass die wahre Dichtigkeit eines Dampfes in einem Gemenge von Luftarten unter 28 Zoll Druck stets den mit Hülfe von § 102 oder § 126 oder § 131 berechneten Werth besitzt, und wir müssen folglich den letzteren Werth der Berechnung der Concentration zu Grunde legen.

Es kann jeder Körper im luftförmigen Aggregatzustande bei seinem Siedepunkte in reinem Zustande unter 28 Zoll Druck existiren, und hieraus folgt, dass ein solcher Dampf unter den genannten Umständen die Concentration 1 hat. Diese Concentration hat also zum Beispiel reiner Wasserdampf bei 100^0 C. unter 28 Zoll Druck. Dies ist zugleich die grösste Concentration, welche Wasserdampf von 100^0 annehmen kann. Nun folgt aus dem vorigen Paragraphen, dass die Concentration eines Gases oder eines Dampfes ganz unabhängig von beigemengten fremdartigen Atomen ist. Ist in einem Gefässe gesättigter Wasserdampf von 100^0 C. enthalten, dessen Concentration, wie oben gesagt wurde, gleich 1 ist, so kann dieses Gefäss bei derselben Temperatur nicht noch mehr luftförmige Wasseratome aufnehmen, denn dadurch würde die Concentration des Wasserdampfes vergrössert werden. Dagegen kann das Gefäss, wenn es nur hinreichend fest ist, um den grösseren Druck aushalten zu können, noch eine beliebige Menge von Sauerstoff, Stickstoff, Wasserstoff und anderen fremdartigen Luftarten aufnehmen; denn durch diese wird die Concentration des Wasserdampfes nicht geändert, vorausgesetzt, dass der Wasserdampf sich mit den fremdartigen Atomen vollständig mengt.

Bei Temperaturen unterhalb 100^0 ist das Concentrationsmaximum des Wasserdampfes desto kleiner, je tiefer die betreffende Temperatur unter 100^0 liegt. Bei 82^0 zum Beispiel kann der Wasserdampf die Concentration $\frac{1}{2}$, bei 34^0 die Concentration $\frac{1}{20}$, bei 0^0 die Concentration $\frac{1}{150}$ nicht überschreiten.

Einen für diese Betrachtungen lehrreichen Versuch kann man mit Aether anstellen. Der Aether, eine bei $35,6^0$ C. siedende Flüssigkeit von eigenthümlichem, erfrischendem Geruch, hat die Formel $C^8H^{20}O^2$. Von dieser Formel, welche nach § 53 und § 51 auffällig erscheint, wird später die Rede sein. Die normale Dichtigkeit des Aetherdampfes berechnet sich nach § 131 zu

$$\frac{(C^8H^{20}O^2)}{(L)} = \frac{C^8H^{20}O^2}{4H} \cdot \frac{(H)}{(L)} = \frac{296 \cdot 10}{8 \cdot 144} = \frac{185}{72} = 2{,}57.$$

Man füllt nun eine kleine Gasentwicklungsflasche etwa einen Zoll hoch mit Quecksilber und kühlt sie durch Eintauchen in ein Gemenge von Wasser und Eis auf 0^0 ab. Man setzt auf die Flasche einen luftdicht schliessenden Kork, durch welchen ein möglichst langhalsiger Trichter geführt ist. Das Trichtergefäss muss nicht kegelförmig, sondern kugelförmig gestaltet sein, so dass man die Oeffnung desselben in den Mund nehmen und hineinblasen kann. Die Mündung des Trichterhalses liegt etwa einen halben Zoll tief unter der Oberfläche des Quecksilbers. Die in der Flasche enthaltene Luft befindet sich jetzt unter dem herrschenden Luftdrucke, und in den von dieser Luft erfüllten Raum kann eine andere Luftart nur eindringen, wenn gleichzeitig der Druck vergrössert wird. Man giesst in den Trichter etwas Aether ein und entfernt durch Neigen des Apparates die in dem Trichterhalse möglicherweise zwischen den Aethertheilen zurückgebliebene Luft. Durch Einblasen in die Mündung des Trichtergefässes führt man etwas Aether (nicht aber Luft) durch das Quecksilber hindurch in die Flasche ein. Der höchste Werth, den die Concentration des Aetherdampfes bei 0^0 erreichen kann, ist $\frac{1}{4}$, und der Aetherdampf vermag nach dem Obigen diese grösste Concentration eben so wohl zu erreichen, wenn die Flasche leer ist, wie wenn sie bereits andere Luftarten (zum Beispiel Stickstoff und Sauerstoff) enthält. Sollen aber in den mit Luft gefüllten Raum neue Atome eintreten, so kann dies nur unter gleichzeitiger Vergrösserung des Druckes geschehen. Diese Druckvergrösserung wird dadurch bewirkt, dass die luftförmigen Aetheratome das Quecksilber im Trichterrohre empordrücken, während das emporgehobene Quecksilber seinerseits auf die in der Flasche enthaltenen Luftarten drückt. Der Betrag der Druckvergrösserung ist leicht zu berechnen. Es tritt hier der zu Ende des vorigen Paragraphen besprochene Fall ein. Die Concentrationen von Stickstoff, Sauerstoff und Aetherdampf betragen zusammen $1\frac{1}{4}$ und es muss also der frühere Druck von 28 Zoll um $\frac{1}{4}$ von 28 Zoll, also um 7 Zoll, vermehrt werden. Demgemäss sieht man das Quecksilber in dem Trichterrohr allmälig um 7 Zoll steigen.

Lässt man nun die Temperatur der Flasche sich erhöhen, so liegt die neue Temperatnr weniger tief unter dem Siedepunkte des Aethers, und es entspricht derselben ein grösseres Concentrationsmaximum des gesättigten Aetherdampfes. Man sieht demzufolge das Quecksilber in dem Trichterrohr steigen und zwar bedeutend höher, als es ohne Verdampfung von neuem Aether, allein in Folge der Erwärmung der Luftarten, gestiegen sein würde. Kühlt man die Flasche wieder auf 0^0 ab, so wird ein Theil des vorher luftförmigen Aethers flüssig, und in Folge der verringerten Concentration des Aetherdampfs sinkt das Quecksilber wieder auf die anfängliche Höhe von 7 Zoll herab. Es wurde oben schon bemerkt, dass nach der Einführung des flüssigen Aethers in die Flasche die durch das Verdampfen des Aethers bewirkte Druckvermehrung nicht plötzlich eintritt. Der Aetherdampf bildet sich an der Oberfläche des flüssigen Aethers mit der Concentration $\frac{1}{4}$, und es diffundiren darauf der Aetherdampf und die Luft durch einander. In Folge dessen nimmt die Concentration des unmittelbar oberhalb des flüssigen Aethers liegenden Aetherdampfes wieder ab, und um dieselbe wiederum auf $\frac{1}{4}$ zu bringen, verwandelt sich von neuem ein Theil flüssiges Aethers in Dampf. In dieser Weise folgen Verdampfung des Aethers und Diffusion des Aetherdampfs in die Luft so lange auf einander, bis die Concentration des luftförmigen Aethers innerhalb der ganzen Flasche ihren höchsten Werth $\frac{1}{4}$ erreicht hat.

Man kann hierüber noch folgenden Versuch anstellen. In eine geräumige, mit einem Glasstöpsel zu verschliessende Flasche giesst man ein wenig Aether, bläst durch eine Röhre neue Luft in die Flasche und setzt rasch den Stöpsel auf. Wenn dieser nicht etwa sehr gut oder sehr schlecht schliesst, so lüftet er sich von selbst mehrere Male hinter einander. Dies rührt davon her, dass der Aetherdampf allmälig in die Luft hinein diffundirt; hierdurch wird der Druck vergrössert und der Stöpsel emporgehoben, so dass von den in der Flasche enthaltenen Luftarten ein Theil ausströmen kann. Der Stöpsel wird nicht mehr gelüftet, nachdem der Aetherdampf innerhalb der ganzen Flasche die der Temperatur entsprechende Sättigung erreicht hat, und nachdem so viel Luft ausgetreten ist, dass die Concentration der zurückgebliebenen Luft und die Concentration des Aetherdampfes zusammengenommen den Werth 1 erreicht haben.

Dieselbe Erscheinung tritt oft auch bei einer mit Salpetersäurehydrat und Luft, besonders aber bei einer mit rauchender Salpetersäure (§ 152) und Luft gefüllten Flasche ein. Von den genannten Säuren spritzen dabei bisweilen Tropfen umher, welche vorher zwischen Flaschenhals und Stöpsel befindlich waren.

Bei Gelegenheit des obigen Versuches, bei welchem Quecksilber gebraucht wurde, mögen einige Bemerkungen über das Experimentiren mit Quecksilber hier mitgetheilt werden. Ist Quecksilber mit anderen Flüssigkeiten in Berührung gekommen, so giesst man es zum Behufe des Trocknens auf mehrfach zusammengefaltetes Filtrirpapier, welches man in eine Porzellanschale gelegt hat. — Ist Quecksilber mit anderen Flüssigkeiten geschüttelt worden, so hat es sich oft in eine grosse Menge von kleinen Tropfen verwandelt, welche durch dünne Schichten der beigemengten Flüssigkeit von einander getrennt sind und selbst nach längerem Stehen nicht zu einer zusammenhängenden Masse sich wieder vereinigen. Auch hier erreicht man den gewünschten Zweck gewöhnlich durch Ausgiessen des Quecksilbers auf Filtrirpapier, welches die beigemengte Flüssigkeit aufsaugt. — Um einzelne verschüttete Quecksilbertropfen aufzusammeln, bedient man sich einer Pipette, die man in eine möglichst horizontale Lage bringt. Die Kautschuckkugel der Pipette hält man in der rechten Hand, den unteren Theil der Pipette fest in der linken. Man kann so eine grössere Anzahl von Tropfen in die Erweiterung der Pipette hineinsaugen und nachher auf einmal ausgiessen. — Um einzelne Tropfen oder einen feinen Strahl von Quecksilber zu erhalten, kann man sich eines hölzernen Gefässes mit eiserner Ausflussröhre, die mit einem eisernen Hahn versehen ist, bedienen. Einfacher ist es, eine Flasche mit einem Kork zu verschliessen, in welchen man mit dem spitzen Griffende einer kleinen Feile ein enges Loch gebohrt hat. Will man das Quecksilber aus der Flasche ausfliessen lassen, so kehrt man sie ganz um, indem man zugleich den Kork mit einem Finger festhält. Nach einiger Zeit hört das Quecksilber in Folge des Luftdrucks zu fliessen auf, und man muss, um von neuem Quecksilber ausfliessen zu lassen, die Flasche erst wieder umkehren, um an die Stelle des ausgetretenen Quecksilbers Luft in die Flasche eindringen zu lassen. — Grössere Mengen von Quecksilber bewahrt man nicht in Glasflaschen auf, welche zu zerbrechlich sind, sondern in verschliessbaren irdenen oder am besten eisernen Gefässen. — Gold muss man nicht mit Queck silber in Berührung kommen lassen, einen goldenen Fingerring also nöthigenfalls abziehen.

§ 151.

Das Salpetersäurehydrat bildet an feuchter Luft Nebel. Luftförmige Körper können ausser durch Abkühlung auch durch Zusammendrückung condensirt werden.

Vermittelst des im vorigen Paragraphen ausgesprochenen Gesetzes kann man nicht allein die Dampfconcentration eines und desselben Körpers bei verschiedenen Temperaturen, sondern auch die Dampfconcentration verschiedener Körper bei derselben Temperatur mit einander vergleichen. Da zum Beispiel der Siedepunkt des Wassers 100° C. ist, so ist die Dampfconcentration des Wassers bei 0° geringer als diejenige des Aethers bei derselben Temperatur.

Vergleicht man nun in derselben Beziehung mit einander das reine Salpetersäurehydrat, welches bei 86° C. siedet, und das in § 146 besprochene Gemenge von 68$\tfrac{6}{8}$ Salpetersäurehydrat und 32$\tfrac{6}{8}$ Wasser, welches bei 122° siedet, so ergiebt sich, dass bei irgend einer Temperatur, zum Beispiel bei 15°, der Dampf des reinen Salpetersäurehydrats eine grössere Concentration hat wie der von dem genannten Gemenge gebildete Dampf. Denn die Temperatur 15° liegt um 71° tiefer als 86°, dagegen um 107° tiefer als 122°.

Hieraus erklärt sich die in der Ueberschrift genannte Erscheinung. Unter feuchter Luft versteht man Luft, die mit Wasserdampf gemengt ist. Die gewöhnliche Luft ist selten oder niemals vollkommen trocken. Wenn nun Salpetersäurehydrat an feuchter Luft steht, so kommt der von der Flüssigkeit aus diffundirende Dampf in Berührung mit dem in der Luft enthaltenen Wasserdampf und es entsteht die lose Verbindung der beiden Körper. Diese hat aber einen höheren Siedepunkt und folglich eine geringere Dampfconcentration wie Salpetersäurehydrat und wie Wasser. Es muss deshalb ein Theil der entstandenen Verbindung wieder flüssig werden, und dieser Theil erscheint in Form kleiner Tröpfchen oder eines Nebels. Ein Nebel wird manchmal auch Rauch genannt, und es ist in der That unmöglich, durch das blosse Ansehen einen Nebel von einem Rauch zn unterscheiden (§ 33).

Aus dem Vorstehenden kann man noch einen allgemeinen Schluss ziehen. Es ist in § 15 gesagt, dass jeder luftförmige Körper durch Temperaturerniedrigung in einen flüssigen verwandelt werden kann. Zur Erreichung desselben Zweckes kann noch ein zweites Mittel dienen; dieses besteht darin, dass man die Concentration eines luftförmigen Körpers mehr und mehr vergrössert, indem man von dem betreffenden Körper eine immer grössere Quantität in ein gegebenes Gefäss hineinpresst. Sobald die Concentration der betreffenden Luftart das der gegebenen Temperatur entsprechende Maximum erreicht hat, muss jede weiterhin in dasselbe Gefäss gepresste Menge derselben Luftart flüssig werden. Es versteht sich, dass die gleichzeitige Anwendung beider Mittel, nämlich Abkühlung und Zusammendrückung, besser zum Ziele führt als jedes Mittel für sich allein. Es versteht sich ferner auch, dass irgend ein luftförmiger Körper, zum Beispiel Stickstoffoxydulgas, nicht dadurch condensirt werden kann, dass man in das Gefäss, welches das Stickstoffoxydulgas enthält, ein anderes Gas, etwa Luft, hineinpresst. Denn hierdurch würde die Concentration des Stickstoffoxydulgases nicht geändert werden.

§ 152.

Die rauchende Salpetersäure ist eine lose Verbindung von Salpetersäurehydrat und Untersalpetersäure. Sie wird dargestellt durch Destillation eines Gemenges von 2 Theilen Salpeter und 1 Theil Schwefelsäurehydrat. Sie ist eine rothe Flüssigkeit, von welcher ein rother Dampf sich entwickelt.

Das Salpetersäurehydrat vermag eine ziemlich grosse Menge der bei gewöhnlicher Temperatur luftförmigen Untersalpetersäure zu absorbiren, und die so entstehende Flüssigkeit wird rauchende Salpetersäure genannt. Die Theorie ihrer Darstellung entspricht der eben genannten Zusammensetzung. Man hat nur die Gleichungen zu addiren, welche die Entstehung des Salpetersäurehydrats (§ 141) und die der Untersalpetersäure (§ 138) ausdrücken. So erhält man

$$\underline{KO,N^2O^5 + 2H^2O,SO^3 = H^2O,N^2O^5 + KO,SO^3\,;\,H^2O,SO^3}$$
$$\underline{KO,SO^3\,;\,H^2O,SO^3 + KO,N^2O^5 = N^2O^4 + H^2O + O + 2KO,SO^3}$$
$$2KO,N^2O^5 + 2H^2O,SO^3 = H^2O,N^2O^5 + N^2O^4 + H^2O + O + 2KO,SO^3$$

$$808 \quad + \quad 392$$
$$\frac{808}{392} \quad + \quad 1$$
$$2{,}06 \quad + \quad 1.$$

Man bringt in eine Retorte etwa $1\frac{1}{2}$ Loth Salpeter und $\frac{3}{4}$ Loth Schwefelsäure und destillirt, während die Vorlage gut abgekühlt wird. Wenn man gleich nach der Mengung destillirt, so kann man die beiden auf einander folgenden Theilprocesse deutlich unterscheiden. Zuerst geht die Destillation des Salpetersäurehydrats bei geringer Erhitzung von statten, und es ist in der Retorte nur eine schwache gelbe Färbung des übergehenden Dampfes wahrnehmbar. Sobald aber in der Retorte nur noch das Gemenge von saurem schwefelsaurem Kali und Salpeter übrig geblieben ist, muss die Temperatur bedeutend erhöht werden, und es entwickelt sich der braunrothe Dampf der Untersalpetersäure.

Wenn eine Flasche nur zum Theil mit rauchender Salpetersäure gefüllt ist, so färbt sich die darüber befindliche Luft durch den Dampf der Untersalpetersäure roth. An feuchter Luft tritt zu diesem rothen Dampf noch der vom Salpetersäurehydrat herrührende Nebel hinzu. Es ist wohl zu beachten, dass das reine Salpetersäurehydrat, obgleich es an feuchter Luft ebenfalls Nebel bildet, doch nicht rauchende, sondern nur concentrirte Salpetersäure genannt wird.

Die rauchende Salpetersäure wirkt noch stärker oxydirend wie das Salpetersäurehydrat. Man muss zum Beispiel nicht Phosphor in rauchende Salpetersäure bringen, denn es kann alsdann eine so heftige Entwicklung von Stickstoffoxydgas eintreten, dass eine Explosion davon die Folge ist.

Wenn man zu rauchender Salpetersäure etwas Wasser hinzufügt, so färbt sich aus noch unbekanntem Grunde die Flüssigkeit dunkelgrün; zugleich entwickeln sich Gasblasen, welche aus Stickstoffoxyd bestehen. Es ist schon in § 136 gezeigt, dass aus Untersalpetersäure und Wasser Salpetersäure und Stickstoffoxyd sich bilden. Fügt man noch mehr Wasser hinzu, so färbt sich die Flüssigkeit hellgrün und wird endlich farblos. Die farblose Flüssigkeit enthält keine Untersalpetersäure mehr und besteht nur aus verdünntem Salpetersäurehydrat.

§ 153.

Das Ammoniak H^6N^2 bildet sich beim Erhitzen eines Gemenges von Kalihydrat, Salpeter und Eisenfeilspähnen. Es ist häufig der Fall, dass ein Körper nur im Entstehungszustande die Eigenschaft besitzt, mit einem andern Körper sich zu verbinden.

Es giebt eine Verbindung von Stickstoff und Wasserstoff. Hieraus folgt natürlich, dass Stickstoff und Wasserstoff sich mit einander verbinden können. Dieselbe Thatsache, dass nämlich Stickstoff und Wasserstoff sich mit einander verbinden können, drückt man auch wohl so aus, dass man sagt: Stickstoff und Wasserstoff haben Verwandtschaft zu einander. Man hüte sich jedoch wohl, in den Irrthum zu verfallen, als ob sich vermittelst des Begriffs der Verwandtschaft irgend eine durch den Versuch noch nicht festgestellte Thatsache mit Sicherheit vorausbestimmen liesse. Da weisser Kupfervitriol und Wasser sich mit einander verbinden, so sagt man, sie haben Verwandtschaft zu einander. Dennoch weiss man, dass weisser Kupfervitriol und Wasser, die unter gewissen Umständen sich verbinden, unter anderen Umständen das entgegengesetzte Verhalten zeigen, so dass ihre Verbindung sich zersetzt.

Wir haben die Verbindung von Stickstoff und Wasserstoff, das Ammoniak, schon früher kennen gelernt. Dasselbe lässt sich an verschiedenen Eigenschaften, die es mit keinem anderen Körper gemein hat, leicht erkennen, nämlich erstens an seinem eigenthümlichen, stechenden Geruch und ferner daran, dass luftförmiges Ammoniak mit luftförmiger Salzsäure einen Rauch bildet, der aus salzsaurem Ammoniak besteht. Taucht man einen Glasstab in Salzsäure und bringt diesen in die Mündung einer mit Ammoniak gefüllten Flasche, so sieht man den genannten Rauch sich bilden.

Um die in der Ueberschrift genannte Entstehungsweise des Ammoniaks richtig aufzufassen, beginnt man mit zwei Vorversuchen.

Es lässt sich Wasserstoff darstellen durch Erhitzung eines Gemenges von Kalihydrat und Eisenfeilspähnen.

$$KO, H^2O = KO + \overline{H^2O}$$
$$H^2O + Fe = FeO + \overline{2H}$$
$$\overline{KO, H^2O + Fe = 2H + KO + FeO.}$$

Man bringt ein Gemenge von Kalihydrat und Eisenfeilspähnen in ein trockenes Reagensglas, schiebt über die Mündung des letzteren einen Kautschuckschlauch und erhitzt, während das freie Ende des Kautschuckschlauchs sich unter Wasser befindet. Bald beginnt eine lebhafte Gasentwickelung. Man lässt das Gas in einen kleinen Cylinder treten. Das Gas ist brennbar; es besteht aus Wasserstoff.

Stickstoff lässt sich darstellen durch Erhitzung eines Gemenges von Salpeter und Eisenfeilspähnen.

$$KO,N^2O^5 = KO + N^2O^5$$
$$N^2O^5 + 5\,Fe = 5\,FeO + 2\,N$$
$$\overline{KO,N^2O^5 + 5\,Fe = 2\,N + KO + 5\,FeO}$$

Man verfährt in entsprechender Weise wie bei dem vorigen Versuche. Das entwickelte Gas ist nicht brennbar und unterhält die Verbrennung nicht; es besteht aus Stickstoff.

Wollte man nun die beiden entwickelten Gase mit einander vermengen, so würde es doch weder durch Anzündung noch durch Berührung mit Platinschwamm, noch auf irgend eine andere Weise gelingen, Wasserstoff und Stickstoff mit einander sich verbinden zu lassen. Denn beide Gase verbinden sich nicht direct. Wenn dagegen Wasserstoff und Stickstoff im Entstehungszustande (status nascens) sich befinden, so können sie sich zu Ammoniak verbinden.

$$3\,KO,H^2O + 3\,Fe = 6\,H + 3\,KO + 3\,FeO$$
$$KO,N^2O^5 + 5\,Fe = 2\,N + KO + 5\,FeO$$
$$6\,H + 2\,N = H^6N^2$$
$$\overline{3\,KO,H^2O + KO,N^2O^5 + 8\,Fe = H^6N^2 + 4\,KO + 8\,FeO.}$$

Die Entstehung des Ammoniaks auf die durch die letzte Gleichung bezeichnete Weise erfolgt nur, wenn man einen beträchtlichen Ueberschuss von Eisenfeilspähnen anwendet. Zugleich mit dem Ammoniak entstehen auch Quantitäten von Wasserstoff und Stickstoff, die sich nicht mit einander verbinden. Bringt man in ein Reagensglas etwa 15 Korn Kalihydrat, 5 Korn Salpeter und 400 Korn Eisenfeilspähne, die man in einer Reibeschale gut durch einander gemengt hat, und erhitzt, während man das Reagensglas horizontal hält, so kann man sowohl vermittelst des Geruchs als auch mit Hülfe eines mit Salzsäure benetzten Glasstabes das entstandene Ammoniak deutlich wahrnehmen.

Für den Fall, dass man ein Gewicht von 5 Korn nicht besitzt, dagegen aber sogenannte Medicinalgewichte, sei hier bemerkt, dass 1 Gran gleich 3,654 Korn ist. Ferner sind 20 Gran = 1 Scrupel, 3 Scrupel = 1 Drachme, 8 Drachmen = 1 Unze. Statt der oben bezeichneten Gewichte kann man also anwenden 3 Gran Kalihydrat, 1 Gran Salpeter und 80 Gran Eisenfeilspähne.

§ 154.

Das Ammoniakgas wird dargestellt aus einem Gemenge von 1 Theil Chlorammonium (Salmiak) und 2 Theilen Calciumoxyd (gebranntem Kalk oder gebranntem Marmor).

Das Wort Ammoniak hat drei verschiedene Bedeutungen. Man versteht darunter erstens den Körper H^6N^2, welcher bei gewöhnlicher Temperatur und gewöhnlichem Druck gasförmig ist und welcher deshalb genauer Ammoniakgas genannt wird. Man versteht unter Ammoniak zweitens die lose Verbindung von Ammoniakgas und Wasser, welche entsteht, wenn man das erstere durch das letztere absorbiren lässt. Die genauere Bezeichnung hierfür ist Ammoniakflüssigkeit (auch Salmiakgeist). Diese ist schon in § 6 und in § 30 erwähnt worden. Die Formel dafür würde $H^6N^2 + xH^2O$ heissen. Drittens versteht man unter Ammoniak eine mit Säuren verbundene Base, die in § 125 erwähnt ist, und deren Formel H^8N^2O heisst (§ 157). Wo eine Zweideutigkeit zu befürchten ist, muss man diesen Körper die Base Ammoniak benennen. Wenn von Salzen des Ammoniaks, wie von essigsaurem oder salpetersaurem Ammoniak, die Rede ist so versteht es sich von selbst, dass nur die Base Ammoniak gemeint sein kann.

Die Theorie der Darstellung des Ammoniakgases ist gegeben durch folgende Gleichungen.

I. $H^8N^2Cl^2 + CaO = \underline{H^8N^2O} + CaCl^2$

II. $\underline{H^8N^2O} = H^6N^2 + \underline{H^2O}$

III. $\underline{H^2O} + CaO = CaO,H^2O$

$\overline{\text{IV. } H^8N^2Cl^2 + 2CaO = H^6N^2 + CaCl^2 + CaO,H^2O}$

$\phantom{\text{IV. }}214 + 224.$

Der Körper $H^8N^2Cl^2$, eine Verbindung des bald zu besprechenden Metalls Ammonium mit Chlor, Chlorammonium oder Salmiak genannt, ist bei gewöhnlicher Temperatur fest. Gebrannter Kalk ist derselbe chemische Körper wie gebrannter Marmor; seine Formel ist CaO, sein wissenschaftlicher Name Calciumoxyd. Es hat sich als vortheilhaft herausgestellt, von dem letzteren Körper zur Darstellung des Ammoniaks einen

Ueberschuss anzuwenden. Die beiden anzuwendenden Körper werden pulverisirt und gemengt. Schon bei gewöhnlicher Temperatur entsteht ein Theil Ammoniak, wovon man sich auf die im vorigen Paragraphen beschriebene Weise überzeugen kann. Zur Darstellung des gesammten Ammoniaks ist aber Erhitzung erforderlich. Wenn es nicht darauf ankommt, das Ammoniakgas wasserfrei zu erhalten, so kann man statt des gebrannten Kalks gelöschten Kalk CaO,H^2O anwenden; man kann auch dem Gemenge des letzteren mit Salmiak einiges Wasser zusetzen. Zur Entwickelung des gesammten Ammoniaks ist dann eine geringere Erhitzung erforderlich als bei Verwendung des freien Calciumoxyds.

Aufgabe A. **Ein Loth Wasser vermag bei einer Temperatur von 20^0 C. 0,526 Loth Ammoniakgas zu absorbiren. Wie viel Maass Ammoniakgas absorbirt demnach 1 Maass Wasser?**

Die gegebenen 0,526 Loth Ammoniakgas bezeichnen wir durch (H^6N^2) und bestimmen das Gewicht (W) des Wassers, welches denselben Raum einnimmt, wie das gegebene Ammoniakgas.

$$(W) = \frac{(W)}{(H)} \cdot \frac{4H}{H^6N^2} \cdot (H^6N^2) = \frac{100000 \cdot 8 \cdot 526}{9 \cdot 68 \cdot 1000} = \frac{105200}{153}$$
$$= 688 \text{ Loth.}$$

Da also 1 Loth Wasser eine Quantität von Ammoniakgas absorbirt, welche denselben Raum einnimmt wie 688 Loth Wasser, das heisst also einen 688mal so grossen Raum wie 1 Loth Wasser, so vermag 1 Maass Wasser 688 Maass Ammoniakgas bei 20^0 C. zu absorbiren.

Aufgabe B. **Ein Maass Wasser vermag bei 0^0 1140 Maass Ammoniakgas zu absorbiren; wie viel Gramm Ammoniakgas absorbirt demnach 1 Gramm Wasser?**

1 Maass Wasser absorbirt eine Quantität von Ammoniakgas, welche denselben Raum einnimmt wie 1140 Maass Wasser, folglich absorbirt 1^{gr} Wasser eine Quantität von Ammoniakgas, welche denselben Raum einnimmt wie 1140^{gr} Wasser. Das Ge-

wicht des gesuchten Ammoniaks bezeichnen wir durch (H^6N^2). Dann ist $(W) = 1140^{gr}$.

$$(H^6N^2) = \frac{H^6N^2}{4H} \cdot \frac{(H)}{(W)} \cdot (W)$$
$$= \frac{68 \cdot 9 \cdot 1140}{8 \cdot 100000}$$
$$= 0{,}872^{gr}.$$

§ 155.

Ein Sicherheitsröhre ist ein Apparat, welcher dazu dient, das Zurücksteigen einer Flüssigkeit in ein Gasentwickelungsgefäss zu verhindern. Ein Ventil ist eine Vorrichtung, welche einer Flüssigkeit oder einer Luftart den Durchgang durch eine Oeffnung nur in einer Richtung gestattet.

Um die im vorigen Paragraphen genannte Ammoniakflüssigkeit darzustellen, leitet man Ammoniakgas in Wasser. Das Gas wird vom Wasser nicht allein in sehr grosser Menge, sondern auch sehr schnell absorbirt, und es kann leicht geschehen, dass das Wasser mehr Gas absorbirt, als zu gleicher Zeit in dem Entwickelungsgefässe neu erzeugt wird. Dann nimmt die Concentration und der Druck innerhalb des Entwickelungsgefässes ab, der äussere Luftdruck hebt das Wasser in der Entwicklungsröhre empor, und es ist leicht möglich, dass das Wasser in das Entwickelungsgefäss selbst hineingetrieben wird. Um diesem Uebelstande vorzubeugen, pflegt man die Sicherheitsröhre anzuwenden. Dieselbe ist aus einer Glasröhre hergestellt und besteht aus einem ersten längeren, absteigenden, dann aus einem zweiten kürzeren, aufsteigenden und endlich einem dritten längeren, absteigenden Theil. Am obersten Ende der Röhre ist ein Trichter, in der Mitte des aufsteigenden Theiles eine kugelförmige Erweiterung von etwa 1 Zoll Durchmesser angebracht. Der aufsteigende Theil hat unterhalb der Kugel eine Höhe von etwa 1 Zoll.

Um die Wirkung der Sicherheitsröhre kennen zu lernen, verschliesst man einen Stehkolben mit einem Kork, durch welchen eine Sicherheitsröhre und ausserdem eine rechtwinklig gebogene Glasröhre geführt sind. In die Sicherheitsröhre giesst man so viel Wasser, dass dieses eben bis zur unteren Mündung, der Kugel reicht. Nunmehr saugt man ein wenig an dem äusseren Schenkel der rechtwinkligen Röhre. Durch das Saugen wird die Concentration und dadurch zugleich der Druck der innerhalb der Flasche enthaltenen Luftarten verringert, so dass dieser kleiner als der äussere Luftdruck wird. Während nun vor dem Saugen das Wasser im ersten und im zweiten Theile der Sicherheitsröhre gleich hoch stand, treibt jetzt der stärkere äussere Druck das Wasser aus dem ersten Schenkel in den zweiten. Hier aber dringt es in die Kugel ein, und in der weiten Kugel können Wasser und Luft an einander vorüberfliessen, welches innerhalb einer engen Röhre nach § 65 nicht möglich ist. Bei hinreichend starkem Saugen tritt demzufolge Luft durch die Sicherheitsröhre in den Stehkolben ein, und nur bei schwächerem Saugen bildet die Sicherheitsröhre einen luftdichten Verschluss.

Wenn man ferner in die rechtwinklige Röhre Luft einbläst, so vergrössert sich der innere Druck. Das Wasser wird aus dem zweiten Theil der Sicherheitsröhre in den ersten getrieben und hier bis zu der trichterförmigen Erweiterung emporgehoben, innerhalb deren die Luft neben dem Wasser herzufliessen vermag. Die Sicherheitsröhre bildet also auch bei vergrössertem innerem Drucke nur bis zu einem gewissen Punkte hin einen luftdichten Verschluss.

Um die Anwendung der Sicherheitsröhre kennen zu lernen, giesst man in den eben gebrauchten Stehkolben etwas Wasser und wiederholt den auf Seite 67 beschriebenen Versuch. Man befestigt zu dem Zwecke an das Ende der rechtwinklig gebogenen Röhre vermittelst eines kurzen Kautschuckschlauchs eine zweite rechtwinklige Glasröhre, deren freien Schenkel man in ein mit kaltem Wasser gefülltes Becherglas bringt. Das letztere steht auf einer Anzahl von Unterlegebrettern in solcher Höhe, dass das freie Ende der rechtwinkligen Röhre etwa 3 Zoll tief in das Wasser hineinreicht. Dergleichen Unterlegebretter von verschiedener Dicke, ferner kleine Tische, die sich in verschiedener Höhe einstellen lassen, sind zu ähnlichen Zwecken häufig sehr bequem.

Man erhitzt nun den Stehkolben ganz schwach, und der

Druck im Innern nimmt zu. In der Sicherheitsröhre muss also die Oberfläche des innern Wassers sinken, die des äusseren Wassers steigen. Der Höhenunterschied beider Oberflächen betrage etwa 1 Zoll. Ganz dieselben Verhältnisse wie in der Sicherheitsröhre finden offenbar innerhalb des Becherglases statt, da der innere und der äussere Druck hier ganz ebenso gross sind wie dort. Es muss also im Becherglase die Oberfläche des äusseren Wassers ebenfalls um 1 Zoll höher als die Oberfläche des innern Wassers stehen. Erhitzt man weiter, so wird das Wasser in der Sicherheitsröhre bis zum Trichter gehoben, und es tritt dort Luft aus. Um dies zu verhindern, muss man die U-förmige Röhre nur wenig in das Wasser des Becherglases hineinreichen lassen; man nimmt deshalb einige von den Unterlegebrettern fort. Nun erhitzt man stärker; der gebildete Wasserdampf gelangt in das kalte Wasser des Becherglases und wird condensirt.

Dann hört man auf zu erhitzen. Die Condensation des Wasserdampfes dauert ununterbrochen fort, und seine Concentration nimmt ab, so dass der innere Druck im Kolben kleiner wird als der äussere Luftdruck. Der letztere hebt das Wasser in der Sicherheitsröhre ebenso hoch wie in der U-förmigen Röhre. Es dringt Luft durch die Sicherheitsröhre ein. Der innere Luftdruck wird dadurch wieder grösser, und das Wasser in der U-förmigen Röhre sinkt wieder zurück. Dies ist der Zweck, den man erreichen will; es soll das Wasser nicht aus dem Becherglase in das Gasentwicklungsgefäss zurücksteigen, sobald in Folge einer zufälligen Abkühlung, die sich nicht immer vermeiden lässt, der innere Luftdruck sich vermindert. Dass die Sicherheitsröhre auch in der Richtung von innen nach aussen einer Luftart den Durchgang gestattet, kann nur als eine nachtheilige Eigenschaft dieses Apparates betrachtet werden.

Ueberhaupt ist die Anwendung der Sicherheitsröhre immer unbequem, und es sind ihr meistentheils andere Vorkehrungen vorzuziehen. Ein einfaches Ventil, welches Luftarten und Flüssigkeiten in einer Richtung den Durchgang gestattet, in der entgegengesetzten Richtung aber für dieselben einen dichten Verschluss bildet, ist auf folgende Weise herzustellen. In eine Kautschuckröhre von mindestens $\frac{1}{8}$ Zoll Wanddicke schneidet man in einiger Entfernung von dem einen Ende mit einem scharfen Messer einen Schlitz von etwa 1 Zoll Länge. Das nahe liegende Ende der Röhre verschliesst man durch ein kurzes Stück eines massiven Glasstabs. Durch Blasen und Saugen mit dem Munde überzeugt man sich leicht, dass der so hergerichtete Kautschuckschlauch, dessen freies Ende natürlich auch über eine Glasröhre geschoben werden kann, sowohl der Luft wie dem Wasser den Durchgang von innen nach aussen leicht gestattet, den Durchgang von aussen nach innen dagegen durchaus nicht.

Für die Wirksamkeit dieses Ventils ist es nothwendig, dass der Kautschuckschlauch nicht irgendwie gebogen wird. Eine Biegung ist natürlich nur zu befürchten, wenn der Schlauch gegen einen festen Körper anstossen kann. Uebrigens lässt sich jeder Möglichkeit einer Biegung auf folgende Art vorbeugen:

Eine in den Kautschuckschlauch passende Glasröhre macht man auf eine Strecke von etwa 1 Zoll Länge dünner als den Schlauch, indem man sie an der betreffenden Stelle bis zum Weichwerden erhitzt und ihre Enden ein wenig aus einander zieht. Darauf schmilzt man die Röhre nahe hinter der ausgezogenen Stelle ab. Zu diesem Zwecke erhitzt man die Glasröhre an der Stelle, wo der Verschluss entstehen soll, bis zum Schmelzen und zieht die beiden Enden der Röhre rasch so weit aus einander, dass der immer dünner werdende Faden schliesslich abreisst. Das entstandene verschlossene Ende der Röhre kann man durch nochmaliges Erhitzen abrunden. Nunmehr bringt man wiederum das verengerte Röhrenstück in die Flamme, giebt Obacht, dass die Röhre sich nicht biegt und bläst in das offene Ende, bis ein Loch entsteht. Diese Röhre nun steckt man in den mit dem Schlitz versehenen Kautschuckschlauch und zwar so weit ein, dass der verengte Theil derselben unter dem Schlitze liegt.

Bei allen Gasentwicklungen, bei welchen man bisher eine Sicherheitsröhre anzuwenden pflegte, ist es nur Aufgabe, das dargestellte Gas in Wasser einzuleiten, dem Wasser aber das Zurücksteigen in die Ausflussröhre unmöglich zu machen. Man kann diesen Zweck oft auch dadurch erreichen, dass man zu dem Wasser, in welches das Gas eingeleitet werden soll, etwas

Quecksilber giesst und die freie Mündung der Ausflussröhre bis in das Quecksilber hineinreichen lässt. Hier kann also nicht das Wasser, sondern nur das Quecksilber in die Ausflussröhre zurücksteigen. Es ist aber nach dem vorigen Paragraphen klar, dass namentlich bei der Darstellung der Ammoniakflüssigkeit nur das Zurücksteigen des Wassers, nicht aber das des Quecksilbers nachtheilig ist.

§ 156.

Das Ammoniakgas ist farblos, von stechendem Geruch und condensirbar (nicht permanent). Es wird vom Wasser und von der Holzkohle in grosser Menge absorbirt. Seine Dichtigkeit ist 0,50.

Zur Darstellung von Ammoniakgas bringt man etwa 2 Loth Salmiak und 4 Loth gebrannten Kalk pulverisirt und gemengt in einen Stehkolben. Durch den Kork des letzteren ist eine rechtwinklige Glasröhre gesteckt. Man erhitzt im Sandbade über einer Berzelius'schen Lampe. Mit dem äussern Schenkel der rechtwinkligen Röhre verbindet man durch einen kurzen Kautschuckschlauch eine zweite rechtwinklige Röhre, über deren zweiten nach unten gerichteten Schenkel man das im vorigen Paragraphen beschriebene Kautschuckventil geschoben hat. Das letztere taucht in Wasser. Beim Beginn der Erhitzung sieht man die durch das Ventil austretende Luft im Wasser emporsteigen. Allmälig werden die Luftblasen kleiner und verschwinden endlich ganz. Jetzt entwickelt sich reines Ammoniakgas, welches vom Wasser vollständig absorbirt wird.

Das Ammoniakgas lässt sich natürlich nicht, so wie die früher betrachteten Gase, über Wasser auffangen. Statt des Wassers muss man Quecksilber anwenden, welches in einer kleinen eisernen pneumatischen Wanne enthalten ist. Man füllt zwei kleine Glascylinder mit Quecksilber, verschliesst sie durch Glasplatten und stellt sie umgekehrt in der pneumatischen Wanne auf. Man ersetzt nun die mit dem Kautschuckventil versehene gebogene Röhre durch eine gerade, welche eine Leitung von dem Stehkolben aus in das Quecksilber der pneumatischen Wanne herstellt. Man lässt das Ammoniakgas in die beiden vorher mit

Quecksilber gefüllten Cylinder eintreten. Darauf wird die gerade Röhre wieder durch die vorige Ventilröhre ersetzt, um das ferner sich entwickelnde Gas wieder vom Wasser absorbiren zu lassen.

In den einen der mit Ammoniakgas gefüllten Cylinder bringt man vermittelst einer Pipette etwas Wasser. Dieses absorbirt das Gas, und es enseht ein luftleerer Raum. Luftleer nennt man nicht allein einen Raum der keine Luft, sondern auch einen solchen, der keine Luftart enthält. In den luftleeren Raum wird durch den äussern Luftdruck das Quecksilber rasch hineingetrieben.

Luftförmige Körper können nicht allein durch Flüssigkeiten, wie es in § 97 gezeigt ist, sondern auch durch feste Körper absorbirt werden. Die absorbirende Wirkung eines festen Körpers ist im Allgemeinen um so grösser, je grösser die Oberfläche des Körpers ist, oder mit andern Worten, je mehr Poren derselbe enthält. Ein sehr poröser Körper ist die Holzkohle. Holzkohle, die mit der Luft in Berührung gewesen ist, enthält schon absorbirte Gase. Um sie zur Absorption des Ammoniaks geeignet zu machen, wird sie geglüht, wobei die von derselben absorbirten Luftarten entweichen. Vermittelst einer Zange bringt man ein Stück glühende Holzkohle von solcher Grösse, dass es in den noch mit Ammoniakgas gefüllten Cylinder eingeführt werden kann, unter das Quecksilber der pneumatischen Wanne, wo es sich schnell abkühlt, und darauf in den eben genannten Cylinder. Auch hier entsteht in Folge der Absorption des Gases durch die Kohle ein luftleerer Raum, und bald füllt das Quecksilber mit der Kohle den Cylinder vollständig aus. Die Kohle riecht stark nach Ammoniak. Es ist also nicht etwa eine chemische Verbindung von Kohle und Ammoniak entstanden. Von der Ammoniakflüssigkeit ist schon in § 146 bemerkt worden, dass sie eine um so geringere Dichtigkeit hat, je mehr absorbirtes Ammoniakgas sie enthält. Ebenso ist auch der Siedepunkt der Ammoniakflüssigkeit desto niedriger, je concentrirter dieselbe ist.

Mit Beziehung auf § 151 ist über das Ammoniakgas noch zu bemerken, dass dasselbe sich condensiren lässt und zwar entweder durch Abkühlung auf $-40°$ C., oder indem man es bei

10° C. einem Drucke von 6½ Atmosphären aussetzt. Atmosphäre nennt man die gesammte die Erde umgebende Luftmasse. Der Ausdruck atmosphärische Luft ist gleichbedeutend mit Luft. Unter Druck einer Atmosphäre versteht man einen Druck von 28 Zoll Quecksilber; ein Druck von 6½ Atmosphären bedeutet also einen 6½ mal so grossen Druck.

Ueber die im Früheren schon besprochenen Gase mag hier nachgeholt werden, dass Sauerstoff, Wasserstoff, Stickstoff, Stickstoffoxyd bisher weder durch Abkühlung noch durch Druck haben condensirt werden können. Solche durch Abkühlung und Druck nicht condensirbare Gase nennt man permanent. Das Stickstoffoxydulgas wird bei 0° unter einem Druck von 30 Atmosphären condensirt; das condensirte, flüssige Stickstoffoxydul wird bei — 100° fest.

Es können übrigens permanente Gase, wie Sauerstoff, Wasserstoff, Stickstoff, Stickstoffoxyd, durch Absorption, das heisst durch Eingehen einer losen Verbindung mit einer Flüssigkeit, allerdings flüssig gemacht werden.

§ 157.

Das Gemenge $H^6N^2 + H^2O$ verhält sich wie eine Base. Man betrachtet dasselbe deshalb als Verbindung eines nicht darstellbaren Metalls, Ammonium H^8N^2, mit Sauerstoff. Eine Verbindung, die sich verhält wie ein Element, nennt man ein zusammengesetztes Radical.

Die Ammoniakflüssigkeit reagirt, wie bereits gesagt ist, alkalisch. Das in § 125 erwähnte salpetersaure Ammoniak hatte die Formel H^8N^2O, N^2O^5. Man kann dieses Salz darstellen, indem man trockenes Ammoniakgas in Salpetersäurehydrat einleitet. Man hat diese Entstehung des salpetersauren Ammoniaks so aufzufassen, wie aus den folgenden Gleichungen hervorgeht.

$$\begin{array}{ll} H^2O, N^2O^5 & = H^2O + N^2O^5 \\ H^2O \quad\; + H^6N^2 & = H^8N^2O \\ H^8N^2O \quad + N^2O^5 & = H^8N^2O, N^2O^5 \\ \hline H^2O, N^2O^5 + H^6N^2 & = H^8N^2O, N^2O^5. \end{array}$$

— 205 —

Vergleicht man die Zusammensetzung des salpetersauren Ammoniaks mit der des Salpeters oder salpetersauren Kaliumoxyds KO,N^2O^5 und bedenkt man, dass sonst jeder Körper, der sich mit einer Säure verbindet, eine Base (§ 32), jede Base aber die Verbindung eines Metalls mit Sauerstoff ist (§ 50), so wird man zu der Annahme geführt, es existire eine Base H^8N^2O und ein Metall H^8N^2, obgleich beide Körper frei nicht darstellbar sind. Es kommt übrigens nicht ganz selten vor, dass man Körper, die frei nicht darstellbar sind, als in Verbindungen existirend annehmen muss.

Von dem Metall Ammonium, welches nach der Ueberschrift dieses Paragraphen ein zusammengesetztes Radical zu benennen ist, mag hier noch eine Verbindung erwähnt werden, in welcher dasselbe sehr deutlich wie ein Metall sich verhält. Das Quecksilber kann mit vielen Metallen Verbindungen bilden, welche Amalgame genannt werden und welche dasselbe Aussehen wie einfache Metalle zeigen. Um Kaliumamalgam darzustellen, bringt man ein erbsengrosses Stück Kalium in ein Reagensglas, fügt ein ebenso grosses Volumen Quecksilber hinzu und erhitzt vorsichtig. Die Verbindung der beiden Metalle erfolgt plötzlich. Das entstandene Kaliumamalgam bringt man in eine concentrirte Lösung des in § 154 erwähnten Salmiaks. Es erfolgt eine Vertauschung nach der Gleichung

$$H^8N^2Cl^2 + KHg = H^8N^2Hg + KCl^2.$$

Das Ammoniumamalgam entsteht allmälig; es bildet einen Körper von sehr grossem Volumen und von vollkommen metallischem Aussehen. Bald indessen zersetzt es sich wieder und hinterlässt reines Quecksilber.

§ 158.

Das salpetrichtsaure Ammoniak H^8N^2O,N^2O^3 bildet sich in geringer Menge, wenn Wasserdampf im Entstehungszustande mit Stickstoff in Berührung ist.

Die salpetrichte Säure N^2O^3 hätte der in diesem Leitfaden befolgten Anordnung gemäss nach dem Stickstoffoxyde besprochen werden müssen. Da jedoch die freie salpetrichte Säure wenig

Interesse darbietet, so ist sie an jener Stelle nicht erwähnt worden; dagegen ist von derselben in § 140 beiläufig die Rede gewesen.

Das Verfahren, nach welchem man sich reines salpetrichtsaures Ammoniak verschaffen kann, bietet ebenfalls kein besonderes Interesse dar. Dagegen ist die in der Ueberschrift ausgesprochene Thatsache, deren Möglichkeit aus der Gleichung

$$4H^2O + 4N = H^8N^2O, N^2O^3$$

folgt, deshalb von grosser Wichtigkeit, weil das so entstandene salpetrichtsaure Ammoniak wahrscheinlich die Hauptquelle desjenigen Stickstoffs ist, welcher in zahlreichen und vielfach in der Natur vorkommenden Stickstoffverbindungen enthalten ist. Es können zwar Stickstoff und Sauerstoff durch die Einwirkung des elektrischen Funkens direct zu Salpetersäure sich verbinden, und es findet gewiss bei jedem Blitze eine derartige Entstehung von Salpetersäure statt. Die Hauptquelle aber des Stickstoffs, welchen der in der Natur vorkommende Salpeter enthält, ist nicht in der eben genannten Salpetersäure, sondern in dem salpetrichtsauren Ammoniak zu suchen. Ebenso rührt der Stickstoff des Salmiaks, aus welchem das Ammoniak gewöhnlich dargestellt wird, wahrscheinlich von salpetrichtsaurem Ammoniak her.

Was nun die Entstehung dieses Salzes aus Wasserdampf und Stickstoff betrifft, so tritt dieselbe ein, wenn reiner Wasserstoff oder wenn Wasserstoffverbindungen in Berührung mit Stickstoff verbrennen, und ferner auch noch, wenn Wasser in Berührung mit Stickstoff verdampft. Der zweite der genannten drei Fälle kommt sehr häufig vor; denn die meisten zur Heizung oder zur Beleuchtung angewandten Körper, wie Holz und Oel, sind Wasserstoffverbindungen, bei deren Verbrennung Wasserdampf entsteht. Wenn man über einen ohne Rauch verbrennenden Holzspahn eine innen trockene, weithalsige Flasche umgekehrt hält, so sieht man sie mit Wasser beschlagen. Viel häufiger aber noch kommt der dritte Fall vor, dass nämlich flüssiges Wasser in Berührung mit Stickstoff in den luftförmigen Zustand übergeht. Wenn nun auch bei jedem derartigen Processe nur sehr geringe Mengen von salpetrichtsaurem Ammoniak sich bilden, so ist doch klar, dass aus der Gesammtheit aller dieser an allen Punkten der

Erde fortwährend sich erneuernden Processe eine ziemlich beträchtliche Menge von salpetrichtsaurem Ammoniak hervorgehen muss.

§ 159.

Das salpetersaure Ammoniak H^4N^2O, N^2O^5 entsteht direct oder auch aus kohlensaurem Ammoniak und Salpetersäure. Es ist zerfliesslich, das heisst es nimmt Wasser aus der Luft auf und löst sich in demselben.

Das salpetersaure Ammoniak kann, ebenso wie alle Salze, die aus einer flüssigen Base und einer flüssigen Säure (§ 29) bestehen, direct dargestellt werden. Man fügt zu Salpetersäure so viel Ammoniak hinzu, dass die entstandene Flüssigkeit neutral reagirt. Statt der Ammoniakflüssigkeit kann man auch kohlensaures Ammoniak, einen weissen, festen Körper, der Salpetersäure zusetzen. In diesem Falle erfolgt ein Aufbrausen. Es entsteht nämlich aus kohlensaurem Ammoniak und Salpetersäure salpetersaures Ammoniak und Kohlensäure, und die letztere ist ein Gas, welches sich unter Aufbrausen entfernt. Nach beiden Verfahrungsweisen erhält man eine Auflösung von salpetersaurem Ammoniak, von welcher noch das Wasser auf die in § 128 beschriebene Weise zu entfernen ist.

Lässt man das trockene Salz an der Luft stehen, so wird es feucht, und es lösen sich in dem aus der Luft herstammenden Wasser allmälig mehr und mehr Theile des Salzes auf.

Schwefel.

§ 160.

Der Schwefel ist bei gewöhnlicher Temperatur ein fester Körper von gelber Farbe, von der Dichtigkeit 2, löslich in Schwefelkohlenstoff. Bei 111° C. schmilzt er zu einer klaren, röthlich gelben Flüssigkeit, die dünner ist als der feste Schwefel. Von etwa 200° ab wird er braunroth und sehr dickflüssig; bei etwa 400° bleibt er zwar braunroth wird aber wieder leichtflüssig und siedet, indem er sich in gelben Schwefeldampf verwandelt. Der erhitzte Schwefel zeigt einen eigenthümlichen Geruch.

Beim Experimentiren mit Schwefel thut man gut, die folgenden Punkte im Auge zu behalten.

Von den für gewöhnlich als Lösungsmittel fester Körper gebrauchten Flüssigkeiten (Wasser, Säuren, Alkohol, Ammoniak) löst keine den Schwefel; derselbe ist deshalb aus Gefässen, in denen man ihn geschmolzen hat, vermittelst dieser Flüssigkeiten nicht wieder zu entfernen. Man verwendet daher zum Schmelzen von Schwefel gern Reagensgläser und Kolben mit abgebrochenen Rändern, die doch sonst kaum noch gebraucht werden können. Der Schwefelkohlenstoff löst zwar den Schwefel auf, hat aber einen sehr unangenehmen Geruch. Auch Kali ist ein Lösungsmittel für Schwefel (§ 163). Aber concentrirte Kalilösung löst, besonders beim Kochen, auch das Glas; ausserdem ist dieselbe zu theuer, um zu dem in Rede stehenden Zwecke mit Vortheil verwandt zu werden.

Ferner muss man, wenn Schwefel geschmolzen werden soll, darauf achten, dass derselbe nicht mit unreinen Händen angefasst werde und überhaupt von jeder Verunreinigung frei sei, da manche Körper, namentlich Fette, mit dem Schwefel schwarze Verbindungen geben. Die meisten oben genannten Eigenschaften des Schwefels sind schon in § 15 erwähnt.

Um aus dem festen Schwefel den röthlich gelben, flüssigen zu erhalten, muss man langsam erhitzen und häufig schütteln, weil sonst sogleich der braunrothe, dickflüssige Schwefel entsteht.

Ist der im Reagensglase enthaltene Schwefel erst zum Theil

geschmolzen, so sieht man, dass der flüssige Schwefel oberhalb des festen sich befindet, dass also der feste Schwefel dichter ist als der flüssige. Die allermeisten Körper verhalten sich in dieser Beziehung eben so wie der Schwefel; fast alle nämlich sind bei derselben Temperatur (dem Schmelzpunkte) im festen Aggregatzustande dichter als im flüssigen.

Die Erscheinung, dass der bei 111° erhaltene leichtflüssige Schwefel durch Erwärmung dickflüssig wird, ist sehr eigenthümlich und kommt in ähnlicher Weise bei keinem andern Körper vor.

§ 161.

Die meisten Körper nehmen, wenn sie aus dem flüssigen (geschmolzenen oder aufgelösten) Zustande, in den festen übergehen, eine bestimmte regelmässige, durch ebene Flächen begrenzte Gestalt an, das heisst sie krystallisiren. Nicht krystallisirte feste Körper nennt man amorph.

Man schmilzt Schwefel in einer Porzellanschale von mittlerer Grösse mit flachem Boden, indem man vorsichtig erwärmt. Man bringt den Schwefel nach und nach in die Schale und rührt, um die Bildung von dickflüssigem Schwefel am Boden zu verhindern, mit einem Porzellanspatel um. Wenn in Folge zu starker Erhitzung der Schwefel sich entzündet haben sollte, so löscht man die Flamme durch Ueberdecken einer Glasplatte über die Schale wieder aus. Man benetzt ferner eine Porzellanschale mit rundem Boden inwendig etwas mit Wasser und giesst den klaren, röthlichgelben Schwefel aus der ersten Schale, die man mit einem Handtuch anfasst, in die zweite über. Die erste Schale lässt man, so lange sie noch warm ist, vermittelst eines Porzellanspatels von dem anhaftenden Schwefel reinigen. Innerhalb der zweiten Schale kühlt sich der Schwefel ab, und zwar von aussen nach innen fortschreitend. Kurz nachdem er eine feste Decke bekommen hat, durchstösst man diese nahe dem Schalenrande und lässt den im Innern noch flüssig gebliebenen Schwefel ausfliessen. Wenn der Schwefelkuchen sich fast bis zur Temperatur der umgebenden Luft abgekühlt hat, so bringt man ihn aus der Schale heraus und zerschlägt ihn. Der früher undurchsichtige Schwefel hat sich in eine durchscheinende Masse verwandelt. Das Innere des Kuchens besteht aus einer grossen Anzahl von langen, dünnen, durchsichtigen Säulen. Nach etwa einem Tage verwandelt sich dieser Schwefel wieder in undurchsichtigen. Die Umwandlung beginnt an einigen Punkten und chreitet von hier nach allen Richtungen hin gleichmässig fort.

Der Schwefel hat beim Uebergang aus dem flüssigen in den festen Aggregatzustand eine regelmässige Säulengestalt angenommen. Der regelmässigen, durch Ebenen begrenzten Gestalten giebt es viele, Würfel, Oktaeder, Tetraeder, Rhomboeder, sechsseitige gerade Säulen, vierseitige schiefe Säulen und viele andere. Bei der Krystallisation nimmt ein bestimmter Körper nicht eine beliebige, sondern eine bestimmte regelmässige Gestalt an. Die meisten Körper, die überhaupt krystallisiren können, bilden nur dann deutlich erkennbare Krystalle, wenn sie sehr langsam aus dem flüssigen in den festen Aggregatzustand übergehen.

Um sich davon zu überzeugen, dass nicht allein ein geschmolzener, sondern auch ein aufgelöster Körper, wenn er langsam aus dem flüssigen in den festen Zustand übergeht, meistens deutlich erkennbare Krystalle bildet, kann man blauen Kupfervitriol anwenden, den man unter Erwärmung auflöst und in einer Schale zum Krystallisiren hinstellt. Nach Verlauf von einem oder mehreren Tagen haben sich viele Krystalle gebildet, welche sämmtlich eine (von der Grösse abgesehen) gleiche regelmässige Gestalt zeigen.

Feste Körper, die weder (wie der Candiszucker) aus grossen, deutlich erkennbaren, noch (wie der weisse Zucker) aus sehr kleinen Krystallen bestehen, nennt man unkrystallinisch oder amorph.

§ 162.

Man destillirt den Schwefel, um ihn zu reinigen; man sublimirt ihn, um ihn zu pulverisiren. Die Sublimation ist ein Process, bei welchem ein fester Körper durch Erhitzung luftförmig und dann durch Erkaltung unmittelbar wieder fest gemacht wird. Den sublimirten Schwefel nennt man Schwefelblumen.

Es können nicht allein flüssige, sondern auch feste Körper der Destillation unterworfen werden; die letzteren müssen zu dem Zwecke natürlich zuerst geschmolzen werden. Erhitzt man ein Gemenge von Schwefel und Sand in einer Retorte, so wird der Schwefel zuerst flüssig und darauf luftförmig. Der Schwefeldampf wird innerhalb des Retortenhalses wieder flüssig und fliesst aus. Der Sand, welcher einen sehr hohen Schmelzpunkt (also einen noch höheren Siedepunkt) hat, bleibt in der Retorte zurück. Mit ähnlichen Körpern wie Sand gemengt, wird freier Schwefel namentlich auf Sicilien gefunden. Derselbe wird durch Destillation gereinigt und kommt in Form von Cylindern als Stangenschwefel in den Handel.

Um Schwefel zu sublimiren, bringt man eine nicht zu grosse Menge davon in einen geräumigen Kolben mit weitem Halse und erhitzt, während der Kolbenhals in horizontaler Lage sich befindet. Innerhalb des letzteren entsteht bald ein Rauch, welcher ein Gemenge von fein zertheiltem festem Schwefel mit Luft bildet. Man kann diesen Rauch in ein geräumiges Becherglas herabfallen lassen, an dessen Wänden der Schwefel sich sammelt. Er zeigt hier indessen noch eine klebrige Beschaffenheit. Wenn derselbe Process im Grossen ausgeführt wird, so lässt man den genannten Rauch in eine Kammer von mehr als 2000 Cubikfuss Inhalt treten, und hier kühlt sich der Schwefel, bevor er sich absetzt, so weit ab, dass die einzelnen Theilchen nicht mehr an einander kleben.

Den zu der eben beschriebenen Sublimation im Kleinen angewandten Kolben kann man zurücklegen, um ihn zu einem späteren Versuche (§ 165) zu gebrauchen.

§ 163.

Aus einer verdünnten Lösung von Fünffachschwefelkalium entsteht beim Zusatz von Schwefelsäure fein zertheilter Schwefel von weisser Farbe (präcipitirter Schwefel).

Wenn man zu Kalilösung in einem Reagensglase allmälig Schwefelblumen hinzufügt und kocht, so löst sich der Schwefel chemisch auf. Es entsteht nämlich auf eine später zu besprechende Weise Fünffachschwefelkalium, welches mit dem Wasser der Kalilösung eine gelbbraune, wie geschmolzener Siegellack riechende Flüssigkeit bildet. Es geschieht zwar nur selten, dass ein Reagensglas, während Kali darin gekocht wird, zufolge der in § 160 erwähnten Löslichkeit des Glases in Kalilösung ein Loch bekommt; es ist aber gut, diese Möglichkeit nicht zu vergessen und das Reagensglas so zu halten, dass durch das etwaige Ausfliessen der Kalilösung, welche auf Zeug, Papier, Holz ähnlich wie Salpetersäure wirkt, kein erheblicher Schaden hervorgebracht werden kann.

Die erhaltene Lösung von Fünffachschwefelkalium giesst man, um sie stark zu verdünnen, in ein mit Wasser gefülltes Becherglas. Es schadet nicht, wenn dabei ein Theil des Fünffachschwefelkaliums als schmutzig gelber, im Wasser suspendirter (schwebender) fester Körper sich ausscheidet. Zu der klaren oder unklaren gelben Flüssigkeit giesst man etwas Schwefelsäure. Es erfolgt nun der durch die nachstehenden Gleichungen ausgedrückte Process.

$$\frac{\begin{array}{l} KS^5 = 4S + KS \\ KS + H^2O,SO^3 = H^2S + KO,SO^3 \end{array}}{KS^5 + H^2O,SO^3 = 4S + H^2S + KO,SO^3.}$$

Bei dem ersten Theilprocess zersetzt sich 1 Atom Fünffachschwefelkalium in 4 Atome Schwefel und 1 Atom Einfachschwefelkalium. Bei dem zweiten Theilprocesse verwandeln sich 1 Atom Einfachschwefelkalium und 1 Atom Schwefelsäurehydrat in 1 Atom Schwefelwasserstoff und 1 Atom schwefelsaures Kali. Der Schwefelwasserstoff ist ein Gas vom Geruch der faulen Eier, welches von dem vorhandenen Wasser zum Theil oder vollständig absorbirt wird. Das schwefelsaure Kali löst sich auf. Der Schwefel scheidet sich als ein fester Körper von weisser Farbe aus, bleibt in Folge seiner feinen Zertheilung in der Flüssigkeit lange suspendirt, fällt aber endlich als ein schmutzig weisses Pulver zu Boden.

§ 164.

Wenn man Schwefel von mindestens 200° schnell abkühlt, so verwandelt er sich in eine zähe, gelbe, durchsichtige Masse, amorpher Schwefel genannt. Nach einiger Zeit geht der amorphe Schwefel wieder in gewöhnlichen Schwefel über. Körper, welche bei derselben Temperatur physikalisch verschieden, chemisch aber gleich, und zwar einfach sind, nennt man allotrope Modificationen desselben Elements.

Man erhitzt Schwefel in einem Reagensglase, bis er dickflüssig oder auch wieder leichtflüssig geworden ist, und giesst ihn dann in dünnem Strahle in ein mit kaltem Wasser gefülltes Becherglas. Er verwandelt sich in einen durchsichtigen, gelben, zähen, zu Fäden ausziehbaren Körper. Vergleicht man diesen mit gewöhnlichem Schwefel von derselben Temperatur, so sieht man, dass beide in Beziehung auf ihre physikalische Eigenschaften deutlich von einander verschieden sind. Man nennt sie deshalb verschiedene allotrope Modificationen des Schwefels. Der gewöhnliche feste, der geschmolzene leichtflüssige und der geschmolzene dickflüssige Schwefel werden, da sie nothwendigerweise verschiedene Temperaturen haben müssen, nicht als allotrope Modificationen des Schwefels bezeichnet.

Man hat den bei gewöhnlicher Temperatur zähen Schwefel amorphen Schwefel genannt. Diese Benennung ist jedoch nicht als recht passend anzusehen. Denn die Ausdrücke krystallinisch und amorph sind nach § 161 nur für feste Körper zu gebrauchen. Der sogenannte amorphe Schwefel aber ist nicht fest, sondern zeigt fast ganz genau denselben Aggregatzustand wie der geschmolzene dickflüssige Schwefel.

Die Erscheinung, dass ein und derselbe einfache Körper bei gleicher Temperatur in Zuständen auftreten kann, die physikalisch wesentlich von einander verschieden sind, steht beim Schwefel nicht vereinzelt da. So wird der Sauerstoff durch Elektricität in eine andere allotrope Modification übergeführt, die man Ozon ⌣ ´– genannt hat. Das Ozon hat einen Geruch, der dem des erhitzten Schwefels ähnlich ist. Wenn man am Conductor einer Elektrisirmaschine mit Wachs eine Nadel anklebt, deren Spitze nach aussen gerichtet ist, so wird beim Drehen der Maschine der Sauerstoff der Luft an der Nadelspitze in Ozon verwandelt, und man kann den Geruch des letzteren leicht wahrnehmen. Fernere Beispiele dafür, dass ein und dasselbe Element in verschiedenen allotropen Modificationen vorkommt, werden in der Folge zu besprechen sein.

§ 165.
Der Schwefeldampf ist brennbar und kann die Verbrennung verschiedener Metalle unterhalten.

Dass der Schwefel mit schwach leuchtender, blauer Flamme verbrennt, ist schon aus dem gewöhnlichen Leben bekannt. Die Entzündungstemperatur des Schwefels liegt etwas höher als sein Siedepunkt. Es verbrennt demnach niemals fester oder flüssiger Schwefel, sondern immer nur Schwefeldampf. Von einer nicht zu kleinen Schwefelflamme sieht man oft einen weissen Rauch sich erheben. Dieser ist ganz dem Russ einer Oelflamme zu vergleichen (Seite 116) und besteht aus unverbranntem Schwefel.

Um zu zeigen, dass der Schwefeldampf die Verbrennung von Metallen unterhält, oder dass Metalle in Schwefeldampf verbrennen, kann man denselben Kolben verwenden, in welchem Schwefel zum Behufe der Sublimation erhitzt wurde (§ 162). In diesem erhitzt man, während er sich in gewöhnlicher, aufrechter Stellung befindet, Schwefel zum Kochen und steckt Streifen von dünn gewalztem Kupfer durch den Kolbenhals in den Schwefeldampf. Das Kupfer erglüht mit rothem Lichte, und seine Verbrennung erzeugt eine so bedeutende Wärme, dass die Menge des Schwefeldampfes sichtlich vermehrt wird. Das entstandene Schwefelkupfer bildet einen festen, grauen, leicht zerbrechlichen Körper.

§ 166.

Die schweflichte Säure SO^2 entsteht bei der Verbrennung des Schwefels in Sauerstoff oder in Luft und ferner bei der Erhitzung eines Gemenges von Schwefelsäurehydrat und Kupfer. Ein Maass Wasser vermag bei 20° C. 39 Maass schweflichtsaures Gas zu absorbiren.

Die Verbrennung des Schwefels in Sauerstoff, die wir schon in § 67 B. beobachtet haben, erfolgt nach der Gleichung $S + 2O = SO^2$. Die Verbrennung des Schwefels in Luft erfolgt nach der Gleichung $S + 10\,N^{\frac{4}{5}}O^{\frac{1}{5}} = SO^2 + 8N$; es entsteht also hier bei aus 10 Maassen Luft und dem zugehörigen Schwefel ein Gemenge von 2 Maass schweflichter Säure (§ 126) und 8 Maass Stickstoff.

Die Theorie der Darstellung der schweflichten Säure aus Schwefelsäurehydrat und Kupfer ist der Theorie der Darstellung des Stickstoffoxyds aus Salpetersäure und Kupfer sehr ähnlich.

I. $SO^3 = SO^2 + \underline{O}$
II. $\underline{O + Cu} = CuO$
III. $\underline{CuO} + SO^3 = CuO,SO^3$
────────────────────────────
IV. $2SO^3 + Cu = SO^2 + CuO,SO^3$
V. $\underline{2H^2O,SO^3} = 2SO^3 + 2H^2O$
────────────────────────────
VI. $2H^2O,SO^3 + Cu = SO^2 + CuO,SO^3 + 2H^2O$
$\quad\;\;392 \quad\;\; + 126$
$\quad\;\;3{,}11 \quad + 1$

SO^3 bedeutet 1 Atom Schwefelsäure. Dieses kann sich zersetzen in 1 Atom schweflichte Säure und 1 Atom Sauerstoff (Gleichung I.). Diese Zersetzung findet nur statt, wenn ein Körper zugegen ist, der sich mit dem entstehenden Sauerstoff verbinden kann. Es verbindet sich 1 Atom Sauerstoff mit 1 Atom Kupfer zu 1 Atom Kupferoxyd, welches eine Base ist (Gleichung II.). Diese beiden ersten Theilprocesse finden nur statt, wenn eine Säure zugegen ist, die sich mit dem entstandenen Kupferoxyd verbinden kann. 1 Atom Kupferoxyd bildet mit 1 Atom Schwefelsäure 1 Atom schwefelsaures Kupferoxyd (Gleichung III.). Durch Addition der Gleichungen für die genannten drei Theilprocesse erhält man nach § 81 für den Gesammtprocess die Gleichung IV. Statt der wasserfreien Schwefelsäure wendet man concentrirtes Schwefelsäurehydrat an. Um die Gleichung für die Entstehung der schweflichten Säure aus Schwefelsäurehydrat und Kupfer abzuleiten, addirt man zu der eben erhaltenen Gleichung IV. die Gleichung V., welche besagt, dass 2 Atome Schwefelsäurehydrat in 2 Atome wasserfreie Schwefelsäure und 2 Atome Wasser sich zersetzen. Schliesslich findet man, dass 2 Atome Schwefelsäurehydrat und 1 Atom Kupfer sich verwandeln in 1 Atom schweflichte Säure, 1 Atom schwefelsaures Kupferoxyd und 2 Atome Wasser (Gleichung VI.).

Aufgabe. **Wie viel Schwefelsäurehydrat und Kupfer ist erforderlich, um diejenige schweflichte Säure darzustellen, welche 1 Quart $= \frac{1}{27}$ Cubikfuss Wasser bei 20° C. zu absorbiren vermag.**

Wenn 1 Maass Wasser 39 Maass schweflichte Säure absorbirt, so absorbirt $\frac{1}{27}$ Cubikfuss Wasser $\frac{39}{27}$ Cubikfuss schweflichte Säure, deren Gewicht wir bezeichnen durch (SO^2). Dann ist

$$(H) = \frac{39}{6.27} \text{ Loth}, \quad (SO^2) = \frac{SO^2}{2H} \cdot (H) = \frac{128.39}{4.6.27} \text{ Loth};$$

$$2H^2O, SO^3 \quad + Cu \quad = SO^2$$
$$392 \quad\quad + 126 \quad = 128$$
$$\frac{392}{128} \quad + \frac{126}{128} \quad = 1$$

$$\frac{392.128.39}{128.4.6.27} + \frac{126.128.39}{128.4.6.27}$$

$$\frac{637}{27} \quad + \frac{91}{12}$$

$$23,6 \quad + 7,58$$

Es sind also 23,6 Loth Schwefelsäurehydrat und 7,58 Loth Kupfer erforderlich, um diejenige schweflichte Säure darzustellen, welche 1 Quart Wasser bei 20° C. zu absorbiren vermag.

§ 167.

Die schweflichte Säure ist ein farbloses, durch Abkühlung auf — 10 ° C. condensirbares Gas von erstickendem Geruch, nicht brennbar, das Verbrennen nicht unterhaltend. Ihre Dichtigkeit ist 2,22. Mit manchen gefärbten Körpern bildet sie ungefärbte Verbindungen.

Um schweflichte Säure darzustellen, bringt man in einen ziemlich kleinen Kolben etwa 2 Loth zerschnittenes Kupferblech oder Kupferdrehspähne und fügt 6 Loth concentrirte Schwefelsäure hinzu. Man spannt den Kolben in einen Retortenhalter ein, um ihn im Sandbade über der Berzelius'schen Lampe erhitzen zu können. Der Kolben wird mit einem Kork verschlossen, durch welchen eine rechtwinklig gebogene Glasröhre gesteckt ist. An das äussere Ende der letzteren befestigt man vermittelst eines kurzen Kautschuckschlauchs eine zweite rechtwinklig gebogene Glasröhre, aus deren nach unten gerichtetem Ende das Gas also austritt.

Die Einwirkung der Schwefelsäure und des Kupfers. auf einander geht nur dann genau der im vorigen Paragraphen entwickelten Theorie gemäss von statten, wenn man eine zu starke Erhitzung vermeidet. Es ist auch sonst zweckmässig, das Gas etwas langsam und nicht zu rasch sich entwickeln zu lassen.

Das schweflichtsaure Gas wird vom Wasser in solchem Maasse absorbirt, dass man es im Gasometer nicht wohl auffangen kann. Da man die schweflichte Säure wegen ihres bekannten erstickenden Geruchs gern so wenig wie möglich mit der Luft des Experimentirzimmers sich mischen lässt, so ist es zweckmässig, das Gas zu Anfang, wenn es noch mit Luft gemengt ist, und auch weiterhin, wenn man es gerade nicht zu einem andern Versuche verwenden will, in eine Lösung von kohlensaurem Natron eintreten zu lassen. Es erfolgt alsdann eine Vertauschung von Kohlensäure und schweflichter Säure, so dass aus kohlensaurem Natron und schweflichter Säure entstehen schweflichtsaures Natron und Kohlensäure. Die Kohlensäure ist, eben so wie die schweflichte Säure, ein Gas. Scheinbar steigen die Blasen des schweflichtsauren Gases in der Lösung des kohlensauren Natrons unverändert empor. In Wirklichkeit aber tritt innerhalb der Flüssigkeit Kohlensäure an die Stelle der schweflichten Säure, und man kann sich durch den Geruch davon überzeugen, dass die aus der Flüssigkeit austretenden Gasblasen nicht mehr aus schweflichter Säure bestehen. — Sollte übrigens während der Darstellung der schweflichten Säure von der letzteren eine solche Menge mit der Luft des Experimentirzimmers sich vermischt haben, dass das Athmen dadurch zu sehr erschwert wird, so kann man auf den Boden des Zimmers etwas Ammoniak aussprengen, welches mit der schweflichten Säure zu geruchlosem schweflichtsaurem Ammoniak sich verbindet.

Ueber das freie Ende der Glasröhre, aus welchem die schweflichte Säure austritt, kann man das in § 155 beschriebene Kautschuckventil schieben. Wenn man indessen während des Einleitens der schweflichten Säure in Flüssigkeiten fortwährend darauf achtet, dass man bei einem beginnenden Zurücksteigen der Flüssigkeit die Austrittsröhre, indem man sie mit einem Handtuch anfasst, aus dem Kautschuckschlauche herauszunehmen hat, so ist die Anwendung des Ventils nicht gerade nothwendig. Die Becher- oder Cylindergläser, an deren Boden man das schweflichtsaure Gas austreten lässt, stehen auf Unterlegebrettern, und man kann, indem man die letztern zur Seite schiebt, leicht ein Glasgefäss mit einem anderen vertauschen.

Zuerst lässt man die schweflichte Säure in ein Becherglas eintreten, welches die oben erwähnte Lösung von kohlensaurem Natron enthält. Nachdem die Entwickelung einige Zeit lang gedauert hat, kann man annehmen, dass die in dem Kolben anfänglich enthaltene Luft vollständig ausgetrieben ist. Man vertauscht nun das Becherglas mit einem leeren Cylinder. Da die schweflichte Säure mehr als zweimal so schwer ist wie ein gleiches Volumen Luft, so wird die Luft durch die schweflichte Säure aus dem Cylinder nach oben hin verdrängt. Ein brennender Spiritusfidibus, den man in den oberen Theil des Cylinders hineinhält, erlischt bald, und man überzeugt sich so, dass die schweflichte Säure weder brennbar ist, noch das Verbrennen unterhält. Ein in das Gas getauchter Streifen von befeuchtetem blauem Lackmuspapier wird geröthet. Bedeckt man den mit schweflichtsaurem Gase gefüllten Cylinder, nachdem man ihn mit einem andern Gefäss vertauscht hat, mit einer Glasplatte, kehrt ihn um, bringt ihn über eine Spiritusflamme und entfernt die Glasplatte, so fliesst das Gas wegen seiner grossen Dichtigkeit nach unten hin aus, und die Flamme erlischt.

Man lässt ferner die schweflichte Säure in Wasser eintreten, welches in einem möglichst hohen Cylinder enthalten ist. Geht die Entwickelung nicht zu rasch von statten, so wird das Gas vom Wasser vollständig absorbirt. Die so entstandene Flüssigkeit, die man schweflichtsaures Wasser nennen kann, bringt man in eine Flasche. Sie lässt sich dann längere Zeit hindurch aufbewahren und zu späteren Versuchen verwenden.

Ueber die Absorption der schweflichten Säure durch das Wasser kann man noch einen andern Versuch anstellen, der ein selbstständiges Interesse darbietet, indem er es möglich macht, zu prüfen, ob eine Glasflasche durch ihren eingeschliffenen Glasstöpsel luftdicht geschlossen wird. Man füllt die zu prüfende Flasche mit Wasser, kehrt sie um und bringt ihre Mündung über das Loch in der Brücke der pneumatischen Wanne. Die äussere rechtwinklige Röhre, durch welche das schweflichtsaure Gas bisher austrat, wird mit einer geradlinigen vertauscht, durch welche man die Flasche bis etwa zu einem Drittel mit dem Gase sich füllen lässt. Dann verschliesst man die Flasche mit ihrem Stöpsel und nimmt sie, während ihre Mündung immer nach unten gekehrt bleibt, aus der pneumatischen Wanne heraus. Man schüttelt die Flasche ein wenig, und in Folge der Absorption der schweflichten Säure durch das Wasser entsteht in der Flasche ein luftleerer Raum. Wenn nun der Stöpsel keinen luftdichten Verschluss bildet, so sieht man zwischen Stöpsel und Flaschenhals hindurch Luftblasen in die Flasche einströmen. Bei vielen Flaschen wird diese Probe ergeben, dass ihr Glasstöpsel einen luftdichten Verschluss nicht bildet. Eine luftdicht geschlossene Flasche kann man wieder unter Wasser bringen; der Stöpsel lässt sich dann nur mit Mühe lösen. Ist dies aber geschehen, so sieht man, dass an die Stelle des absorbirten Gases Wasser in die Flasche eindringt. Waren die schweflichte Säure und das Wasser luftfrei, so wird die Flasche bei mehrmaliger Wiederholung desselben Verfahrens sich ganz mit Wasser füllen. — Man kann auf die beschriebene Art jetzt schon eine Flasche aussuchen, welche zur Aufnahme der später darzustellenden wasserfreien Schwefelsäure geeignet ist (§ 168).

In ein Reagensglas bringt man einige Spähne von sogenanntem Blauholz, dessen Farbe roth ist, übergiesst sie mit Wasser und kocht. Zu dem entstandenen rothen Blauholzaufguss giesst man schweflichtsaures Wasser; es erfolgt eine fast vollständige Entfärbung. Man muss annehmen, dass die schweflichte Säure mit dem Farbstoff des Blauholzes zu einem ungefärbten Körper sich verbunden hat. Durch Zusatz von Ammoniak wird die rothe Farbe wieder hergestellt. Ein Blatt einer rothen Rose wird durch schweflichte Säure gänzlich entfärbt. Dagegen wird zum Beispiel die Farbe von Rothwein oder von rothem Kirschsaft durch schweflichte Säure nicht verändert. Von der genannten Eigenschaft der schweflichten Säure, mit gewissen gefärbten Körpern farblose Verbindungen zu geben, wird eine Anwendung gemacht bei Seide, Wolle, Badeschwämmen, welche durch schweflichte Säure gebleicht werden.

Wenn man bei der Darstellung der schweflichten Säure eine zu starke Erhitzung vermieden hat, so ist im Kolben weisser oder wasserfreier Kupfervitriol zurückgeblieben. Man kann diesen, nachdem der Kolben sich abgekühlt hat, mit Wasser übergiessen, in welchem er sich als blauer oder krystallisirter Kupfervitriol auflöst. Der krystallisirte Kupfervitriol hat die Formel $CuO, SO^3; (H^2O)^5$; man kann leicht berechnen, dass aus 2 Loth Kupfer 7,9 Loth krystallisirter Kupfervitriol entstehen müssen. 1 Theil des letzteren gebraucht zur Auflösung 4 Theile kaltes, 2 Theile kochendes Wasser. Die Auflösung filtrirt man in eine Porzellanschale mit flachem Boden und setzt sie zum Krystallisiren fort. Wenn sich nach einiger Zeit Krystalle gebildet haben, so giesst man die überstehende Flüssigkeit in eine zweite Porzellanschale, dampft sie etwas ein und stellt sie von neuem zum Krystallisiren fort. Die gebildeten Krystalle schüttet man auf Filtrirpapier, welches die ihnen noch anhaftende Flüssigkeit einsaugt.

§ 168.

Die wasserfreie Schwefelsäure SO^3 wird dargestellt durch Destillation der rauchenden Schwefelsäure. Sie ist bei gewöhnlicher Temperatur ein fester, weisser Körper, welcher an feuchter Luft dicke Nebel erzeugt.

Die rauchende Schwefelsäure, deren Darstellung in § 172 beschrieben werden wird, ist eine Auflösung der festen wasserfreien Schwefelsäure in dem flüssigen Schwefelsäurehydrat, und man kann diese lose Verbindung durch die Formel $H^2O,SO^3 + xSO^3$ bezeichnen. Das Schwefelsäurehydrat hat einen beträchtlich hohen, die wasserfreie Schwefelsäure einen ziemlich niedrigen Siedepunkt. Die lose Verbindung beider Körper hat einen um so niedrigeren Siedepunkt, je mehr wasserfreie Schwefelsäure darin enthalten ist. Bei der Destillation der rauchenden Schwefelsäure verdampft, so lange der Siedepunkt der Flüssigkeit noch nicht sehr hoch gestiegen ist, reine wasserfreie Schwefelsäure.

Zur Destillation bedient man sich eines Kolbens, den man im Sandbade vermittelst der Berzelius'schen Lampe erhitzt. Den Kolben verschliesst man mit einem Kork, durch welchen eine U-förmige Röhre gesteckt ist. Das freie Ende der letzteren reicht bis an den Boden einer kleinen, innen vollkommen trockenen Glasflasche. Eine innen feuchte Flasche kann man auf dieselbe Weise wie eine Retorte trocken machen (Seite 69); man dreht dabei die Flasche, nachdem man sie mit destillirtem Wasser ausgespült hat, in horizontaler Lage über der Flamme einer einfachen Spirituslampe fortwährend um.

Für den Fall, dass man zu dem Versuche eine schon anderweitig gebrauchte unreine Flasche verwenden will, mögen hier einige allgemeine Bemerkungen über die Reinigung von Gefässen mitgetheilt werden. Bei Reagensgläsern, Kolben, Retorten, Porzellanschalen und -Tiegeln versucht man zuerst, ob die Verunreinigung in Wasser, in verdünnter oder concentrirter Salpetersäure, in verdünnter Kalilösung entweder bei gewöhnlicher Temperatur oder beim Sieden sich auflöst. Geschieht dies nicht, so sucht man bei Reagensgläsern den verunreinigenden Körper durch Reiben mit Filtrirpapier zu entfernen (Seite 32). Bei Porzellangefässen kann man sich zu demselben Zweck eines Messers bedienen. Bei Flaschen verwendet man die genannten Auflösungsmittel nur bei gewöhnlicher Temperatur, da man Flaschen über freiem Feuer ohne Gefahr des Zerspringens nicht stark erhitzen kann (Seite 25). Flaschen, Kolben und Retorten kann man auch dadurch reinigen, dass man ziemlich feinen Bleischrot nebst etwas Wasser hineinbringt und sie andauernd schüttelt. Den Schrot trocknet man nachher durch Ausbreiten auf Filtrirpapier.

Der Hals der Flasche, welche die wasserfreie Schwefelsäure aufnehmen soll, muss nicht weiter sein, als es zum Durchstecken der U-förmigen Röhre nothwendig ist. Die Flasche muss ausserdem mit einem luftdicht schliessenden Glasstöpsel (Seite 219) versehen sein. Man stellt sie in eine porzellanene Reibeschale, um sie mit Schnee oder möglichst kaltem Wasser zu umgeben.

In der Flasche verdichtet sich der Dampf der wasserfreien Schwefelsäure in Gestalt langer, weisser Krystallnadeln. Vermittelst eines engen Korkbohrers (Seite 25) kann man eine Quantität davon aus der Flasche hervorholen. Von dieser Masse erhebt sich, wenn sie an der Luft liegt, ein dicker, weisser Rauch oder vielmehr Nebel. Die wasserfreie Schwefelsäure hat nämlich die Eigenschaft, dass sie aus dem festen Aggregatzustand unmittelbar in den luftförmigen übergehen kann. Der Dampf der wasserfreien Schwefelsäure ist eben so unsichtbar wie die Luft. Man kann dies sowohl an dem zur Destillation der Säure dienenden Kolben als auch an der mit ihrem Stöpsel verschlossenen Flasche wahrnehmen, in welcher über der festen Säure ein Gemenge von luftförmiger Säure und Luft befindlich ist. Wenn nun der unsichtbare Dampf der wasserfreien Schwefelsäure mit dem in der Luft enthaltenen unsichtbaren Wasserdampf in Berührung kommt, so entsteht Schwefelsäurehydrat, und dieses kann bei gewöhnlicher Temperatur nicht im luftförmigen, sondern nur im flüssigen Aggregatzustande existiren. Der von der wasserfreien Schwefelsäure aufsteigende Nebel besteht also aus kleinen, in der Luft schwebenden Tröpfchen von Schwefelsäurehydrat.

Die Erscheinung, dass ein fester Körper, ohne zuerst flüssig zu werden, in Dampf übergeht, tritt auch beim Eise ein, obwohl in viel geringerem Grade als bei der wasserfreien Schwefelsäure. Man kann die genannte Eigenschaft des Eises daraus schliessen, dass steifgefrorne Wäsche auch unterhalb 0^0 C. trocknet.

Bringt man auf wasserfreie Schwefelsäure einen Tropfen Wasser, so entsteht ein starkes Zischen. Die Schwefelsäure verbindet sich mit einem Theil des Wassers, und hierdurch entsteht eine so bedeutende Temperaturerhöhung, dass ein anderer Theil des Wassers sich plötzlich unter Zischen in Wasserdampf verwandelt.

Je besser der Stöpsel der die wasserfreie Schwefelsäure enthaltenden Flasche schliesst, desto länger kann man dieselbe unverändert aufbewahren. Immer aber dringt einiger Wasserdampf aus der Luft in die Flasche ein, um hier Schwefelsäurehydrat zu bilden. Mit einem Kork kann man die Flasche für längere Zeit nicht verschliessen, da der Kork und die wasserfreie Schwefelsäure chemisch auf einander einwirken, in Folge dessen der Kork zerstört und die Schwefelsäure verunreinigt wird.

§ 169.

Zur Darstellung des Schwefelsäurehydrats H^2O, SO^3 lässt man in Fabriken Schwefel verbrennen und das entstandene Gemenge von schweflichter Säure, Stickstoff und Sauerstoff in geräumige Bleikammern treten. Hier wird Stickstoffoxyd entwickelt, und Wasserdampf eingeleitet; es entsteht verdünnte Schwefelsäure. Diese wird durch Abdampfen concentrirt und, wenn reines Schwefelsäurehydrat dargestellt werden soll, schliesslich destillirt.

Die Theorie der Darstellung des Schwefelsäurehydrats, wie sie in Fabriken im Grossen vorgenommen wird, ist einigermassen complicirt. Auf ihre einfachste Gestalt zurückgeführt, wird sie durch folgende Gleichungen ausgedrückt.

$$\begin{aligned}
&\text{I. } N^2O^2 + 2O && = N^2O^4 \\
&\text{II. } 2SO^2 + \underline{N^2O^4} && = \underline{2SO^3} + N^2O^2 \\
\hline
&\text{III. } 2SO^2 + N^2O^2 + 2O && = 2SO^3 + N^2O^2 \\
&\text{IV. } N^2O^2 + 2O && = N^2O^4 \\
&\text{V. } \underline{2SO^2} + \underline{N^2O^4} && = \underline{2SO^3} + N^2O^2 \\
\hline
&\text{VI. } 4SO^2 + N^2O^2 + 4O && = 4SO^3 + N^2O^2 \\
&\text{VII. } N^2O^2 + 2O && = N^2O^4 \\
&\text{VIII. } \underline{2SO^2} + \underline{N^2O^4} && = \underline{2SO^3} + N^2O^2 \\
\hline
&\text{IX. } 6SO^2 + N^2O^2 + 6O = 6SO^3 + N^2O^2
\end{aligned}$$

Aus 1 Atom Stickstoffoxyd und 2 Atomen Sauerstoff entsteht nach § 135 C. 1 Atom Untersalpetersäure (Gleichung I.). 1 Atom Untersalpetersäure oxydirt 2 Atome schweflichte Säure zu Schwefelsäure, so dass von der letzteren 2 Atome und ausserdem 1 Atom Stickstoffoxyd sich bilden (Gleichung II.). Bei der Addition der Gleichungen I. und II. ist darauf zu achten, dass N^2O^2 bei dem Gesammtprocesse nothwendig angewendet werden muss, und dass N^2O^2 neu gebildet wird. Es darf deshalb das N^2O^2 der ersten Gleichung nicht gegen das N^2O^2 der zweiten Gleichung fortgelassen werden. Durch eine solche Fortlassung entstände die Gleichung $2SO^2 + 2O = 2SO^3$; aber diese entspricht der Wirklichkeit nicht, und ohne die Gegenwart des Stickstoffoxyds verbinden sich schweflichte Säure und Sauerstoff nicht zu Schwefelsäure.

Anders verhält es sich mit den Gleichungen III. und IV. Das in der Gleichung IV. vorkommende N^2O^2 ist dasselbe wie das in der Gleichung III. stehende, so dass diese beiden N^2O^2 gegen einander fortfallen. Während Gleichung III. aussagt, dass 1 Atom Stickstoffoxyd 2 Atome schweflichte Säure und 2 Atome Sauerstoff in 2 Atome Schwefelsäure zu verwandeln vermag, ergiebt sich aus Gleichung VI., dass 1 Atom Stickstoffoxyd dieselbe Wirkung auch auf 4 Atome schweflichte Säure und 4 Atome Sauerstoff ausüben kann; und Gleichung IX. zeigt, dass 1 Atom Stickstoffoxyd auch 6 Atome schweflichte Säure und 6 Atome Sauerstoff zu Schwefelsäure zu vereinigen im Stande ist.

Man sieht leicht ein, dass eine beliebig grosse Menge von schweflichter Säure mit dem zugehörigen Sauerstoff durch ein einziges Atom Stickstoffoxyd zu Schwefelsäure verbunden werden kann. Es ist dazu nur nothwendig, dass dieses Atom Stickstoffoxyd nach und nach mit allen Sauerstoffatomen und mit allen Atomen von schweflichter Säure, die sich mit einander verbinden sollen, in Berührung kommt. Man sieht auch ein, dass hierzu eine um so längere Zeit erforderlich ist, je grösser die mit einander zu vereinigenden Mengen von schweflichter Säure und Sauerstoff sind. Will man die Verbindung der schweflichten Säure mit Sauerstoff rascher erfolgen lassen, so wird dazu eine grössere Menge von Stickstoffoxyd erforderlich sein.

Zur ferneren Erläuterung des chemischen Processes, welcher bei der Darstellung der Schwefelsäure vor sich geht, wollen wir zunächst eine Berechnung anstellen.

Aufgabe. Durch Verbrennen von Schwefel in überschüssiger Luft wird ein Gemenge von schweflichter Säure, Stickstoff und Sauerstoff hergestellt. Dieses Gemenge wird in einem Gefässe, in das von aussen her Luft eindringen kann, mit einem Atom Stickstoffoxyd in Berührung gebracht, welches die Verbindung der schweflichten Säure mit Sauerstoff zu Schwefelsäure veranlasst. Von dem Stickstoffoxyd und von der Schwefelsäure wird angenommen, dass ihr Volumen klein genug ist, um gleich 0 gesetzt werden zu können. Es ist die Zusammensetzung desjenigen Gemenges zu berechnen, welches anfänglich in das Gefäss gebracht werden muss, wenn eine möglichst grosse Menge von Schwefelsäure entstehen soll.

Das Product der Verbrennung des Schwefels in überschüssiger Luft kann man bezeichnen durch $SO^2 + 8N + xN^{\frac{4}{5}}O^{\frac{1}{5}}$. Dieser Ausdruck muss natürlich als mit einer grossen ganzen Zahl multiplicirt angesehen werden. Wenn mit dem bezeichneten Gemenge 1 Atom Stickstoffoxyd in Berührung gebracht wird, so entsteht Schwefelsäure nach der Gleichung $SO^2 + O = SO^3$. 2 Maass schweflichte Säure und 1 Maass Sauerstoff verbinden sich zu Schwefelsäure. Die letztere, die wir vorläufig als festen

Körper betrachten können, nimmt einen ungefähr 1000 mal so kleinen Raum ein wie das Gemenge, woraus sie entstanden ist, und wir können demgemäss ihr Volumen gleich 0 setzen. Durch die Verbindung der schweflichten Säure mit dem Sauerstoff wird also ein luftleerer Raum erzeugt, in welchen von aussen her neue Luft eindringt. Die Gesammtmenge der auf diese Art nach und nach in das Gefäss eindringenden Luft bezeichnen wir durch $yN^{\frac{4}{5}}O^{\frac{1}{5}}$. Die bei dem in Rede stehenden Processe zur Anwendung kommenden Körper sind also $SO^2 + 8N + xN^{\frac{4}{5}}O^{\frac{1}{5}} + yN^{\frac{4}{5}}O^{\frac{1}{5}}$. Diese bilden die linke Seite der Gleichung für den Process. Wir untersuchen jetzt, wie die rechte Seite dieser Gleichung heissen muss. Was die nach Beendigung des Versuches in dem Gefässe enthaltenen Körper betrifft, so ist zunächst klar, dass schweflichte Säure unter denselben nicht enthalten sein kann. Denn diejenige schweflichte Säure, welche nach Vollendung des Processes unverändert übrig geblieben wäre, hätte nur nutzlos einen Theil des Gefässes eingenommen; wenn in diesem Theile eben so wie in den übrigen Theilen Schwefelsäure sich gebildet hätte, so würde die entstandene Menge von Schwefelsäure grösser geworden sein. Berechnet man nun für den besprochenen Process nach der in § 125 angedeuteten Art die Anzahl der Atome jedes Elements, so ist es leicht aus der linken Seite die rechte abzuleiten. Man erhält

$$SO^2 + 8N + xN^{\frac{4}{5}}O^{\frac{1}{5}} + yN^{\frac{4}{5}}O^{\frac{1}{5}}$$
$$= SO^3 + (8 + \tfrac{4}{5}x + \tfrac{4}{5}y) N + (\tfrac{1}{5}x + \tfrac{1}{5}y - 1) O.$$

Wir haben nun ins Auge zu fassen, dass das Volumen der anfänglich in das Gefäss gebrachten Körper $SO^2 + 8N + xN^{\frac{4}{5}}O^{\frac{1}{5}}$ gleich sein muss dem Volumen der schliesslich in dem Gefässe zurückbleibenden Körper. Hieraus entsteht die Gleichung

$$2 + 8 + x = 8 + \tfrac{4}{5}x + \tfrac{4}{5}y + \tfrac{1}{5}x + \tfrac{1}{5}y - 1,$$

welche ergiebt $y = 3$. Nach Einsetzung dieses Werthes heisst unsere Gleichung

$$SO^2 + 8N + xN^{\frac{4}{5}}O^{\frac{1}{5}} + 3N^{\frac{4}{5}}O^{\frac{1}{5}}$$
$$= SO^3 + (\tfrac{4}{5}x + 10\tfrac{2}{5}) N + (\tfrac{1}{5}x - \tfrac{2}{5}) O.$$

Der Werth von x ergiebt sich aus folgender Betrachtung. Es ist klar, dass bei unserem Processe desto mehr Schwefelsäure entstehen muss, je mehr schweflichte Säure zur Verwenwendung gekommen ist; nur darf, wie eben gezeigt wurde, keine schweflichte Säure unverändert in dem Gefässe zurückbleiben. Es ist ferner klar, dass die Menge der anzuwendenden schweflichten Säure desto grösser ausfällt, je kleiner x, das heisst je kleiner das Volumen der Luft ist, welche mit der schweflichten Säure zusammen Anfangs in das Gefäss gebracht wird. Zugleich versteht es sich, dass niemals ein Coefficient einer chemischen Gleichung einen negativen Werth annehmen kann. Es kann also auch x nicht kleiner als Null werden. Setzen wir aber auf der rechten Seite der Gleichung x = 0, so ergiebt sich hier als Coefficient von O der Werth $-\frac{2}{5}$. Es kann jedoch auch der Coefficient von O unmöglich negativ sein, und es ergiebt sich also, dass x nicht gleich Null sein kann. Setzen wir dagegen den Coefficienten von O gleich Null, so ergiebt sich x = 2, und dies ist der kleinste für x mögliche Werth. Vermittelst des gefundenen Werthes erhalten wir die Gleichung

$$SO^2 + 8N + 2N^{\frac{4}{5}}O^{\frac{1}{5}} + 3N^{\frac{4}{5}}O^{\frac{1}{5}} = SO^3 + 12N.$$

Es muss also das Gefäss anfänglich mit einem Gemenge von 2 Maass schweflichter Säure, 8 Maass Stickstoff und 2 Maass Luft gefüllt werden. Während des Processes der Schwefelsäurebildung treten noch 3 Maass Luft in das Gefäss ein, und schliesslich sind in demselben 12 Maass Stickstoff enthalten. Beträge etwa der Inhalt des Gefässes 60000 Cubikfuss, so hätten wir

12 Maass = 60000 Cubikfuss, 1 Maass = 5000 Cubikfuss;
es müsste demnach das Gefäss anfänglich mit einem Gemenge von 10000 Cubikfuss schweflichter Säure, 40000 Cubikfuss Stickstoff und 10000 Cubikfuss Luft angefüllt werden. —

Wir wenden uns jetzt zur näheren Betrachtung der Fabrication der Schwefelsäure im Grossen. Man lässt Schwefel in Luft verbrennen und leitet das entstandene Gemenge von schweflichter Säure, Stickstoff und Sauerstoff fortdauernd in einen grossen, von Bleiplatten umschlossenen Raum, eine sogenannte

Bleikammer. Hier lässt man Salpetersäurehydrat verdampfen, und aus schweflichter Säure und Salpetersäure entsteht Schwefelsäure und Stickstoffoxyd nach der Gleichung
$$3SO^2 + N^2O^5 = 3SO^3 + N^2O^2.$$
Das so entstandene Stickstoffoxyd veranlasst nun allmälig die Verbindung der in die Kammer eingetretenen schweflichten Säure mit dem zugehörigen Sauerstoff. Es ist jedoch, damit dieser Process stattfinde, die Gegenwart von Wasser erforderlich, und man lässt deshalb durch verschiedene Röhren aus einem Dampfkessel Wasserdampf in die Bleikammern einströmen. Das Einströmen des Wasserdampfs bewirkt zugleich eine fortwährende Mengung der in der Bleikammer enthaltenen Luftarten und somit eine schnellere Entstehung der Schwefelsäure. Statt einer einzigen Bleikammer verwendet man auch deren mehrere, die hinter einander von den Luftarten durchflossen werden und ebenfalls zur besseren Mengung derselben beitragen. Es entsteht verdünntes Schwefelsäurehydrat, welches sich am Boden der Kammern sammelt. Aus der letzten Kammer tritt fortdauernd Stickstoff aus. Dieser Stickstoff ist natürlich mit demjenigen Stickstoffoxyd gemengt, welches die Vereinigung von schweflichter Säure und Sauerstoff, während sie die Bleikammern durchflossen, veranlasst hat. Wenn man zur Darstellung der Schwefelsäure reine schweflichte Säure und reinen Sauerstoff verwenden könnte, und wenn es bei diesem Processe auf die zu seiner Vollendung nothwendige Zeit nicht ankäme, so würde allerdings ein einziges Atom Stickstoffoxyd dazu hinreichend sein. Die Verwendung von Luft an Stelle von reinem Sauerstoff macht aber die Entfernung des Stickstoffs der Luft aus der Bleikammer nothwendig, und dieser Stickstoff muss eine gewisse Menge Stickstoffoxyd mit sich fortführen. Die Darstellung der Schwefelsäure ist natürlich um so vortheilhafter, je geringere Mengen von Stickstoffoxyd mit dem Stickstoff aus der Bleikammer austreten.

Die gewonnene verdünnte Schwefelsäure wird endlich noch durch Eindampfen concentrirt. Dies geschieht zuerst in Bleipfannen, weiterhin aber in Retorten von Platin. Die letzteren sind sehr kostspielig. Glas, Porzellan, Platin und Gold sind die einzigen Körper, welche die beiden Eigenschaften besitzen, dass sich Gefässe aus ihnen verfertigen lassen, und dass sie von der concentrirten, kochenden Schwefelsäure nicht aufgelöst werden. In Glas und Porzellan aber zeigt die kochende Schwefelsäure häufig eine Erscheinung, die man Stossen nennt.

Die Erscheinung des Stossens kann man bei einem Gemenge von Alkohol (Brennspiritus) mit Salzsäure oder mit Salpetersäure beobachten. Erhitzt man ein solches Gemenge in einem Reagensglase, um es kochen zu lassen, so entwickeln sich daraus nicht, wie aus gewöhnlichem Wasser, viele kleine Dampfbläschen am Boden des Reagensglases. Es entsteht vielmehr, sobald man hinlänglich erhitzt hat, plötzlich eine einzige grosse Dampfblase, durch welche oft ein Theil der Flüssigkeit aus dem Reagensglase hinausgeschleudert wird. Auf diese Möglichkeit muss man, wie sich versteht, bei der Anstellung des Versuchs Rücksicht nehmen.

Beim Eindampfen von Schwefelsäure in Glasretorten werden auf dieselbe Weise die letztern oft zertrümmert, so dass die Anwendung von Platinretorten, in welchen die Schwefelsäure ohne Stossen kocht, trotz des hohen Preises derselben vortheilhafter ist als die von Glasretorten.

Die Schwefelsäure findet bei vielfältigen Fabricationen eine ausserordentlich ausgedehnte Anwendung. Sie wird dabei meistentheils nicht im concentrirten, sondern in einem mehr oder weniger verdünnten Zustande gebraucht. Es scheint also vortheilhafter, in solchen Fällen die Kosten des vollständigen Eindampfens der Schwefelsäure zu ersparen und dieselbe verdünnt zu versenden. Allein die Transportkosten des dabei mitversandten Wassers sind im Allgemeinen grösser als die Kosten des Eindampfens, und es wird deshalb in den Schwefelsäurefabriken ausschliesslich eine fast vollkommen concentrirte Säure dargestellt.

§ 170.

Das Schwefelsäurehydrat ist eine farb- und geruchlose Flüssigkeit von ölartiger Consistenz und von der Dichtigkeit 1,84, welche bei 325° C. siedet und bei 0° C. fest wird. Sie vermag die meisten

Metalle zu oxydiren. Die Schwefelsäure vereinigt sich unter Wärmeentwicklung mit Wasser zu losen Verbindungen, deren Dichtigkeit um so grösser, und deren Siedepunkt um so höher ist, je mehr Schwefelsäure sie enthalten. Die Schwefelsäure zersetzt das Holz in Kohlenstoff und Wasser.

Das Schwefelsäurehydrat, auch englische Schwefelsäure oder Vitriolöl genannt, ist in reinem Zustande farblos; eine Färbung desselben rührt von Verunreinigungen her, von denen am Ende dieses Paragraphen die Rede sein wird.

Die Geruchlosigkeit der Schwefelsäure beruht darauf, dass sie bei gewöhnlicher Temperatur nicht luftförmig wird. An einem mit Ammoniak benetzten Glasstabe ist kein Rauch zu bemerken, wenn man ihn über Schwefelsäure hält (vergleiche S. 194).

Den Ausdruck Consistenz gebraucht man nur von Flüssigkeiten; man nennt eine Flüssigkeit um so consistenter, je dickflüssiger sie ist. Der Syrup hat eine grössere Consistenz als das Oel; das Oel ist consistenter als das Wasser; das Wasser ist consistenter, also weniger leicht beweglich, wie der Aether.

In Beziehung auf die Fähigkeit der Schwefelsäure, Metalle zu oxydiren, sind zwei wesentlich von einander abweichende Fälle zu unterscheiden. Im § 85 haben wir gesehen, dass die Schwefelsäure das Zink oxydirt, und in § 167, dass sie auch das Kupfer oxydirt. Beide Processe sind darin einander gleich, dass ein schwefelsaures Metalloxyd gebildet wird, unterscheiden sich aber dadurch von einander, dass das Zink mit dem Sauerstoff des im Schwefelsäurehydrat enthaltenen Wassers sich verbindet, das Kupfer dagegen mit dem Sauerstoff, der in einem Theile der angewendeten Schwefelsäure selbst enthalten war. Ferner erfolgt die Oxydation des Zinks durch die Schwefelsäure bei gewöhnlicher Temperatur und unter Gegenwart von Wasser; zugleich wird Wasserstoff erzeugt. Die Oxydation des Kupfers durch Schwefelsäure dagegen erfolgt nur bei höherer Temperatur; die Säure darf nur wenig verdünnt sein, und es entsteht zu gleicher Zeit schweflichte Säure. Eben so wie das Zink verhält sich gegen Schwefelsäure beispielsweise das Eisen, eben so wie das Kupfer beispielsweise das Quecksilber.

Eine Flüssigkeit, welche aus 1 Atom Schwefelsäure und

2 Atomen Wasser besteht, erstarrt bei 8° C. zu Krystallen, während die Körper H^2O,SO^3 und H^2O bei 0° C. fest werden. Man muss hieraus allerdings schliessen, dass Schwefelsäurehydrat und Wasser mit einander eine chemische Verbindung von der Formel $(H^2O)^2,SO^3$ bilden. Allein im flüssigen Zustande sind alle Körper, welche aus verschiedenen Mengen von Schwefelsäurehydrat und Wasser zusammengesetzt sind, so wenig deutlich von einander unterschieden, dass man veranlasst wird, sie sämmtlich für lose Verbindungen zu halten. Auch aus der Wärmeentwicklung, welche stattfindet, wenn man Schwefelsäure mit Wasser vermengt, lässt sich mit Sicherheit kein Schluss darüber ziehen, ob eine lose oder eine chemische Verbindung entstanden ist. Denn diese Wärmeentwicklung tritt nicht nur dann ein, wenn man wasserfreie Schwefelsäure oder Schwefelsäurehydrat, sondern auch wenn man eine schon sehr verdünnte Schwefelsäure mit noch mehr Wasser versetzt.

Die Temperaturerhöhung, welche bei der Vermischung von Schwefelsäure und Wasser stattfindet, ist unter Umständen so bedeutend, dass sie die Beobachtung gewisser Vorsichtsmaassregeln nothwendig macht. Man kann entweder einen Strahl von Schwefelsäure in Wasser, oder einen Strahl von Wasser in Schwefelsäure giessen. Die Temperaturerhöhung erfolgt natürlich zuerst an der Oberfläche des eingegossenen Strahles, wo die beiden verschiedenartigen Körper sich berühren, und es wird hierbei der eingegossene Strahl, welcher von allen Seiten her erwärmt wird, heisser als die umgebende Flüssigkeit. Giesst man nun einen Wasserstrahl in Schwefelsäure, so kann das Wasser, dessen Siedepunkt 100° C. beträgt, sich so stark erhitzen, dass es sich zum Theil in Dampf verwandelt und ein Umherspritzen der Flüssigkeit veranlasst. Beim Eingiessen eines Schwefelsäurestrahls in Wasser dagegen tritt dieselbe Erscheinung nicht ein, weil die Schwefelsäure einen beträchtlich höheren Siedepunkt hat. Es ist deshalb besser, Schwefelsäure in Wasser, als Wasser in Schwefelsäure zu giessen. Um auch ein etwaiges Zerspringen dickwandiger Glasgefässe, welches bei ungleichmässiger Erwärmung leicht eintritt, zu vermeiden, versetzt man zuerst das Wasser durch Umrühren mit einem Glasstabe in eine wirbelnde Bewegung und giesst dann die Schwefelsäure in einem dünnen Strahl hinzu. Wenn Schwefelsäure und Wasser mit einander vermischt werden sollen, so darf keiner von beiden Körpern vorher erhitzt sein, wie dies schon auf Seite 104 bemerkt worden ist.

Es war oben davon die Rede, dass die Schwefelsäure geruchlos ist. Beim Vermischen von Schwefelsäure mit Wasser lässt indessen die entstandene Flüssigkeit zuerst einen erstickenden Geruch wahrnehmen. Der Grund dieser Erscheinung ist folgender. Die sehr erhitzte verdünnte Schwefelsäure vermag die Luft, welche das angewandte Wasser absorbirt hatte (§ 97), nicht zurückzuhalten. Die Luft scheidet sich deshalb in Bläschen aus, welche bei ihrem Austritt aus der Flüssigkeit kleine Mengen der letzteren mit sich fortreissen. Die in der Luft oberhalb der Flüssigkeit schwebenden Schwefelsäuretheilchen sind es also, welche den beschriebenen Geruch veranlassen.

Aus der Dichtigkeit einer verdünnten Schwefelsäure kann man, eben so wie bei der verdünnten Salpetersäure (§ 146), auf die Concentration der Säure schliessen.

Das Holz oder die Holzfaser ist derselbe chemische Körper wie Leinwand und Papier. Die Holzfaser kann man sich aus Kohlenstoff und Wasser zusammengesetzt denken. Bringt man Papier mit Schwefelsäure in Berührung, so verbindet sich die Schwefelsäure mit dem Wasser desselben, und es wird Kohlenstoff ausgeschieden, welcher schon in kleiner Menge die Schwefelsäure gelb oder braun zu färben vermag. Hieraus erklärt es sich, dass die englische Schwefelsäure und besonders die rauchende Schwefelsäure (§ 172) häufig mehr oder weniger braun gefärbt erscheint. Derselben Eigenschaft der Schwefelsäure kann man sich bedienen, um für Flaschenetiquette auf Papier eine Schrift hervorzubringen, welche nicht, wie Tinte, durch Säuren entfärbt wird. Man schreibt auf das Papier mit einem Gemenge von etwa 1 Raumtheil Schwefelsäurehydrat und 3 Raumtheilen Wasser und erhitzt darauf die Schrift ein wenig, indem man sie über einer nicht russenden Flamme in solcher Höhe hin und her bewegt, dass das Papier noch nicht gebräunt wird. Die so entstandene Schrift ist tief schwarz.

Wenn Schwefelsäure auf Zeug gespritzt ist, so behandelt

man die dadurch entstandenen Flecken eben so wie die durch Salpetersäure hervorgebrachten (Seite 173).

§ 171.

Die concentrirte Schwefelsäure ist sehr hygroskopisch, das heisst sie verbindet sich sehr schnell mit luftförmigem Wasser und kann deshalb gebraucht werden, um feuchte Luft zu trocknen.

Zum Verständniss des sogleich zu beschreibenden Versuches hat man sich des Gesetzes aus der Wärmelehre zu erinnern, dass beim Uebergange eines Körpers aus dem luftförmigen in den flüssigen oder aus dem flüssigen in den festen Aggregatzustand stets Wärme erzeugt oder frei gemacht wird, während bei dem Uebergange eines Körpers aus dem festen in den flüssigen oder aus dem flüssigen in den luftförmigen Aggregatzustand Wärme vernichtet oder gebunden wird. Eine solche Wärmebindung oder Kälteerzeugung findet namentlich auch beim Verdampfen des Wassers statt.

Ein porzellanenes sogenanntes Entwässerungsgefäss, welches concentrirte Schwefelsäure enthält, wird auf den Teller einer Luftpumpe gebracht. Auf die speichenförmigen Zwischenwände des Entwässerungsgefässes setzt man ein etwa zur Hälfte mit Wasser gefülltes Uhrglas und bedeckt das Ganze mit einer Glasglocke. Darauf wird die Luft so lange ausgepumpt, bis sie hinreichend verdünnt ist. Bei dem geringen Drucke, der nun unter der Glocke der Luftpumpe herrscht, tritt eine rasche Verdampfung des Wassers ein. Der entstandene Wasserdampf verbreitet sich schnell durch die ganze Glocke, kommt also auch mit der Oberfläche der Schwefelsäure in Berührung. Schwefelsäure und Wasserdampf verbinden sich zu einer bei gewöhnlicher Temperatur nicht verdampfenden Flüssigkeit und erzeugen dadurch einen leeren Raum, in den neue luftförmige Wasseratome eindringen. Auf diese Weise kommen immer neue Wasserdampfatome mit der Schwefelsäure in Berührung und werden schnell condensirt. Mit derselben Schnelligkeit geht dann fortwährend die Verdampfung des Wassers vor sich, die ihrerseits eine solche Abkühlung des Wassers hervorbringt, dass dieses in dem Uhrglase gefriert.

In ähnlicher Weise wird die Schwefelsäure häufig auch ohne Mitwirkung der Luftpumpe angewendet, indem man ein mit Schwefelsäure gefülltes Entwässerungsgefäss mit einer zu entwässernden Auflösung durch eine luftdicht schliessende Glasglocke von der äusseren Luft absperrt. Hier geht die Verdampfung des Wassers und die Aufnahme desselben durch die Schwefelsäure viel langsamer von statten, weil der Wasserdampf, um von der Oberfläche der Auflösung bis zur Oberfläche der Schwefelsäure zu gelangen, erst durch die Luft hindurch diffundiren muss. Es geht nähmlich die Diffusion eines luftförmigen Körpers durch eine fremdartige Luftart hindurch desto langsamer von statten, je grösser die Concentration der letzteren ist.

Dieselbe Wirkung der Schwefelsäure kann man auch auf folgende Weise wahrnehmbar machen. In eine hinreichend weithalsige Flasche giesst man Schwefelsäure und verschliesst die Flasche durch einen Kork, durch welchen, eben so wie bei der Spritzflasche, zwei Röhren, nämlich eine Blaseröhre und eine Ausflussröhre, geführt sind. Die Blaseröhre reicht bis auf den Boden der Flasche, die Ausflussröhre nur bis unter den Kork. Beide Röhren können rechtwinklig gebogen sein. In ein enges Reagensglas feilt man am Boden desselben vermittelst einer Feile, die man mit Terpenthinöl benetzt, ein kleines Loch. Das Terpenthinöl hindert das Springen des Glases beim Feilen. In das Reagensglas bringt man ein wenig wasserfreie Schwefelsäure, spannt es horizontal in einen Retortenhalter und verbindet seine Mündung durch einen Kautschuckschlauch mit dem äusseren Ende der Ausflussröhre. Nun bläst man in die Blaseröhre. Die aus den Lungen kommende Luft enthält viel Wasserdampf, wovon man sich beim Behauchen einer kalten Fensterscheibe oder im Winter beim Ausathmen in kalter Luft überzeugen kann. Die in die Blaseröhre eingeführte feuchte Luft verliert bei ihrem Durchgange durch die Schwefelsäure ihren Gehalt an Wasserdampf, und man sieht, dass die trockne Luft mit dem in dem Reagensglase enthaltenen Dampfe von wasserfreier Schwefelsäure keinen Nebel bildet. Der Nebel erscheint jedoch wieder bei der Vermengung des Schwefelsäuredampfes mit der äusseren feuchten Luft. Eine Flasche von der eben beschriebenen Construction, worin eine unreine Luftart durch Berührung mit einer Flüssigkeit von einer Beimengung gereinigt wird, nennt man eine **Waschflasche**.

Es versteht sich wohl von selbst, dass man bei den beschriebenen Versuchen nicht von einer anziehenden Kraft sprechen kann, welche von dem Schwefelsäurehydrat auf das Wasser ausgeübt wird. Denn niemals vermögen zwei Körper eine chemische Einwirkung auf einander auszuüben, bevor sie sich berühren. Die Schwefelsäure zieht kein Atom Wasserdampf an sich heran. Dieselbe fortwährende Bewegung, welche die Diffusion der luftförmigen Körper veranlasst, bringt die Wasserdampfatome mit der Schwefelsäure in Berührung, und es verbindet sich mit der Schwefelsäure kein Wasserdampfatom, welches nicht vorher mit ihr in Berührung gekommen ist.

Ausser der Schwefelsäure giebt es noch sehr viele hygroskopische Körper. Wir haben als solche schon das wasserfreie Calciumoxyd (§ 19), das wasserfreie schwefelsaure Kupferoxyd (§ 20), das salpetersaure Ammoniak (§ 159) kennen gelernt. Es sind aber nur sehr wenige Körper so wie die Schwefelsäure geeignet, feuchte Luft zu trocknen. Der Grund dieser Verschiedenheit beruht auf Folgendem.

Zur Vollendung eines chemischen Processes ist oft aus Gründen, von denen man sich noch wenig Rechenschaft zu geben weiss, eine mehr oder weniger lange Zeit erforderlich. So geht die in § 60 betrachtete Zersetzung des Quecksilberoxyds in Quecksilber und Sauerstoff immer nur langsam von statten. Bei dem in § 19 beschriebenen Versuche dauert es oft längere Zeit, bis der gebrannte Kalk und das Wasser, nachdem sie mit einander in Berührung gebracht sind, zu gelöschtem Kalke sich verbinden. Auch wenn man, wie es im § 47 besprochen ist, zu einer Lösung von Weinsteinsäure wenig Kalilösung hinzufügt, so entsteht der Niederschlag von doppeltweinsteinsaurem Kali nicht in dem Augenblicke, wo die beiden Flüssigkeiten mit einander in Berührung ·kommen, sondern eine kurze Zeit später. Bei vielen anderen chemischen Processen ist zwar eine solche Verzögerung nicht wahrzunehmen. So scheidet sich bei dem in § 163 beschriebenen Versuche der präcipitirte Schwefel in demselben

Augenblicke aus, wo die Schwefelsäure mit dem Fünffachschwefelkalium in Berührung kommt.

Vor vielen andern hygroskopischen Substanzen zeichnet sich nun die Schwefelsäure dadurch aus, dass sie sich augenblicklich mit dem Wasser verbindet, welches mit ihr in Berührung kommt, während bei andern Körpern zum Zustandekommen der Verbindung eine längere Zeit erforderlich ist. Körper mit niedrigem Siedepunkt, wie wasserfreie Schwefelsäure oder Salpetersäurehydrat, können natürlich zum Trocknen der Luft nicht gebraucht werden. Durch diese würde die feuchte Luft zwar von Wasserdampf befreit, durch den entstehenden Nebel aber wieder verunreinigt werden.

§ 172.

Die rauchende Schwefelsäure wird in Fabriken auf die Weise dargestellt, dass man schwefelsaures Eisenoxyd in Retorten stark erhitzt und den überdestillirenden Dampf von wasserfreier Schwefelsäure in Schwefelsäurehydrat einleitet.

Es ist von der rauchenden Schwefelsäure, auch Nordhäuser Schwefelsäure oder Nordhäuser Vitriolöl genannt, schon in § 168 die Rede gewesen. Das zur Darstellung derselben zu verwendende schwefelsaure Eisenoxyd wird aus dem in § 135 erwähnten Eisenvitriol gewonnen. Dieser hat die Formel $FeO, SO^3; (H^2O)^7$. Er wird geröstet, das heisst an freier Luft erhitzt; er zersetzt sich dabei nach der Gleichung

$$FeO, SO^3; (H^2O)^7 = FeO, SO^3; H^2O + 6H^2O.$$

1 Atom grünes siebenfach gewässertes schwefelsaures Eisenoxydul zersetzt sich bei mässiger Erhitzung in 1 Atom weisses einfach gewässertes schwefelsaures Eisenoxydul und 6 Atome Wasser, welche luftförmig entweichen. Das zuletzt genannte Salz, der einfach gewässerte Eisenvitriol, wird in retortenartige Gefässe gebracht und stark erhitzt. Dabei erfolgt der durch die nachstehenden Gleichungen ausgedrückte Process.

$$2\,\text{FeO},\text{SO}^3;\text{H}^2\text{O} = 2\,\text{FeO} + \text{SO}^3 + \text{SO}^3 + 2\,\text{H}^2\text{O}$$
$$\underline{\text{SO}^3\phantom{2\,\text{FeO},;\text{H}^2\text{O}} = \underline{\text{SO}^2 + \text{O}\phantom{+ \text{SO}^3 + 2\,\text{H}^2\text{O}}}}$$
$$\underline{2\,\text{FeO} + \text{O}\phantom{\text{S},;\text{H}^2\text{O}} = \text{Fe}^2\text{O}^3\phantom{+ \text{SO}^3 + 2\,\text{H}^2\text{O}}}$$
$$\underline{\text{Fe}^2\text{O}^3 + \text{SO}^3\phantom{\text{H}^2\text{O}} = \text{Fe}^2\text{O}^3,\text{SO}^3\phantom{+ \text{SO}^3 + 2\,\text{H}^2\text{O}}}$$
$$2\,\text{FeO},\text{SO}^3;\text{H}^2\text{O} = \text{Fe}^2\text{O}^3,\text{SO}^3 + \text{SO}^2 + 2\,\text{H}^2\text{O}.$$

Aus einfach gewässertem schwefelsaurem Eisenoxydul entsteht schwefelsaures Eisenoxyd, welches in der Retorte zurückbleibt, und ferner schweflichte Säure und Wasser, welche luftförmig entweichen. Nachdem diese Zersetzung vollendet ist, erfolgt bei einer noch höheren Temperatur die Zersetzung des schwefelsauren Eisenoxyds in festes Eisenoxyd und luftförmige wasserfreie Schwefelsäure. Die letztere lässt man in Vorlagen treten, welche Schwefelsäurehydrat enthalten. Dieses vermengt sich mit der condensirten wasserfreien Schwefelsäure, und die entstandene Auflösung wird rauchende Schwefelsäure genannt. Es bedarf kaum der Erwähnung, dass der von dieser Flüssigkeit an feuchter Luft aufsteigende Nebel seine Entstehung dem Verdampfen der wasserfreien Schwefelsäure verdankt. Nach der Stärke dieses Nebels kann man einigermassen den Gehalt der rauchenden Schwefelsäure an wasserfreier Säure beurtheilen. Aus einer wenig rauchenden Schwefelsäure lässt sich natürlich auch nur wenig wasserfreie Säure durch Destillation abscheiden.

§ 173.

Der Schwefelwasserstoff H^2S, auch Schwefelwasserstoffsäure genannt, entsteht bei der Berührung von Schwefeleisen mit Schwefelsäure. Er ist ein condensirbares, farbloses Gas vom Geruch der faulen Eier, von süsslichem Geschmack, von der Dichtigkeit 1,18, brennbar, das Verbrennen nicht unterhaltend. Brennbar ist überhaupt jede Verbindung, die nur aus brennbaren Elementen besteht. 1 Maass Wasser absorbirt bei 20° C. 2,9 Maass Schwefelwasserstoffgas.

Schwefel und Wasserstoff verbinden sich nicht direct. Das Schwefelwasserstoffgas entsteht bei gewöhnlicher Temperatur aus Schwefeleisen und Schwefelsäure nach der Gleichung

$$\text{FeS} + \text{H}^2\text{O},\text{SO}^3 = \text{H}^2\text{S} + \text{FeO},\text{SO}^3.$$

Die zu verwendende Schwefelsäure muss, eben so wie bei der Darstellung des Wasserstoffs aus Zink und Schwefelsäure, verdünnt sein (§ 85); denn auch das schwefelsaure Eisenoxydul ist in concentrirter Schwefelsäure unlöslich. Man verfährt bei der Darstellung des Schwefelwasserstoffs ganz auf dieselbe Weise wie bei der Darstellung des Wasserstoffs aus Zink und Schwefelsäure (§ 86), indem man nur statt des Zinks Schwefeleisen anwendet. Dieses zerschlägt man zuerst mit einem Hammer und zerkleinert es weiter in einer Reibeschale zu einem groben Pulver. Darauf übergiesst man es in einer Porzellanschale mit Wasser und erhitzt bis zum Kochen. Nunmehr bringt man das Schwefeleisen in die Gasentwicklungsflasche und verfährt eben so wie in § 86.

Bei der Darstellung des Schwefelwasserstoffgases hat man auf folgenden Umstand Rücksicht zu nehmen. Es wurde im § 170 mitgetheilt, dass die concentrirte Schwefelsäure, unmittelbar nachdem man sie mit Wasser vermischt hat, einen Geruch zeigt und dass dieser Geruch von Schwefelsäuretheilchen herrührt, welche von den sich entwickelnden Luftbläschen fortgeführt sind. Dieselbe Erscheinung tritt bei den Schwefelwasserstoffbläschen ein, die aus der über dem Schwefeleisen befindlichen Flüssigkeit sich entwickeln. Diese reissen nämlich kleine Theilchen der Flüssigkeit, in welcher aufgelöstes schwefelsaures Eisenoxydul enthalten ist, mit sich fort, und das letztere Salz übt bei einigen mit dem Schwefelwasserstoffgase anzustellenden Versuchen einen störenden Einfluss aus. Man wendet deshalb, um das Gas rein zu erhalten, eine mit Wasser gefüllte Waschflasche an (§ 171). Die Blaseröhre derselben verbindet man mit der aus der Gasentwicklungsflasche führenden Glasröhre. Von der Ausflussröhre der Waschflasche aus leitet man das Gas durch eine geradlinige Röhre unter die Brücke der pneumatischen Wanne.

Die Reinigung des Schwefelwasserstoffgases von den anhängenden Flüssigkeitstheilchen kann man, bequemer als durch eine Waschflasche, auch dadurch erreichen, dass man das Gas durch eine etwa 6 Zoll lange Glasröhre von der Weite eines engen Reagensglases fliessen lässt, in welche man lose Watte gebracht hat. Diese Röhre spannt man horizontal in einen Retortenhalter ein und verbindet sie durch Kautschuckschläuche einerseits mit der Ausflussröhre der Gasentwicklungsflasche und andrerseits mit einer geradlinigen Glasröhre, die das Gas in die pneumatische Wanne leitet.

Das zuerst aufgefangene Gas ist natürlich mit Luft gemengt. Man taucht in dasselbe einen brennenden Spiritusfidibus. Erfolgt dabei eine kleine Explosion, so hatte man ein Gemenge von Schwefelwasserstoff mit Luft vor sich. Erlischt aber die Flamme des Spiritusfidibus und brennt das an der Mündung des Cylinders angezündete Gas ruhig von oben bis unten hin ab, so kann man es als ziemlich luftfrei betrachten.

Jede Verbindung, welche nur aus brennbaren Elementen besteht, verbrennt bei Gegenwart von hinreichendem Sauerstoff eben so, wie die unverbundenen Bestandtheile es thun würden. Hieraus kann man schliessen, dass die Verbrennung des Schwefelwasserstoffs in reinem Sauerstoff den nachstehenden Gleichungen gemäss erfolgt.

$$\begin{aligned} H^2S &= 2H + S \\ 2H + O &= H^2O \\ \underline{S + 2O} &= \underline{SO^2} \\ H^2S + 3O &= H^2O + SO^2. \end{aligned}$$

Ein Gemenge von $\tfrac{2}{3}$ Maass Schwefelwasserstoff und $\tfrac{3}{3}$ Maass Sauerstoff verbrennt mit eben so heftiger Explosion wie Knallgas. Die Verbrennung des Schwefelwasserstoffs in Luft erfolgt nach der Gleichung

$$H^2S + 15 N^{\tfrac{4}{5}} O^{\tfrac{1}{5}} = H^2O + SO^2 + 12 N.$$

Das günstigste Verhältniss findet also statt, wenn $\tfrac{2}{17}$ Maass Schwefelwasserstoff mit $\tfrac{15}{17}$ Maass Luft gemengt sind. Der Schwefelwasserstoff brennt mit schwach leuchtender blauer Flamme. Lässt man luftfreies Schwefelwasserstoffgas, welches in einem Cylinder enthalten ist, verbrennen, so scheidet sich Schwefel aus, welcher sich an die Wände des Cylinders ansetzt, und man muss daraus schliessen, dass dieser Schwefel einem durch die Gleichung

$$H^2S + 5 N^{\tfrac{4}{5}} O^{\tfrac{1}{5}} = H^2O + S + 4 N$$

ausgedrückten Process seine Entstehung verdankt. In § 165 wurde bemerkt, dass auch aus der Flamme des freien Schwefels bei unzureichendem Luftzutritt unverbrannter Schwefel sich ausscheidet.

Der Schwefelwasserstoff ist eine Wasserstoffsäure (§ 50). Er röthet befeuchtetes blaues Lackmuspapier. Leitet man ihn (durch eine rechtwinklige Röhre) in Ammoniakflüssigkeit, so wird er absorbirt; es entsteht hierbei nicht eine lose, sondern eine chemische Verbindung, nämlich schwefelwasserstoffsaures Ammoniak (§ 174). Dass der Schwefelwasserstoff als Säure einen süsslichen, nicht aber einen sauren Geschmack zeigt, muss als Ausnahme von einer sonst allgemein gültigen Regel betrachtet werden (§ 30 Seite 43).

Es lassen sich mit dem Schwefelwasserstoffgase noch verschiedene andere Versuche anstellen, die zum Theil erst später zu erwähnen sind. Zu allen diesen Versuchen kann man jedoch statt des Schwefelwasserstoffgases das Schwefelwasserstoffwasser verwenden, das heisst die lose Verbindung von Wasser mit absorbirtem Schwefelwasserstoffgase. Der Gebrauch des Schwefelwasserstoffwassers ist aber angenehmer als der des Schwefelwasserstoffgases, weil bei jenem weniger von dem übelriechenden Gase in die Luft des Experimentirzimmers eintritt. Die Bildung des Schwefelwasserstoffwassers lässt man in einem Raume erfolgen, wo der üble Geruch des Gases niemand belästigen kann.

Die Absorption eines Gases durch eine Flüssigkeit erfolgt, wie man sich denken kann, unter sonst gleichen Umständen desto schneller, je mehr von dem Gase die Flüssigkeit aufzunehmen vermag. Obwohl nun 1 Maass Wasser bei 20° C. 2,9 Maass Schwefelwasserstoffgas zu absorbiren vermag, so nimmt man doch, wenn man Schwefelwasserstoffgas durch eine Glasröhre von gewöhnlicher Weite in Wasser eintreten lässt, kaum wahr, dass die Gasblasen bei ihrem Durchgange durch die Flüssigkeit an Volumen abnehmen. Es ist leicht einzusehen, welche Mittel dazu dienen können, die Absorption zu beschleunigen. Denn es muss natürlich eine Flüssigkeit von einem Gase desto mehr absorbiren, in je mehr Punkten Flüssigkeit und Gas sich berühren. Die Absorption kann demnach dadurch beschleunigt werden, dass man das Gas in recht kleinen Blasen in der Flüssigkeit emporsteigen lässt.

Wenn man einen Würfel von 2 Zoll Seite, dessen Oberfläche 4 . 6 = 24 Quadratzoll beträgt, in 8 Würfel von 1 Zoll Seite zerschneidet, so beträgt die Oberfläche der 8 kleineren Würfel zusammengenommen 1 . 6 . 8 = 48 Quadratzoll. Eben so wie Würfel verhalten sich auch Kugeln, und wenn man aus einer grösseren Kugel 8 kleinere (von gleichem Volumen) macht, so ist die Gesammtoberfläche der 8 kleineren Kugeln 2 mal so gross wie die Oberfläche der einen grösseren Kugel. Die Gasblasen kann man als kugelförmig betrachten, nnd die Gesammtoberfläche einer Gasmasse wird also um so grösser, in je kleinere Kugeln oder Blasen die Gasmasse zertheilt ist. Die Absorption eines Gases durch eine Flüssigkeit wird demnach beschleunigt, wenn das Gas aus einer engen Spitze in die Flüssigkeit eintritt.

Ferner wird eine vollkommenere Absorption auch dadurch herbeigeführt, dass man das Gas eine möglichst hohe Schicht der Flüssigkeit durchsteigen lässt. Denn so bleibt jede einzelne Gasblase mit der Flüssigkeit eine längere Zeit in Berührung. Es ist deshalb zweckmässig, das Wasser, welches mit Schwefelwasserstoffgas gesättigt werden soll, in einen hohen Cylinder zu bringen und die Mündung der Glasröhre, aus welcher das Gas austritt, bis auf den Boden des Cylinders hinabreichen zu lassen. Hierbei ist jedoch darauf Rücksicht zu nehmen, dass der Druck des Gases auf die verdünnte Schwefelsäure in der Entwickelungsflasche eben so stark wirkt wie auf das Wasser in der Austrittsröhre. In Folge der Gleichheit dieser beiden Drucke muss die verdünnte Schwefelsäure in dem langhalsigen Trichter desto höher steigen, je höher die Wassersäule ist, welche das Gas aus der Austrittsröhre zurückzudrängen hat, um aus der Mündung der letzteren auszufliessen.

Man kann auch das Schwefelwasserstoffgas, eben so wie das schweflichtsaure Gas, in eine mit Wasser gefüllte Flasche eintreten lassen, dann die Flasche verschliessen und schütteln und endlich unter Wasser wieder öffnen. Man sieht dann das Wasser in die Flasche eindringen und kann daraus schliessen, dass eine Absorption stattgefunden hat.

Das Schwefelwasserstoffwasser lässt sich in wohlverschlossenen Flaschen längere Zeit hindurch aufbewahren. Allmälig aber verbindet sich der Sauerstoff der Luft mit dem Wasserstoff des Schwefelwasserstoffs nach der Gleichung

$$H^2S + \overset{..}{O} = H^2\overset{..}{O} + S.$$

Der Schwefel scheidet sich als fester Körper aus. Ob das Schwefelwasserstoffwasser nach längerem Stehen noch brauchbar ist, lässt sich vermittelst des Geruchs nicht immer sicher entscheiden. Man prüft es dadurch, dass man es zu einer Lösung von Kupfervitriol hinzufügt. Es muss dann ein braunschwarzer Niederschlag entstehen.

Schwefelwasserstoff und schweflichte Säure verwandeln sich, sobald sie mit einander in Berührung kommen, in Wasser und Schwefel nach der Gleichung

$$2H^2S + S\overset{..}{O}{}^2 = 2H^2\overset{..}{O} + 3S.$$

Wenn man Schwefelwasserstoffwasser und schweflichtsaures Wasser, welche beide in Folge der darin enthaltenen Gase einen sehr intensiven Geruch haben, in richtigem Verhältniss zusammenmischt, so entsteht eine vollkommen geruchlose Flüssigkeit, in welcher ein Niederschlag von Schwefel sichtbar wird. Man kann von demselben Processe eine Anwendung machen, um das Schwefelwasserstoffgas, welches sich etwa im Experimentirzimmer verbreitet hat, zu zerstören. Man lässt zu diesem Zwecke entweder etwas Schwefel in einem Porzellantiegelchen verbrennen, oder man kann auch das Schwefelwasserstoffgas selbst bei seinem Austritt aus der Entwicklungsflasche anzünden und einige Zeit brennen lassen. Es versteht sich, dass man das Gas erst dann anzünden darf, wenn die Luft aus der Entwicklungsflasche bereits ausgetrieben ist, da ein Gemenge von Schwefelwasserstoffgas und Luft angezündet explodirt. Eine leichte Berechnung zeigt, dass durch die Verbrennung von 1 Maass Schwefelwasserstoffgas diejenige Menge von schweflichter Säure gebildet wird, welche nothwendig ist, um den Geruch von 2 Maass Schwefelwasserstoffgas zu zerstören.

Das Schwefeleisen, welches von einer Schwefelwasserstoffdarstellung übrig geblieben ist, schüttet man fort. Denn wenn dasselbe auch sorgfältig gewaschen und getrocknet ist, so entwickelt es doch, von neuem mit verdünnter Schwefelsäure übergossen, keinen Schwefelwasserstoff mehr. Man kann das Schwefeleisen zwar dadurch brauchbar erhalten, dass man es mit einer Lösung von kohlensaurem Kali oder Natron übergiesst; aber bei dem niedrigen Preise des Schwefeleisens ist die Anwendung des genannten Mittels kaum zu empfehlen.

§ 174.

Ein Element, welches mit Wasserstoff zu einer Wasserstoffsäure sich verbinden kann, wird ein Salzbildner genannt. Bei der Berührung einer Base mit einer Wasserstoffsäure erfolgt nicht eine Verbindung beider Körper, sondern eine Vertauschung von Metall und Wasserstoff, und es entsteht ein Haloidsalz, das heisst die Verbindung eines Metalls mit einem Salzbildner, und ausserdem Wasser. Das Schwefelammonium H^8N^2S entsteht beim Einleiten von Schwefelwasserstoffgas in Ammoniakflüssigkeit.

Das Schwefelwasserstoffgas wird von der Ammoniakflüssigkeit schnell und in grosser Menge absorbirt. Nach § 31 ist zu schliessen, dass hierbei ein Salz von der Formel H^8N^2O, H^2S, genannt schwefelwasserstoffsaures Ammoniak, entsteht; da zugleich kein Niederschlag sich bildet, so hat man zu folgern, dass das entstandene Salz in dem Wasser der Ammoniakflüssigkeit sich auflöst. Es ist aber hier der nachstehende eigenthümliche Umstand in Erwägung zu ziehen.

Bringt man bei sehr niedriger Temperatur 2 Maass Ammoniakgas mit 1 Maass Schwefelwasserstoffgas in Berührung, so erfolgt eine Verbindung beider Gase nach der Gleichung

$$H^6N^2 + H^2S = H^8N^2S.$$

Der entstandene Körper ist fest und heisst Schwefelammonium; er ist unzweifelhaft als eine Verbindung des Metalls Ammonium mit Schwefel zu betrachten. Löst man nun das Schwefelammonium in Wasser auf, so erhält man eine Flüssigkeit, welche der oben erwähnten Auflösung des schwefelwasserstoffsauren Ammoniaks in jeder Beziehung gleich ist; wenn eine der beiden genannten Flüssigkeiten einem Chemiker gegeben wird, so vermag er auf keine Weise zu entscheiden, ob dieselbe auf dem einen oder auf dem andern der beiden beschriebenen Wege sich gebildet hat. Von der Gleichheit der Zusammensetzung beider Flüssigkeiten kann man sich mit Hülfe der betreffenden Formeln leicht überzeugen. Bezeichnet man die Auflösung des Schwefelammoniums durch $H^8N^2S + xH^2O$, so heisst der Ausdruck für die Auflösung des schwefelwasserstoffsauren Ammoniaks $H^8N^2O,H^2S + (x-1)H^2O$, und beide Flüssigkeiten bestehen aus genau gleich vielen Atomen der darin vorkommenden Elemente.

Die Frage, welche der beiden verschiedenen Ansichten über das Wesen der in Rede stehenden Flüssigkeit die richtigere ist, das heisst die Frage, ob man diese Flüssigkeit als eine Lösung von schwefelwasserstoffsaurem Ammoniak oder von Schwefelammonium zu betrachten hat, lässt sich mit Sicherheit auf keine Weise entscheiden. Es ist aber leicht zu sehen, welche der beiden Ansichten den Vorzug grösserer Einfachheit besitzt.

Die Existenz des Schwefelammoniums lässt sich einmal nicht leugnen. Will man also die fragliche Flüssigkeit als Lösung von schwefelwasserstoffsaurem Ammoniak ansehen, so giebt es ausser dem Schwefelammonium noch einen zweiten Körper, das schwefelwasserstoffsaure Ammoniak. Wenn man dagegen die fragliche Flüssigkeit für eine Lösung von Schwefelammonium erklärt, so wird die Annahme des schwefelwasserstoffsauren Ammoniaks überflüssig. Aus Gründen der Einfachheit pflegt man also die letztere Ansicht, nach welcher das schwefelwasserstoffsaure Ammoniak gar nicht existirt, vorzuziehen. Man ist jedoch darum nicht gezwungen, den Ausdruck schwefelwasserstoffsaures Ammoniak gänzlich zu vermeiden; derselbe ist vielmehr sehr geeignet, die Auffassung mancher chemischen Processe zu erleichtern. Auch wenn man statt Schwefelammonium sagt schwefelwasserstoffsaures Ammoniak, so begeht man in der That kaum einen andern Fehler, wie wenn man statt Schwefelsäurehydrat sagt Schwefelsäure (Seite 122). Im letzteren Falle nennt man den wasserfreien Körper an Stelle des wasserhaltigen, im ersteren Falle den wasserhaltigen an Stelle des wasserfreien.

Um nunmehr von dem, was in der Ueberschrift dieses Pa-

ragraphen gesagt ist, eine Anwendung zu machen auf das vorliegende Beispiel, so sehen wir, dass der Schwefel als ein Element, welches mit Wasserstoff zu einer Säure sich verbinden kann, ein Salzbildner ist. Kommt die Base Ammoniak in Berührung mit der Wasserstoffsäure des Schwefels, so erfolgt die so häufige Vertauschung von 1 Atom Metall mit 2 Atomen Wasserstoff (§ 83) nach der Gleichung
$$H^8N^2O + H^2S = H^8N^2S + H^2O,$$
und es entsteht das Haloïdsalz Schwefelammonium und ausserdem Wasser. Die Haloïdsalze sind in Beziehung auf ihre Entstehung, auf ihre Reaction, auf ihren Aggregatzustand (§ 31) und auf andere später zu besprechende Eigenschaften den Sauerstoffsalzen, das heisst den Verbindungen von Basen mit Sauerstoffsäuren, so sehr ähnlich, dass es nicht angemessen erscheinen würde, die Haloïdsalze als eine besondere von den Sauerstoffsalzen zu trennende Klasse von Körpern zu betrachten. Das Gesetz des § 31 muss also jetzt dahin erweitert werden, dass zwar jede Säure mit jeder Base zu einem Salz sich verbindet, dass aber bei der Verbindung einer Wasserstoffsäure mit einer Base eine gleichzeitige Ausscheidung von Wasser eintritt.

Es ist übrigens noch beiläufig zu bemerken, dass man den Process, welcher bei der Berührung einer Base mit einer Wasserstoffsäure vor sich geht, entweder als eine Vertauschung von 1 Atom Metall mit 2 Atomen Wasserstoff, oder mit demselben Rechte als eine Vertauschung von 1 Atom Sauerstoff mit dem Salzbildner der Wasserstoffsäure betrachten kann. Nach der letzteren Auffassung ist die obige Gleichung zu schreiben:
$$H^8N^2O + H^2S = H^8N^2S + H^2O.$$
Leitet man Schwefelwasserstoffgas in Ammoniakflüssigkeit, so entsteht zuerst Schwefelammonium. Fährt man aber mit dem Einleiten des Gases so lange fort, bis nichts mehr absorbirt wird, so hat ein Körper von der Formel H^8N^2S,H^2S, genannt Schwefelwasserstoff-Schwefelammonium, sich gebildet. In jedem Falle ist die entstandene Flüssigkeit farblos, reagirt alkalisch und riecht gleichzeitig nach Ammoniak und nach Schwefelwasserstoff. Bei fast allen mit Schwefelammonium anzustellenden

Versuchen ist der Erfolg im Wesentlichen derselbe, mag das Schwefelammonium frei oder an Schwefelwasserstoff gebunden sein. Fügt man zu dem schwefelwasserstoffsauren Ammoniak eine Säure, etwa Schwefelsäure, hinzu, so entsteht schwefelsaures Ammoniak, welches gelöst bleibt, und Schwefelwasserstoff, welcher als Gas entweicht.

Bewahrt man das Schwefelwasserstoff-Schwefelammonium längere Zeit hindurch auf, so bildet der Schwefelwasserstoff mit dem Sauerstoff der Luft Schwefel und Wasser. Der ausgeschiedene Schwefel verbindet sich mit dem Schwefelammonium zu Fünffachschwefelammonium $H^8N^2S^5$, welches der Flüssigkeit eine gelbe Farbe ertheilt. Auch diese Beimengung schadet dem Schwefelammonium meistentheils nicht. Versetzt man die genannte Flüssigkeit mit Schwefelsäure, so erfolgt ein Process, welcher dem in § 163 besprochenen analog ist, gemäss der Gleichung
$$H^8N^2S^5 + H^2O, SO^3 = 4S + H^2S + H^8N^2O, SO^3.$$
Durch den ausgeschiedenen Schwefel färbt sich die Flüssigkeit milchig.

Das Schwefelammonium wird, weil es aus Schwefelwasserstoff und Ammoniak entsteht, auch wohl Schwefelwasserstoffammoniak genannt.

Kohlenstoff.

§ 175.

Der Kohlenstoff kann dargestellt werden als Kohle durch Erhitzen vieler aus dem Pflanzen- und Thierreich stammenden Körper unter Ausschluss der Luft.

Man füllt einen Porzellantiegel mit Holz, etwa mit Streichhölzchen, von denen man das die Zündmasse tragende Ende abgebrochen hat. Man setzt auf den Tiegel einen Deckel und erhitzt vermittelst der Berzelius'schen Lampe. Wendet man zuerst eine ziemlich kleine Flamme an, so entwickelt sich ein übel riechender Rauch. Vergrössert man darauf die Flamme, bis der Tiegel ganz davon umgeben ist, so verbrennt der zwischen Tiegel und Deckel hindurch dringende Rauch, und es ist kein widerwärtiger Geruch mehr wahrnehmbar. Nach Beendigung der Operation ist in dem Tiegel Holzkohle zurückgeblieben, die aus ziemlich reinem Kohlenstoff besteht. Verunreinigt ist derselbe namentlich durch die Körper, welche beim Verbrennen der Kohle als Asche zurückbleiben.

Aus der bei diesem Versuche zu beobachtenden Brennbarkeit des Rauches von Holz und ähnlichen Körpern erklären sich die Explosionen, die hin und wieder bei Oefen von grossem Rauminhalt (Kachelöfen) vorkommen. Es sind nämlich Gemenge von brennbarem Rauch mit Luft, eben so wie Gemenge von brennbaren Gasen mit Luft, explodirbar, wenn die Gemengtheile in einem gewissen Verhältnisse zu einander stehen (vergleiche Seite 111). Hat sich also ein Kachelofen mit einem explodirbaren Gemenge von Rauch und Luft gefüllt, und fängt darauf das Heizmaterial plötzlich mit Flamme zu brennen an, so kann eine Explosion erfolgen.

Auf dieselbe Weise wie aus Holz kann man aus vielen vegetabilischen (dem Pflanzenreiche entstammenden) und animalischen (dem Thierreiche entnommenen) Körpern mehr oder weniger reinen Kohlenstoff erhalten, zum Beispiel aus Zucker, Steinkohle, Knochen, Horn.

Die Holzkohle kann auch auf die Weise dargestellt werden, dass man von einer gegebenen Quantität Holz den einen Theil als Feuerungsmaterial anwendet, welches die zur Verkohlung des übrigen Holzes nothwendige Hitze erzeugt. Einen Versuch im Kleinen kann man hierüber auf folgende Weise anstellen. Man fasst einen vertical gehaltenen nicht zu dicken Holzspahn am oberen Ende mit einer Tiegelzange, zündet das untere Ende an und taucht dasselbe, sobald es aufgehört hat mit hell leuchtender, gelber Flamme zu verbrennen, allmälig in ein Reagensglas ein. Während bei dem oben beschriebenen Versuche der Luftausschluss durch den Tiegeldeckel hervorgebracht wurde, ist es hier das Reagensglas, welches den zur Verbrennung der Kohle erforderlichen Luftzutritt verhindert.

In Gegenden, wo die Holzpreise niedrig und die Transportkosten hoch sind, wird das Holz in sogenannten Meilern durch theilweise Verbrennung in Kohle verwandelt. Um eine aus Pfählen gebildete hohle Röhre wird das Holz in Haufen mit schrägen Wänden zusammengestellt. Diese Haufen oder Meiler werden ringsum mit einer Decke von Rasen oder feuchtem Kohlenpulver versehen. In diese Decke werden am Boden des Meilers Löcher eingestossen, durch welche die zur Verbrennung nothwendige Luft eintreten kann, und welche zu diesem Zwecke bis zur Beendigung des Processes offen erhalten werden. Durch Einschütten von glühenden Kohlen in die hohle Röhre wird die Verbrennung eingeleitet; die Röhre wird dann mit Kohlen bis oben hin gefüllt und, wenn diese sich vollständig entzündet haben, mit Rasen bedeckt. Zugleich werden in der nächsten Umgebung der Röhre Löcher in die Decke gestossen, durch welche der Rauch sich entfernen kann. Ist die Verkohlung des unter diesen Löchern befindlichen Holzes erfolgt, so werden sie wieder geschlossen und durch neue Löcher, die von der Mitte des Meilers weiter entfernt sind, ersetzt. Auf diese Weise wird allmälig der ganze Meiler verkohlt.

Bei hinreichendem Sauerstoffzutritte verbrennt die Kohle zu Kohlensäure CO^2. Die Holzfaser ist so zusammengesetzt, wie wenn sie aus Kohlenstoff und Wasser bestände; ihre Formel ist $C^{12}H^{20}O^{10}$. Es ist hiernach leicht erklärlich, dass bei der Verbrennung von reinem Kohlenstoff eine höhere Temperatur entsteht als bei der Verbrennung des Holzes. Die letztere erfolgt nach den Gleichungen

$$\begin{array}{rl} C^{12}H^{20}O^{10} & = 12\,C + 10\,H^2O \\ \underline{12\,C + 24\,O} & \underline{= 12\,CO^2} \\ C^{12}H^{20}O^{10} + 24\,O & = 12\,CO^2 + 10\,H^2O. \end{array}$$

Die zweite dieser Gleichungen stellt die Verbrennung des reinen Kohlenstoffs, die dritte die Verbrennung des Holzes dar. Man kann annehmen, dass bei beiden Verbrennungen dieselbe Wärmemenge erzeugt wird. Wenn aber diese gleiche Wärmemenge das eine Mal auf 12 Atome Kohlensäure, das andre Mal auf 12 Atome Kohlensäure und ausserdem auf 10 Atome Wasser sich vertheilt, so ist einleuchtend, dass in letzterem Falle auf jedes Molecül des gesammten Verbrennungsproducts weniger Wärme kommt als im ersten (vergleiche § 69 und § 71). Die Holzkohle ist deshalb dem Holze als Heizmaterial vorzuziehen, wo es sich um die Erzeugung einer möglichst hohen Temperatur handelt.

Die Zersetzung des Holzes bei seiner Verkohlung erfolgt nicht so, wie man nach der ersten der obigen Gleichungen etwa vermuthen möchte. Von 100 Theilen Holz bleiben nicht 44,4 Theile Kohle zurück; sondern die wirkliche Ausbeute an Kohle beläuft sich nur auf die Hälfte jenes Betrages. Man kann annehmen, dass 22,2 Theile Kohle, die aus 100 Theilen Holz entstanden sind, nur die Hälfte der Heizkraft von 100 Theilen Holz besitzen; es sind jedoch auch die Kosten für den Transport von 22,2 Theilen Kohle bedeutend geringer als diejenigen für den Transport von 50 Theilen Holz.

Die aus Steinkohlen gewonnenen Kohlen werden Cokes genannt. Bei der Erhitzung mancher Steinkohlensorten unter Luftausschluss entwickelt sich eine grosse Menge brennbarer Luftarten, welche als Leuchtgas benutzt werden. Eben so wie dieses Steinkohlengas lässt sich auch ein Holzgas erhalten, welches jedoch eine viel geringere Leuchtkraft wie das Steinkohlengas besitzt.

§ 176.
An Holzkohle und Knochenkohle adhäriren viele Körper, namentlich färbende und riechende.

Man versetzt gewöhnliches Wasser mit so viel Tinte, dass die entstandene Flüssigkeit etwa in einem Becherglase von 2 Zoll Durchmesser schon undurchsichtig erscheint. Man bringt einen kleinen Theil dieser verdünnten Tinte auf ein Filtrum. Die durchgelaufene Flüssigkeit unterscheidet sich kaum von der nicht filtrirten, und man überzeugt sich hierdurch, dass der dem Wasser beigemengte färbende Körper durch blosses Filtriren nicht von jenem getrennt werden kann.

Man nimmt ferner ein Stück glühende Holzkohle (etwa aus

einem Kohlenbecken). Dasselbe wird in eine porzellanene Reibeschale gebracht, vermittelst der Reibekeule zerkleinert, dann mit der verdünnten Tinte übergossen und durch fortgesetztes Umrühren mit derselben in vielfältige Berührung gebracht. Darauf schüttet man die ganze Masse auf ein Filtrum; die Flüssigkeit läuft entweder sehr wenig gefärbt oder auch vollkommen farb- und geschmacklos als reines Wasser durch. Es hat zwischen der färbenden Masse der Tinte und der Kohle ein so festes an einander Haften oder Adhäriren statt gefunden, dass das Wasser von der beigemengten Tinte vollständig gereinigt ist.

Dieselbe Adhäsionswirkung übt die Holzkohle noch auf vielfältige andre Körper aus, besonders aber auf färbende und riechende Substanzen. Die Kohle wird deshalb verschiedentlich gebraucht, um verunreinigte Körper zu entfärben und zu desinficiren, das heisst von übelriechenden Beimengungen zu befreien.

Wenn Holzkohle längere Zeit mit der Luft in Berührung gewesen ist, so hat sie gewöhnlich auch auf Beimengungen der Luft ihre Adhäsionswirkung ausgeübt. Durch das Glühen werden diese Beimengungen wieder entfernt, und es ist deshalb für einen Versuch der oben beschriebenen Art frisch geglühte Kohle am wirksamsten (vergleiche Seite 203).

In Bezug auf die in Rede stehende Adhäsionswirkung ist die Knochenkohle der Holzkohle fast noch vorzuziehen. Es scheint, dass diese Eigenschaft der Kohle nicht gerade dem Kohlenstoff als solchem eigenthümlich ist, dass dieselbe vielmehr noch manchen anderen festen Körpern zukommt. Es versteht sich aber, dass eine bestimmte Gewichtsmenge von irgend einem Körper eine um so stärkere Adhäsionswirkung ausüben wird, je grösser die Oberfläche des Körpers ist, oder je mehr Poren der Körper enthält (vergleiche § 91); denn zwei verschiedenartige Körper können nur da an einander adhäriren, wo ihre beiderseitigen Oberflächen mit einander in Berührung kommen. In der That sind auch die Knochen- und die Holzkohle sehr poröse Körper.

Nennt man, wie es häufig geschieht, die hier besprochene Adhäsionswirkung eine Absorption, so versteht es sich, dass dieser Gebrauch des Wortes Absorption mit der früher gegebenen Definition desselben nicht übereinstimmt.

§ 177.

Der Kohlenstoff kommt in drei allotropen Modificationen vor, erstens krystallisirt, durchsichtig und farblos als Diamant (Dichtigkeit 3,5), zweitens krystallisirt, undurchsichtig und dunkelgrau als Graphit (Dichtigkeit 2), drittens amorph, undurchsichtig und schwarz als Kohle (Dichtigkeit 1,6). Aller Kohlenstoff ist fest und kann weder durch Erhitzung noch durch Auflösung flüssig gemacht werden. Aller Kohlenstoff ist brennbar. Der Kohlenstoff verbindet sich bei gewöhnlicher Temperatur mit keinem andern Körper.

Der Kohlenstoff kommt nicht bloss als Kohle vor, deren Darstellung in § 175 beschrieben worden ist, sondern auch noch als Diamant und als Graphit. Der Diamant kann künstlich durchaus nicht dargestellt werden; die Darstellung des Graphits ist zwar nicht ganz unmöglich, aber doch sehr schwierig.

Der Diamant ist der härteste aller Körper; eine Diamantspitze wird gebraucht, um Glas zu schneiden. Bei gefärbten Diamanten rührt die Farbe von Verunreinigungen her.

Der Graphit, auch Reissblei oder Wasserblei genannt, ist sehr weich. Er ist zwar nicht knetbar wie Wachs; aber er lässt sich sehr leicht pulverisiren. Die abfärbende Masse der Bleifedern, welche zum Schreiben dient, besteht aus Graphit.

Es muss auffallend erscheinen, dass drei Körper, die in ihren physikalischen Eigenschaften so sehr von einander abweichen wie der Diamant, der Graphit und die Kohle, für chemisch gleich erklärt werden, obgleich man nicht im Stande ist, jede dieser drei allotropen Modificationen in die anderen zu verwandeln.

Der Beweis für die Richtigkeit der Behauptung, dass Diamant, Graphit und Kohle ein und derselbe chemische Körper sind, stützt sich darauf, dass alle drei Körper, sobald man sie in Berührung mit überschüssigem Sauerstoff verbrennen lässt, Kohlensäure bilden, und dass es unmöglich ist, die durch Verbrennung von Diamant erzeugte Kohlensäure von derjenigen zu unterscheiden, die sich durch Verbrennen des Graphits oder der Kohle gebildet hat (Seite 248).

Bei Holzpfählen, deren unteres Ende in die Erde gesteckt werden soll, pflegt man das letztere oberflächlich zu verkohlen. Diese Kohle bildet dann einen Körper, welcher bei gewöhnlicher Temperatur vollkommen unveränderlich ist und zugleich die Berührung des eingeschlossenen Holzes mit Körpern, die dasselbe verändern würden, verhindert. Aus demselben Grunde werden Fässer, die zur Aufbewahrung des Trinkwassers auf Seereisen dienen sollen, an ihrer Innenseite oberflächlich verkohlt.

§ 178.

Das Kohlenoxydgas CO entsteht, gemengt mit Kohlensäure, beim Erhitzen von Oxalsäure mit concentrirter Schwefelsäure. Angezündet verbrennt es mit blass blauer Flamme.

Unter Oxalsäure oder Kleesäure versteht man einen Körper von der Zusammensetzung C^2O^3. Dieser Körper existirt indessen nicht anders als in Verbindung mit Basen oder mit Wasser, welches dann die Stelle einer Base vertritt. Die gewöhnliche krystallisirte Oxalsäure hat die Formel $(H^2O)^3, C^2O^3$. Erhitzt man dieses Oxalsäurehydrat in einem Reagensglase oder in einem kleinen Kolben, den man vermittelst eines Papierfidibus oder einer Reagensglasklemme in etwas geneigter Lage festhält, mit etwa dem Sechsfachen seines Gewichts an concentrirter Schwefelsäure, so erfolgt eine Zersetzung, ausgedrückt durch die Gleichung

$$(H^2O)^3, C^2O^3 = CO + CO^2 + 3H^2O.$$

Die Körper CO, Kohlenoxyd, und CO^2, Kohlensäure, sind beide gasförmig und entweichen aus der Flüssigkeit; das gleichzeitig entstehende Wasser verbindet sich mit der Schwefelsäure. Das entweichende Gasgemenge besteht, wie sich nach § 126 unmittelbar ergiebt, aus gleichen Maasstheilen Kohlenoxyd und Kohlensäure. Zündet man dieses Gemenge beim Austritt aus dem Entwickelungsgefässe an, so verbrennt das Kohlenoxydgas mit blass blauer Flamme. Das kohlensaure Gas ist nicht brennbar, und

— 253 —

da es auch die Verbrennung nicht unterhält, so wirkt seine Gegenwart auf die Verbrennung des Kohlenoxydes nur nachtheilig ein (vergleiche § 71); man sieht auch gewöhnlich, dass das mit der Kohlensäure gemengte Kohlenoxydgas sehr leicht erlischt. Um es eine längere Zeit hindurch brennen zu lassen, hält man am besten einen Spiritusfidibus so unter die Mündung des Entwickelungsgefässes, dass die Spitze der Spiritusflamme mit dem austretenden Gasgemenge in fortwährender Berührung bleibt.

Die Leuchtkraft der Kohlenoxydgasflamme ist sehr gering. Sieht man durch eine solche Flamme hindurch nach einem hellen Gegenstande, zum Beispiel nach einer hell leuchtenden Flamme, so ist das Blau der Kohlenoxydgasflamme nicht mehr wahrzunehmen.

Will man das Kohlenoxydgas rein erhalten, so erhitzt man die Oxalsäure mit der Schwefelsäure in einem nicht zu kleinen Kolben und leitet das Gemenge von Kohlenoxydgas und Kohlensäure durch eine Waschflasche mit Kalilösung. Von dieser wird die Kohlensäure chemisch absorbirt. Eben so wie bei der Auflösung kann man nämlich auch bei der Absorption eine physikalische und eine chemische Art des Vorganges unterscheiden (vergleiche Seite 173). Die Kohlensäure verbindet sich mit dem Kali zu festem kohlensaurem Kali, welches sich in dem Wasser der Kalilösung auflöst und also in der Waschflasche zurückbleibt. Das aus der Waschflasche austretende Gas besteht aus reinem Kohlenoxyd. Angezündet verbrennt dieses ebenfalls mit blass blauer Flamme; es erlischt auch ziemlich leicht, aber doch weniger leicht als das Gemenge desselben mit Kohlensäure.

§ 179.

Das Kohlenoxyd ist ein farb- und geruchloses, permanentes, brennbares, das Verbrennen nicht unterhaltendes, indifferentes Gas von der Dichtigkeit 0,972. Eingeathmet wirkt es giftig. Das Kohlenoxydgas entsteht auch, wenn Kohle in Berührung mit wenig Sauerstoff verbrennt, oder wenn Kohlensäure über glühende Kohlen geleitet wird.

Die Verbrennung des Kohlenoxydgases, welche wir schon im vorigen Paragraphen beobachtet haben, geht nach der

Gleichung $CO + O = CO^2$ vor sich. Da das Kohlenoxyd ein Gas ist, so erfolgt seine Verbrennung natürlich mit Flamme.

Die Verbrennung der Kohle zu Kohlenoxydgas beim Zutritt von wenig Sauerstoff erfolgt natürlich nach der Gleichung $C + O = CO$. Daraus, dass die Kohle zu Kohlenoxydgas und weiterhin das Kohlenoxydgas zu Kohlensäure verbrennen kann, erklärt sich eine Erscheinung, welche mit dem Inhalte des § 72 im Widerspruch zu stehen scheint, die bekannte Erscheinung nämlich, dass die Kohle auch mit Flamme verbrennen kann. Man sieht dies oft, wenn von einem Holzfeuer im Ofen nur noch Kohlen übrig geblieben sind, oder auch wenn Kohlen in einem Kohlenbecken verbrennen. Da nach § 177 der Kohlenstoff bei der höchsten Temperatur, die wir hervorzubringen vermögen, weder schmilzt noch luftförmig wird, so muss man schliessen, dass derselbe bei seiner Verbrennung eine Flamme nicht zu bilden vermag. Bedenkt man indessen, dass der Kohlenstoff mit dem Sauerstoff der Luft zu Kohlenoxyd sich verbinden kann, und dass der letztere Körper als Gas nothwendig mit Flamme verbrennen muss, so folgt, dass die Kohle selbst wirklich niemals mit Flamme verbrennt, und dass nur das aus der Kohle entstandene Kohlenoxydgas es ist, welches die oberhalb der Kohle erscheinende Flamme bildet.

Wenn man an der scheinbaren Flamme der Kohle gewöhnlich die eigenthümliche blass blaue Farbe der Kohlenoxydgasflamme nicht wahrnimmt, so erklärt sich dies einfach aus der geringen Leuchtkraft der letzteren; denn neben dem ziemlich intensiven gelbrothen Lichte der glühenden Kohle vermag das Auge das schwach blaue Licht der Kohlenoxydgasflamme nicht wahrzunehmen.

Lässt man in Wohnzimmern Kohlen so verbrennen, dass die Verbrennungsproducte nicht, wie es bei Oefen und Kaminen der Fall ist, nach aussen hin entweichen können, so stellt sich bei Personen, die sich in dem Zimmer befinden, oft Kopfschmerz, Ohnmacht und selbst der Tod ein, und zwar in Folge der Einathmung von Kohlenoxydgas. Es ist indessen erfahrungsmässig bei Kachelöfen, die mit Holz oder Torf geheizt sind, ungefährlich die Klappe zu schliessen, sobald von dem Holz oder dem Torf nur die Kohle übrig geblieben ist. Es zeigt sich dann in dem Ofen keine gelbe, hell leuchtende Flamme mehr, und nach dem Schliessen der Klappe wird oberhalb der noch offenen Ofenthür kein unangenehmer Geruch wahrgenommen. Schliesst man bei einem Kachelofen die Klappe zu früh, so entstehen freilich auch Körper, durch deren Einathmung der Tod hervorgebracht werden kann; aber diese Körper sind nicht Kohlenoxyd, unterscheiden sich vielmehr von demselben sowohl durch den Geruch wie auch dadurch, dass sie als Rauch sichtbar sind.

Die in der Ueberschrift zuletzt genannte Entstehungsweise des Kohlenoxyds tritt bei der gewöhnlichen Verbrennung der Kohle häufig ein, sobald die verbrennenden Kohlen eine ziemlich dicke Schicht bilden, zu welcher die Luft nur von unten her Zutritt hat. Der Sauerstoff der Luft bildet bei der ersten Berührung mit den glühenden Kohlen Kohlensäure ($C + 2O = CO^2$); diese verbindet sich weiterhin mit neuem Kohlenstoff zu Kohlenoxyd ($CO^2 + C = 2CO$); letzteres endlich verbrennt, wenn es beim Austritt aus der Kohlenmasse mit neuem Sauerstoff in Berührung kommt und sich noch nicht unter seine Entzündungstemperatur abgekühlt hat, wieder zu Kohlensäure.

§ 180.
Die sämmtlichen zusammengesetzten Körper werden eingetheilt in kohlenstofffreie oder unorganische und in kohlenstoffhaltige oder organische.

Wenn man alle zusammengesetzten Körper in Beziehung auf ihre Entstehungsweise mit einander vergleicht, so stellt sich ein tiefgreifender Unterschied heraus. Man denke sich einen Chemiker, welcher die sämmtlichen einfachen Körper in freiem Zustande besitzt und ausserdem mit allen zur Anstellung chemischer Versuche dienenden Hülfsmitteln, Retorten, Lampen, Oefen, Thermometern, Luftpumpen, Elektrisirmaschinen und so weiter, auf das vollständigste versehen ist. Man kann nun bei jeder existirenden Verbindung die Frage aufwerfen, ob der Chemiker im Stande ist, dieselbe aus seinen Elementen darzustellen. Bei sehr vielen Verbindungen wird die Antwort auf jene Frage bejahend lauten. Der Chemiker kann zum Beispiel Schwefelsäurehydrat darstellen. Er wird Wasserstoff in Sauerstoff verbrennen lassen, um Wasser zu erhalten; er wird durch ein Gemenge von Stickstoff, Sauerstoff und Wasserdampf eine Reihe elektrischer Funken hindurch leiten, um Salpetersäurehydrat zu bekommen (vergleiche Seite 206). Er wird Schwefel und Sauerstoff zu schweflichter Säure sich vereinigen lassen; aus schweflichter Säure, Sauerstoff und Salpetersäurehydrat wird er endlich Schwefelsäurehydrat herstellen.

Der grossen Anzahl von Verbindungen, welche ein Chemiker aus freien Elementen entstehen zu lassen vermag, steht indessen eine eben so grosse, ja fast noch grössere Anzahl zusammengesetzter Körper gegenüber, die kein Chemiker aus den unverbundenen einfachen Stoffen darzustellen im Stande ist. Hierher gehört zum Beispiel die auf Seite 248 erwähnte Holzfaser, welche die Hauptmasse des Holzes, der Leinwand, des Papiers, der Baumwolle ausmacht. Wir sehen zwar das Holz in grosser Menge vor unsern Augen in den Pflanzen entstehen; aber kein Chemiker vermag die geringste Menge von Holzfaser aus unverbundenen Elementen darzustellen. Eben so wie mit der Holzfaser verhält es sich mit einer ausserordentlich grossen Anzahl von Verbindungen, die dem Pflanzen- oder Thierreiche ihre Entstehung verdanken. Es scheint deshalb zweckmässig, die sämmtlichen existirenden Verbindungen einzutheilen in organische, das heisst solche, die der belebten oder organischen Natur (dem Pflanzen- oder Thierreiche) ihre Entstehung verdanken müssen, und in unorganische, welche sich aus freien Elementen darstellen lassen.

Nach dieser Eintheilung kann es bei keinem zusammengesetzten Körper zweifelhaft sein, ob er zu den organischen oder zu den unorganischen zu zählen ist. Die Kohlensäure zum Beispiel entsteht nach Seite 248 direct aus Kohlenstoff und Sauerstoff; sie ist also eine unorganische Verbindung. Nun kann zwar auch, die Kohlensäure durch Verbrennung des Holzes sich bilden (vergleiche Seite 264), und solche Kohlensäure verdankt natürlich ihre Entstehung dem Pflanzenreich. Organisch nennt man aber nur solche Verbindungen, die der organischen Natur ihre Entstehung verdanken müssen, und da die Kohlensäure aus freien Elementen dargestellt werden kann, so ist dieselbe zu den unorganischen Körpern zu zählen.

Die oben genannte Eintheilung führt dagegen eine andere Unannehmlichkeit mit sich. Es kommt nämlich häufig vor, dass es den Bemühungen der Chemiker gelingt, einen Körper, den man früher nur vermittelst des pflanzlichen oder thierischen Organismus zu erhalten wusste, durch neu entdeckte Experimentirmethoden aus freien Elementen darzustellen. So ist es auch bei der Oxalsäure der Fall gewesen. Dieselbe entsteht in vielen Pflanzen, zum Beispiel im Sauerklee; während man aber früher glaubte, die Oxalsäure könnte nur im Pflanzenreiche sich bilden, hat man jetzt Mittel ausfindig gemacht, um dieselbe aus freien Elementen entstehen zu lassen. So war man denn gezwungen, bald diesen, bald jenen Körper aus der Reihe der organischen zu streichen und zu den unorganischen zu rechnen.

Um dieser Unannehmlichkeit vorzubeugen, und weil andererseits alle Verbindungen, die dem Pflanzen- oder Thierreiche entstammen, Kohlenstoff enthalten, hat man es für das zweckmässigste gehalten, den Wörtern unorganisch und organisch eine neue Bedeutung beizulegen und die sämmtlichen Verbindungen in kohlenstofffreie oder unorganische und in kohlenstoffhaltige oder organische einzutheilen.

Die Bildungsweise, die atomistische Zusammensetzung und die übrigen chemischen Eigenschaften sind meistentheils bei den kohlenstoffhaltigen Körpern viel complicirter und deshalb schwieriger aufzufassen als bei den kohlenstofffreien Körpern, und es ist aus demselben Grunde zweckmässig, beim Unterrichte in den Anfangsgründen der Chemie auf die kohlenstoffhaltigen oder organischen Körper wenig Rücksicht zu nehmen. Indessen würde es auch misslich sein, die organischen Körper vom ersten Unterricht in der Chemie gänzlich ausschliessen zu wollen. So ist denn auch im vorigen Paragraphen schon vom Kohlenoxyd die Rede gewesen, und es wird von verschiedenen anderen Kohlenstoffverbindungen in den folgenden Paragraphen die Rede sein. Ueber die Oxalsäure dagegen ist beim ersten Unterricht in der Chemie zweckmässigerweise nichts anderes zu erwähnen, als dass man sich ihrer bedient, um auf die leichteste Art Kohlenoxydgas rein darzustellen.

Der Theil der Chemie, welcher von den Elementen und den unorganischen Verbindungen handelt, wird die unorganische Chemie genannt; von den organischen Verbindungen handelt die organische Chemie.

Es mag schliesslich bemerkt werden, dass man in der Formel für einen Körper der organischen Chemie stets den Kohlenstoff als erstes Element zu schreiben pflegt (vergleiche § 51). Als Beispiel hierfür kann die auf Seite 186 mitgetheilte Formel des Aethers $C^8H^{20}O^2$ dienen.

§ 181.

Die Kohlensäure CO^2 entsteht, wenn ein kohlensaures Salz mit einer Säure in Berührung kommt. Sie ist ein farbloses Gas von säuerlichem Geschmack, von stechendem Geruch, von der Dichtigkeit 1,53, nicht brennbar, das Verbrennen nicht unterhaltend, nicht athembar. Sie röthet die blaue Lackmusfarbe, verbindet sich mit Basen zu Salzen und fühlt sich warm an.

Die Bildung der Kohlensäure bei der Verbrennung der Kohle und des Kohlenoxyds ist bereits erwähnt worden.

Zur Darstellung reiner Kohlensäure können verschiedene kohlensaure Salze und verschiedene Säuren dienen. In Laboratorien verwendet man dazu am besten weissen Marmor, der aus kohlensaurem Kalk besteht, und Salzsäure. Der Process erfolgt den nachstehenden Gleichungen gemäss.

$$CaO,CO^2 = CaO + CO^2$$
$$CaO + H^2Cl^2 = H^2O + CaCl^2$$
$$\overline{CaO,CO^2 + H^2Cl^2 = CO^2 + CaCl^2 + H^2O.}$$

Bei dem ersten Theilprocess zerlegt sich der kohlensaure Kalk in Kalk oder Calciumoxyd und Kohlensäure. Bei dem zweiten Theilprocess wirken eine Base und eine Wasserstoffsäure auf einander ein, und es entsteht nach § 174 das Haloidsalz $CaCl^2$, Chlorcalcium, und Wasser. Das Chlorcalcium ist sowohl in Wasser wie in Salzsäure leicht löslich.

Statt der Salzsäure kann man auch Salpetersäure gebrauchen, welche jedoch etwas theurer als jene ist. Die Gleichung für den Process lässt sich, wenn man das Hydratwasser der Salpetersäure unberücksichtigt lassen will, schreiben wie folgt.

$$CaO,CO^2 + N^2O^5 = CO^2 + CaO,N^2O^5.$$

An Stelle des Marmors könnte man zwar auch Kreide anwenden, welche jenem chemisch gleich ist. Die Kreide bildet jedoch, wenn sie mit Säuren übergossen wird, einen sehr starken und unangenehmen Schaum.

Zur Darstellung der Kohlensäure bedient man sich desselben Apparats wie zur Darstellung des Wasserstoffs aus Zink und Schwefelsäure. Die Schnelligkeit der Entwickelung lässt sich dadurch leicht reguliren, dass man die Säure allmälig durch den langhalsigen Trichter eingiesst, und es ist im Allgemeinen ganz bequem, die Kohlensäure direct in der pneumatischen Wanne aufzufangen. Man kann sie jedoch auch in ein Gasometer einleiten. Es ist dann nur darauf Rücksicht zu nehmen, dass die Kohlensäure vom Wasser ziemlich leicht absorbirt wird, und dass durch diese Absorption im unteren Theile des Gasometers ein luftleerer Raum entsteht. Man muss also dafür Sorge tragen, dass in diesen luftleeren Raum nur Wasser und nicht Luft hineintreten kann, welche die Kohlensäure verunreinigen würde. Man lässt zu dem Zwecke, nachdem die Einflussröhre des Gasometers mit ihrem Schraubenstöpsel verschlossen ist, die lange Röhre geöffnet, damit aus dem oberen Theile des Gasometers in den durch die Absorption entstandenen leeren Raum Wasser nachfliessen kann.

Aus den in der Ueberschrift genannten Eigenschaften der Kohlensäure erklären sich folgende Versuche.

A. Lässt man die Kohlensäure aus der Gasentwickelungsflasche oder aus dem Gasometer in den Mund treten, so nimmt man einen eigenthümlichen, säuerlichen und stechenden Geschmack wahr. Denselben Geschmack kann man in noch leichterer Weise erregen durch Wasser, welches Kohlensäure absorbirt hat. Von diesem wird später die Rede sein.

B. Den Geruch der Kohlensäure nimmt man am besten

wahr, wenn man den Mund mit dem Gase sich füllen und dann das Gas durch die Nase entweichen lässt.

C. Die Flamme eines Spiritusfidibus erlischt beim Eintauchen in kohlensaures Gas; die Kohlensäure fängt dabei nicht an zu brennen.

D. Lässt man einen mit Kohlensäure bis oben hin gefüllten Cylinder offen stehen, so entfernt sich in Folge der Diffusion die Kohlensäure aus dem Cylinder. Da die Kohlensäure jedoch mehr als $1\frac{1}{2}$ mal so dicht ist wie die Luft, und da sie demgemäss in dem Cylinder unterhalb der Luft zu verbleiben strebt, so vergeht eine ziemlich lange Zeit, bis ein merklicher Theil der Kohlensäure aus dem Cylinder entwichen ist. Vermittelst einer eingetauchten Flamme kann man sich leicht, wenn auch nicht ganz genau, davon überzeugen, wie viel Kohlensäure in einem Cylinder, der längere Zeit offen gestanden hat, noch enthalten ist.

E. Kehrt man dagegen einen mit Kohlensäure gefüllten, offenen Cylinder um, so fliesst die Kohlensäure, weil sie dichter als die Luft ist, sogleich aus, und eine in den Cylinder getauchte Flamme erlischt nicht mehr.

F. Kehrt man einen mit Kohlensäure gefüllten verschlossenen Cylinder um, bringt die Mündung über eine Flamme und entfernt die verschliessende Glasplatte, so ergiesst sich die Kohlensäure über die Flamme, und diese erlischt.

G. Versucht man die aus der Gasentwickelungsflasche oder aus dem Gasometer austretende Kohlensäure einzuathmen, so wird man durch ein eigenthümliches unangenehmes Gefühl daran verhindert. Irgend eine gefährliche Wirkung ist von diesem Versuche nicht zu befürchten.

H. Ueber die Absorption der Kohlensäure durch Wasser kann man denselben Versuch anstellen, der bei der schweflichten Säure (Seite 219) beschrieben ist.

I. Befeuchtetes blaues Lackmuspapier, in kohlensaures Gas gebracht, oder auch trockenes blaues Lackmuspapier, in kohlensaures Wasser getaucht, röthet sich.

K. Um zu zeigen, dass sich die Kohlensäure mit Basen verbindet, kann man folgenden, in mehrfacher Beziehung interessanten Versuch anstellen. Man füllt ein ziemlich weites Reagensglas zur Hälfte mit Kalkwasser, einer vollständig klaren, farblosen Flüssigkeit. Man leitet vermittelst einer rechtwinklig gebogenen Glasröhre Kohlensäure bis auf den Boden des Reagensglases, so dass das Gas durch das Kalkwasser hindurchstreicht. Das letztere trübt sich, wird milchweiss und undurchsichtig. Fährt man aber mit dem Durchleiten der Kohlensäure fort, so wird die Flüssigkeit allmälig wieder eben so klar, wie sie zu Anfang gewesen ist. Diese Erscheinungen erklären sich folgendermassen. Das Kalkwasser ist eine Auflösung von Calciumoxyd oder Kalk in Wasser. Die Base Calciumoxyd verbindet sich mit der Kohlensäure zuerst zu einfachkohlensaurem Kalk CaO,CO^2, welcher unlöslich ist. Weiterhin aber entsteht ein in Wasser lösliches Salz $CaO,CO^2;H^2O,CO^2$, welches zweifachkohlensaurer oder doppeltkohlensaurer oder saurer kohlensaurer Kalk genannt wird (vergleiche § 138).

Dieser Versuch ist erstens interessant, weil Kohlensäure und schweflichte Säure die einzigen Gase sind, durch welche das Kalkwasser getrübt wird. Die schweflichte Säure aber ist sehr leicht an ihrem Geruche zu erkennen; und wenn ein Gas, welches nicht nach schweflichter Säure riecht, das Kalkwasser trübt, so folgt, dass das Gas Kohlensäure enthält.

Der Versuch ist zweitens deshalb interessant, weil fast alles Brunnenwasser sauren kohlensauren Kalk aufgelöst enthält. Dieser verliert beim Erhitzen die eine Hälfte seiner Kohlensäure und verwandelt sich in einfachkohlensauren Kalk, welcher den bekannten Kesselstein bildet, und welcher beim Erhitzen von Brunnenwasser auf Platinblech als fester, weisser Körper zurückbleibt (§ 95).

Wasser, welches doppeltkohlensauren Kalk aufgelöst enthält, wird hart genannt. Ganz reines Wasser nennt man weich; es schmeckt fade. Durch Zusatz der richtigen Menge von Kalkwasser zu dem sogenannten harten Wasser kann das letztere seines ganzen Kalkgehalts beraubt und in weiches Wasser verwandelt werden. Es scheidet sich nämlich einfachkohlensaurer Kalk aus gemäss der Gleichung

$$CaO,CO^2;H^2O,CO^2 + CaO = 2CaO,CO^2 + H^2O.$$

Wenn man zu dem harten Wasser die richtige Menge von Kalkwasser hinzugefügt hat, so darf in dem entstandenen kalkfreien Wasser (nachdem man natürlich den einfachkohlensauren Kalk sich hat absetzen lassen) weder durch Kalkwasser noch durch hartes Wasser eine Trübung hervorgebracht werden.

Der Kalkgehalt des Brunnenwassers lässt sich sehr deutlich sichtbar machen, wenn man dem Wasser Ammoniak und etwas Oxalsäurelösung zusetzt. Es entsteht dann ein starker weisser Niederschlag. Destillirtes Wasser, mit denselben Körpern versetzt, bleibt vollkommen klar.

Das eben erwähnte Kalkwasser stellt man am besten so dar, dass man zu destillirtem oder auch zu gewöhnlichem Wasser in einer nicht zu kleinen Flasche gebrannten Kalk oder gebrannten Marmor im Ueberschuss zusetzt. Man schüttelt die Flasche um und lässt sie stehen; alles Unaufgelöste fällt allmälig zu Boden, und man kann später klares Kalkwasser abgiessen, wobei man jedoch die Flasche möglichst wenig bewegen muss, damit nicht der Bodensatz aufgerüttelt und also die Flüssigkeit getrübt wird. Jedesmal wenn man Kalkwasser gebraucht hat, füllt man die Flasche wieder mit Wasser, schüttelt um und lässt bis zum nächsten Gebrauch stehen. Das Kalkwasser pflegt in einer solchen Flasche milchig auszusehen; die weisse Farbe rührt indessen nur von kohlensaurem Kalk her, dessen Kohlensäure aus der Luft stammt (§ 182), und der sich an den Innenwänden der Flasche abgeschieden hat.

L. Um sich davon zu überzeugen, dass die Kohlensäure ein Gefühl der Wärme hervorbringt, wenn sie mit dem menschlichen Körper in Berührung kommt, kann man ein grösseres Gefäss mit Kohlensäure füllen und in diese die Hand einige Zeit lang eintauchen. Ziemlich einfach ist folgendes Verfahren. Man füllt den oberen Theil eines Gasometers, welches Kohlensäure enthält, bis oben hin mit Wasser und öffnet darauf den Hahn der langen und der kurzen Röhre. Nun nimmt der obere Theil des Gasometers, welchen man zugleich mit einer Glas- oder Holzplatte bedecken kann, statt des Wassers Kohlensäure auf. Nachdem man die Hand einige Zeit lang innerhalb der Kohlensäure hat verbleiben lassen, macht sich ein Wärmegefühl deutlich wahrnehmbar, obgleich die Temperatur der Kohlensäure nicht höher als die der umgebenden Luft ist. In viel höherem Grade als die Kohlensäure besitzt übrigens dieselbe Eigenschaft das Chlorgas.

Es mag hier schliesslich noch bemerkt werden, dass an verschiedenen Orten kohlensaures Gas aus der Erde hervordringt, zum Beispiel in der Dunsthöhle bei Pyrmont, in der Hundsgrotte bei Neapel. Wenn die Stellen, an denen das Gas austritt, in einer Vertiefung sich befinden, so füllt sich diese bis zu einer bestimmten Höhe, die durch das Auslöschen einer eingetauchten Flamme sichtbar zu machen ist, mit Kohlensäure. Die zwischen Kohlensäure und Luft stattfindende Diffusion verhindert gewöhnlich, dass das kohlensaure Gas die Vertiefung bis zu ihrem oberen Rande hin erfüllt. Ein Thier, welches von der Kohlensäure ganz umgeben ist, kann nicht mehr athmen und stirbt, wenn es nicht bald wieder an die Luft gebracht wird. Ein Mensch, dessen Mund sich oberhalb der Kohlensäure befindet, wird natürlich im Athmen nicht behindert; er nimmt, so weit die Kohlensäure reicht, das von derselben hervorgebrachte Wärmegefühl wahr.

§ 182.

Durch die Verbrennung organischer Körper entsteht Kohlensäure, welche sich mit der Luft vermengt; eben so durch den Athmungsprocess der Thiere, welchem diese ihre höhere Temperatur verdanken. Dagegen nehmen die Pflanzen Kohlensäure aus der Luft als Nahrung auf und scheiden Sauerstoff ab. Der Kohlensäuregehalt der Luft ist wenig veränderlich.

Ungeheure Quantitäten von Kohlensäure werden durch gewisse in der Natur fortwährend vor sich gehende Processe erzeugt; durch andere Processe werden eben so grosse Quantitäten von Kohlensäure immerfort verbraucht.

Alle organischen Körper, mit alleiniger Ausnahme der Kohlensäure selbst, sind mehr oder weniger leicht brennbar, und fast immer verwandelt sich der Kohlenstoff dieser Körper bei der Verbrennung in Kohlensäure.

Diese Entstehung der Kohlensäure lässt sich leicht nachweisen. Man hält über eine Spiritus-, Gas- oder Holzflamme eine kurze Zeit lang einen umgekehrten Stehkolben und verschliesst diesen darauf mit einem Kork. Man stellt den Stehkolben aufrecht hin und giesst, indem man den Kork so wenig als möglich lüftet, etwas Kalkwasser hinein. Man schüttelt um und sieht, dass das Kalkwasser sich trübt.

Bei der ungeheuren Menge der fortwährend zur Verbrennung gelangenden organischen Körper (Steinkohle, Holz, Torf, Oel und so weiter) ist es leicht einzusehen, dass auf dem genannten Wege grosse Mengen von Kohlensäure immerfort mit der Luft sich mischen müssen.

Auch beim Athmen entsteht Kohlensäure. Bläst man Luft vermittelst einer Röhre aus den Lungen durch Kalkwasser hindurch, so beweist die Trübung des letzteren, dass in der ausgeathmeten Luft Kohlensäure vorhanden war. Es ist schon in § 71 darauf hingewiesen worden, dass durch eine bestimmte chemische Verbindung auch eine ganz bestimmte Wärmemenge erzeugt wird. Dies ist zum Beispiel der Fall, wenn sich 1 Pfund Wasserstoff mit 8 Pfund Sauerstoff zu 9 Pfund Wasser verbindet. Es wird hierdurch stets eine und dieselbe Wärmemenge erzeugt, sei es nun, dass sich der Wasserstoff etwa beim Austritt aus dem Knallgashahn mit reinem Sauerstoff verbindet, oder dass man ihn in gewöhnlicher Luft verbrennen lässt, oder dass er ohne Flamme in Folge der Berührung mit Platin zur Verbindung mit dem Sauerstoff gelangt. Bei diesen verschiedenen Processen ist die Temperatur jedesmal eine ganz andere; die Wärmemenge dagegen ist stets genau dieselbe. Eben so verhält es sich auch mit der Verbindung des Kohlenstoffs und Sauerstoffs zu Kohlensäure. Wenn 3 Pfund Kohlenstoff mit 8 Pfund Sauerstoff 11 Pfund Kohlensäure bilden, so wird dabei eine bestimmte Wärmemenge erzeugt, mag nun die Kohlensäure durch den Verbrennungs- oder durch den Athmungsprocess entstanden sein. Die Thiere nehmen organische, das heisst kohlenstoffhaltige Körper als Nahrungsmittel zu sich; diese werden verdaut und gelangen dann ins Blut. Die Thiere athmen ferner sauerstoffhaltige Luft in die Lungen ein. In den Lungen wird der Sauerstoff absorbirt und gelangt ebenfalls ins Blut. Im Blute verbindet sich, während es seinen Kreislauf durch den ganzen Körper vollendet, der Kohlenstoff der Nahrungsmittel mit dem eingeathmeten Sauerstoff zu Kohlensäure. Die durch diese Verbindung erzeugte Wärme vertheilt sich über den ganzen thierischen Körper und bringt deshalb eine viel niedrigere Temperatur hervor, als wir bei der gewöhnlichen Verbrennung kohlenstoffhaltiger Körper entstehen sehen. Die gebildete Kohlensäure wird beim Ausathmen wieder aus dem Körper entfernt. Es ist der Forschung bis jetzt nur in höchst unvollkommenem Grade gelungen, den oben beschriebenen Process bis in seine Einzelnheiten hinein zu verfolgen und zu erklären. Man weiss nicht, worauf die Fähigkeit des Blutes beruht, den Sauerstoff in sich aufzunehmen, die Kohlensäure aber aus sich zu entfernen. Man weiss nicht, wie es kommt, dass der absorbirte Sauerstoff mit dem Kohlenstoff der Nahrungsmittel sich so leicht verbindet; nichts desto weniger steht es fest, dass die Bildung einer bestimmten Kohlensäuremenge von der Entstehung einer bestimmten Wärmemenge begleitet sein muss. In dieser Verbindung von Kohlenstoff und Sauerstoff zu Kohlensäure ist zugleich die Quelle aller Kraftäusserungen zu suchen, welche im thierischen Körper theils unwillkürlich (zur Bewegung des Herzens und des Blutes) theils willkürlich vor sich gehen, in derselben Weise wie die eigentliche Quelle der Kraftäusserungen einer Dampfmaschine nur in der durch die Verbrennung des Heizmaterials erzeugten Wärme liegt.

Aus dem Gesagten erklärt es sich, warum eine gewisse Sauerstoffmenge zum Leben des thierischen Körpers unumgänglich nothwendig ist. Wenn man einige Zeit lang durch sehr rasches Athmen (bei sonst unbewegtem Körper) mehr Sauerstoff wie gewöhnlich in die Lungen eingeführt hat, so ist es wohl möglich, einige Minuten lang das Athmen zu unterlassen.

Die Athembarkeit des Stickstoffoxydulgases muss darauf beruhen, dass der in demselben enthaltene Sauerstoff sich eben so wie reiner Sauerstoff mit dem Kohlenstoffe des Blutes verbinden kann. Alle anderen Gase sind nicht athembar. Einige Gase üben eine besondere, giftige Einwirkung auf den thierischen

Körper aus, zum Beispiel Schwefelwasserstoff, Kohlenoxyd; andere können, mit Sauerstoff gemengt, ohne nachtheilige Wirkung eingeathmet werden, zum Beispiel Stickstoff, Wasserstoff.

Ein erwachsener Mensch verliert während eines Zeitraums von 24 Stunden im Mittel 18 Loth Kohlentoff, welche, mit dem eingeathmeten Sauerstoff verbunden, als Kohlensäure ausgeathmet werden. Rechnet man auf die Minute 20 Athemzüge, so folgt, dass bei jedem einzelnen Athemzuge $\frac{27}{25}$ Cubikzoll Sauerstoff in ein gleiches Maass Kohlensäure verwandelt werden.

Durch den Verbrennungs- und den Athmungsprocess werden fortwährend ausserordentlich grosse Quantitäten von Kohlensäure erzeugt, die sich mit der Luft vermengen. Es versteht sich, dass zu gleicher Zeit die Luft ein gleiches Volumen an Sauerstoff verliert. Durch die genannten Processe müsste also die Luft allmälig immer ärmer an Sauerstoff und immer reicher an Kohlensäure werden, wenn nicht auf irgend einem anderen Wege Kohlensäure aus der Luft entfernt und Sauerstoff derselben zugeführt würde. Es ist der Process des Wachsens der Pflanzen, welcher die zuletzt genannte Wirkung hervorbringt. Die Pflanzen nehmen nur einen geringen Theil der ihnen nothwendigen Nahrung aus der Erde auf; ihr hauptsächlichstes Nahrungsmittel ist die Kohlensäure der Luft. Setzt man frisch gepflückte Blätter, mit kohlensäurehaltigem Wasser übergossen, der Wirkung der Sonnenstrahlen aus, so wird von den Blättern die Kohlensäure aufgenommen und dafür reiner Sauerstoff wieder ausgeschieden. Derselbe Process findet überall statt, wo Pflanzen wachsen.

Wir haben schon in § 20 gesehen, dass bei der Verbindung von gebranntem Kalk mit Wasser Wärme erzeugt wird, dass dagegen zur Zersetzung des gelöschten Kalkes Wärme erforderlich ist, und so gilt überhaupt als unumstössliches Gesetz: Wenn bei irgend einem chemischen Vorgange Wärme hervorgebracht wird, so muss bei dem umgekehrten Vorgange eine gleiche Menge von Wärme verbraucht oder vernichtet werden. Dies Gesetz gilt auch für Kohlenstoff, Sauerstoff und Kohlensäure.

Da bei dem Processe, welcher dargestellt wird durch die

Gleichung $C + 2O = CO^2$, Wärme sich bildet, so ist mit Sicherheit zu schliessen, dass bei dem durch die Gleichung $CO^2 = C + 2O$ bezeichneten Processe eine gleiche Wärmemenge gebunden werden muss. Diese gebundene Wärme stammt von der Sonne, und man kann also sagen, dass alle Wärme, die im Winter unseren Oefen entströmt, aus Sonnenwärme besteht, welche im Sommer von den Pflanzen gesammelt worden ist.

Wenn man es nach dem Obigen für wahrscheinlich halten möchte, dass der Gehalt der Luft an Kohlensäure an verschiedenen Orten und zu verschiedenen Zeiten sehr verschieden sein müsste, so ist dies in Wirklichkeit nur in sehr geringem Grade der Fall. Durchschnittlich sind in einem Maasse Luft $\frac{4}{10000}$ Maass Kohlensäure enthalten; und selbst in ziemlich gut verschlossenen Räumen, innerhalb deren viele Menschen längere Zeit hindurch geathmet haben, ist der Kohlensäuregehalt kaum merklich grösser. Der Grund hiervon ist nur in der Diffusion zu suchen, welche durch Thür- und Fensterspalten und ähnliche Oeffnungen hindurch nach der äusseren Luft hin stattfindet. Wenn in bevölkerten Gegenden im Winter, wo Kohlensäure fast nur gebildet und nicht verbraucht wird, der Kohlensäuregehalt der freien Luft nicht in merklicher Weise zunimmt, so rührt dies ausser von der Diffusion besonders von der fast nie ganz fehlenden Luftbewegung des Windes her.

Um sich genauer über diese Verhältnisse Rechenschaft zu geben, muss man natürlich auch auf die Masse der Atmosphäre und auf die Menge der in ihr enthaltenen Kohlensäure Rücksicht nehmen. Das Gewicht der ganzen Erde beträgt etwa zehnquadrillionen Pfund; der millionte Theil hiervon besteht aus Luft, so dass das Gewicht der ganzen Atmosphäre zehntrillionen Pfund beträgt.

Aufgabe. Wie viel Jahre würden tausendmillionen erwachsene Menschen athmen müssen, um ein Zehntausendstel vom Volumen der Atmosphäre aus Sauerstoff in Kohlensäure zu verwandeln?

10^{19} Pfund Luft nehmen bei normaler Dichtigkeit 125.10^{18} Cubikfuss ein. Ein Zehntausendstel hiervon, welches aus Sauerstoff besteht, wiegt $\frac{10^{17}}{3}$ Loth. Dieser Sauerstoff verbindet sich mit $\frac{10^{17}}{8}$ Loth Kohlenstoff. $18 . 10^9 . 365$ Loth Kohlenstoff, welche tausendmillionen Menschen in einem Jahre ausathmen, sind in der vorigen Kohlenstoffmenge 1900 mal enthalten. So viel Jahre würden also unter den bezeichneten Umständen erforderlich sein, um den Kohlensäuregehalt der Luft von 0,0004 auf 0,0005 Raumtheile zu erhöhen. —

Es versteht sich, dass man den Einfluss der Diffusion, in Folge deren die die Erde umgebende Luft fast überall eine gleiche Menge von Kohlensäure enthält, auch nicht überschätzen darf. Wenn etwa am Boden der Dunsthöhle zu Pyrmont sich reine Kohlensäure befände, und wenn innerhalb derselben das Barometer 28 Zoll hoch stände, so würde es unrichtig sein zu schliessen, dass das Gewicht der auf das Barometer drückenden Kohlensäure gleich dem Gewicht der 28 Zoll hohen Quecksilbersäule wäre. Eben so unrichtig würde es sein, wenn man wüsste, dass an irgend einem Orte die Luft dem Gewichte nach aus $\frac{24}{25}$ Stickstoff und Sauerstoff, und aus $\frac{1}{25}$ Wasserdampf bestände, und wenn man nun hieraus schliessen wollte, dass die gesammte oberhalb desselben Ortes befindliche Luftsäule einen eben so grossen Gehalt an Wasserdampf besitzen müsste. Vom Wasserdampf weiss man, dass er in einem sehr veränderlichen Verhältniss in der Luft enthalten ist, und man kann unmöglich annehmen, dass in den verschiedenen oberhalb eines und desselben Ortes liegenden Luftschichten in Beziehung auf den Wasserdampf eine vollkommene Diffusion stattfindet.

§ 183.
Bereitung von kohlensaurem Wasser zum Trinken.

Das kohlensaure Wasser bildet ein beliebtes Getränk, zu dessen Darstellung man am einfachsten doppeltkohlensaures Natron und Weinsteinsäure gebraucht. Die Entwickelung der Kohlensäure erfolgt nach der Gleichung

$NaO,CO^2;H^2O,CO^2 + C^4H^6O^6 = 2CO^2 + NaO,C^4H^6O^6 + H^2O$.

Die beiden anzuwendenden Körper, doppeltkohlensaures Natron und Weinsteinsäure ($C^4H^6O^6$) sind fest und wirken, so lange sie trocken sind, auf einander durchaus nicht ein. Der durch die vorstehende Gleichung ausgedrückte Process erfolgt vielmehr nur bei Gegenwart von Wasser (vergleiche § 29). Das zugleich mit der Kohlensäure entstehende weinsteinsaure Natron hat einen salzigen Geschmack, welchen man neben dem der Kohlensäure kaum wahrnimmt. Dasselbe ist auch der Gesundheit nicht nachtheilig.

Man kann, um vermittelst der genannten Substanzen kohlensaures Wasser zu erhalten, auf verschiedene Weise verfahren. Häufig benutzt man ein Gemenge aus gleichen Theilen von pulverisirtem doppeltkohlensaurem Natron und von pulverisirter Weinsteinsäure, welches Brausepulver genannt wird; dieses schüttet man in Wasser. Besser löst man zuerst Weinsteinsäure in Wasser oder Zuckerwasser auf und fügt dann pulverisirtes doppeltkohlensaures Natron hinzu. Nach beiden Methoden erhält man nicht eigentlich kohlensaures Wasser, sondern fast nur ein Gemenge von Wasser und kohlensaurem Gase, welches getrunken werden muss, bevor die Kohlensäure daraus entwichen ist.

Wirklich kohlensaures Wasser, welches jedoch wieder zugleich weinsteinsaures Natron aufgelöst enthält, bekommt man auf folgende Weise. Man nimmt eine dickwandige Flasche, deren Hals mit einem starken Rande versehen ist (Sodawasserflasche, Champagnerflasche oder irdene Kruke), und bestimmt das Gewicht des Wassers, welches dieselbe fasst. Auf ein Loth Wasser nimmt man etwa ein Cent krystallisirtes (nicht pulverisirtes) doppeltkohlensaures Natron und eben so viel krystallisirte Weinsteinsäure. Die Flasche füllt man mit Wasser nicht ganz voll, wirft die beiden Substanzen rasch hinter einander hinein und setzt den gut schliessenden Kork nicht eher auf, als bis man annehmen kann, dass die in der Flasche befindliche Luft durch Kohlensäure verdrängt ist. Den Kork bindet man mit einer haltbaren Schnur auf folgende Art fest. Man macht in der Mitte der Schnur eine einfache Schleife, deren Knoten man aber nicht zusammenzieht. Man kann sich diese Schleife jetzt bestehend denken aus einem äusseren kreisförmigen Theil, den man horizontal hält, und aus einem inneren halbkreisförmigen Theil, welcher vertical steht. Den äusseren kreisförmigen Theil bringt man über den Kork hinüber bis unter den Rand des Flaschenhalses, während der halbkreisförmige Theil von einem Punkte des Flaschenhalses aus in die Höhe steigt, dann über den Kork hinüber und zu dem diametral entgegengesetzten Punkte des Flaschenhalses herunter geht. Die beiden Enden dieser Schleife zieht man nun fest an, während man zu gleicher Zeit mit beiden Daumen den Kork möglichst stark nach unten drückt. Schliesslich müssen die beiden Schnurenden noch oberhalb des Korkes fest zusammengebunden werden. Hierzu wendet man, um die Flasche nachher leicht wieder öffnen zu können, weder einen Knoten noch eine Schleife an; man schlingt vielmehr die eine Schnur zweimal um die andere und zieht die Enden so fest wie möglich an. Dann bringt man die Flasche in horizontaler Lage an einen kühlen Ort, wo, wenn sie etwa springen sollte, kein Schaden angerichtet wird. Die horizontale Lage dient dazu, um den Kork feucht und also gut schliessend zu erhalten (vergleiche Seite 28). Das doppeltkohlensaure Natron und die Weinsteinsäure müssen in möglichst grossen Stücken angewendet werden, damit sie sich langsam auflösen. Dann entwickelt sich auch die Kohlensäure langsam genug, um von dem Wasser absorbirt werden zu können.

Aus den Bestandtheilen des Brausepulvers macht man endlich auch kohlensaures Wasser, welches kein weinsteinsaures Natron aufgelöst enthält. Hierzu dient ein besonderer Apparat, welcher aus zwei sehr dickwandigen Glasgefässen von ungleicher Grösse besteht. Dieselben lassen sich vermittelst eines Schraubengewindes luftdicht an einander befestigen. Das grössere Gefäss wird mit Wasser gefüllt; in das kleinere werden Weinsteinsäure und doppeltkohlensaures Natron gebracht. Der Apparat ist so eingerichtet, dass man, nachdem die beiden Gefässe an einander geschraubt sind, einiges Wasser aus dem grösseren in das kleinere fliessen lassen kann, und dass die Kohlensäure, welche dann innerhalb des kleineren Gefässes sich entwickelt, in das grössere Gefäss übertritt, wo sie vom Wasser absorbirt wird.

Das kohlensaure Wasser wird auch im Grossen fabrikmässig dargestellt. Wenn es etwas Soda (kohlensaures Natron) aufgelöst enthält, so nennt man es Sodawasser. Das künstliche Selterwasser (eigentlich Selterser Wasser) enthält geringe Mengen von Kochsalz (Chlornatrium) und anderen Salzen aufgelöst. Zur Entwicklung der Kohlensäure bedient man sich in Mineralwasserfabriken des Marmors und der billigsten Säure, der Schwefelsäure. Bei der Einwirkung dieser beiden Körper auf einander entsteht ausser der Kohlensäure schwefelsaurer Kalk, und dieser ist unlöslich. Es ist deshalb nothwendig den Marmor in pulverisirtem Zustande anzuwenden, und ferner durch fortwährendes Umrühren dafür zu sorgen, dass der sich bildende schwefelsaure Kalk die fernere Berührung von Marmor und Schwefelsäure nicht verhindert. Die entwickelte Kohlensäure wird in Gefässe gepumpt, in denen sie unter einem hohen Druck mit dem Wasser in Berührung kommt, von welchem sie absorbirt werden soll.

Kohlensaures Wasser dringt an manchen Orten aus der Erde hervor, namentlich bei dem Dorfe Selters im Nassauischen.

Absorbirte Kohlensäure enthalten auch der Champagner, die Brauselimonade und manche Biersorten.

§ 184.

Die Anzahl der Maasse eines Gases von normaler Dichtigkeit, welche ein Maass einer Flüssigkeit bei einer Temperatur von t^0 zu absorbiren vermag, wenn die Concentration des Gases gleich 1 ist; wird der Absorptionscoefficient der Flüssigkeit für das Gas bei der Temperatur t genannt. Von einem Gase, dessen Concentration C ist, vermag eine Flüssigkeit C mal so viel zu absorbiren als von demselben Gase bei der Concentration 1. Der Absorptionscoefficient des Wassers für Kohlensäure beträgt 1,80 bei 0^0C., 1,00 bei 15^0C.; 0,901 bei 20^0C.

Wir wollen jetzt auf die Frage eingehen, in welcher Menge die Kohlensäure oder ein anderes Gas vom Wasser unter verschiedenen Umständen absorbirt wird. Einige hierauf bezügliche Angaben sind schon im Früheren gemacht worden. So wurde in § 166 gesagt, dass 1 Maass Wasser bei 20^0C. 39 Maass schweflichte Säure zu absorbiren vermag.

Stellen wir diese Angabe zusammen mit dem Inhalte der

Ueberschrift des vorliegenden Paragraphen, so sehen wir, dass der Absorptionscoefficient des Wassers für schweflichte Säure bei 20°C. gleich 39 ist. Um die Bedeutung dieses Satzes vollkommen klar aufzufassen, muss man jedoch auf folgende Punkte Rücksicht nehmen.

Erstens ist vorausgesetzt, dass die schweflichte Säure, von welcher 39 Maass durch 1 Maass Wasser absorbirt werden sollen, von normaler Dichtigkeit ist, oder mit anderen Worten, dass sie die Temperatur 0° hat, und dass sie unter dem Druck einer Atmosphäre steht. Wenn diese schweflichte Säure, welche bei 0° 39 Maass ausmacht, bei gleich bleibendem Drucke auf 20° erwärmt wird, so versteht es sich, dass sie sich ausdehnt und mehr als 39 Maass ausmacht. Es ist also hieraus zu entnehmen, dass man sich bei der Angabe eines Absorptionscoefficienten das betreffende Gas immer auf seine normale Dichtigkeit zurückgeführt denken muss.

Zweitens hat man die Abhängigkeit der Absorption von der Concentration des zu absorbirenden Gases wohl ins Auge zu fassen. 1 Maass Wasser von 20° vermag nur dann 39 Maass schweflichte Säure von normaler Dichtigkeit zu absorbiren, wenn die schweflichte Säure die Concentration 1 hat. Beträgt also zum Beispiel der Druck, unter welchem die schweflichte Säure steht, 28 Zoll, so muss das vom Wasser zu absorbirende Gas rein sein (Seite 184). Ist die schweflichte Säure bei demselben Druck nicht rein, sondern mit irgendwelchen anderen Gasen gemengt, so ist die Concentration derselben kleiner als 1, und das Wasser absorbirt davon weniger als 39 Maass. Beträgt die Contration der schweflichten Säure etwa $\frac{1}{3}$, so absorbirt das Wasser davon auch nur $39 \cdot \frac{1}{3} = 13$ Maass. Setzt man dagegen ein Gemenge von 2 Maass Luft und 1 Maass schweflichter Säure einem Druck von 3 Atmosphären aus, so ist in diesem Gemenge die Concentration der schweflichten Säure wieder $= 1$, und aus demselben würde das Wasser wieder 39 Maass schweflichte Säure von normaler Dichtigkeit absorbiren.

Drittens mag hier noch auf einen Umstand hingewiesen werden, der sich eigentlich von selbst versteht. Das Wasser kann offenbar nur da schweflichte Säure aufnehmen, wo es die schwefliebte Säure berührt, und es erhellt, dass durch Schütteln und Rühren die Absorption beschleunigt werden muss. Es kann indessen auch bei sehr unvollkommener Berührung von Flüssigkeit und Gas eine gesättigte Flüssigkeit entstehen; nur ist dazu eine längere Zeit erforderlich. Eine solche unvollkommene Berührung findet zum Beispiel statt, wenn das zu absorbirende Gas oberhalb der betreffenden Flüssigkeit sich befindet, ohne dass beiden von aussen her eine Bewegung mitgetheilt wird. Alsdann sättigt sich die oberste Schicht der Flüssigkeit mit Gas. Zwischen dieser und der zweiten Schicht findet eine Diffusion statt, in Folge deren die oberste Schicht an die zweite Gas verliert. Die oberste Schicht kann nun von neuem Gas aufnehmen, um es an die zweite Schicht abzugeben, von welcher aus es in die dritte gelangt, und so weiter fort. Wenn die mit Gas gesättigte Flüssigkeit eine grössere Dichtigkeit hat wie die reine Flüssigkeit, so kann die Absorption viel schneller erfolgen; denn die oberste Schicht sinkt, nachdem sie sich mit Gas gesättigt hat, zu Boden, um den übrigen, noch gasfreien Schichten Platz zu machen.

Zur Vermeidung von Missverständnissen ist endlich viertens hervorzuheben, dass die Absorption irgend eines Gases durch eine Flüssigkeit bei gegebener Temperatur nur von der Concentration dieses Gases abhängig ist, vollkommen unabhängig dagegen von der gleichzeitigen Absorption irgend eines andern Gases durch dieselbe Flüssigkeit. Wenn zum Beispiel ein Maass Wasser bei 20° mit einem Gemenge von schweflichter Säure und Kohlensäure in Berührung steht, in welchem beide Gase die Concentration 1 haben, so absorbirt das Wasser von der schweflichten Säure 39 Maass und von der Kohlensäure 0,901 Maass. Es ist freilich darauf Rücksicht zu nehmen, dass das genannte Gemenge, worin zwei Gase von der Concentration 1 enthalten sind, nur unter einem Druck von 56 Zoll Quecksilber oder von 2 Atmosphären existiren kann.

Da eine Flüssigkeit von einem Gase desto mehr zu absorbiren vermag, je grösser die Concentration des Gases ist, so kann auch das kohlensaure Wasser mit einem beliebig grossen Gehalte an Kohlensäure dargestellt werden. Es ist dazu nur erforderlich, der zu absorbirenden Kohlensäure eine hinlänglich grosse Concentration zu ertheilen. Will man etwa von einem Maass Wasser bei 15° C. 3 Maass Kohlensäure absorbiren lassen, so muss, da der Absorptionscoefficient des Wassers für Kohlensäure bei 15° C. gleich 1 ist, die mit dem Wasser in Berührung zu bringende Kohlensäure die Concentration 3 haben. Ist die Kohlensäure rein, so bedarf es zur Hervorbringung der Concentration 3 eines Druckes von 3 Atmosphären. Wäre dagegen die Kohlensäure unrein, und bestände etwa die mit Wasser in Berührung zu bringende Luftart zur Hälfte aus Kohlensäure, zur Hälfte aus Luft, so müsste man diese Luftart einem Drucke von 6 Atmosphären aussetzen, um der Kohlensäure die Concentration 3 zu ertheilen.

Da die Hervorbringung eines bestimmten Druckes fast immer um so kostspieliger wird, je grösser der Druck ist, so hat man bei der Darstellung des kohlensauren Wassers darauf zu sehen, dass die Kohlensäure möglichst rein ist. Ferner nimmt eine gegebene Menge von Wasser eine gegebene Menge von Kohlensäure bei einem um so geringeren Drucke auf, je niedriger die Temperatur ist. Aus den in der Ueberschrift angeführten Zahlen erhellt zum Beispiel, dass ein Maass Wasser von reiner Kohlensäure, deren Concentration 2 ist, bei 0° C. 3,6, bei 15° C. 2, bei 20° C. 1,8 Maass aufzunehmen vermag.

Aufgabe A. Wie viel doppeltkohlensaures Natron und Weinsteinsäure gebraucht man zur Entwickelung derjenigen Kohlensäure, welche von 2 Pfund 4 Loth Wasser bei 0° unter einem Drucke von 3 Atmosphären absorbirt werden kann, wenn die Kohlensäure rein ist?

Wir berechnen zuerst das Gewicht der Kohlensäure von normaler Dichtigkeit, welche denselben Raum einnimmt wie 1 Loth Wasser. Dies beträgt $\frac{88 \cdot 9}{4 \cdot 100000}$ Loth. Da der Absorptionscoefficient des Wassers für Kohlensäure bei 0° gleich 1,8 ist, so absorbirt 1 Loth Wasser bei 0° von Kohlensäure, deren Concentration 1 ist, $\frac{88 \cdot 9 \cdot 18}{4 \cdot 100000 \cdot 10}$ Loth. Von Kohlensäure, deren Concentration gleich 3 ist, absorbirt 1 Loth

Wasser $\dfrac{88 \cdot 9 \cdot 18 \cdot 3}{4 \cdot 100000 \cdot 10}$ Loth. 2 Pfund 4 Loth Wasser absorbiren also unter denselben Verhältnissen $\dfrac{88 \cdot 9 \cdot 18 \cdot 3 \cdot 64}{4 \cdot 100000 \cdot 10}$ Loth. Zur Entwickelung dieser Kohlensäure sind erforderlich 1,31 Loth doppeltkohlensaures Natron und 1,17 Loth Weinsteinsäure.

Aufgabe B. **Welche Concentration muss die aus 1 Cent doppeltkohlensaurem Natron und 1 Cent Weinsteinsäure zu entwickelnde Kohlensäure besitzen, um bei 20° C. von 1 Loth Wasser absorbirt werden zu können?**

Es ist leicht zu sehen, dass von den beiden gegebenen Körpern das doppeltkohlensaure Natron vollständig verbraucht wird (§ 142). Die aus 1 Cent doppeltkohlensaurem Natron und der zugehörigen Weinsteinsäure zu entwickelnde Kohlensäure nimmt denselben Raum ein wie $\dfrac{100000 \cdot 4 \cdot 176}{9 \cdot 88 \cdot 336 \cdot 100}$ Loth Wasser. Nennen wir den Raum, den 1 Loth Wasser einnimmt, 1 Maass, so folgt, dass 1 Maass Wasser $\dfrac{100000 \cdot 4 \cdot 176}{9 \cdot 88 \cdot 336 \cdot 100}$ Maass Kohlensäure von normaler Dichtigkeit absorbiren soll. 1 Maass Wasser absorbirt bei 20° 0,901 Maass Kohlensäure, wenn deren Concentration 1 ist, dagegen 1 Maass Kohlensäure, wenn die Concentration $\dfrac{1}{0,901}$ ist. Soll nun 1 Maass Wasser die oben angegebene Menge von Kohlensäure absorbiren, so muss ihre Concentration $\dfrac{100000 \cdot 4 \cdot 176 \cdot 1000}{9 \cdot 88 \cdot 336 \cdot 100 \cdot 901} = 2{,}94$ betragen.

§ 185.

Den Uebergang eines absorbirten Körpers aus dem flüssigen in den luftförmigen Aggregatzustand nennt man Vergasung. Die Vergasung der Kohlensäure von der Oberfläche des kohlensauren Wassers aus ist abhängig von der Concentration der darüber befindlichen Kohlensäure.

Man kann zwei Arten des Ueberganges eines chemischen Körpers aus dem flüssigen in den luftförmigen Aggregatzustand unterscheiden. Der betreffende flüssige Körper ist entweder ein condensirter oder ein absorbirter. Wenn zum Beispiel flüssiger Aether verdampft, so kann man annehmen, dass der flüssige Aether früher luftförmig gewesen und dann durch Condensation flüssig geworden ist. Bei der Verdampfung des Aethers ist es also ein condensirter Körper, der aus dem flüssigen in den luftförmigen Aggregatzustand übergeht. Lässt man schweflichtsaures Wasser an der Luft stehen, so ist oberhalb desselben ein starker Geruch nach schweflichter Säure wahrzunehmen, und hier ist ein absorbirter Körper aus dem flüssigen in den luftförmigen Aggregatzustand übergegangen. Diese sogenannte Vergasung ist offenbar die Umkehrung desjenigen Vorganges, welcher Absorption genannt wird.

Beide Vorgänge, nämlich die Verdampfung und die Vergasung von der Oberfläche einer Flüssigkeit aus, haben grosse Aehnlichkeit mit einander. Wir erinnern uns aus § 150, dass beispielsweise die Verdampfung des flüssigen Aethers bei einer bestimmten Temperatur nur abhängig ist von der Concentration des oberhalb des flüssigen Aethers befindlichen Aetherdampfes. Eben so verhält es sich auch mit der Vergasung. Wenn etwa Wasser, welches bei 15^0 C. mit Kohlensäure von der Concentration 1 sich gesättigt hat, mit Kohlensäure von derselben Concentration in Berührung bleibt, so findet an der Oberfläche der Flüssigkeit offenbar weder eine Absorption noch eine Vergasung von Kohlensäure statt. Befindet sich dagegen oberhalb desselben Wassers Kohlensäure von einer Concentration, die kleiner als 1 ist, so tritt eine Vergasung der Kohlensäure ein. Die Vergasung der Kohlensäure von der Oberfläche des kohlensauren Wassers aus wird demnach unter sonst gleichen Umständen am stärksten sein, wenn das letztere mit reiner Luft, das heisst mit Kohlensäure von der Concentration 0 in Berührung steht; durch wiederholtes Schütteln mit Luft kann man kohlensaures Wasser von dem absorbirten Gase in kurzer Zeit fast vollständig befreien.

Es braucht kaum hinzugefügt zu werden, dass die Vergasung aller durch Absorption flüssig gewordenen Gase sich eben so verhält wie die Vergasung der Kohlensäure, und dass also die Vergasung eines absorbirten Körpers eben so wie die Verdampfung eines condensirten Körpers von der Oberfläche der betreffenden Flüssigkeit aus abhängig ist von der Concentration eben dieses, im luftförmigen Aggregatzustande oberhalb der betreffenden Flüssigkeit befindlichen Körpers.

§ 186.
Der Siedepunkt einer Flüssigkeit steigt und fällt mit dem auf dieselbe wirkenden Druck.

Zum Verständniss der in den beiden folgenden Paragraphen zu besprechenden Erscheinungen ist eine genauere Kenntniss der Gesetze des Siedens erforderlich. Wir erinnern uns aus § 15, dass der Uebergang eines flüssigen Körpers in den luftförmigen Aggregatzustand vom Boden der Flüssigkeit aus Sieden oder Kochen genannt wird. Fassen wir beispielsweise den auf Seite 67 besprochenen Versuch wieder ins Auge. Es wurde dort Wasserdampf von 100^0 C. in kaltes Wasser eingeleitet. Jede Blase von Wasserdampf, welche durch das berührende kalte Wasser abgekühlt wurde, condensirte sich augenblicklich vollständig zu flüssigem Wasser. Dieser Erfolg erklärt sich aus § 150, da reiner Wasserdampf von der Concentration 1 unter dem Druck einer Atmosphäre bei einer Temperatur, die niedriger als 100^0 ist, nicht existiren kann. Denn hieraus ist zu schliessen, dass das Wasser von irgend einem nicht an der Oberfläche liegenden Punkten aus unterhalb 100^0 nicht in Dampf übergehen kann, da solcher Dampf, wenn er sich gebildet hätte, sofort wieder condensirt werden müsste. Anders aber würde sich die Sache verhalten, wenn das Wasser etwa unter einem Druck von 14 Zoll Quecksilber oder von einer halben Atmosphäre sich befände. Nach Seite 186 kann der Wasserdampf bei 82° die Concentration $\frac{1}{4}$ erreichen; es kann also reiner Wasserdampf von 82° unter dem Drucke einer halben Atmosphäre existiren. Aus Wasser von 82° kann demnach, sobald auf dasselbe ein Druck von 14 Zoll Quecksilber wirkt, Wasserdampf sich bilden, oder mit anderen Worten: unter dem Druck einer halben Atmosphäre ist der Siedepunkt des Wassers 82°. Aus den auf Seite 186 ferner mitgetheilten Zahlen ist in gleicher Weise zu folgern, dass das Wasser unter dem Druck von $\frac{1}{10}$ Atmosphäre oder von $2\frac{4}{5}$ Zoll Quecksilber bei 34°, und dass Wasser von 0° unter dem Druck von $\frac{1}{150}$ Atmosphäre oder von 2,24 Linien Quecksilber siedet.

Um diese Resultate durch den Versuch nachzuweisen, bringt man ein etwa zur Hälfte mit erwärmtem Wasser gefülltes Becherglas auf den Teller der Luftpumpe und verdünnt dann die auf das Wasser drückende Luft. Je nach der Temperatur des Wassers erreicht man früher oder später denjenigen Luftdruck, unter welchem das Wasser siedet. Durch das Sieden kühlt das Wasser sich ab und hört deshalb zu sieden auf. Um es von neuem aufkochen zu lassen, ist ein erneutes Auspumpen der Luft erforderlich. Ist die Luftpumpe mit einem Barometer versehen, und hat man in das Wasser ein Thermometer gestellt, so kann man die einander entsprechenden Werthe des Luftdrucks und der Siedetemperatur genau beobachten.

Das gleichzeitige Sinken des Siedepunktes einer Flüssigkeit und des auf dieselbe wirkenden Druckes lässt sich beim Wasser auch durch folgenden Versuch darthun, zu welchem keine Luftpumpe gebraucht wird. In einem Kolben, der in einen Retortenhalter eingespannt ist, bringt man Wasser zum Kochen. Nachdem das Kochen so lange gedauert hat, dass die Luft aus dem Kolben vollständig vertrieben ist, nimmt man die erhitzende Flamme fort, fasst den Hals des Kolbens vermittelst eines Handtuchs mit der linken Hand und verschliesst denselben schnell mit einem gut passenden Kork. Man stellt nun den Kolben umgekehrt etwa in einen Ring der Berzelius'schen Lampe und übergiesst ihn mit kaltem Wasser. Dieses kann man viele Male hinter einander wiederholen, und bei jeder erneuten Abkühlung sieht man das im Kolben enthaltene Wasser lebhaft aufkochen. Der oberhalb des Wassers befindliche Wasserdampf hat eine gewisse Concentration und übt auf das Wasser einen gewissen Druck aus. Wird nun der Wasserdampf abgekühlt, so condensirt er sich zum Theil und übt einen geringeren Druck aus, bei welchem das Wasser wieder ins Sieden geräth. Dabei füllt sich der Kolben wieder mit Wasserdampf. Jedes erneute Aufkochen erklärt sich auf dieselbe Weise.

Eben so wie das Wasser verhalten sich alle Flüssigkeiten. Jede Flüssigkeit siedet unter dem gewöhnlichen Druck bei einer Temperatur, bei welcher das Concentrationsmaximum ihres Dampfes gleich 1 ist. Wird der Druck erniedrigt, so erniedrigt sich auch der Siedepunkt; wird aber der Druck über eine Atmosphäre hinaus erhöht, so erhöht sich auch der Siedepunkt.

Aus dem Seite 233 beschriebenen Versuche lässt sich entnehmen, dass durch die Verdampfung des Wassers Wärme gebunden wird. Hieraus erklärt es sich auch, dass man Wasser unter gewöhnlichem Drucke nicht über 100^0 C. zu erhitzen vermag; es wird nämlich alle Wärme, die man dem Wasser über die genannte Temperatur hinaus zuführt, zur Dampfbildung verwendet. Ferner erklärt sich aus dieser Wärmebindung, ohne welche keine Verdampfung möglich ist, warum die Dampfbildung beim Kochen immer nur am Boden der betreffenden Flüssigkeit, nicht aber im Innern derselben vor sich geht. Beim Erhitzen einer Flüssigkeit in einem Gefässe wird immer zuerst das Gefäss erhitzt, und von diesem aus erhält die Flüssigkeit diejenige Wärme, welche beim Sieden zur Dampfbildung verbraucht wird. Die Dampfbildung muss also da vor sich gehen, wo die Wärme in die Flüssigkeit eingeleitet wird, das heisst am Boden der Flüssigkeit.

Vergleichen wir schliesslich mit einander das Verdampfen einer Flüssigkeit von der Oberfläche aus mit dem vom Boden aus, so sehen wir, dass das erstere abhängig ist von der Concentration des oberhalb des flüssigen befindlichen luftförmigen

Körpers, während die Dampfbildung vom Boden aus, welche Sieden genannt wird, von dem auf die Flüssigkeit wirkenden Drucke abhängig ist. Dieser Druck wird hervorgebracht durch die Summe der Concentrationen aller die Oberfläche der Flüssigkeit berührenden Luftarten.

§ 187.

Die Vergasung der Kohlensäure vom Innern des kohlensauren Wassers aus ist abhängig von dem auf das kohlensaure Wasser wirkenden Druck.

Eben so wie beispielsweise der Aether so wohl an der Oberfläche als auch am Boden verdampfen kann, so kann auch die Kohlensäure so wohl von der Oberfläche als auch vom Innern des kohlensauren Wassers aus vergasen; und die Vergasung eines absorbirten Körpers vom Innern der betreffenden Flüssigkeit aus ist eben so wie das Sieden eines condensirten Körpers abhängig von dem auf die betreffende Flüssigkeit wirkenden Drucke. Hieraus erklärt es sich, dass bei dem auf Seite 123 beschriebenen Versuche das in dem Trichterhalse befindliche Wasser eine Menge von Gasbläschen erscheinen lässt, sobald man den auf das Wasser wirkenden Druck verringert. Eben so erklärt es sich, warum das künstliche kohlensaure Wasser, welches unter einem Druck bereitet ist, der mehr als eine Atmosphäre beträgt, aufbraust, sobald man die dasselbe enthaltende Flasche entkorkt; denn in der geöffneten Flasche wirkt auf das kohlensaure Wasser nur noch der gewöhnliche Luftdruck von einer Atmosphäre.

Denken wir uns etwa kohlensaures Wasser, welches mit reiner Kohlensäure von der Concentration 2 gesättigt ist, und welches an seiner Oberfläche noch mit reiner Kohlensäure in Berührung steht. Auf dieses Wasser wirkt ein Druck von 2 Atmosphären, und es tritt weder an der Oberfläche noch im Innern des kohlensauren Wassers eine Vergasung ein. Wird nun aber die über der Flüssigkeit befindliche Kohlensäure ersetzt durch Luft, die unter einem Druck von 2 Atmosphären steht, so muss zwar an der Oberfläche der Flüssigkeit eine Vergasung von Kohlensäure stattfinden; aus dem Innern der Flüssigkeit dagegen entwickelt sich bei dem unveränderten Drucke keine Kohlensäure. Eine Entwickelung von Kohlensäure aus dem Innern tritt aber sogleich ein, wenn der Druck verringert wird.

Bei der Vergasung einer absorbirten Luftart vom Innern der betreffenden Flüssigkeit aus tritt noch ein besonderer Umstand ein, den man bisher nicht zu erklären vermocht hat, der Umstand nämlich, dass die Vergasung besonders leicht da erfolgt, wo die Flüssigkeit das feste Gefäss berührt, am leichtesten aber da, wo das Gefäss eine scharfkantige Erhöhung oder Vertiefung bildet. So sieht man häufig aus kohlensaurem Wasser von den Stellen aus, wo die verticale Gefässwand mit dem horizontalen Boden zusammenstösst, längere Zeit hindurch Blasen aufsteigen. Hieraus erklärt sich auch das Aufbrausen des kohlensauren Wassers, welches erfolgt, wenn man Sand oder pulverisirten Zucker hineinschüttet.

§ 188.
Das kohlensaure Gas ist condensirbar zu einer farblosen Flüssigkeit. Unter gewöhnlichem Luftdruck verwandelt sich die flüssige Kohlensäure in einen schneeartigen festen Körper von sehr niedriger Temperatur.

Es ist schon in § 151 aus einander gesetzt worden, dass bei der Condensation eines luftförmigen Körpers Druck, oder eigentlich Concentration, und Abkühlung sich gegenseitig ersetzen können. Das kohlensaure Gas condensirt sich bei 30° C. unter einem Druck von 73 Atmosphären, bei 0° unter einem Druck von 36 Atmosphären, bei — 10° unter einem Druck von 27, bei — 30° unter einem Druck von 18 Atmosphären. Man kann hieraus schliessen, dass der Siedepunkt der condensirten Kohlensäure unter einem Druck von 73 Atmosphären 30° beträgt, unter einem Druck von 36 Atmosphären 0°, unter einem Druck von 27 Atmosphären — 10°, unter einem Druck von 18 Atmosphären — 30° (§ 186).

Es ist die Frage, wie weit die gleichzeitige Erniedrigung des Siedepunktes der condensirten Kohlensäure und des auf sie wirkenden Druckes sich erstrecken kann. Eine Grenze dieser gleichzeitigen Erniedrigung muss da eintreten, wo das Sieden aufhört, also bei dem Gefrierpunkt des betreffenden Körpers; ein fester Körper kann nicht mehr Sieden. Aus § 94 wissen wir, dass der Gefrierpunkt und der Schmelzpunkt eines chemischen Körpers einander gleich sind. Es mag hier hinzugefügt werden, dass hin und wieder und unter Umständen, die noch wenig erforscht sind, ein flüssiger Körper um eine Anzahl von Graden unterhalb seines Schmelz- oder Gefrierpunktes abgekühlt werden kann, ohne dass er dabei fest wird. So kann Wasser, wenn es vor jeder Erschütterung bewahrt wird, bis auf $-10°$ und sogar noch weiter abgekühlt werden, ohne seinen flüssigen Aggregatzustand aufzugeben. Solches Wasser verwandelt sich aber in Folge der kleinsten Erschütterung augenblicklich in ein Gemenge von Eis und Wasser, dessen Temperatur $0°$ beträgt. Andere Körper können unter anderen Umständen unterhalb ihres Schmelzpunktes im flüssigen Aggregatzustande existiren. Niemals aber findet das Umgekehrte statt; kein fester Körper kann über seinen Schmelzpunkt hinaus erhitzt werden, ohne zu schmelzen. Endlich mag hier noch hervorgehoben werden, dass eine solche Abhängigkeit von dem Druck, der auf einen Körper wirkt, wie der Siedepunkt sie zeigt, bei dem Gefrierpunkt nicht stattfindet. Da also bei vermindertem Drucke der Siedepunkt eines Körpers sich fortwährend erniedrigt, der Gefrierpunkt hingegen weder erhöht noch erniedrigt wird, so sieht man ein, dass durch Erniedrigung des Druckes bei jedem Körper Siedepunkt und Gefrierpunkt einander mehr und mehr genähert werden müssen. Bei manchen Körpern können beide Punkte vollständig zusammenfallen. Zu diesen Körpern gehört das Wasser, welches bei $0°$ gefriert und bei derselben Temperatur unter einem Druck von $\frac{1}{150}$ Atmosphäre siedet (§ 186). Zu denselben Körpern gehört auch die condensirte Kohlensäure, und es erklärt sich somit das in der Ueberschrift dieses Paragraphen angegebene Verhalten derselben. Die Condensirung der Kohlensäure lässt man innerhalb einer schmiedeisernen Flasche erfolgen. In diese wird mehr und mehr kohlensaures Gas eingepumpt. Ist das Gefäss bis auf $-30°$ abgekühlt, so erreicht das Gas die Concentration

18; jede weitere Menge des Gases, welche nun noch in die Flasche eingepumpt wird, verwandelt sich in condensirte, flüssige Kohlensäure. Wenn man aus einer solchen mit condensirter Kohlensäure gefüllten Flasche kohlensaures Gas aus einer kleinen Oeffnung ausströmen liesse, so würde innerhalb der Flasche der Druck sich allmälig verringern, und unter dem kleineren Drucke würde die flüssige Kohlensäure sieden und sich dadurch mehr und mehr unter — 30° abkühlen. Der Schmelzpunkt der festen Kohlensäure ist — 57° C., und bei derselben Temperatur siedet die flüssige Kohlensäure unter einem Druck von 5 Atmosphären. Hätte der Druck der Kohlensäure in der Flasche sich auf 5 Atmosphären vermindert, und wäre also ihre Temperatur auf — 57° gesunken, so würde die durch die fortdauernde Verdampfung erzeugte Kälte die flüssige Kohlensäure fest machen. Liesse man nun den Druck noch weiter abnehmen, so würde die Kohlensäure trotz ihres festen Aggregatzustandes von der Oberfläche aus zu verdampfen fortfahren, und die Temperatur der zurückbleibenden festen Masse würde sich unter gewöhnlichem Luftdruck bis auf — 79° erniedrigen.

Das gewöhnliche Verfahren, um feste Kohlensäure aus der flüssigen entstehen zu lassen, ist einfacher als das eben beschriebene. Man lässt durch einen am Boden der Flasche angebrachten Hahn die flüssige Kohlensäure austreten; sie wird dann plötzlich unter den Druck von einer Atmosphäre versetzt, und dadurch, dass ein Theil derselben plötzlich verdampft, verwandelt sich die zurückbleibende Masse in einen schneeartigen Körper von der Temperatur — 79°.

Man gebraucht die feste Kohlensäure, um sehr niedrige Temperaturen hervorzubringen. Dieselbe ist eben so wie der Schnee ein schlechter Wärmeleiter. Uebergiesst man sie mit Aether, so entsteht ein Teig, welcher die Wärme besser leitet. Bringt man diesen Teig unter die Glocke der Luftpumpe, um durch Verringerung des Druckes die Verdampfung der Kohlensäure und des Aethers noch zu beschleunigen, so gelingt es, eine Temperatur von — 100° C. hervorzubringen.

Dasselbe Verhalten wie die feste Kohlensäure, welche bei gewöhnlichem Druck direct aus dem festen in den luftförmigen

Aggregatzustand übergeht, zeigt noch ein anderer Körper, mit dem der betreffende Versuch sehr leicht anzustellen ist, nämlich der in § 154 erwähnte Salmiak. Bringt man eine kleine Menge dieses Salzes in ein trockenes Reagensglas, und versucht man dasselbe durch Erhitzung zu schmelzen, so sieht man, dass dies nicht möglich ist. Der Salmiak wird durch die Erhitzung luftförmig; der Salmiakdampf aber wird, sobald er mit den kälteren Theilen des Reagensglases in Berührung kommt, unmittelbar wieder fest. Uebrigens haben wir schon in § 186 in der wasserfreien Schwefelsäure ebenfalls einen Körper kennen gelernt, der aus dem festen Aggregatzustande direct in den luftförmigen überzugehen vermag.

§ 189.

Das ölbildende Gas C^4H^8 wird dargestellt durch Erhitzen eines Gemenges von Alkohol und Schwefelsäure. Es ist farb- und geruchlos, indifferent, brennbar, das Verbrennen nicht unterhaltend, von der Dichtigkeit 0,972.

Zur Darstellung des ölbildenden Gases kann man statt des reinen Alkohols $C^4H^{12}O^2$ Brennspiritus verwenden, welcher hauptsächlich aus Alkohol und Wasser besteht. Man nimmt ein Gemenge von etwa 2 Loth Brennspiritus und 8 Loth concentrirter Schwefelsäure, bringt dieses in einen Kolben und schüttet so viel Sand hinzu, dass der letztere mit der Flüssigkeit einen dicken, kaum noch flüssigen Brei bildet. Man erhitzt im Sandbade mit der Berzelius'schen Lampe. Hierbei erleidet der Alkohol eine Zersetzung nach der Gleichung

$$C^4H^{12}O^2 = C^4H^8 + 2H^2O.$$

Dieser Vorgang findet nur statt, wenn das ausser dem ölbildenden Gase im Alkohol enthaltene Wasser sich mit Schwefelsäure verbinden kann.

Der dem Gemenge von Alkohol und Schwefelsäure zugesetzte Sand hat den Zweck, eine rasche Wärmeleitung innerhalb jenes Gemenges zu verhindern. Setzt man dem Gemenge keinen Sand hinzu, so fängt dasselbe bei der Temperatur, bei welcher seine Zersetzung eintritt, so stark an zu schäumen, dass man auch bei Anwendung eines sehr geräumigen Kolbens die grösste Vorsicht anwenden muss, damit nicht ein grosser Theil des Schaumes aus dem Kolben durch die Entwickelungsröhre in das Gasometer eindringt. Bei der Anwendung des Sandes dagegen wird immer nur ein kleiner Theil des Gemenges von Spiritus und Schwefelsäure bis zu seiner Zersetzungstemperatur erhitzt, und es ist von einem unangenehmen Schäumen nichts zu bemerken.

Man fängt das ölbildende Gas am besten im Gasometer auf. Will man es längere Zeit darin stehen lassen, so muss man darauf Rücksicht nehmen, dass das Wasser bei gewöhnlicher Temperatur ungefähr $\frac{1}{8}$ seines Volumens von dem Gase absorbiren kann (vergleiche Seite 259).

Da das ölbildende Gas eine Verbindung der beiden brennbaren Elemente Kohlenstoff und Wasserstoff ist, so muss es brennbar sein (§ 173). Füllt man einen Cylinder mit ölbildendem Gase, zündet dasselbe an und giesst schnell Wasser in den Cylinder, so bekommt man eine grosse, hell leuchtende Flamme.

Der Wasserstoff des ölbildenden Gases verbrennt natürlich zu Wasser, der Kohlenstoff entweder zu Kohlenoxyd oder zu Kohlensäure. Hiernach kann das Gas entweder mit reinem Sauerstoff oder mit Sauerstoff der Luft den folgenden Gleichungen gemäss verbrennen.

$$\text{I. } C^4H^8 + 8O = 4CO + 4H^2O$$
$$\text{II. } C^4H^8 + 12O = 4CO^2 + 4H^2O$$
$$\text{III. } C^4H^8 + 40N^{\frac{4}{5}}O^{\frac{1}{5}} = 4CO + 4H^2O + 32N$$
$$\text{IV. } C^4H^8 + 60N^{\frac{4}{5}}O^{\frac{1}{5}} = 4CO^2 + 4H^2O + 48N.$$

Nach Gleichung I. hat man zu mengen $\frac{1}{3}$ Maass ölbildendes Gas und $\frac{2}{3}$ Maass Sauerstoff, ferner $\frac{1}{4}$ Maass ölbildendes Gas und $\frac{3}{4}$ Maass Sauerstoff nach Gleichung II., $\frac{1}{11}$ Maass ölbildendes Gas und $\frac{10}{11}$ Maass Luft nach Gleichung III., $\frac{1}{16}$ Maass ölbildendes Gas und $\frac{15}{16}$ Maass Luft nach Gleichung IV. Die beiden ersteren Gemenge brennen mit eben so starkem Knall ab wie Knallgas. Die beiden letzteren Gemenge verbrennen mit wenig leuchtender, blauer Flamme und geben, in einem Cylinder von gewöhnlicher Grösse angezündet, nur einen schwachen Knall. Grössere Mengen eines solchen Gasgemisches können aber sehr heftige Explosionen erzeugen. Es wurden zum Beispiel in eine enghalsige Flasche von grünem Glase, welche 25 Pfund Wasser hielt, $\frac{2}{15}$ Maass ölbildendes Gas gebracht, während die übrigen $\frac{13}{15}$ des Flascheninhalts mit Luft gefüllt waren. Man liess die Flasche 10 Minuten lang verschlossen stehen, damit die verschiedenen Luftarten Zeit hatten, sich gut mit einander zu vermengen. Darauf wurde die Flasche geöffnet und hinter einer nicht ganz geschlossenen Thür so aufgestellt, dass man durch die Thürspalte hindurch eine Flamme an das explodirbare Gemenge bringen konnte. Es entstand ein Knall von solcher Stärke, dass verschiedene in der Nähe befindliche Personen glaubten, es sei eine Kanone abgefeuert worden. Die Flasche war zersprungen; die Scherben waren 15 Fuss weit fortgeschleudert.

Seinen Namen hat das ölbildende Gas von der Eigenschaft erhalten, dass es sich mit Chlor zu einer Flüssigkeit von ölartigem Aussehen verbindet.

§ 190.

Bei hinlänglich hoher Temperatur zersetzt sich das ölbildende Gas in Grubengas und festen Kohlenstoff. Die Flamme des ölbildenden Gases wird aus drei Theilen gebildet. Der innere besteht aus unzersetztem ölbildendem Gase, der mittlere aus einem Gemenge von Grubengas und glühendem Kohlenstoff, der äussere aus den sehr heissen, schwach leuchtenden Verbrennungsproducten Kohlensäure und Wasser.

Leitet man ölbildendes Gas durch eine glühende Röhre, so tritt eine Zersetzung ein, ausgedrückt durch die Gleichung
$$C^4H^8 = C^2H^8 + 2C.$$
Der Körper C^2H^8 ist eben so wie das ölbildende Gas luftförmig und wird Grubengas genannt (§ 192); der Kohlenstoff scheidet sich als schwarzer, fester Körper aus.

Dieselbe Zersetzung ist auch auf eine viel leichtere Art zu bewerkstelligen. Man lässt nämlich das ölbildende Gas aus der

Austrittsröhre des Gasometers oder aus einer rechtwinklig gebogenen Glasröhre ausfliessen, die mit jener durch einen Kautschuckschlauch in Verbindung gesetzt und deren freies Ende nach oben gerichtet ist. Man zündet das Gas an und hält in die Flamme eine Porzellanschale. Diese bedeckt sich alsdann mit Russ, welcher aus nichts anderem als Kohlenstoff besteht.

Der eben angeführte Versuch erklärt sich folgendermassen. Es ist schon auf Seite 90 ausgesprochen und durch Experimente bewiesen, dass der Sauerstoff der Luft in das Innere einer Flamme nicht eindringen kann, weil er sich bereits an der Aussenseite derselben mit ihren brennbaren Bestandtheilen verbindet. Es ist also klar, dass die Flamme des ölbildenden Gases an ihrer Oberfläche nur aus einem Gemenge von Kohlensäure, Wasserdampf und Stickstoff bestehen kann. In diesem äusseren Theile der Flamme entsteht aber natürlich die ganze Verbrennungswärme, da ja die Verbrennungsproducte allein es sind, welche die Verbrennungswärme besitzen (§ 69). Die hohe Temperatur theilt sich den benachbarten Körpern mit, also auch dem von innen nachströmenden ölbildenden Gase, welches dadurch in Grubengas und Kohlenstoff zersetzt wird. Aus einem Gemenge dieser beiden Körper besteht also der mittlere Theil der Flamme. Der Kohlenstoff kommt zwar für gewöhnlich nicht als fester Körper zum Vorschein, weil er von dem nachströmenden ölbildenden Gase an die Oberfläche der Flamme getrieben wird und hier zu Kohlensäure verbrennt. Man kann ihn aber unverbrannt sich ausscheiden lassen, wenn man ihm durch Berührung mit einem kalten Körper die Entzündungstemperatur entzieht. Von dem festen Kohlenstoff, welcher in dem mittleren Theile der Flamme enthalten ist, wurde schon in § 90 erwähnt, dass er es ist, dem die gewöhnlichen zur Beleuchtung dienenden Flammen ihr helles Licht verdanken. Der äussere Theil der Flamme dagegen, dessen Temperatur bei weitem höher ist als die des mittleren Theiles, besitzt nur eine geringe Leuchtkraft. Man muss die Flamme des ölbildenden Gases oder auch die Flamme einer Wachs- oder Stearinkerze, welche dem Aussehen nach der Flamme des ölbildenden Gases ganz gleich ist, sehr genau betrachten, um neben dem hellen, mittleren Theil von gelber Farbe den äusseren, schwach leuchtenden Theil wahrzunehmen. Es versteht sich auch, dass man diesen Flammenmantel nur an den Seiten der Flamme sehen kann, nicht aber in solchen Richtungen, in denen zugleich von dem äusseren und von dem mittleren Theile aus Lichtstrahlen ins Auge gelangen (vergleiche Seite 253).

Es ist leicht einzusehen, dass bei jeder unter gewöhnlichen Umständen brennenden Flamme der äussere Mantel den heissesten Theil bilden muss. Bei der Flamme einer einfachen Spirituslampe kann man sich hiervon durch einen leicht ausführbaren Versuch überzeugen. Man hält nämlich ein Holzspähnchen (ein Streichhölzchen) für kurze Zeit horizontal in die Spiritusflamme, am besten da, wo diese den grössten Durchmesser hat. Nachdem das Hölzchen wieder aus der Flamme entfernt ist, sieht man, dass es an den beiden Stellen, wo es mit dem Mantel in Berührung war, schwarz geworden ist oder sich verkohlt hat, während es an den zwischenliegenden Punkten weiss geblieben ist. — Nimmt man zu diesem Versuche statt des Holzspähnchens einen dünnen Eisendraht, so sieht man, dass dieser an den beiden Stellen, wo er den äusseren Theil der Flamme durchschneidet, glüht, im mittleren Theile der Flamme dagegen dunkel bleibt.

Wenn man weiss, worauf das intensive Licht der Flamme des ölbildenden Gases beruht, so kann man auch leicht die Umstände ausfindig machen, unter denen dasselbe Gas mit wenig leuchtender Flamme verbrennen muss. Verkleinert man eine aus den drei in der Ueberschrift genannten Theilen bestehende Flamme dadurch, dass man den Hahn der Ausflussröhre des Gasometers mehr und mehr schliesst, so ist leicht einzusehen, dass zuerst der innere Theil, welcher aus unzersetztem und nicht leuchtendem Gase besteht, ganz fortfallen muss, sobald der äussere Theil an die Mitte der Mündung der Ausflussröhre so nahe herangekommen ist, dass das hier ausströmende Gas sogleich durch die Hitze des Flammenmantels in Grubengas und Kohlenstoff zerlegt wird. Fährt man aber nun mit der Verkleinerung der Flamme noch weiter fort, so muss auch der mittlere Theil der Flamme verschwinden, sobald die Flamme so klein geworden ist, dass der Sauerstoff der Luft bis in ihre Mitte einzudringen vermag. Hat man diesen Punkt erreicht, so sieht man das ölbildende Gas mit einer schwach leuchtenden, rein blauen Flamme verbrennen, worin durchaus kein Gelb mehr wahrzunehmen ist. Es ist bekannt, dass hinreichend kleine Oel- oder Stearinflammen dasselbe Aussehen zeigen.

Eben so kann das ölbildende Gas natürlich auch dann nicht mehr mit leuchtender Flamme verbrennen, wenn man es vorher mit einer hinreichenden Quantität von Sauerstoff oder Luft ge- mengt hat; denn alsdann findet jedes Kohlenstoffatom in dem Augenblicke, wo ihm die Entzündungstemperatur mitgetheilt wird, schon den Sauerstoff vor, mit welchem es sich verbinden kann.

Wenn die Ausflussröhre des Gasometers ziemlich eng ist, und wenn man das ölbildende Gas mit ziemlich grosser Ge- schwindigkeit aus derselben austreten lässt, so zeigt der erste Theil der Flamme nur das schwach leuchtende Blau. Hier hat nämlich die Flamme einen so geringen Durchmesser, dass der Sauerstoff der Luft bis in ihre Mitte eindringt, und dass also jedes Kohlenstoffatom, sobald es die Entzündungstemperatur erhalten hat, sich mit Sauerstoff verbindet.

§ 191.

Die Ausbreitung der Entzündung von einem Theile eines brennbaren Gemenges zu einem anderen wird verhindert durch ein Drahtgewebe, welches dem brennenden Theile so viel Wärme entzieht, dass der andere Theil nicht mehr angezündet wird.

Um die hier genannte Erscheinung zu beobachten, lässt man ölbildendes Gas aus dem Gasometer in die Luft ausströmen, hält vor die Mündung der Ausflussröhre in kleinerer oder grösse- rer Entfernung ein feines Drahtnetz und zündet das Gas jen- seits des Drahtnetzes an; das Gas verbrennt nun hier mit mehr oder weniger leuchtender Flamme. Auf dem Wege von der Ausflussröhre bis an das Drahtnetz vermengt sich nämlich das ölbildende Gas mehr oder weniger vollständig mit Luft, und je nach der Beschaffenheit dieses Gemenges wird dasselbe jenseits des Drahtnetzes mit hell leuchtender gelber oder auch mit schwach leuchtender blauer Flamme verbrennen. Immer aber sieht man, dass die Entzündung sich nicht durch das Drahtnetz hindurch fortpflanzt.

Aehnliche Versuche kann man mit jeder beliebigen Flamme anstellen, zum Beispiel mit der einer Berzelius'schen Lampe oder eines Bunsen'schen Brenners. Bringt man in diese Flammen von oben her ein Drahtnetz, so sieht man, dass die Entzündung durch das Metallgewebe hindurch nicht fortgepflanzt wird. Die Flamme erscheint wie abgeschnitten; man kann aber die durch das Drahtnetz gedrungenen brennbaren Theile oberhalb desselben wieder anzünden.

Es ist interessant diesen Versuch mit Metallgeweben von verschiedener Beschaffenheit zu wiederholen. Man sieht dann, dass dieselben eine nicht unbedeutende Maschenweite besitzen können, ohne ihre eigenthümliche Wirkung auf die Flamme einzubüssen.

Von der hier besprochenen Eigenschaft der Metallgewebe hat man eine Anwendung gemacht zur Construction der sogenannten Sicherheitslampe. In Kohlenbergwerken bilden sich nicht selten explodirbare Gemenge von Grubengas (§ 192) und Luft, welche schlagende Wetter genannt werden. Kommt ein Bergmann mit seiner Lampe in ein solches hinein, so kann eine furchtbare Explosion entstehen. Durch die Anwendung der Sicherheitslampe, bei welcher eine Oelflamme von einem cylindrischen Drahtnetz rings umgeben ist, werden derartige Explosionen verhindert. Kommt die Sicherheitslampe in das explodirbare Gemenge, so gelangt das letztere zwar innerhalb des Drahtnetzes zur Verbrennung; die Entzündung kann sich aber durch das Drahtnetz hindurch nicht fortpflanzen.

Wenn nun der Versuch zeigt, dass ein Drahtnetz die in einer Flamme enthaltenen luftförmigen Verbrennungsproducte bis unter die Entzündungstemperatur des verbrennenden Körpers abzukühlen vermag, so hat man die Frage aufzuwerfen, worauf diese eigenthümliche Wirkung beruht. Es sind hier verschiedene Möglichkeiten ins Auge zu fassen. Zuerst ist es klar, dass ein kaltes Drahtnetz, welches man in eine Flamme bringt, der letzteren Wärme entziehen muss. Aber die hierdurch hervorgebrachte Abkühlung der Flamme wird allmälig desto geringer, je höher die Temperatur des Drahtnetzes steigt; und eine fortdauernde Abkühlung der Flamme durch das Drahtnetz, wie sie ohne Frage in Wirklichkeit stattfindet, ist nur möglich, wenn das Drahtnetz die von der Flamme empfangene Wärme fortdauernd nach aussen hin wieder verliert. Ein solcher Wärmeverlust des Drahtnetzes kann entweder durch Leitung oder durch Strahlung erfolgen. Ist die Flamme klein, so kann von den mittleren Theilen des durch die Flamme erhitzten Drahtnetzes aus nach aussen Wärme fortgeleitet werden; aber diese Fortleitung der Wärme von den mittleren Theilen des erhitzten Drahtnetzes aus muss immer geringer werden, je grösser die Flamme ist. Es ist deshalb wahrscheinlich, dass das Drahtnetz die von der Flamme empfangene Wärme mehr durch Strahlung als durch Leitung verliert.

Die Annahme, dass das Metallgewebe als fester Körper ein grösseres Wärmeausstrahlungsvermögen wie die luftförmige Flamme besitzt, erscheint auch natürlich, da wir wissen, dass glühende feste Körper bei derselben Temperatur viel mehr Licht ausstrahlen als luftförmige (§ 90).

§ 192.

Das Grubengas C^2H^4 bildet sich, wenn Pflanzenstoffe lange mit Wasser in Berührung stehen. Es ist farb-, geruch- und geschmacklos, ohne schädliche Einwirkung auf die Lungen, indifferent, von der Dichtigkeit 0,556.

Das Grubengas bildet sich besonders häufig in Kohlenbergwerken oder Kohlengruben und hat hiervon seinen Namen erhalten. Es entsteht ausserdem in Sümpfen und wird hiernach auch Sumpfgas genannt. Bringt man in ein stehendes Wasser mit sumpfigem Boden eine mit Wasser gefüllte Flasche, die man umgekehrt über einen ebenfalls umgekehrten Trichter hält, so kann man das Gas leicht auffangen, wenn man gleichzeitig mit einer Stange den Boden aufrührt.

Das Grubengas vermag die Verbrennung nicht zu unterhalten, ist aber selbst brennbar. Zur vollständigen Verbrennung erfordert 1 Maass Grubengas mindestens $7\frac{1}{2}$, höchstens 10 Maass Luft. Im ersteren Falle verbrennt es zu Kohlenoxyd und Wasser, im letzteren zu Kohlensäure und Wasser. Die Flamme des reinen, an der Luft verbrennenden Grubengases hat ganz dasselbe Aussehen wie die Flamme des gewöhnlichen Brennspiritus. Sie ist schwach leuchtend und zum Theil gelblich, zum Theil bläulich gefärbt. An hineingehaltene kalte Körper scheidet sie keinen Russ ab.

Gemenge von Grubengas und Luft sind eben so leicht explodirbar wie Gemenge von ölbildendem Gase und Luft (§ 189). Die in § 191 genannten schlagenden Wetter sind deshalb um so mehr gefährlich, da der Bergmann weder durch den Geruch noch durch Athmungsbeschwerden dieselben wahrzunehmen vermag. Das einzige Mittel, die Entzündung der schlagenden Wetter zu verhüten, besteht in der Anwendung der im vorigen Paragraphen besprochenen Sicherheitslampe.

§ 193.

Das Cyan CN oder Cy entsteht bei der Erhitzung des Cyanqueoksilbers. Es ist ein farbloses Gas von sehr penetrantem Geruch, mit purpurfarbener Flamme verbrennend. Der Absorptionscoefficient des Wassers für Cyan beträgt 4 bis 5. Das Cyan ist ein zusammengesetztes Radical, und zwar ein Salzbildner. Es verhält sich auch in Beziehung auf seine Dichtigkeit 1,81 wie ein Element.

Das Cyan ist bei gewöhnlicher Temperatur ein Gas. Es verhält sich in Beziehung auf die Verbindungen, die es bildet, wie ein Element. Man bezeichnet daher ein Atom Cyan gewöhnlich nicht durch CN, sondern durch Cy, wie wenn das Cyan ein Element wäre. Auch seiner Dichtigkeit nach verhält sich das Cyan wie ein Element, und es nimmt 1 Atom desselben nicht, wie man nach § 126 erwarten sollte, denselben Raum ein wie 2 Atome Wasserstoff, sondern denselben Raum wie 1 Atom Wasserstoff. Seine Dichtigkeit berechnet sich demnach zu

$$\frac{(Cy)}{(L)} = \frac{CN}{H} \cdot \frac{(H)}{(L)} = \frac{52 \cdot 5}{2 \cdot 72} = \frac{65}{36} = 1{,}81.$$

Das Cyanquecksilber, durch dessen Erhitzung das Cyan gewonnen wird, ist ein weisses Salz von der Formel $HgCy^2$. Dies zersetzt sich nach der Gleichung $HgCy^2 = 2Cy + Hg$. Zugleich mit dem gasförmigen Cyan entsteht aber immer ein anderer, und zwar fester Körper von schwarzer Farbe, welcher dieselbe Zusammensetzung wie das Cyan hat und Paracyan genannt wird. Von diesem bildet sich bald eine grössere, bald eine geringere Menge, so dass die Quantität des aus einer gegebenen Menge von Cyanquecksilber entstehenden Cyans sich nicht mit Sicherheit berechnen lässt.

Zur Darstellung des Cyans bringt man etwa 1 Loth Cyanquecksilber in eine Retorte und erhitzt möglichst stark. Die Entwicklung des Cyans erfolgt immer nur langsam. Da es vom Wasser ziemlich stark absorbirt wird, so lässt es sich über Wasser nicht auffangen. Man kann das Gas entweder in einen mit Quecksilber gefüllten Cylinder oder in einen Kautschuckballon treten lassen, aus dem man vorher die Luft ausgesaugt hat. Aus einem Kautschuckballon kann man jedoch das Cyan ganz gut in einen mit Wasser gefüllten Cylinder leiten; denn hierbei kommt das Gas nur kurze Zeit mit Wasser in Berührung, und es wird nur eine geringe Menge davon absorbirt.

Angezündet verbrennt das Cyan mit purpurfarbener Flamme. Ein Gemenge von $\frac{1}{8}$ Maass Cyan und $\frac{5}{8}$ Maass Luft oder auch ein Gemenge von $\frac{1}{11}$ Maass Cyan und $\frac{10}{11}$ Maass Luft brennt ohne Knall und ebenfalls mit purpurfarbener Flamme ab.

Das Cyan hat einen sehr penetranten Geruch. Wenn man den Ballon, der das Cyan enthielt, durch Zusammendrücken so vollständig wie möglich geleert und dann wieder mit Luft gefüllt hat, so ist an dem entstandenen Gemenge, welches man vielen Personen zublasen kann, der Geruch des Cyans noch sehr deutlich wahrzunehmen.

Das Cyan ist ein Salzbildner; es verbindet sich also mit Wasserstoff zu einer Säure, Cyanwasserstoffsäure oder Blausäure genannt, deren Formel H^2Cy^2 ist. Die Cyanwasserstoffsäure bildet mit Basen unter Ausscheidung von Wasser Haloidsalze; das oben genannte Cyanquecksilber zum Beispiel entsteht nach der Gleichung

$$H^2Cy^2 + HgO = HgCy^2 + H^2O.$$

§ 194.

Der Schwefelkohlenstoff CS^2 bildet sich, wenn Schwefeldampf über glühende Kohlen geleitet wird; er ist bei gewöhnlicher Temperatur eine farblose, leicht bewegliche Flüssigkeit von der Dichtigkeit 1,27, von unangenehmem Geruch, indifferent, bei 48° C. siedend.

Die Formel CS^2 ist der Formel CO^2 analog. Eben so ist auch die Bildungsweise des Schwefelkohlenstoffs der der Kohlensäure analog. Leitet man Sauerstoff über glühende Kohlen, so entsteht Kohlensäure; leitet man Schwefeldampf über glühende Kohlen, so entsteht Schwefelkohlenstoff.

Da der Schwefelkohlenstoff dichter wie Wasser ist, so sinkt er im Wasser unter. Schüttelt man Schwefelkohlenstoff und Wasser mit einander, so bleiben die beiden Flüssigkeiten nicht mit einander gemengt. Dieselben diffundiren also nicht durch einander.

Der Geruch des Schwefelkohlenstoffs erinnert zugleich an den Geruch des Rettigs und an den des Schwefelwasserstoffs.

Die normale Dichtigkeit des Schwefelkohlenstoffdampfs ist 2,64. Der Schwefelkohlenstoffdampf hat bei gewöhnlicher Temperatur ein solches Concentrationsmaximum, dass, wenn man einen Ueberschuss von flüssigem Schwefelkohlenstoff in Sauerstoffgas verdampfen lässt, ein sehr explosives Gemenge $CS^2 + 6O$ sich bildet. Hieraus erklärt sich der auf Seite 80 beschriebene Versuch.

Der Schwefelkohlenstoff hat eine ziemlich niedrige Entzündungstemperatur; er lässt sich schon durch einen glimmenden Holzspahn anzünden, was zum Beispiel bei Aether oder bei Wasserstoff nicht möglich ist. Der Schwefelkohlenstoff verbrennt mit schwach leuchtender, blauer Flamme.

Chlor.

§ 195.

Das Chlor wird dargestellt aus Chlorwasserstoffsäure und Mangansuperoxyd, oder aus Chlornatrium, Schwefelsäure und Mangansuperoxyd.

Die Darstellung des Chlors aus Chlorwasserstoffsäure (Salzsäure) und Mangansuperoxyd (Braunstein) erfolgt nach den Gleichungen:

I. $MnO^2 = MnO + O$

II. $H^2Cl^2 + O = 2Cl + H^2O$

III. $MnO + H^2Cl^2 = MnCl^2 + H^2O$

IV. $2H^2Cl^2 + MnO^2 = 2Cl + MnCl^2 + 2H^2O$.

Bei dem ersten Theilprocess entsteht aus 1 Atom Mangansuperoxyd 1 Atom Manganoxydul und 1 Atom Sauerstoff. Bei dem zweiten Theilprocess erfolgt eine Vertauschung von 2 Atomen Chlor, welche in 1 Atom Salzsäure enthalten sind, mit dem bei dem ersten Theilprocess entstandenen Sauerstoff; es bilden sich also 2 Atome Chlor und 1 Atom Wasser. Diese beiden Theilprocesse finden nur statt, wenn das bei dem ersten Theilprocess gebildete Manganoxydul, welches eine Base ist, mit 1 Atom Salzsäure in 1 Atom des Haloidsalzes $MnCl^2$, Manganchlorür genannt, und 1 Atom Wasser sich umsetzt (Gleichung III.). Durch Addition der Gleichungen I., II., III. ergiebt sich Gleichung IV.

Das frei gewordene Chlor hat sich bei dem zweiten Theilprocess aus Salzsäure und Sauerstoff gebildet, und der dazu nothwendige Sauerstoff befand sich im Entstehungszustande. Man kann das Chlor auch so darstellen, dass die Salzsäure ebenfalls im Entstehungszustande sich befindet. Die Gleichung für die Darstellung der Salzsäure heisst

$NaCl^2 + H^2O,SO^3 = H^2Cl^2 + NaO,SO^3$.

Ferner kann man das beim ersten Theilprocess entstandene Manganoxydul auch mit Schwefelsäure anstatt mit Salzsäure sich verbinden lassen. Nach den genannten beiden Abänderungen heisst die Gleichung für die Darstellung des Chlors

$NaCl^2 + MnO^2 + 2H^2O,SO^3$
$$= 2Cl + NaO,SO^3 + MnO,SO^3 + 2H^2O.$$

Der durch diese Gleichung dargestellte Process erfordert Anfangs eine niedrige, weiterhin aber eine ziemlich hohe Temperatur. Will man den ganzen Chlorgehalt des Kochsalzes schon bei mässiger Erhitzung erhalten, so muss man dem Gemenge von Chlornatrium und Mangansuperoxyd so viel Schwefelsäure zufügen, dass nicht einfach-, sondern doppeltschwefelsaures Natriumoxyd (Natron) entsteht. Die Gleichung für den Process heisst dann

$NaCl^2 + MnO^2 + 3H^2O,SO^3$
$$= 2Cl + NaO,SO^3;H^2O,SO^3 + MnO,SO^3 + 2H^2O.$$

Zu allen diesen Chlordarstellungen ist jedoch zu bemerken, dass der Braunstein nicht ein Kunst-, sondern ein Naturproduct ist, und dass er häufig nicht aus reinem Mangansuperoxyd besteht. In diesem Falle wird natürlich eine gegebene Menge Braunstein weniger als die berechnete Menge Chlor liefern.

Aufgabe. Welche einfachen Gewichtsverhältnisse entsprechen der Formel $NaCl^2 + MnO^2 + 3H^2O,SO^3$ so genau, dass bei keinem der genannten Körper der Fehler 1 Procent beträgt?

Diese Aufgabe unterscheidet sich von der in § 139 behandelten in so fern, als hier nicht zwei, sondern drei zusammengehörige Zahlen gesucht werden. Das Verfahren, welches zur Lösung der jetzigen Aufgabe führt, unterscheidet sich von dem früheren nur dadurch, dass bei mehr als zwei Zahlen die Vorzüglichkeit der verschiedenen Systeme von Zahlen sich nicht ganz so leicht wie bei zwei Zahlen beurtheilen lässt.

A	B	C	D	E	F	G	H	I
172	234	588				17,3	23,5	59,2
1	1,360	3,419	1	1	3	20,0	20,0	60,0
2	2,720	6,838	2	3	7	16,7	25,0	58,3
3	4,080	10,257	3	4	10	17,6	23,5	58,8

Man verzeichnet unter A, B, C die Atomgewichte der anzuwendenden Körper 172 und 234 und 588, ferner unter G, H, I die diesen Zahlen entsprechenden Procente 17,3 und 23,5 und 59,2. Man dividirt die drei Atomgewichte durch das kleinste derselben und erhält die Zahlen 1 und 1,360 und 3,419, welchen unter D, E, F die einfachen Zahlen 1 und 1 und 3, ferner unter G, H, I die Procente 20,0 und 20,0 und 60,0 entsprechen. Das System der Zahlen 1 und 1 und 3 genügt der Aufgabe noch nicht, da 20,0 — 17,3 > ist. Auch das folgende System von Zahlen, nämlich 2 und 3 und 7, genügt der Aufgabe noch nicht, wohl aber das dritte System der Zahlen 3 und 4 und 10.

§ 196.

Das Chlor ist ein condensirbares, grünlichgelbes Gas von eigenthümlichem erstickendem Geruch, von der Dichtigkeit 2,47. Das Chlor fühlt sich warm an. Es ist nicht brennbar; verschiedene Metalle entzünden sich darin schon bei gewöhnlicher Temperatur. Das Wasser absorbirt davon bei gewöhnlicher Temperatur 2 bis 3 Maass. Das Chlor hat grosse Neigung, mit freiem oder gebundenem Wasserstoff Salzsäure zu bilden. Bei Gegenwart von Wasser wirkt es häufig oxydirend, ferner auf organische Körper entfärbend und desinficirend.

Bei der Darstellung des Chlors aus Kochsalz, Braunstein und concentrirter Schwefelsäure müssen die beiden ersteren Körper fein pulverisirt und innig mit einander gemengt sein. Die innige Mengung veranlasst, dass jedes Atom von Salzsäure, welches aus Kochsalz und Schwefelsäure entsteht, sogleich mit Braunstein in Berührung kommt, bevor es gasförmig entweichen kann. Man bringt das Gemenge der beiden festen Körper in einen Kolben. Fügt man nun concentrirte Schwefelsäure hinzu, so tritt schon bei gewöhnlicher Temperatur, und bevor man den Kolben durch den mit der Leitungsröhre versehenen Kork hat schliessen können, eine Entwicklung von Chlor ein. Dies wird vermieden, wenn man statt der concentrirten eine mit ihrem gleichen Gewicht Wasser verdünnte Schwefelsäure anwendet, die man vorher bis zur gewöhnlichen Temperatur sich hat abkühlen lassen.

Das Chlorgas hat einen unangenehmen Geruch und übt, wenn es in grösserer Menge eingeathmet wird, eine schädliche, ja selbst tödtliche Wirkung aus. Kleinere Mengen davon, welche das Athmen noch nicht erschweren, sind jedoch ungefährlich. In jedem Falle thut man gut, innerhalb eines Raumes, in welchem sich viele Menschen befinden, das Chlor in möglichst geringer Menge darzustellen. Zur Chlordarstellung im Auditorium kann man ein Gemenge von 4 Quentchen Kochsalz, 3 Quentchen Braunstein, 10 Quentchen Schwefelsäure und 10 Quentchen Wasser anwenden. Durch den Kork des Kolbens ist eine rechtwinklige Entwicklungsröhre geführt, mit welcher man durch einen kurzen Kautschuckschlauch eine zweite rechtwinklige Röhre verbindet. Diese reicht bis auf den Boden einer weithalsigen Flasche von weissem Glase. Man schüttelt den Kolben mit dem Gemenge um, damit die Flüssigkeit mit den festen Körpern überall in Berührung kommt, und erhitzt ganz schwach über freiem Feuer. Das Chlor tritt am Boden der Flasche aus und verdrängt, da es beinahe $2\frac{1}{2}$ mal so dicht wie die Luft ist, die letztere nach oben hin aus der Flasche. Das Chlorgas zeigt eine grünlichgelbe Farbe, und man kann leicht erkennen, wann die Flasche sich bis zum Rande damit gefüllt hat.

Taucht man einen Finger in das Gas, so wird augenblicklich ein Gefühl von Wärme deutlich wahrgenommen. Wenn man eine Spiritusflamme an die Oberfläche des Chlorgases bringt, so brennt sie zuerst unten grün, oben violett; weiter eingetaucht aber erlischt sie.

Nimmt man fein pulverisirtes Antimon zwischen zwei Finger und streut es in die mit Chlor gefüllte Flasche, so verbindet sich das Metall mit dem Gase unter Feuererscheinung, ohne dass dazu eine erhöhte Entzündungstemperatur erforderlich ist.

Zu anderen Versuchen kann man statt des reinen Gases eben so gut Chlorwasser verwenden, welches man in einem Raume bereitet, wo niemand durch den Geruch des entweichenden Chlors belästigt wird.

Von der Verbindung des Chlors mit freiem Wasserstoff zu

Salzsäure wird im folgenden Paragraphen die Rede sein. Das Chlor verbindet sich aber auch vielfach mit gebundenem Wasserstoff zu Salzsäure. Der einfachste hierher gehörige Process findet beim Chlorwasser statt. Unter dem Einflusse des Lichtes nämlich vertauscht sich allmälig der Sauerstoff von je 1 Atom Wasser mit je 2 Atomen Chlor nach der Gleichung

$$H^2O + 2Cl = H^2Cl^2 + O.$$

Hieraus ist zu folgern, dass man das Chlorwasser, um es unzersetzt zu erhalten, im Dunkeln aufbewahren muss.

Die genannte Zersetzung des Wassers durch das Chlor unter dem Einflusse des Lichtes geht nur langsam von statten; ist aber ein Körper zugegen, der sich mit dem ausgeschiedenen Sauerstoff verbinden kann, so erfolgt dieselbe Zersetzung oft augenblicklich und ohne die Mitwirkung des Lichtes. So geben schweflichtsaures Wasser und Chlorwasser, im richtigen Verhältniss zusammengebracht, eine geruchlose Flüssigkeit. Der hier eintretende Process erklärt sich durch die Gleichungen

$$\begin{aligned} H^2O + 2Cl &= H^2Cl^2 + O \\ SO^2 + O &= SO^3 \\ \hline SO^2 + 2Cl + H^2O &= SO^3 + H^2Cl^2. \end{aligned}$$

Wenn man nun sagt, dass die schweflichte Säure durch das Chlor zu Schwefelsäure oxydirt wird, so versteht es sich, dass hier, so wie bei vielen ähnlichen Processen, die oxydirende Wirkung des Chlors darauf beruht, dass das Chlor aus dem Wasser Sauerstoff frei macht, und dass dieser sich mit dem zu oxydirenden Körper verbindet.

Einen dem vorigen ähnlichen Versuch kann man mit Schwefelwasserstoffwasser und Chlorwasser anstellen. Beim Zusammengiessen dieser beiden Flüssigkeiten im richtigen Verhältniss verschwindet ebenfalls sowohl der Geruch des Schwefelwasserstoffs wie der des Chlors. Der Process erfolgt nach der Gleichung

$$H^2S + 2Cl = H^2Cl^2 + S.$$

Es bildet sich also wieder Salzsäure; zugleich wird Schwefel ausgeschieden.

Auch die Gerüche von Ammoniak und Chlor zerstören sich

gegenseitig. Die Einwirkung der beiden Körper auf einander erfolgt nach den Gleichungen

$$H^6N^2 + 6Cl = 3H^2Cl^2 + 2N$$
$$3H^6N^2 + 3H^2Cl^2 = 3H^8N^2Cl^2$$
$$\overline{4H^6N^2 + 6Cl = 3H^8N^2Cl^2 + 2N}.$$

Um unangenehmen Chlorgeruch aus einem Zimmer zu entfernen, bedient man sich am besten der Ammoniakflüssigkeit, die man auf den Boden des Zimmers aussprengt. Chlorgas wird von Ammoniakflüssigkeit in grosser Menge chemisch absorbirt. Leitet man Chlorgas in Ammoniakflüssigkeit, so muss man damit aufhören, bevor die letztere ihren Ammoniakgeruch verloren hat und also in reine Salmiaklösung übergegangen ist. Denn Salmiak und Chlor bilden bei ihrer Einwirkung auf einander einen durch seine Explodirbarkeit höchst gefährlichen Körper, den man für Chlorstickstoff hält, dessen Zusammensetzung aber noch nicht mit Sicherheit ermittelt ist.

Das Chlor wirkt auch auf vielfältige organische Körper ein, welche Wasserstoff enthalten, indem es sich mit diesem Wasserstoff zu Salzsäure verbindet. Die organischen Körper nehmen dabei ausserdem gewöhnlich statt des ausgeschiedenen Wasserstoffs Chlor auf. Es entstehen also Körper von neuer Zusammensetzung und von neuen Eigenschaften. Wenn das Chlor auf färbende und riechende Stoffe einwirkt, so sind die neu gebildeten Körper gewöhnlich ungefärbt und geruchlos. Die entfärbende Wirkung des Chlors kann man zum Beispiel bei der Tinte und bei der Lackmusauflösung beobachten, welche, wenn man sie in Chlorwasser giesst, ihre Farbe verlieren.

Es ist merkwürdig, dass das Chlor auf gefärbte und riechende Substanzen besonders leicht einwirkt. So wird ungebleichte Leinwand, wenn man sie mit Chlor behandelt, sogleich weiss, und es geschieht dadurch dem Zeuge kein Schaden. Lässt man aber das Chlor noch länger auf die Leinwand wirken, so wird auch die Holzfaser zersetzt und die Haltbarkeit des Zeuges mehr oder weniger zerstört.

§ 197.

Das Chlor kann auch dargestellt werden aus Chlorkalk und einer beliebigen Säure.

Die Zusammensetzung des Chlorkalks wird ausgedrückt durch die Formel

$$CaO,Cl^2O + CaCl^2 + xCaO,H^2O.$$

Der Chlorkalk ist also ein Gemenge von drei Körpern, nämlich von unterchlorichtsaurem Kalk, von Chlorcalcium und von Kalkhydrat. Von den beiden ersten Körpern sind gleich viel Atome im Chlorkalk enthalten. Die Menge des Kalkhydrats ist bald grösser, bald kleiner. Das Kalkhydrat trägt zur Entwicklung des Chlors aus dem Chlorkalk nicht bei, und der beste Chlorkalk würde der sein, welcher gar kein Kalkhydrat enthielte.

Zur Darstellung des Chlors aus Chlorkalk ist eine Säure erforderlich. Es kann dies auch die der Luft beigemengte Kohlensäure sein. Der Chlorkalk entwickelt deshalb schon beim Stehen an offener Luft Chlorgas. Der Process geht den folgenden Gleichungen gemäss von statten.

$$CaO,Cl^2O + CO^2 = CaO,CO^2 + Cl^2O$$
$$Cl^2O + CaCl^2 = 4Cl + CaO$$
$$CaO + CO^2 = CaO,CO^2$$
$$xCaO,H^2O + xCO^2 = xCaO,CO^2 + xH^2O$$
$$\overline{CaO,Cl^2O + CaCl^2 + xCaO,H^2O + (2+x)CO^2}$$
$$= 4Cl + (2+x)CaO,CO^2 + xH^2O.$$

Mit Hülfe irgend einer flüssigen Säure kann man aus Chlorkalk beliebige Mengen von Chlorgas erhalten; aber eine regelmässige Entwicklung von reinem Chlorgas ist auf diese Weise kaum zu bewerkstelligen. Sobald es sich um eine solche handelt, muss man eines der früher beschriebenen Verfahren anwenden.

Die beiden wirksamen Bestandtheile des Chlorkalks lösen sich leicht in Wasser; das Kalkhydrat ist nur in geringem Grade löslich. Eine Chlorkalklösung kann man auf folgende Weise bereiten. Man bringt in eine Quartflasche etwa ½ Pfund Chlorkalk, füllt die Flasche mit Wasser und schüttelt während eines Zeitraumes von einigen Tagen wiederholt um. Die an der Oberfläche der Flüssigkeit schliesslich noch schwimmenden festen Theile, welche durch anhaftende Luftbläschen getragen werden, kann man durch schwächeres Schütteln zum Untersinken bringen, so dass die über dem ungelösten Kalk befindliche Flüssigkeit fast ganz klar erscheint. Man trennt nun die Flüssigkeit von dem Bodensatz entweder durch Abgiessen oder vermittelst eines Hebers. Um nach der ersten Weise zu verfahren, bringt man die Flasche in einer Waschschale, auf deren Boden man Sand geschüttet hat, in eine solche geneigte Lage, dass die Oberfläche der Flüssigkeit den Stöpsel eben berührt. Man wartet etwa einen Tag lang, bis der aufgerüttelte Bodensatz sich wieder hinreichend von der Flüssigkeit getrennt hat. Nunmehr nimmt man den Stöpsel von der Flasche und giesst durch vorsichtiges Neigen der Waschschale die Chlorkalklösung ab.

Ein Heber ist eine umgekehrte U-förmige Röhre mit ungleich langen Schenkeln. Steckt man den kürzeren Schenkel des Hebers in Wasser und saugt an dem längeren, so fliesst das Wasser aus dem letzteren aus. Damit diese Wirkung eintrete, ist es nothwendig, dass der Heber mit einer Flüssigkeit gefüllt sei. Statt denselben durch Saugen mit Wasser zu füllen, kann man auch auf folgende Weise verfahren. Man hält den Heber so, dass beide Mündungen nach oben gekehrt sind und in gleicher Höhe sich befinden. Man füllt nun den Heber vermittelst einer Pipette mit Wasser, verschliesst den längeren Schenkel mit einem Finger, kehrt den Heber um und bringt den kürzeren Schenkel unter die Oberfläche des Wassers, welches man abfliessen lassen will. Dies Verfahren ist offenbar bei jeder beliebigen Flüssigkeit in Anwendung zu bringen. Die Chlorkalklösung lässt man am besten zuerst in ein grosses Becherglas fliessen. Man kann dann die Ausflussmündung des Hebers theilweise mit einem Finger verschliessen. Hierdurch bewirkt man ein langsames Ausströmen der Lösung, wobei der Bodensatz möglichst wenig aufgerüttelt wird.

Man kann sich der Chlorkalklösung, die sich beliebig lange aufbewahren lässt, in vielen Fällen statt des Chlorwassers bedienen, indem man noch eine Säure zusetzt. Will man von der desinficirenden Wirkung des Chlors in bewohnten Räumen, etwa zur Zerstörung von Tabackgeruch, eine häufigere Anwendung machen, so kann man die Chlorkalklösung in folgender Weise benutzen. Man füllt mit derselben eine Quartflasche zur Hälfte und setzt eine kleine Quantität verdünnter Schwefelsäure zu, nicht aber Salzsäure oder Salpetersäure, welche selbst einen zwar nicht starken, aber doch immer unangenehmen Geruch besitzen. Es ist merkwürdig, dass zur Entwicklung des Chlors aus Chlorkalklösung durch eine kleine Menge verdünnter Schwefelsäure oft eine längere Zeit (24 Stunden und mehr) erforderlich ist. Das Vorhandensein von freiem Chlor nimmt man an der grünlichgelben Färbung des oberhalb der Flüssigkeit befindlichen Gasraumes wahr. Ein noch empfindlicheres Mittel zur Erkennung des Chlors ist das Wärmegefühl, welches beim Eintauchen eines Fingers in die Flasche erregt wird. Enthält die Flasche viel freies Chlor, so tritt gewöhnlich schon bei einmaligem Lüften des Stöpsels eine hinreichende Menge Gas aus. Wenn kein freies Chlor mehr in der Flasche vorhanden ist, so fügt man wieder eine kleine Menge verdünnter Schwefelsäure zu.

Will man zu demselben Zwecke den festen Chlorkalk unmittelbar verwenden, so kann man $\frac{1}{4}$ Pfund davon in eine Quartflasche bringen und die Flasche zur Hälfte mit Wasser füllen. Man giesst nun in die Flasche eine so kleine Menge verdünnter Schwefelsäure, dass von dem nach der Gleichung

$$CaO,Cl^2O + CaCl^2 + xCaO,H^2O + (2 + x)\,SO^3$$
$$= 4Cl + (2 + x)\,CaO,SO^3 + xH^2O$$

frei werdenden Chlor nichts aus der Flasche entweicht, dass vielmehr nur eine dem Volumen nach gleiche Menge Luft durch das Chlor aus der Flasche vertrieben wird. Man verschliesst die Flasche und schüttelt um. Das frei gewordene Chlor wird nun von dem in der Flasche noch enthaltenen Kalk chemisch absorbirt. Der eintretende Process wird ausgedrückt durch die Gleichungen:

$$\begin{aligned}
\mathrm{CaO} &= \mathrm{Ca} + \mathrm{O} \\
\mathrm{Ca} + 2\mathrm{Cl} &= \overline{\mathrm{CaCl^2}} \\
\overline{\mathrm{O} + 2\mathrm{Cl}} &= \overline{\mathrm{Cl^2O}} \\
\overline{\mathrm{Cl^2O} + \mathrm{CaO}} &= \overline{\mathrm{CaO,Cl^2O}} \\
\hline
4\mathrm{Cl} + 2\mathrm{CaO} &= \mathrm{CaO,Cl^2O} + \mathrm{CaCl^2}.
\end{aligned}$$

In Folge der Absorption des Chlors ist in der Flasche ein luftverdünnter Raum entstanden, und man fühlt, dass der Stöpsel der Flasche sich nur mit einiger Mühe lüften lässt. Auf dieselbe Weise fährt man fort, Schwefelsäure in die Flasche zu giessen und umzuschütteln, und zwar so lange, bis das frei gewordene Chlor nicht wieder absorbirt wird.

§ 198.

Das Chlorhydrat, ein fester, krystallinischer Körper, bildet sich bei niedriger Temperatur aus Chlor und Wasser. Durch Erwärmung wird es wieder zersetzt.

Kühlt man Chlorwasser bis auf 0° ab, oder leitet man Chlorgas in Wasser von weniger als 8° C., so scheidet sich ein krystallinischer Körper von der Formel $\mathrm{Cl^2(H^2O)^{10}}$ aus. Diese Verbindung des Wassers mit Chlor ist deshalb merkwürdig, weil es sonst als Gesetz zu betrachten ist, dass ein zusammengesetzter Körper sich nicht mit einem Element verbindet. Von diesem Gesetze bildet zwar beispielsweise das Cyan eine Ausnahme; das Cyan verhält sich aber überhaupt wie ein Element und geht mit zahlreichen wirklichen Elementen Verbindungen ein.

Die Existenz des Chlorhydrats würde aufhören merkwürdig zu sein, wenn das Chlor ein zusammengesetzter Körper wäre. Man hat das Chlor allerdings früher für einen zusammengesetzten Körper gehalten. Um diese Ansicht verständlich zu machen, ist zunächst zu bemerken, dass das Chlor immer nur in einer geraden Anzahl von Atomen mit anderen Körpern sich verbindet. Dieselbe Thatsache findet auch bei anderen Elementen und zusammengesetzten Radicalen statt, so bei Wasserstoff, Stickstoff, Cyan, Brom, Jod, Fluor, Phosphor und Arsen. Will man nun das Chlor für einen zusammengesetzten Körper erklären, so schreibt man MuO^2 statt $2Cl$ und benennt das Chlor Muriumsuperoxyd. Das Element Murium würde das Atomgewicht 78 haben. Nach dieser Annahme hätte man statt H^2Cl^2 zu schreiben H^2O,MuO und eben so NaO,MuO statt $NaCl^2$. Für die Dichtigkeit des Chlorgases und des Chlorwasserstoffgases findet man nach beiden Annahmen gleiche Werthe.

Man kann sich des Chlorhydrats bedienen, um flüssiges Chlor darzustellen. Man nimmt eine rechtwinklige Röhre von starkem Glase, deren einer Schenkel geschlossen ist. In den letzteren bringt man Chlorhydrat und schmilzt auch den zweiten Schenkel zu. Darauf erwärmt man das Chlorhydrat bis auf 35^0 C.; es zerfällt dann in Wasser und Chlor. Dieses erreicht eine bedeutende Concentration und condensirt sich in dem zweiten Schenkel, den man so stark wie möglich abkühlt, zu einer dunkelgelben Flüssigkeit. Bei gewöhnlicher Temperatur ist das Concentrationsmaximum des Chlors gleich 4.

§ 199.

Chlor und Wasserstoff verbinden sich, angezündet oder dem Sonnenlichte ausgesetzt, direct zu Chlorwasserstoff H^2Cl^2, welcher auch aus Chlornatrium und Schwefelsäure dargestellt werden kann. Der Chlorwasserstoff ist ein farbloses, condensirbares Gas von stechendem Geruch, von der Dichtigkeit 1,27, nicht brennbar, das Verbrennen nicht unterhaltend, die blaue Lackmusfarbe röthend. Das chlorwasserstoffsaure Gas bildet an feuchter Luft Nebel; es wird von Wasser und von Kohle in grosser Menge absorbirt.

Zündet man ein Gemenge von gleichen Raumtheilen Wasserstoff und Chlor an, so erfolgt ihre Verbindung mit einem Knall von derselben Stärke wie beim Knallgase. Der gleiche Effect tritt ein, wenn man das genannte Gemenge der Einwirkung des directen Sonnenlichts aussetzt. Auch in gewöhnlichem Tageslichte verbinden sich beide Gase mit einander; es ist dazu jedoch eine, um so längere Zeit erforderlich, je schwächer das Licht ist.

Die Gleichung für die Darstellung des Chlorwasserstoffs aus Chlornatrium und Schwefelsäure ist schon in § 195 mitgetheilt. Man kann 6 Loth Chlornatrium und 6 Loth Schwefelsäure verwenden. Um ein Schäumen beim Zusammenbringen der beiden Körper zu verhindern, setzt man der Schwefelsäure $\frac{1}{4}$ ihres Gewichts an Wasser zu und lässt das Gemenge erkalten. Die Entwicklung des Chlorwasserstoffgases lässt man in einem Kolben vor sich gehen, welcher über freiem Feuer schwach erhitzt wird. Das Gas verhält sich in Beziehung auf Absorption durch Wasser und Kohle ganz ähnlich dem Ammoniak, und man kann mit dem Chlorwasserstoffgase dieselben Versuche auf dieselbe Weise wie mit Ammoniak anstellen (§ 156). Will man zeigen, dass das Chlorwasserstoffgas weder verbrennt noch das Verbrennen unterhält, so kann man es auch ähnlich wie das Chlorgas am Boden eines Cylinders austreten lassen, da das Gas dichter als Luft ist.

Mit der Benennung Chlorwasserstoffsäure oder Salzsäure (acidum muriaticum) pflegt man die Flüssigkeit zu bezeichnen, welche entsteht, wenn man Chlorwasserstoffgas durch Wasser absorbiren lässt. Die Salzsäure hat eine um so grössere Dichtigkeit, je concentrirter sie ist. Die bei $0°$ gesättigte Säure hat die Dichtigkeit 1,21.

Die losen Verbindungen des Chlorwasserstoffgases mit dem Wasser verhalten sich in Beziehung auf den Siedepunkt ganz ähnlich wie die losen Verbindungen der Salpetersäure mit Wasser (§ 147). Die bei $0°$ gesättigte Säure siedet etwa bei $60°$ C. Während des Siedens aber erhöht sich der Siedepunkt mehr und mehr. Den höchsten Siedepunkt von $110°$ C. hat eine Säure von der Dichtigkeit 1,10 und von 20 Procent Gehalt an Chlorwasserstoffgas. Eine noch mehr verdünnte Säure zeigt wieder einen niedrigeren Siedepunkt.

Aus diesem Verhalten erklärt es sich, dass das Chlorwasserstoffgas an feuchter Luft Nebel bildet oder raucht. Denn da eine 20procentige Salzsäure einen höheren Siedepunkt hat wie condensirter flüssiger Chlorwasserstoff und auch wie Wasser, und da einem höheren Siedepunkt ein geringeres Concentrationsmaximum entspricht, so muss, wenn Chlorwasserstoffgas und

Wasserdampf sich zu einer losen Verbindung mit hohem Siedepunkt vereinigen, ein Theil der letzteren aus dem luftförmigen in den flüssigen Aggregatzustand übergehen (§ 151). Wenn das Ammoniakgas, welches vom Wasser eben so stark wie das Chlorwasserstoffgas absorbirt wird, an feuchter Luft keinen Nebel bildet, so liegt der Grund dieses Unterschiedes darin, dass die Ammoniakflüssigkeit bei keiner Concentration einen höheren Siedepunkt als das Wasser besitzt.

Auch der Dampf jeder Salzsäure von mehr als 20 Procent Gehalt an Chlorwasserstoffgas verbindet sich mit dem Wasserdampf der Luft zu einer Säure von höherem Siedepunkt; deshalb bildet jede derartige Säure an feuchter Luft Nebel.

Da das Chlor mit Wasserstoff zu einer Säure sich verbindet, so ist es ein Salzbildner. Kommt Chlorwasserstoffsäure beispielsweise mit der Base Kali in Berührung, so entsteht das neutrale, feste, im Wasser lösliche Haloidsalz Chlorkalium und Wasser (§ 31) nach der Gleichung

$$H^2Cl^2 + KO = KCl^2 + H^2O.$$

Die Entstehung eines Haloidsalzes aus einer Base und einer Wasserstoffsäure pflegt man, obgleich dabei eigentlich eine Vertauschung, das heisst also eine gleichzeitige Zersetzung und Verbindung vor sich geht, als eine directe Entstehung zu bezeichnen. Deshalb nennt man nicht allein die Bildung des Chlorkaliums aus Kalium und Chlor — Kalium entzündet sich im Chlorgas bei gewöhnlicher Temperatur und verbrennt mit rother Flamme zu Chlorkalium — sondern auch die aus Kali und Salzsäure eine directe.

§ 200.

Das Chlorammonium $H^8N^2Cl^2$ wird gewöhnlich aus organischen Körpern gewonnen. Es ist ein weisses, lösliches Salz von eigenthümlichem unangenehmem Geschmack.

Das Chlorammonium, auch Salmiak genannt, entsteht, wenn Ammoniakgas mit Chlorwasserstoffgas in Berührung kommt, nach der Gleichung $H^6N^2 + H^2Cl^2 = H^8N^2Cl^2$. Das Salz wird aus diesem Grunde auch wohl Chlorwasserstoffammoniak genannt.

Es entsteht ferner beim Zusammenbringen von Ammoniakflüssigkeit mit Salzsäure nach der Gleichung
$$H^8N^2O + H^2Cl^2 = H^8N^2Cl^2 + H^2O.$$
Wenn man die genannten Entstehungsweisen des Salmiaks weiter verfolgt, so stellt sich heraus, dass es wohl möglich ist, aus freien Elementen Salmiak zu erhalten. Es wird aber in Wirklichkeit fast aller Salmiak aus organischen Körpern gewonnen. Bei der Destillation von Steinkohlen, Horn, Leder entstehen durch Processe, die man noch nicht genauer hat erklären können, unreine Lösungen von kohlensaurem Ammoniak. Versetzt man eine solche mit Salzsäure, so entsteht Chlorammonium, und Kohlensäure wird frei. Durch Abdampfen oder Eindampfen und Sublimiren (Seite 284) erhält man reinen Salmiak.

Brom.

§ 201.

Das Brom ist in seinem chemischen Verhalten sehr ähnlich dem Chlor. Es bildet bei gewöhnlicher Temperatur eine rothbraune Flüssigkeit von der Dichtigkeit 2,97 und von unangenehmem Geruch, welche bei — 7,3° C. fest wird und bei 63° C. siedet.

Das Brom wird aus Bromnatrium $NaBr^2$ eben so dargestellt wie das Chlor aus Chlornatrium.

Fügt man zu Chlorwasser in einem Reagensglase ein wenig Bromnatrium, so färbt sich die Flüssigkeit braun. Es tritt nämlich der durch die Gleichung
$$NaBr^2 + 2Cl = NaCl^2 + 2Br$$
dargestellte Process ein; es wird also Chlornatrium gebildet, und Brom scheidet sich aus.

Das Brom ist eben so wie das Chlor ein Salzbildner; es verbindet sich also mit Wasserstoff zu Bromwasserstoffsäure H^2Br^2 und bildet mit Metallen Haloidsalze.

J o d.

§ 202.

Das Jod ist in seinem chemischen Verhalten dem Chlor und dem Brom sehr ähnlich. Es bildet bei gewöhnlicher Temperatur einen festen, dunkelgrauen Körper von der Dichtigkeit 4,95, welcher bei 107° C. schmilzt, bei 180° C, siedet. Der Joddampf ist violett gefärbt und riecht ähnlich dem Chlor. Das Jod ist wenig löslich in Wasser, leicht in Alkohol und Schwefelkohlenstoff. Das Jod färbt Stärkemehl blau.

Das Jod wird aus Jodnatrium eben so dargestellt wie das Chlor aus Chlornatrium.

Durch Erhitzung einer kleinen Menge von festem Jod in einem Kolben über einer grossen Flamme kann man leicht den schön violett gefärbten Joddampf erhalten.

Das dunkelgraue Jod löst sich in Wasser und in Alkohol mit brauner, in Schwefelkohlenstoff mit violetter Farbe. Diese Farbenveränderungen sind merkwürdig, da sonst die Auflösung eines Körpesr immer dieselbe Farbe wie der feste Körper selbst zeigt (Seite 46).

Uebergiesst man Stärkemehl mit Wasser und fügt eine kleine Menge von Jod hinzu, so färbt sich die Stärke blau. Dieselbe Färbung tritt ein, wenn man Stärkemehl mit einer Lösung von Jodkalium versetzt und Chlorwasser hinzufügt. Hier entsteht aus Jodkalium und Chlor Chlorkalium und Jod. Man muss zu diesem Versuche nur eine kleine Menge von Jodkalium verwenden, damit nicht die braune Farbe des ausgeschiedenen Jods die blaue Farbe der Jodstärke verdeckt.

Das Jod ist eben so wie Chlor und Brom ein Salzbildner; es verbindet sich also mit Wasserstoff zu Jodwasserstoffsäure H^2J^2 und bildet mit Metallen Haloidsalze.

Die drei Elemente Chlor, Brom und Jod sind dadurch merkwürdig, dass das Brom in Beziehung auf physikalische und chemische Eigenschaften fast immer zwischen dem Chlor und dem Jod ziemlich genau in der Mitte steht. So ist bei gewöhnlicher Temperatur das Chlor luftförmig, das Jod fest, das Brom aber flüssig. So beträgt das Atomgewicht des Chlors 71, das des Jods 254. In der Mitte zwischen diesen beiden Zahlen liegt 162,5, ein Werth, welcher dem Atomgewichte des Broms 160 sehr nahe kommt.

Fluor.

§ 203.

Das Fluor hat bisher nicht frei dargestellt werden können. Die Fluorwasserstoffsäure H^2Fl^2 entsteht aus Fluorcalcium und Schwefelsäure; sie löst das Glas.

Alle Versuche, das Fluor in freiem Zustande darzustellen, sind bis jetzt daran gescheitert, dass dasselbe mit der Substanz jedes Gefässes sich sogleich verbindet.

Einen Versuch, bei welchem Fluorwasserstoffsäure, auch Flusssäure genannt, entsteht und zur Auflösung von Glas gebraucht wird, kann man in folgender Weise anstellen. Man erwärmt eine kleine Glasplatte vorsichtig über einer Spiritusflamme und bestreicht sie an ihrer oberen Seite mit Wachs, so dass das letztere eine dünne Schicht bildet. Diese lässt man erkalten und schreibt mit einer feinen Metallspitze (etwa mit dem Griffende einer kleinen Feile) irgendwelche Zeichen hinein. Darauf bringt man in einen Platintiegel etwas pulverisirtes Fluorcalcium (Flussspath), fügt einige concentrirte Schwefelsäure hinzu und rührt um, so dass ein Brei entsteht. Man deckt über den Tiegel die mit Wachs überzogene Seite der Glasplatte. Aus Fluorcalcium und Schwefelsäure entstehen Fluorwasserstoffsäure und schwefelsaurer Kalk nach der Gleichung

$$CaFl^2 + H^2O,SO^3 = H^2Fl^2 + CaO,SO^3.$$

Die gasförmige Fluorwasserstoffsäure kommt mit den Stellen der Glasplatte, von welchen das Wachs entfernt ist, in Berührung und löst hier das Glas auf. Hebt man etwa nach einer

Viertelstunde die Glasplatte von dem Tiegel und schabt die Wachsschicht ab, so erscheint die Glasplatte an den radirten Stellen matt. Nimmt man statt des Platintiegels einen Porzellantiegel, so wird dessen Glasur an der Innenseite von der Fluorwasserstoffsäure ebenfalls aufgelöst. Die Fluorwasserstoffsäure wirkt giftig, sowohl wenn sie eingeathmet wird, als auch wenn sie mit der Haut in Berührung kommt.

Das Fluor verbindet sich als Salzbildner mit den Metallen zu Haloidsalzen.

Phosphor.

§ 204.

Der Phosphor wird dargestellt durch Glühen eines Gemenges von saurem phosphorsaurem Kalk und Kohle. Er ist bei gewöhnlicher Temperatur ein fester, schwach gelber, durchscheinender Körper von der Dichtigkeit 1,83, von knoblauchartigem Geruch, etwas löslich in Aether und Oel, mehr in Schwefelkohlenstoff; sein Schmelzpunkt ist 44° C., sein Siedepunkt 290° C. Der Phosphor oxydirt sich unterhalb seines Schmelzpunktes mit schwachem Leuchten zu phosphorichter Säure, oberhalb seines Schmelzpunktes mit hell leuchtender Flamme zu Phosphorsäure. Bei einer Temperatur von 250° C., verwandelt sich der gewöhnliche Phosphor langsam in ein braunrothes Pulver, den amorphen Phosphor.

Wie man eine Auflösung von saurem phosphorsaurem Kalk erhält, wird im folgenden Paragraphen beschrieben werden. Diese Auflösung wird bis zur Syrupsconsistenz eingedampft, mit Kohlenpulver gemengt und in irdenen Retorten erhitzt. Der saure phosphorsaure Kalk zerfällt dann in phosphorsauren Kalk und Phosphorsäurehydrat; das Phosphorsäurehydrat zerfällt in Wasser und Phosphorsäure; die Phosphorsäure zerfällt in Sauerstoff, welcher sich mit der Kohle zu Kohlenoxydgas verbindet, und in Phosphordampf. Das Kohlenoxydgas und der Phosphordampf werden in Wasser geleitet, und der Phosphordampf condensirt sich zu flüssigem oder festem Phosphor.

Der beschriebene Process erfolgt erst bei Weissglühhitze. Mit den Ausdrücken Weissglühhitze und Rothglühhitze bezeichnet man die Temperaturen, bei welchen feste Körper weisses und bezüglich rothes Licht ausstrahlen. Wenn auch eine Leuchtgasflamme selbst Weissglühhitze besitzt, so lassen sich doch grössere Körper (Retorten, Tiegel) durch die Flamme von Leuchtgas oder von Brennspiritus bis zur Weissglühhitze nicht erwärmen; es ist dazu Kohlenfeuer nothwendig.

Es ist schon in § 69 gesagt, dass die Entzündungstemperatur des Phosphors, das heisst die Temperatur, bei welcher er mit heller Flamme zu brennen beginnt, gleich seinem Schmelzpunkt ist. Diese niedrige Temperatur kann leicht schon durch die Reibung eines Stückes Phosphor mit den Fingern hervorgebracht werden, und es erklären sich danach die in § 67 D gegebenen Vorschriften über die Behandlung des Phosphors.

Der Phosphor oxydirt sich schon bei gewöhnlicher Temperatur, wie dies aus dem in § 98 Seite 126 beschriebenen Versuche hervorgeht, und zwar zu phosphorichter Säure P^2O^3. Es erhebt sich dabei vom Phosphor ein Rauch, welcher im Dunkeln leuchtet. Diese Oxydation des Phosphors wird nicht verhindert, wenn man ihn mit Wasser benetzt. Die Gegenwart einer dünnen Wasserschicht hat aber die Wirkung, dass der Phosphor sich bei dieser sogenannten langsamen Verbrennung weniger stark erhitzt und also nicht so leicht mit heller Flamme zu brennen beginnt. Man kann das Leuchten des vom Phosphor aufsteigenden Rauches im Dunkeln gut wahrnehmen, wenn man mit der Zündmasse eines Streichhölzchens, welche freien Phosphor enthält, in die mit Wasser benetzte Innenfläche der Hand schreibt.

Der Phosphor gehört zu den Elementen, welche mehrere allotrope Zustände annehmen können. Wenn man den gewöhnlichen Phosphor längere Zeit hindurch einer Temperatur von etwa 250° aussetzt, wobei er natürlich nicht mit Sauerstoff in Berührung kommen darf, so verwandelt er sich allmälig in eine braunrothe, pulverförmige Masse, den amorphen Phosphor. Eine kleine Menge dieses Körpers entsteht immer, wenn man den gewöhnlichen Phosphor verbrennen lässt, und es rührt davon die rothe Färbung der in dem Verbrennungsgefässe zurückbleibenden Phosphorsäure her. Der amorphe Phosphor ist von dem gewöhnlichen in seinen physikalischen Eigenschaften durchaus verschieden. Er verbindet sich auch nicht mit Sauerstoff zu phosphorichter Säure und fängt erst bei 200° an zu Phosphorsäure zu verbrennen. Der gewöhnliche Phosphor ist ein heftiges Gift; der amorphe Phosphor ist nicht giftig. Wenn man eine kleine Menge von amorphem Phosphor in einem horizontal gehaltenen Reagensglase erhitzt, so verwandelt er sich in Dampf, welcher an den kälteren Stellen des Reagensglases zu Tröpfchen von gewöhnlichem Phosphor condensirt wird.

Es existirt vielleicht noch eine dritte allotrope Modification des Phosphors. Der gewöhnliche durchscheinende Phosphor, den man unter Wasser aufbewahrt, wird unter dem Einflusse des Lichtes allmälig undurchsichtig. Dieser undurchsichtige Phosphor verwandelt sich aber, wenn man ihn unter Wasser schmelzen lässt, wieder in die gewöhnliche durchscheinende Modification. Durch Schmelzen unter Wasser kann man auch leicht mehrere kleine Phosphorstückchen zu einem grösseren Stücke vereinigen. Man thut gut, dabei dem Wasser eine kleine Menge von Salpetersäure zuzusetzen. Unter reinem Wasser nämlich adhärirt der Phosphor oft mehr oder weniger stark an Porzellan, und es können dadurch unangenehme Erscheinungen veranlasst werden, welche bei der Anwendung einer sehr verdünnten Salpetersäure nicht eintreten. Lässt man Phosphor, welcher unter Wasser geschmolzen worden ist, wieder erkalten, so bleibt er oft noch weit unterhalb seines Schmelzpunktes flüssig. (Vergleiche Seite 282).

§ 205.

Die wasserfreie Phosphorsäure P^2O^5 erhält man durch Verbrennung des Phosphors in trockener Luft. Sie bildet einen schneeartigen festen Körper. 1 Atom wasserfreie Phosphorsäure kann sich mit 1, mit 2 und mit 3 Atomen Wasser zu festen Hydraten verbinden. Das erste Phosphorsäurehydrat H^2O, P^2O^5, ein glasartiger fester Körper,

kann auch erhalten werden durch Auflösen von Phosphor in Salpetersäure, Abdampfen und Glühen, ferner durch Glühen des phosphorsauren Ammoniaks.

Die Darstellung der wasserfreien Phosphorsäure ist schon auf Seite 116 beschrieben. Aus der wasserfreien Phosphorsäure kann man durch Zufügen von Wasser und Glühen in Platingefässen das erste Hydrat erhalten (siehe Seite 121). Durch Zufügung der richtigen Menge Wasser zu dem ersten Phosphorsäurehydrat, welches auch glasige Phosphorsäure genannt wird, kann man die Krystalle des zweften und dritten Hydrates darstellen.

Eine Auflösung von Phosphorsäure bekommt man auch durch Behandlung von Phosphor mit verdünnter Salpetersäure (Seite 174). Man kann diese Auflösung in Porzellangefässen bis zur Syrupsconsistenz eindampfen. Zur Entfernung des übrigen Wassers ist eine Temperatur erforderlich, bei welcher Glas und Porzellan von Phosphorsäure aufgelöst werden. Man wendet deshalb zum weiteren Eindampfen Platingefässe an, in welchen die Säure so viel Wasser verliert, dass das erste Hydrat zurückbleibt. Um dieses schliesslich aus dem Tiegel zu entfernen, muss es so stark erhitzt werden, dass es eine leichtflüssige Masse bildet, die man ausgiessen kann. Hierzu ist eine Temperatur erforderlich, welche mit den gewöhnlichen Mitteln kaum herzustellen ist. Die in einer Platinschale erstarrte Säure haftet an jener so stark, dass man sie, ohne die Schale zu verletzen, im festen Zustande nicht wohl herausbringen kann. Sie lässt sich jedoch durch Auflösen in Wasser daraus entfernen.

Die billigste Bereitung der Phosphorsäure ist die aus phosphorsaurem Ammoniak. Dieses Salz wird auf folgende Weise dargestellt. Man übergiesst 3 Theile pulverisirte weiss gebrannte Knochen (Knochenerde) mit einem Gemenge von 2 Theilen Schwefelsäure und 20 Theilen Wasser, lässt das Ganze etwa einen Tag lang stehen und rührt bisweilen um. Die weiss gebrannten Knochen bestehen aus einem Gemenge von kohlensaurem und phosphorsaurem Kalk. Kohlensaurer Kalk und Schwefelsäure geben schwefelsauren Kalk und Kohlensäure, welche gasförmig entweicht. Phosphorsaurer Kalk und Schwefelsäure dagegen geben schwefelsauren Kalk und sauren phosphorsauren Kalk. Der letztere ist löslich in Wasser. Will man die Auflösung des sauren phorphorsauren Kalks zur Darstellung von Phosphor gebrauchen (§ 204), so kann man die Flüssigkeit von dem unlöslichen schwefelsauren Kalk durch Filtriren oder Seien durch Leinwand trennen, oder auch so, dass man die über dem Bodensatz stehende klare Flüssigkeit vermittelst eines Hebers abfliessen lässt (Seite 302). Will man dagegen Phosphorsäurehydrat darstellen, so setzt man zu dem sauren phosphorsauren Kalk, bevor man ihn von dem Bodensatz getrennt hat, so viel Ammoniak hinzu, dass die Flüssigkeit nach Ammoniak riecht. Es entsteht ein weisser Niederschlag. Aus saurem phosphorsaurem Kalk und Ammoniak bilden sich nämlich phosphorsaurer Kalk, welcher unlöslich ist, und phosphorsaures Ammoniak, welches gelöst bleibt. Man hat nun die Lösung des phosphorsauren Ammoniaks von dem aus schwefelsaurem und phosphorsaurem Kalk bestehenden Bodensatz zu trennen. Dies geschieht auf die eben angeführte Weise. Die vom Bodensatz getrennte Flüssigkeit muss noch durch Eindampfen concentrirt werden. Man kann fragen, wozu es nützt, dass man die Schwefelsäure, welche zu der Knochenerde gesetzt werden soll, mit so vielem Wasser verdünnt, da dieses Wasser nachher durch Abdampfen wieder entfernt werden muss. Die Antwort auf diese Frage liegt in der Beschaffenheit des schwefelsauren Kalks. Derselbe ist, wie man sich ausdrückt, sehr voluminös, das heisst er bildet ein feines Pulver, zwischen dessen Theilchen auch nach sehr langem Stehen eine grosse Menge von Wasser eingeschlossen bleibt. Zugleich mit dem Wasser werden aber auch die Körper eingeschlossen, die das Wasser gelöst enthält. Je verdünnter nun eine solche Lösung ist, desto weniger geht von den gelösten Körpern mit dem Wasser, welches der schwefelsaure Kalk zurückhält, verloren.

Bei hinreichend hoher Temperatur werden alle Ammoniaksalze ganz oder theilweise luftförmig. Das phosphorsaure Ammoniak zerfällt beim Erhitzen in geschmolzene glasige Phosphorsäure und in Ammoniak, welches entweicht. Diese Zersetzung muss in Platinschalen oder Tiegeln vorgenommen werden.

Die Phosphorsäure ist in Wasser leicht löslich. Die Lösung

schmeckt sauer und röthet die blaue Lackmusfarbe, wie sich dies nach dem Früheren von selbst versteht.

§ 206.

Der Phosphorwasserstoff H^6P^2 entsteht bei der Einwirkung von Kalilösung auf Phosphor. Er bildet ein farbloses, indifferentes Gas vom Geruch fauler Fische, von der Dichtigkeit 1,18. Mit Sauerstoff in Berührung gebracht entzündet er sich meistentheils schon bei gewöhnlicher Temperatur.

Die Entstehung des Phosphorwasserstoffgases erklärt sich aus folgenden Gleichungen.

$$3KO,H^2O + 6P = 3KO,P^2O + 6H$$
$$6H + 2P = H^6P^2$$
$$\overline{8P + 3KO,H^2O = H^6P^2 + 3KO,P^2O.}$$

Aus 8 Atomen Phosphor und 3 Atomen Kalihydrat entstehen 1 Atom Phosphorwasserstoff und 3 Atome unterphosphorichtsaures Kali. Das letztere ist ein in Wasser lösliches Salz.

Das Phosphorwasserstoffgas ist brennbar, da es aus zwei brennbaren Elementen besteht. Es entzündet sich meistens schon bei gewöhnlicher Temperatur, sobald es mit-Sauerstoff in Berührung kommt. Es können deshalb leicht Explosionen entstehen, zu deren Vermeidung man einige Vorsichtsmaassregeln anwenden muss.

Um Phosphorwasserstoffgas darzustellen, füllt man einen kleinen Stehkolben zu einem Drittel mit concentrirter Kalilösung und fügt ein Stück Phosphor hinzu. Man erhitzt im Sandbade; schon bei wenig erhöhter Temperatur tritt der oben beschriebene Process ein. Zum Verschlusse des Kolbens dient ein Kork, welcher mit einer rechtwinkligen Röhre und ausserdem mit einem Trichter versehen ist. Der Trichter ist da, wo der Hals in die Erweiterung übergeht, durch einen kleinen Kork luftdicht verschlossen. Das innere Ende der rechtwinkligen Röhre reicht kaum bis unter den Kork; die untere Mündung des Trichterhalses etwa bis in die Mitte des Stehkolbens. Das äussere Ende der rechtwinkligen Röhre ist durch einen kurzen Kautschuckschlauch mit einer geradlinigen, in das Wasser der pneumatischen Wanne führenden Röhre verbunden. Zu Anfang des Versuchs wird der Kork auf den Kolbenhals nur lose aufgelegt. Bei der Entwicklung der ersten Gasblasen füllt sich der Kolben mit einem dicken Rauch von Phosphorsäure, welcher durch die Verbrennung des Phosphorwasserstoffgases entsteht. Erst wenn dieser Rauch grösstentheils verschwunden ist, setzt man den Kork fest in den Hals des Stehkolbens ein. Die durch das Wasser in die Luft tretenden Blasen von Phosphorwasserstoffgas entzünden sich nun meistens von selbst. Aus jeder verbrannten Blase entsteht ein Rauchring, welcher in die Höhe steigt und sich dabei fortwährend erweitert. Die Theilchen von fester Phosphorsäure, welche den Rauch bilden, sind in einer kreisförmigen Bewegung begriffen, die an der Aussenseite des Ringes nach unten, an der Innenseite des Ringes nach oben gerichtet ist.

Will man den Versuch unterbrechen, so entfernt man die erhitzende Flamme und die Sandbadschale. Der luftförmige Inhalt des Kolbens besteht aus einem Gemenge von Phosphorwasserstoffgas und Wasserdampf. Der letztere wird durch die Abkühlung condensirt, und es tritt von der pneumatischen Wanne her an seiner Stelle Wasser in den Kolben ein. Ist der Kolben bis zur gewöhnlichen Temperatur erkaltet, so bringt man das freie Ende der geradlinigen Gasaustrittsröhre nahe unter die Oberfläche des Wassers, füllt den Kegel des Trichters mit Wasser und lüftet den den Kegel verschliessenden Kork. Während das Wasser aus dem Trichter in den Kolben fliesst, giesst man so viel Wasser nach, dass der Trichter mit Wasser gefüllt bleibt. Auf diese Weise wird alles Phosphorwasserstoffgas durch die Austrittsröhre aus dem Kolben getrieben. Wollte man den Kolben öffnen, während noch Phosphorwasserstoffgas in demselben enthalten ist, so würde leicht eine Explosion entstehen können.

Die Entzündungstemperatur des reinen Phosphorwasserstoffgases ist 100^0 C. Es bildet sich aber zugleich mit dem Phosphorwasserstoffgase fast immer eine andere Verbindung von Phosphor und Wasserstoff, welche bei gewöhnlicher Temperatur flüssig ist und einen niedrigen Siedepunkt hat. Dieser flüssige Phosphorwasserstoff von der Formel H^4P^2 entzündet sich schon bei gewöhnlicher Temperatur. Ist nun dem Phosphorwasserstoffgase ein wenig Dampf des flüssigen Phosphorwasserstoffs beigemengt, so entzündet sich der letztere, sobald er mit Sauerstoff in Berührung kommt, und veranlasst so auch die Verbrennung des Phosphorwasserstoffgases. Dass von dem letzteren auch ein Theil unverbrannt bleibt und sich mit der Luft des Experimentirzimmers vermengt, davon überzeugt man sich schon durch den Geruch.

Bor.

§ 207.

Das Bor kann in drei allotropen Modificationen dargestellt werden, die denen des Kohlenstoffs sehr ähnlich sind. Das amorphe Bor erhält man durch Erhitzen von wasserfreier Borsäure mit Kalium.

Wenn man wasserfreie Borsäure mit Kalium erhitzt, so entzieht das letztere einem Theil der ersteren den Sauerstoff, und es entsteht Kali und Bor. Das Kali verbindet sich mit einem zweiten Theil der Borsäure zu löslichem borsaurem Kali, welches von dem unlöslichen, ein braunes Pulver bildenden Bor durch Behandlung mit Wasser getrennt werden kann.

Das Bor kann eben so wie der Kohlenstoff unter drei verschiedenen allotropen Zuständen erscheinen. Es bildet entweder einen krystallisirten, durchsichtigen, oder einen krystallisirten, undurchsichtigen, oder einen amorphen, undurchsichtigen Körper. Das Bor ist eben so wie der Kohlenstoff unschmelzbar.

§ 208.

Die wasserfreie Borsäure BO^3 kann dargestellt werden durch Versetzen von borsaurem Natron mit Salzsäure und Glühen des ausgeschiedenen Borsäurehydrats $(H^2O)^3, BO^3$. Die Borsäure ertheilt der Spiritusflamme eine grüne Farbe.

Um Borsäure darzustellen, löst man 1 Theil borsaures Natron (Borax) in $2\frac{1}{2}$ Theilen kochendem Wasser auf. Die erhaltene Lösung ist gesättigt; sie reagirt alkalisch. Man fügt so viel Salzsäure hinzu, dass die Flüssigkeit deutlich sauer reagirt. Beim Erkalten scheiden sich weisse krystallinische Blättchen ab, welche aus Borsäurehydrat, gewöhnlich krystallisirte Borsäure genannt, bestehen. Erhitzt man die krystallisirte Borsäure, so schmilzt sie in ihrem Krystallwasser, das heisst sie verwandelt sich in eine heisse Lösung von wasserfreier Borsäure. Diese verliert bei weiterem Erhitzen alles Wasser, und bei der Rothglühhitze bleibt geschmolzene wasserfreie Borsäure zurück, die beim Erkalten fest wird.

Wenn man in einem Porzellantiegel Borsäure mit Spiritus übergiesst, diesen durch eine untergesetzte Flamme zum Kochen bringt und den Spiritusdampf anzündet, so zeigt die Spiritusflamme eine schöne grüne Farbe. Statt der freien Borsäure kann man zu diesem Versuche auch ein mit Salzsäure oder Schwefelsäure versetztes borsaures Salz anwenden.

Eine Auflösung von Borsäure kommt auch als Naturproduct in den toscanischen Maremmen vor. Durch Eindampfen wird aus derselben krystallisirte Borsäure gewonnen.

Kiesel.

§ 209.

Der Kiesel, häufiger Silicium genannt, wird als amorpher Körper erhalten durch Erhitzen von Kieselfluorkalium mit Kalium. Das Silicium kann auch als graphitartiger Körper dargestellt werden. Beide Modificationen des Siliciums sind unschmelzbar.

Das Kieselfluorkalium entsteht, wenn man Kieselfluorwasserstoffsäure (§ 210) der Lösung eines beliebigen Kalisalzes hinzufügt, als ein unlöslicher, sich langsam zu Boden senkender Körper von der Formel $KFl^2, SiFl^4$. Bei der Erhitzung desselben mit Kalium entsteht unlösliches Silicium und lösliches Fluorkalium nach der Gleichung

$$KFl^2, SiFl^4 + 2K = Si + 3KFl^2.$$

§ 210.

Beim Erhitzen eines Gemenges von natürlicher Kieselsäure SiO^2, Flussspath und Schwefelsäure entsteht Fluorkiesel $SiFl^4$. Fluorkiesel und Wasser geben Kieselsäure und Kieselfluorwasserstoffsäure $H^2Fl^2,SiFl^4$. Die Kieselsäure ist ein fester, weisser; im Knallgasgebläse schmelzbarer; physikalisch unlöslicher Körper; durch Flusssäure wird sie chemisch aufgelöst. Der Fluorkiesel bildet ein farbloses Gas von der Dichtigkeit 3,6l. Die Kieselfluorwasserstoffsäure kann nicht wasserfrei dargestellt werden; ihre Auflösung schmeckt stark sauer und röthet die blaue Lackmusfarbe.

Die Kieselsäure kommt in der Natur häufig vor. Bergkrystall, Quarz, Sand, Sandstein, Feuerstein und noch andere Mineralien bestehen aus mehr oder weniger reiner Kieselsäure.

Die Kieselsäure kann künstlich durch einen Versuch dargestellt werden, bei welchem zugleich Fluorkiesel und Kieselfluorwasserstoffsäure sich bilden. Dieser Versuch ist aus zwei Operationen zusammengesetzt, nämlich aus der Darstellung von Fluorkieselgas innerhalb eines Kolbens, und aus der Einleitung jenes Gases in Wasser. Der bei der ersten Operation stattfindende Process wird ausgedrückt durch die Gleichungen

$$\begin{array}{r} 2CaFl^2 + 2H^2O,SO^3 = 2H^2Fl^2 + 2CaO,SO^3 \\ 2H^2Fl^2 + SiO^2 = 2H^2O + SiFl^4 \\ \hline 2CaFl^2 + SiO^2 + 2H^2O,SO^3 = SiFl^4 + 2CaO,SO^3 + 2H^2O \end{array}$$

Statt reiner Kieselsäure (Sand) pflegt man Glas anzuwenden, welches aus einer Verbindung von Kieselsäure mit Basen besteht. Da das Glas keine reine Kieselsäure ist, so muss das Gewicht des zur Darstellung von Fluorkieselgas nöthigen Glases grösser sein als das aus der obigen Formel zu berechnende Gewicht von Kieselsäure. Wenn man Flussspath, Glas und Schwefelsäure in dem der Theorie entsprechenden Verhältnisse innig mit einander mengt, so tritt schon bei gewöhnlicher Temperatur eine sehr stürmische Entwicklung von Fluorkieselgas ein. Zwei Mittel können dazu dienen, diesem Uebelstande abzuhelfen.

Man wendet erstens das Glas nicht als ein feines, sondern als ein grobes Pulver an. Da nämlich die bei dem ersten Theilprocess entstandene Flusssäure nur auf die Oberfläche des Glases einzuwirken vermag, so muss die Entwicklung des Fluorkieselgases desto langsamer erfolgen, je weniger fein das Glas pulverisirt ist. Zweitens wendet man von der Schwefelsäure einen ziemlich beträchtlichen Ueberschuss an. Hierdurch wird die Flusssäure gewissermaassen verdünnt, und so wiederum die Entwicklung des Fluorkieselgases verlangsamt. Es versteht sich übrigens, dass bei dem Processe ausser dem in den Kolben hineingebrachten Glase auch das Glas des Kolbens selbst angegriffen werden muss.

Das entwickelte Fluorkieselgas leitet man in Wasser. Es erfolgt der durch die nachstehenden Gleichungen ausgedrückte Process.

$$SiFl^4 + 2H^2O = SiO^2 + 2H^2Fl^2$$
$$2H^2Fl^2 + 2SiFl^4 = 2H^2Fl^2,SiFl^4$$
$$\overline{3SiFl^4 + 2H^2O = SiO^2 + 2H^2Fl^2,SiFl^4.}$$

Die Kieselsäure scheidet sich als ein sehr voluminöser, gallertartiger Körper aus. Liesse man das Fluorkieselgas aus der Entwicklungsröhre direct in Wasser treten, so könnte es leicht geschehen, dass die ausgeschiedene Kieselsäure die Entwicklungsröhre verstopfte, und dass in Folge dessen eine Explosion entstände. Aus diesem Grunde giesst man in das Gefäss, innerhalb dessen das Fluorkieselgas vom Wasser aufgenommen werden soll, etwas Quecksilber und lässt in dieses die Austrittsröhre hineintauchen.

Man kann zur Anstellung des Versuches 6 Loth fein pulverisirten Flussspath, 6 Loth grob pulverisirtes Glas und 24 Loth Schwefelsäure verwenden. Diese Substanzen werden in einen Kolben gebracht und im Sandbade mit einer kleinen Flamme erhitzt. Durch den Kork des Kolbens ist eine rechtwinklige Glasröhre geführt. Lässt man das zuerst sich entwickelnde Gas in die Luft treten, so sieht man einen Rauch entstehen. Dieser rührt davon her, dass das Fluorkieselgas mit dem Wasserdampf der Luft Kieselsäure und Fluorwasserstoffsäure bildet. Nunmehr bringt man in einen engen Cylinder etwas Quecksilber und lässt das Gas durch eine zweite rechtwinklige Röhre unter das Quecksilber treten. Endlich giesst man auf das Quecksilber etwa 6 Loth Wasser. Die oberhalb des Quecksilbers sich ausscheidenden Flocken von gallertartiger Kieselsäure steigen an die Oberfläche des Wassers, und schliesslich ist der Cylinder mit einem kleisterartigen Gemenge von fester Kieselsäure, flüssiger Kieselfluorwasserstoffsäure und Wasser gefüllt. Man giesst dieses auf ein Handtuch und trennt durch Pressen die beiden Bestandtheile von einander.

Die gallertartige Kieselsäure ist ein Hydrat, welches in einer nicht zu kleinen Menge von Wasser sich auflöst. Wird das Kieselsäurehydrat schwach erhitzt, so zersetzt es sich in Wasser und wasserfreie Kieselsäure, die in Wasser nicht mehr löslich ist. Die Lösung des Kieselsäurehydrats reagirt zwar neutral, die wasserfreie Kieselsäure wird aber als Säure betrachtet, weil sie sich mit Basen zu Salzen verbindet.

Das Fluorkieselgas bildet eine Ausnahme von dem in § 131 ausgesprochenen Gesetze. 1 Atom Fluorkiesel $SiFl^4$ nimmt nämlich denselben Raum ein wie 2 Atome Wasserstoff. Schriebe man die Formel des Fluorkiesels Si^2Fl^8, so würde die Dichtigkeit des Gases dem Gesetze des § 131 folgen.

Die Kieselfluorwasserstoffsäure ist in ihrem Verhalten ganz wie eine Wasserstoffsäure zu betrachten. Bringt man sie zum Beispiel mit Kali in Berührung, so erfolgt eine Vertauschung von 2 Atomen Wasserstoff mit 1 Atom Kalium. Es entsteht das im vorigen Paragraphen erwähnte Kieselfluorkalium und Wasser nach der Gleichung

$$\overset{...}{H^2}Fl^2,SiFl^4 + \overset{...}{K}O = KFl^2,SiFl^4 + H^2O.$$

Wenn es einen Körper von der Formel $SiFl^6$ gäbe, so würde man diesen eben so wie das Cyan für einen zusammengesetzten Salzbildner zu erklären haben, welcher mit Wasserstoff zu einer Wasserstoffsäure, mit Metallen zu Haloidsalzen sich verbinden könnte. Es ist aber ein Körper von der genannten Zusammensetzung bisher nicht dargestellt worden.

§ 211.
Abänderung von Atomgewichten und chemischen Formeln.

Als Formel für die Kieselsäure wird von manchen Chemikern nicht SiO^2 sondern SiO^3 angegeben. Wir wollen untersuchen wie dies geschehen kann.

Es versteht sich überhaupt, dass die Lehre von den Atomen und Molecülen nur als eine Annahme zu betrachten ist, die zum leichten Wiederauffinden der durch Versuche festgestellten Gewichtszusammensetzung der Verbindungen dient. Die Atomgewichte der Elemente und die Formeln der Verbindungen können aber in verschiedener Weise abgeändert werden, ohne dass sie aufhören zu einer richtigen Berechnung der procentischen Zusammensetzung der Verbindungen zu führen. Das Nähere wird sich aus den nachstehenden Berechnungen ergeben.

Aufgabe A. In der Formel der Schwefelsäure SO^3 soll dem Sauerstoff das Atomgewicht 100 beigelegt werden; wie gross ist demnach das Atomgewicht des Schwefels?

Aus den Werthen $S=64$, $O=32$ und aus der Formel SO^3 folgt, dass der Schwefelgehalt der Schwefelsäure, dividirt durch ihren Gehalt an Sauerstoff, den Quotienten $\frac{64}{96}$ ergiebt. Setzen wir nun $O=100$, so muss $\frac{S}{3.100}=\frac{64}{96}$ sein, woraus folgt $S=200$. —

Es versteht sich, dass, wenn man $O=100$ setzen will, auch die Atomgewichte aller übrigen Elemente in entsprechender Weise abgeändert werden müssen. Dem Werthe $O=32 \cdot \frac{100}{32}=100$ entsprechen beispielsweise die Werthe $H=2 \cdot \frac{100}{32}=6\frac{1}{4}$, $N=28 \cdot \frac{100}{32}=87\frac{1}{2}$. Diese auf $O=100$ bezogenen Atomgewichte werden von manchen Chemikern anderen Atomgewichten vorgezogen. Wenn hiernach viele Atomgewichte nicht als ganze, sondern als sogenannte gemischte Zahlen erscheinen, so thut dies nur der durchaus entbehrlichen Hypothese Eintrag, nach welcher jedes Atom aus einer bestimmten Anzahl von gleich schweren, untheilbaren Molecülen bestehen soll.

Aufgabe B. **Die Formel des Wassers soll HO geschrieben werden, und es soll H $= 1$ sein; wie gross wird demnach O?**

Das Verhältniss des Wasserstoffs zum Sauerstoff im Wasser ist $= \frac{4}{32}$. Nach der neuen Formel HO wird dasselbe Verhältniss ausgedrückt durch $\frac{H}{O}$ oder vielmehr, da H $= 1$ ist, durch $\frac{1}{O}$. Die Gleichung $\frac{1}{O} = \frac{4}{32}$ ergiebt O $= 8$.

Aufgabe C. **Das Atomgewicht des Kiesels soll so geändert werden, dass die Formel der Kieselsäure SiO³ heisst; welche Formel hat man demgemäss dem Fluorkiesel beizulegen, wenn das Atomgewicht des Fluors eben so wie das des Sauerstoffs nicht geändert werden soll?**

Der erste Theil der Aufgabe ergiebt $\frac{Si}{3O} = \frac{56}{2O}$, folglich Si $= 84$. Wenn man die gesuchte Formel des Fluorkiesels durch Si^{x}Fl^y bezeichnet, so erhält man weiter $\frac{x\,Si}{y\,Fl} = \frac{56}{4\,Fl}$ oder $\frac{x \cdot 84}{y\,Fl} = \frac{56}{4\,Fl}$, folglich $\frac{x}{y} = \frac{1}{6}$. Der Formel SiO³ für die Kieselsäure entspricht also die Formel SiFl⁶ für den Fluorkiesel.

Aufgabe D. **Das Atomgewicht des Kiesels soll so geändert werden, dass die Formel des Fluorkiesels SiFl⁶ heisst; welche Formel hat man demgemäss der Kieselfluorwasserstoffsäure beizulegen, wenn das Atomgewicht der übrigen Elemente nicht geändert werden soll?**

Wir wissen bereits, dass der Formel $SiFl^6$ das Atomgewicht $Si = 84$ entspricht. Die gesuchte Formel der Kieselfluorwasserstoffsäure bezeichnen wir durch $(H^2Fl^2)^x, (SiFl^6)^y$. Mit Hülfe der früheren Formel der Kieselfluorwasserstoffsäure $H^2Fl^2, SiFl^4$ erhalten wir die Gleichung $\dfrac{xH^2Fl^2}{y(84 + 6 \cdot 38)} = \dfrac{H^2Fl^2}{56 + 4 \cdot 38}$. Hieraus folgt $\dfrac{x}{y} = \dfrac{3}{2}$, und es sind $x = 3$, $y = 2$ die kleinsten ganzen Zahlen, welche der Aufgabe genügen. Die gesuchte Formel der Kieselfluorwasserstoffsäure heisst also $(H^2Fl^2)^3, (SiFl^6)^2$. —

Nach dem Vorhergehenden kann man sich leicht das Verfahren klar machen, welches zur Aufstellung einer Atomgewichtstabelle führt. Einem Elemente hat man zuerst irgend ein beliebiges Atomgewicht beizulegen. Man wählt hierzu entweder den Sauerstoff oder den Wasserstoff. Darauf hat man sich über die dem Wasser zu ertheilende Formel zu entscheiden. Setzt man zum Beispiel $O = 100$ und nimmt als Formel des Wassers HO an, so kann man hieraus und aus der procentischen Zusammensetzung des Wassers, die natürlich bekannt sein muss, den Werth von H berechnen. Das Wasser ist also hier die maassgebende Verbindung (§ 40), aus deren Formel das unbekannte Atomgewicht des Wasserstoffs abgeleitet wird. Bei allen übrigen Elementen verfährt man in entsprechender Weise. Um etwa das Atomgewicht des Chlors abzuleiten, betrachtet man als maassgebend eine Verbindung des Chlors mit Sauerstoff oder mit Wasserstoff und setzt deren Formel fest. Will man zum Beispiel dem Chlorwasserstoff die Formel HCl beilegen, so ist aus der gegebenen procentischen Zusammensetzung des Chlorwasserstoffs der Werth von Cl leicht zu bestimmen.

Bei der Feststellung der Formel für eine maassgebende Verbindung sind sehr verschiedenartige Gründe in Erwägung zu nehmen. Oft spricht ein Grund für die eine Formel, ein anderer Grund für eine andere. So hat die Formel HO für das Wasser vor der Formel H^2O den Vorzug, dass in der ersten die Atomzahlen kleiner sind als in der letzten. Will man dagegen das Gesetz des § 102, wonach ein Atom Sauerstoff denselben Raum einnimmt wie ein Atom Wasserstoff, aufrecht erhalten, so muss man dem Wasser die Formel H^2O ertheilen.

Verschiedene andere Gründe, auf welche bei einer zweckmässigen Feststellung von Formeln und Atomgewichten Rücksicht zu nehmen ist, können hier noch nicht besprochen werden.

Alphabetisches Register
über Einleitung und Metalloide.*)

Abdampfen 284.
Abkürzung von Zahlen 63.
Absorption 122, 203, 240, 250.
—, physikalische und chemische 253.
Absorptionscoefficient 271.
Abwägen 3.
Abwischen 27, 35.
Aequivalente 5.
Aether 58, 186, 294.
Aggregatzustand, flüssiger, befördert chemische Einwirkung 41.
Aggregatzustandsveränderungen 23, 233.
Aggregatzustände 18.
Alkalisch 42.
Alkohol 284.
Allotrop 213.
Aluminium 52.
Amalgame 205.
Ammoniak 193—204, 10, 11, 44, 179, 299, 307.
—, kohlensaures 207, 308.
—, phosphorsaures 314.
—, salpetersaures 207, 142, 146, 147, 204.
—, salpetrichtsaures 205.
—, schwefelwasserstoffsaures 243.
Ammoniakflüssigkeit 196.
Ammoniakgas 196.
Ammoniaksalze 315.
Ammonium 204.
Ammoniumamalgam 205.
Amorph 209.
Anblasen 92.
Antimon 52, 298.
Antimonoxyd 52.
Aräometer 154.
Argentum 52.
Arsen 52, 304.
Arsenichte Säure 52.
Astronomie 18.
Athembarkeit 158, 265.
Athmungsprocess 263.
Atmosphäre 204, 267.
Atome 5, 49, 323.
—, einfache 53.
—, zusammengesetzte 53.
Atomgewicht 50.
Atomgewichte von Elementen 51, 323.
— von Verbindungen 54.
Atomgewichtstabelle 52, 325.
Atomzahlen, geschrieben als Coefficienten oder als Exponenten 56.
Atomzeichen von Elementen 51.
— von Salzen 60.
— von Verbindungen 55, 60.
Auflösung 29, 46, 309.
—, chemische 173.
—, gesättigte 30.
—, physikalische 173.
Aurum 52.

*) Die Zahlen bedeuten nicht Paragraphen, sondern Seiten.

Ausblasen 92.
Ausdehnung durch Erwärmung 69, 94.
Ausgiessen in Tropfen 10, 33.
Auslöschen 89.
Austrocknen von Flaschen 221.
— von Reagensgläsern 32.
— von Retorten 69.

Barium 52.
Baryt 44, 52.
Basen 42, 43, 60.
Bergkrystall 320.
Bewegung 14.
Bismuthum 52.
Blauholz 220.
Blausäure 293.
Blei 52.
Bleichen 220, 300.
Bleioxyd 52.
—, essigsaures 35.
—, schwefelsaures 35.
Bleizucker 33.
Bor 318, 52.
Borax 318.
Borsäure 318.
—, krystallisirte 319.
Borsäurehydrat 318.
Botanik 17.
Brandwunden 58.
Braunstein 74, 295, 296.
Brausepulver 269.
Brei 45.
Brennbar 83, 237.
Brenner, Bunsen'sche 7.
Brennspiritus 6, 284.
Brom 201, 52, 304, 309.
Bromnatrium 308.
Bromwasserstoffsäure 308.
Brunnenwasser 261.

Cadmium 52.
Cadmiumoxyd 52.
Calcium 52.
Calciumoxyd 121, 196, 261.
Calciumoxydhydrat 121.
Carbonium 52.
Centigramm 139.
Centimeter 140.
Chemie 36, 39, 40, 47.
Chemische Körper 38.

Chlor 295—305, 52, 307, 309.
Chlorammonium 307, 196, 284.
Chlorcalcium 258, 301.
Chlorhydrat 304.
Chlorkalium 307.
Chlorkalk 301.
Chlorstickstoff 300.
Chlorwasser 298.
Chlorwasserstoff 305.
Chlorwasserstoffammoniak 307.
Chlorwasserstoffsäure 306, 295.
Chrom 52.
Chromsäure 52.
Cobaltum 52.
Cokes 249.
Collodium 58.
Concentration von Flüssigkeiten 103.
— von Luftarten 182.
Condensiren 167, 190.
Consistenz 230.
Cuprum 52.
Cyan 292, 304.
Cyanquecksilber 292, 293.
Cyanwasserstoffsäure 293.
Cylinder für Lampen 95.

Dämpfe 23, 24, 185.
—, gesättigte 185.
Decigramm 139.
Decimeter 140.
Dekagramm 139.
Dekameter 140.
Desinficiren 250, 303.
Destilliren 119, 211.
Diamant 251.
Dichtigkeit 22, 126.
— fester Körper 23, 127, 130.
— flüssiger Körper 23, 130, 154.
— loser Verbindungen 175, 177.
— luftförmiger Körper 23, 128, 130, 142, 149.
—, normale 131.
Diffusion von Flüssigkeiten 114, 175.
— von Luftarten 112, 234.
Directe Entstehung 61, 119, 307.
Docht 88, 96.
Doppelsalze 163.
Drachme 195.
Drahtgewebe 289.

Dünn 22.
Dunsthöhle 263.

Eigenschaften 12, 14, 15, 53.
—, chemische 37, 39.
—, physikalische 37.
Eindampfen 146.
Einfache Atome 53.
— Körper 41.
Eintheilung der Elemente 59.
— der Körper 41.
— der Verbindungen 42.
Eis 119, 223.
Eisen 52, 81.
Eisenoxyd 174.
—, schwefelsaures 175, 256.
Eisenoxydul 52, 174.
—, schwefelsaures 157, 174, 236, 238.
Eisenvitriol 157, 236.
Elemente 41, 52.
Entstehungszustand 193.
Entwässern 234.
Entzündungstemperatur 84.
Erhitzen 6.
— im Reagensglase 9.
Erstarrungspunkt 119.
Essigsäure 35, 44.
Explosion 109.

Feilen des Glases 234.
Ferrum 52.
Fest 18, 23, 24.
Feuer 83.
Feuerschwamm 80.
Feuerstein 320.
Filtriren 34.
Flammen 87, 286.
—, hell leuchtende 115, 156.
— zum Erhitzen 6.
Flaschen 25.
Flecken von Salpetersäure 173.
— von Schwefelsäure 232.
Flüssig 18, 41.
Flüssigkeiten 18, 23, 24.
Fluor 310, 52, 304.
Fluorcalcium 310.
Fluorkalium 319.
Fluorkiesel 320, 324.
Fluorwasserstoffsäure 310.
Flusssäure 310.

Flussspath 310.
Formeln, chemische 55, 323.
Frei 53.
Fühlbarkeit 1, 2.
Fünffachschwefelammonium 246.
Fünffachschwefelkalium 212.

Gasbläschen haften an festen Körpern 174.
Gasbrenner, Bunsen'sche 7.
Gase 24.
Gasometer 75.
Gebunden 53.
Gefrierpunkt 119, 282.
Geltende Ziffern 63.
Gemenge 30, 45, 55, 177.
Gesättigte Auflösung 30.
Gesättigter Dampf 185.
Gesammtprocess 101, 102.
Gewicht 2, 3, 9.
—, specifisches 130.
Gewichte 4, 139, 195.
Gewichtstheile 47.
Gewichtsveränderungen, scheinbare 9, 11.
Glas 320.
— auflösen 208, 212, 310.
— feilen 234.
Glasflaschen 25.
Glasröhren abschneiden 26.
— biegen 26.
— durch einen Kork stecken 27.
— in eine Spitze ausziehen 27.
— zuschmelzen 201.
Glasstöpsel anfassen 10.
—, festhaftende, lösen 58.
—, luftdicht schliessende 219.
—, verglichen mit Korken 10, 58.
Gleichartig 38.
Gleichungen, chemische 55.
Gleichzeitige Zersetzung und Verbindung 33, 97.
Gold 52.
Goldoxyd 52.
Gramm 139.
Gran 195.
Graphit 251.
Grubengas 291, 286, 290.
Gyps 30.

Haloidsalze 243, 307.
Hammerschlag 81.

Heber 302.
Hektogramm 139.
Hektometer 140.
Holz 206.
Holzfaser 232, 248, 300.
Holzkohle 247, 203, 249.
Hundsgrotte 263.
Hydrargyrum 52.
Hydrate 120.
Hydrogenium 52.
Hygroskopisch 233.

Indifferent 42, 43.
Indirect 61.
Jod 309, 52, 304.
Jodkalium 309.
Jodnatrium 309.
Jodstärke 309.
Jodwasserstoffsäure 309.

Kachelöfen 247, 254.
Kali 42, 52, 57.
—, borsaures 318.
—, chlorsaures 78.
—, doppeltweinsteinsaures 57, 235.
—, einfachweinsteinsaures 57.
—, saures schwefelsaures 163, 168.
—, unterphosphorichtsaures 315.
Kalium 52, 99, 101.
Kaliumamalgam 205.
Kalk 52.
—, einfachkohlensaurer 261, 258, 259.
—, gebrannter 31.
—, gelöschter 31, 197.
—, phosphorsaurer 314, 315.
—, saurer phosphorsaurer 315.
—, schwefelsaurer 271.
—, unterchlorichtsaurer 301, 304.
—, zweifachkohlensaurer 261.
Kalkhydrat 301, 303.
Kalkwasser 261, 262.
Kautschuckballon 293.
Kautschuckventil 201.
Kesselstein 261.
Kiesel 319, 52.
Kieselfluorkalium 319, 322.
Kieselfluorwasserstoffsäure 320, 324.
Kieselsäure 320, 324.
Kieselsäurehydrat 322.
Kilogramm 139.

Kilometer 140.
Kleesäure 252.
Knallgas 107.
Knallgashahn 115.
Knochen, weissgebrannte 314.
Knochenerde 314.
Knochenkohle 249.
Kobalt 52.
Kobaltoxydul 52.
Kochen 23, 277.
Körper 1, 38.
—, chemische 38.
Körperwelt 10.
Kohle 246, 251, 254.
Kohlenoxyd 252—255.
Kohlensäure 258—284, 248, 251, 252.
—, condensirte 281.
—, feste 281.
Kohlensäuregehalt der Luft 267.
Kohlensaures Wasser 268, 271, 276, 280.
Kohlenstoff 246—252, 52.
Kolben, verglichen mit Retorten 120.
Korkbohrer 25.
Korke durchbohren 25.
— passend machen 25, 28.
—, verglichen mit Glasstöpseln 10, 58.
Kreide 259.
Krystallisiren 209, 220.
Krystallwasser 121.
Kupfer 52, 148, 155, 215.
Kupferoxyd 52.
—, schwefelsaures 220.
Kupfervitriol, blauer 9, 11, 32, 33, 220.
—, weisser 32, 220,

Lackmus 42, 300.
Lackmuspapier 42.
Lampe, Berzelius'sche 6, 7.
Lampencylinder 95.
Leer 2.
Leinwand 232, 300.
Leuchtgas 6, 249.
Licht 14.
Lichtausstrahlung 115.
Liter 140.
Lithion 52.

Lithium 52.
Lösung 29.
Lose Verbindungen 46, 124, 175, 177, 179.
Luft 86, 1, 2, 3, 24, 126, 267.
—, atmosphärische 204.
Luftarten 18, 21, 23, 24.
Luftdichter Verschluss 28, 58, 219.
Luftdruck 66, 112.
Luftförmig 18, 21, 23, 24.
Luftleer 203.
Luftzug 93.

Maassgebende Verbindung 325.
Magnesia 52.
Magnesium 52.
Mangan 52.
Manganchlorür 295.
Manganoxydul 52.
—, schwefelsaures 296.
Mangansuperoxyd 295, 296.
Marmor 258.
—, gebrannter 196.
Medicinalgewichte 195.
Meiler 248.
Metalle 59.
Metalloide 59.
Meter 140.
Milligramm 139.
Millimeter 140.
Mineralogie 17.
Mineralwasser 271.
Molecüle 5, 9, 323.
Muriaticum, acidum 306.
Murium 305.
Muriumsuperoxyd 305.

Namen von Verbindungen 60.
Natrium 52, 99, 100.
Natron 52.
—, borsaures 318.
—, doppeltkohlensaures 268.
—, weinsteinsaures 269.
Natur 16.
Naturbeschreibung 16, 17.
Naturlehre 16, 17.
Naturwissenschaften 16.
Nebel 24, 45, 191.
Neutral 42.
Nickel 52.
Nickeloxydul 52.

Niederschlag 59.
Nitrogenium 52.
Normale Dichtigkeit 131.

Oelbildendes Gas 284—291.
Organisch 255.
Oxalsäure 252, 257.
Oxalsäurehydrat 252.
Oxydiren 172.
Oxygenium 52.
Ozon 214.

Papier 232.
Paracyan 293.
Permanent 204.
Phosphor 311, 52, 82, 84, 304.
Phosphorichte Säure 311.
Phosphorsäure 313, 84, 116, 174, 311.
—, glasige 314.
Phosphorsäurehydrat 313, 121.
Phosphorwasserstoff 316.
—, flüssiger 318.
Physik 17.
—, engere 36.
Physiologie 17.
Pipette 33.
Platin 52, 116.
Platinoxydul 52.
Platinschwamm 116.
Platinzündmaschine 117.
Plumbum 52.
Pneumatische Wanne 68.
Procentische Zusammensetzung 118.
Process 15, 55.
Prüfung chemischer Gleichungen 142.
Pulverförmig 19.

Quart 216.
Quarz 320.
Quecksilber 189, 52, 59.
Quecksilberoxyd 52, 62, 71, 235.

Radical, zusammengesetztes 204.
Rauch 45, 191.
Reaction 42.
Reagensgläser austrocknen 32.
— reinigen 32.
Reduciren 172.
Reibhölzchen 90, 91, 94, 312.

Rein 38.
Reinigung von Gefässen 32, 221.
Reissblei 251.
Retorten austrocknen 69.
—, verglichen mit Kolben 120.
—, weithalsige 171.
Röhre, U-förmige 67.
Rösten 236.
Rothglühhitze 312.
Russ 116.

Säuren 42, 43, 60.
Salmiak 307.
Salmiakgeist 196.
Salpeter 163, 168.
Salpetersäure 52, 122.
—, rauchende 192, 189.
—, wasserfreie 168.
Salpetersäurehydrat 168—191.
Salpetersäurehydrat und Wasser 175—182.
Salpetersaure Salze 172.
Salpetrichte Säure 167.
Salzbildner 243.
Salze 43, 60.
Salzsäure 306, 295.
Sand 320.
Sandbad 79.
Sandstein 320.
Sauerstoff 62—97, 44, 52, 102, 107, 158, 204, 214, 265, 266.
Sauerstoffsäuren 60.
Sauerstoffsalze 245.
Saure Reaction 42.
Saurer Geschmack 43.
Schall 14.
Schiebelampe 94, 96.
Schlagende Wetter 290, 292.
Schmelzen 29.
— im Krystallwasser 319.
Schmelzpunkt 119, 282.
Schnee 119.
Schornstein 93.
Schwefel 208—214, 23, 52, 81.
—, amorpher 213.
—, präcipitirter 212.
Schwefelammonium 243.
Schwefelantimon 78.
Schwefelblumen 211.
Schwefeldampf 23, 214.
Schwefeleisen 237.

Schwefelkohlenstoff 294, 58, 80, 159.
Schwefelkupfer 214.
Schwefelsäure 35, 103, 122, 168.
—, englische 230.
—, Nordhäuser 236.
—, rauchende 236, 221, 232.
—, wasserfreie 221, 237.
Schwefelsäure und Wasser 140, 231.
Schwefelsäurehydrat 223—236.
Schwefelwasserstoff 237, 213.
Schwefelwasserstoffammoniak 246.
Schwefelwasserstoffsäure 257.
Schwefelwasserstoff - Schwefelammonium 245.
Schwefelwasserstoffwasser 240, 299.
Schweflichte Säure 215—220, 81, 84, 242, 261, 299.
Schweflichtsaures Wasser 219, 276, 299.
Schwer 2.
Scrupel 195.
Selterwasser 270, 271.
Sicherheitslampe 290.
Sicherheitsröhre 198.
Sieden 23, 277.
Siedepunkt 119, 172, 277.
— loser Verbindungen 179.
Siegellack 12.
Silber 52.
Silberoxyd 52.
Silicium 52, 319.
Soda 270.
Sodawasser 270.
Spiritusfidibus 88.
Spirituslampe, Berzelius'sche 6, 7.
—, einfache 6, 7.
Spritzflaschenanfertigung 25.
Spritzflaschengebrauch 29.
Stärkemehl 309.
Stangenschwefel 211.
Stannum 52.
Status nascens 195.
Stehkolben 25.
Steinkohlengas 249.
Steinöl 99.
Stibium 52.
Stickstoff 125—141, 86, 107, 158, 194, 204, 266, 304.
Stickstoffoxyd 142—163, 204, 265.
Stickstoffoxydul 142—148, 204.

Stöchiometrie 130.
Stossende Flüssigkeiten 229.
Streichhölzchen 90, 91, 94, 312.
Strontian 52.
Strontium 52.
Snblimiren 211.
Sulfur 52.
Sumpfgas 291.
Suspendirt 212.

Technologie 39.
Temperatur 84.
Theil bedeutet Gewichtstheil 47.
Theilbarkeit in der Wirklichkeit 49.
— mit vollkommnen Instrumenten 49.
— vom mathematischen Gesichtspunkt 48.
Theilen 48.
Theilprocess 100, 102.
Thonerde 52.
Tinte 249, 300
—, unauslöschliche 232.
Trichter 34.
Trocknen feuchter Luft 233.
— von Flaschen 221.
— von Reagensgläsern 32.
— von Retorten 69.
Tropfenweises Ausgiessen 10, 33.
Tubulus 77.

U-förmige Röhre 67.
Uhrfederverbrennung 81.
Unkrystallinisch 210.
Unorganisch 255.
Unrein 38.
Unveränderlichkeit der Eigenschaften 15.
— des Gewichts 9.
Unterbrechen einer Verbrennung 89.
Unterpunktieren 97.
Untersalpetersäure 163—168, 157, 158.
Unterstreichen 100.
Unverwandelbarkeit der Elemente 54.
Unze 195.
Unzerlegt 41.

Ventil 198.
Veränderlichkeit des Volumens 21.
Veränderungen 15.
— des Aggregatzustandes 23.
Verbinden 31.
Verbindung 30.
—, chemische 46.
—, eigentliche 46.
—, gleichzeitige, und Zersetzung 33, 97.
—, maassgebende 325.
Verbindungen 41, 42, 50, 57, 59, 60, 61.
— in bestimmtem Verhältnisse 44.
— in veränderlichem Verhältnisse 46.
Verbrennung 83, 86, 89.
Verbrennungsproducte 83.
Verbrennungstemperatur 84.
Verdünnt 103.
Vergasung 276, 280.
Verschluss, luftdichter 28, 58, 219.
Vertauschung 97, 102.
Verwandtschaft 193.
Vitriolöl 230.
—, Nordhäuser 236.
Volumen 2, 21.
Voluminös 315.
Vorgang 15.
Vorlage 120.

Wachsen der Pflanzen 263.
Wägen 3.
Wärme 14.
Wärmeerzeugung 264.
Wärmevernichtung 266.
Wanne, pneumatische 68.
Waschflasche 235.
Wasser 118—124, 41, 233, 277, 280, 282, 324, 325.
—, hartes 261.
—, weiches 261.
Wasserblei 251.
Wasserdampfgehalt der Luft 268.
Wasserstoff 97—118, 52, 131, 135, 158, 194, 204, 266, 294, 304.
Wasserstoffsäuren 60, 243.
Weinsteinsäure 43, 57, 269.
Weissglühhitze 312.
Wismuth 52.
Wismuthoxyd 52.

Zahlen, abgekürzte 63.
Zeichen von Elementen 51.
— von Gemengen 55.
— von Salzen 60.
— von Verbindungen 55, 60.
Zerfliesslich 207.
Zerlegen 31, 48.
Zerlegung 31.
—, gleichzeitige, und Verbindung 33, 97.
Zersetzen 31, 48.
Zersetzung 31.
Zersetzungsproducte 31.
Ziffern, geltende 63.

Zink 52, 103.
Zinkoxyd 52.
—, schwefelsaures 103.
Zinn 52.
Zinnoxydul 52.
Zoologie 17.
Zucker 11.
Zurückschlagende Gasflamme 8.
Zusammengesetzte Atome 53.
— Körper 41.
Zusammensetzung, atomistische 118.
—, procentische 118.
Zusammenziehung beim Erkalten 69.

MIX
Papier aus verantwortungsvollen Quellen
Paper from responsible sources
FSC® C105338

If you have any concerns about our products,
you can contact us on
ProductSafety@springernature.com

In case Publisher is established outside the EU,
the EU authorized representative is:
**Springer Nature Customer Service Center GmbH
Europaplatz 3, 69115 Heidelberg, Germany**

Printed by Libri Plureos GmbH
in Hamburg, Germany